INTRODUCTION TO SET THEORY

2nd Edition

$0 \leftrightarrow \theta_0 = 0.p_{11}p_{12}p_{13}\cdots p_{1n}\cdots$

$1 \leftrightarrow \theta_1 = 0.p_{21}p_{22}p_{23}\cdots p_{2n}\cdots$

$\vdots$

$n \leftrightarrow \theta_n = 0.p_{n1}p_{n2}p_{n3}\cdots p_{nn}\cdots$

$\vdots \quad \vdots$

集合论导引

（第二版）

朱梧槚 肖奚安 朱朝晖 周勇 编著

大连理工大学出版社
Dalian University of Technology Press

图书在版编目(CIP)数据

集合论导引 / 朱梧槚等编著. -- 2 版. -- 大连 : 大连理工大学出版社，2023.1

ISBN 978-7-5685-4034-6

Ⅰ. ①集… Ⅱ. ①朱… Ⅲ. ①集论—高等学校—教材 Ⅳ. ①O144

中国版本图书馆 CIP 数据核字(2022)第 240979 号

集合论导引

JIHELUN DAOYIN

大连理工大学出版社出版

地址:大连市软件园路 80 号　邮政编码:116023

发行:0411-84708842　邮购:0411-84708943　传真:0411-84701466

E-mail:dutp@dutp.cn　URL:https://www.dutp.cn

大连图腾彩色印刷有限公司印刷　大连理工大学出版社发行

幅面尺寸:170mm×240mm　印张:16.25　字数:298 千字

2008 年 3 月第 1 版　2023 年 1 月第 2 版

2023 年 1 月第 1 次印刷

责任编辑:王　伟　责任校对:李宏艳

封面设计:冀贵收

ISBN 978-7-5685-4034-6　定价:69.00 元

前　言

当前有一种现象令人担忧，那就是计算机专业大学一、二年级学生不愿意学习数理逻辑与集合论课程，认为相关内容与计算机专业没有什么关系．特别是我们还曾遇到过一位计算机系的教授，竟然主张把“计算机科学理论”这门硕士研究生的学位课取消，认为这门课相对于毕业后去公司就业的学生来说太空洞，这真是令人瞠目结舌，虽为极个别特例，却也足以说明纯粹实用主义与急功近利的思维方式已经在扭曲我们正常的教学模式了．特别是对于那些初涉高等学府的学子们来说，其严重性更在于当他们在还并不明白什么有用、什么无用的情况下，就开始大言这些有用、那些无用的实用主义想法．因此建议在给计算机专业学生讲授数理逻辑与集合论课程之前，请教师先从历史的角度并辅以如下实例向学生们说明学习本课程的重要意义．

例 1，IBM 公司的高级研究员柯特(Codd)博士就是运用定义关系 R 为卡氏积的子集和关系运算的完备性等相关的集合论知识，于 1970 年创立关系数据库的，并由此而在 1981 年获图灵(Tuning)奖，而图灵奖又是计算机界的最高奖．

例 2，不妨让计算机专业的学子们读一读著名的软件大师戴克斯脱拉(Dijkstra)的自述，他指出：“我现在年纪大了，搞了这么多年软件，错误不知犯了多少，现在觉悟了．我想，假如我早年在数理逻辑上好好下点功夫，我就不会犯这么多的错误．很多内容逻辑学家早就说了，可我不知道，要是我能年轻 20 岁的话，我就回去学习逻辑．”[78,79]

例 3,美国国家总统科学顾问、著名的计算机科学家许华兹(Schwartz)教授和他的合作者们运用集合论概念及其运算开发了一种全新的程序设计语言 SETL,这种语言以集合论为基础,用到诸如有穷集合、任意域上的映射等一系列集合论概念及其运算,无疑是一项意义重大的开创性工作.他们撰写和出版了一本书,书名为 *Programming With Sets*:*An Introduction to SETL*[80].这是第一部 SETL 程序设计语言大全,又是一本以软件工程和算法开发为核心内容的教程,在美国已广泛成为算法设计与程序设计语言方面的教材.

由此可见,数理逻辑与集合论知识对于计算机科学的重要意义和两者之间的密切关系.总之,在计算机科学与工程界普及和加强逻辑学和集合论知识,乃是一项十分必要和极为重要的工作.

众所周知,高等学府,特别是一流高等学府,是培养高科技人才的基地.因此,教育者和受教育者都必须明白,用多少学多少的教学模式只能适用于某种技能的训练,对于培养高科技人才来说,此等纯粹实用主义的教学模式是十分可悲和误人子弟的.

本书第一版于 1991 年在南京大学出版社出版,当时撰写的主要目的是将本书写成一本既能适用于计算机专业,又能满足数学系基础数学专业和数理逻辑专业教学需要的基础教材,并在内容上要求有深有浅.其中较浅部分可作为本科生教学使用,而较深部分可作为研究生教学使用.经过多年的教学实践并不断改进,可以说是成功地实现了当初撰写之目标,因此在一些院校一直沿用至今.2008 年大连理工大学出版社计划出版优秀理工科本科、研究生系列教材,经过仔细分析、评估后,出版社决定将本书列入此出版计划.本次再版,修订了第一版中出现的若干瑕疵,对个别疏漏做了弥补.

在这里,关于本书的内容安排和写作情况说明如下:

第一是一个声明,即在一些定理的证明中,虽然有时也会直接使用逻辑演算中的一些形式定理,但作为集合论内容陈述中所使用的大量符号与符号表达式而言,都应视为自然语言的缩写,而决不能误认为是形式系统中的形式语言,因而不要从形式语言的语法角度去审视这里的简记符号或符号表达式.例如,"&"仅仅是"并且”的简记，而并不是形式语言中的合取词，又如“$\Rightarrow$”只是“如果……，那么……”的缩写，而不是形式符号蕴含词，如此等等. 特别是各种符号表达式，例如，下述定义：

$$r(R)=R^{*}\Leftrightarrow_{\mathrm{df}}R\subseteq R^{*}\subseteq A\times A\& R^{*}[\mathrm{ref}]$$
$$\&\forall R'\subseteq A\times A(R\subseteq R'\& R'[\mathrm{ref}]\Rightarrow R^{*}\subseteq R')$$

其意是指凡是满足下述条件：

(a)$R\subseteq R^{*}\subseteq A\times A$,

(b)$R^{*}[\mathrm{ref}]$,

(c)$\forall R'\subseteq A\times A(R\subseteq R'\& R'[\mathrm{ref}]\Rightarrow R^{*}\subseteq R')$

的二元关系 R^{*}，就称为 R 的自反闭包，所以这仅仅是自然语言陈述的一种缩写而已，如果严格地按照逻辑演算语法要求来写，则还应使用摹状词而表达为

$$r(R)=_{\mathrm{df}}\iota_{R^{*}}[R\subseteq R^{*}\subseteq A\times A\cdots],$$

如此等等. 总之，应记得这里是在用自然语言阐述朴素集合论的内容，否则，若总是囿于形式系统的语法框架去看待这里的简记符号或符号表达式，则就势必误认为本书的表达错漏百出了.

第二是要提醒一件事，那就是不能以公理集合论的严格性来要求朴素集合论内容的陈述. 因为如所知，任何一个数学理论之素朴陈述都有一个特点，即对推理过程中所使用的种种不证自明的思想规定，皆不明文列出而作为依据，只是无形地使用而已. 例如，我们将在本书中根据概括原则的思想内容去构造这样或那样的集合，但又不将概括原则明文列为造集的依据. 对于其他作为出发点的思想规定的处理亦是如此. 因而对于素朴陈述数学理论的这一特点不能忘记，否则，势必感到这里、那里的论述总是存在问题. 当然，我们也偶尔在遇到这种情况时，加以注释或顺便提醒，但不可能也不必要处处去作注释.

为了避免误解而特作如上两点郑重声明.

在本书再版过程中，南京航空航天大学信息科学与技术学院的周勇博士和徐敏博士承担了书稿清样的全部校订工作. 两位年轻博士不仅多次讲授相关课程而积累了一定的教学经验，而且是在课务繁重的情况下，认真仔细地完成了校订工作，特别是指出了本书原版中一处内容重复、处置不当的缺点，为此对他们深表谢

意. 本书自初版至今的十余年间，读者以及教学实践一线的教师针对该书向作者提出了诸多有益建议，在此一并表示诚挚感谢。

本书中可能还会有疏漏不妥之处，请读者和同行专家多多指教.

编著者

2022 年 10 月 14 日

于南京

目　录

第1章　集合论历史概要

1.1　集合论的先驱发展

集合论作为一门独立的数学分科的诞生和发展，乃是19世纪的事.但就集合与无穷集合之观念的萌芽和引入，当可一直追溯到古代.例如，Euclid著述几何原本时，就已确立了空间是数学点之无限堆积的观点.然而，在往后的一个很长的历史阶段中，人们并没有去认真地专门研究集合与无穷集合概念.直到17世纪，Galileo发现了"自然数全体"与"平方数全体"能以建立一一对应，从而直接动摇了自古以来关于"全体大于部分"这一看上去毋庸置疑的数学公理，这对于无限集的认识和理解，乃是一个重要的进步和发展，试看下面重复写出的一串自然数序列：

$$\lambda_1: 1, 2, 3, \cdots, n, \cdots,$$

$$\lambda_2: 1, 2, 3, \cdots, n, \cdots,$$

$$\lambda_3: 1, 2, 3, \cdots, n, \cdots,$$

$$\vdots$$

既然每个$\lambda_i(i = 1, 2, 3, \cdots, n, \cdots)$都是自然数序列，那么每个$\lambda_i$所包含的自然数个数都是一样多的，今于$\lambda_2$的每个自然数的右上角写上一个指数2，使$\lambda_2$变为

$$\lambda_2^2: 1^2, 2^2, 3^2, \cdots, n^2, \cdots$$

如此，一方面因λ_2^2只是由λ_2的每个自然数的右上角标以2而得来，因而λ_2^2所包含的自然数的个数既没有比λ_2所包含的自然数个数增多，也没有减少，也就是说，应该是一样多的.但在另一方面，却又明确地看出λ_2^2比λ_2少掉了3,5,6,8,10,…无穷多个自然数，从而λ_2^2只包含了λ_2的一部分自然数.完全类似地，还可在λ_3的每个自然数的右上角标以3等等，以使被筛去的自然数愈来愈多，甚至还可构造递增愈

来愈速的

$$\lambda^{*}: 1^{100}, 2^{100^{100}}, \cdots, n^{100^{100^{\cdot^{\cdot^{\cdot^{100}}}}}}, \cdots$$

其所列出的自然数已极为稀疏,却又与全体自然数一样多.[1]

这就是 Galileo 在他的巨著《关于两门新科学的对话》(*Dialogues Concerning Two New Sciences*)中所提出的,并为后人所普遍称谓的 Galileo 悖论. 而且 Galileo 还在该书中指出,如图 1.1.1 所示,互不相等的两个线段 AB 和 CD 上的点,由于可以构成一一对应,因而可以想象它们含有同样多的点. 但在另一方面,也更易想象 AB 上所含有的点少于 CD 所包含的点. 不仅如此,一个充分短的线段上所含有的点,极易想象是一条直线上所含有的点的很少一部分;但在另一方面,如图 1.1.2 所示,由于小线段 AB 上的点能与直线 a 上的点建立起一一对应的关系,从而也可以想象它们有同样多的点①. Galileo 关于诸如此类的发现和阐述,大大地刺激人们去对无穷集合进行探索和研究. 例如,后来的 Dedekind(1831—1916) 和集合论的创始人 Cantor(1845—1918) 等,就都曾基于有穷集合不会出现上述情形而用"能否与自身之真子集建立一一对应关系来划分有穷集合与无穷集合".

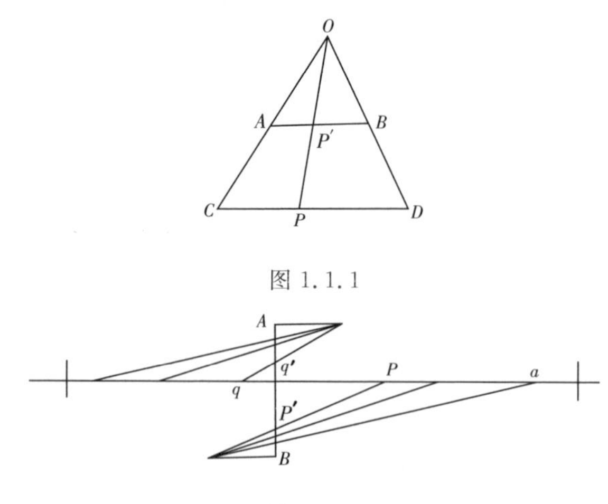

图 1.1.1

图 1.1.2

Galileo(1564—1642) 生于比萨(Pisa), 父亲是一位布商,Galileo 原来是在比萨大学攻读医学的, 后来却在一位工程师那里接触并学习起数学来了,终于在

① 文献[2]曾用超穷分割的观点对此重新解释,并有一系列分析讨论,有兴趣可查阅之.

17 岁那年从医学转到了数学，大约十年以后，他取得了比萨大学的数学教授职位. 但在后来，由于他写出了重要的数学论文而引起一些能力较差者的忌妒，以致他在工作和生活中很不愉快. 故在 1592 年接受了帕度亚(Padua) 大学数学教授的职位，但后来又由于他提倡 Copernieus 学说而触怒了罗马宗教法庭，1616 年被召到罗马法庭，并被禁止发表著作. 直到 1630 年，教皇 Urban 八世才允许他发表非教义的数学著作. 因而在 1632 年，他出版了《关于两大世界体系的对话》(该书曾由上海外国自然科学哲学著作编辑组根据英译本译成中文出版，书名为《关于托勒密和哥白尼两大世界体系的对话》)，然而就在该书出版一年之后，Galileo 就再度受到罗马教皇法庭的传唤，再度被禁止发表著作，而且在实际上过着被软禁的生活. 但他却依然奋力写作，前述 Galileo 的巨著《关于两门新学科的对话》就在那个时期中写出. 该书又名《关于两门新科学的探讨和数学证明》，两门新学科指的是材料力学与物体运动理论，该书写成后，被秘密地送到荷兰，并于 1638 年在荷兰出版.

Galileo 在许多科学的领域里都有杰出的贡献，他不仅是杰出的数学家，还是杰出的物理学家和天文学家等，又被人们称为近代发明之父. 而且 Morris Kline 教授还在《古今数学思想》第 16 章中指出，虽然 Galileo 的著作讨论的是科学主题，但至今仍被认为是文学杰作. 对于 Galileo 的上述两部经典著作，Morris Kline 说："他写得清楚、直接、机智而又深奥. 在这两本书中，Galileo 让一个角色提出流行的观点，让另一个角色对他做巧妙而坚定的辩论，指出这些观点的错误和弱点以及新观点的力量."[3]

关于集合论在 Cantor 以前的先驱发展，应当特别提到捷克著名数学家 Bernard Bolzano(1781—1848). Bolzano 不仅对于微积分的严密化做出了杰出贡献，而且正如 Morris Kline 在《古今数学思想》第 41 章中所指出的："Bolzano 在他的《无穷的悖论》(*Paradoxes of the Infinite*，1851) 一书(该书在他死后三年才出版) 中显示了他是第一个朝着建立集合的明确理论的方向采取了积极步骤的人. 他维护了实无穷集合的存在，并且强调了两个集合等价的概念，这就是后来叫作两个集合的元素之间的一一对应关系. 这个等价概念，适用于有限集合，同样也适用于无穷集合. 他注意到在无穷集合的情形，一个部分或子集可以等价于整体；他并且坚持这个事实必须接受. …… 对于无穷集合，同样可以指定一种数，叫作超限数，使不同的无穷集合有不同的超限数，虽然 Bolzano 关于超限数的指定，根据后来

Cantor 的理论是不正确的.

Bolzano 关于无穷的研究,其哲学意义比数学意义更大些,并且没有充分弄清楚后来被称为集合的势或集合的基数的概念. 他同样遇到一些性质在他看来是属于悖论的,这些都在他的书中提到了. 他的结论是,对于超限数无须建立运算,所以不用深入研究它们”.[3]

总的说来,大凡在 19 世纪 Cantor 以前,对于无限集的认识和研究,一直还是滞留于零碎不全的认识的初级阶段.[1]

1.2 古典集合论的创立

19 世纪,由于工业科学和自然科学的蓬勃发展,大大推动了微积分的理论与应用性的研究,然而整个 18 世纪以来,微积分的研究和发展被长期困扰在一种特殊的烦恼之中,这就是一方面是微积分在应用领域中的一个接着一个的光辉发现;另一方面却是微积分基础理论之种种含糊性所导致的矛盾愈来愈尖锐. 因而当时的微积分为要弄清无穷小量与无穷级数的本质,而迫切要求奠定其理论基础. 再看当时的抽象代数,实际上已经在研究群、环、域等具有特殊结构的无穷集. 而且几何学的迅速发展,亦已在力图突破图形的刚体合同观念,而走向开辟点集拓扑的新领域. 所以就整个经典数学而言,势必迫切要求去建立一个能以统括各个数学分支、并能建树其上的理论基础. 正是在数学发展的这样一个历史背景下,Cantor 系统地总结了长期以来的数学的认识与实践,终于在集理论的认识上真正地迈出了划时代的一步,缔造了一门崭新的数学学科 —— 集合论. 鉴于集合论的近代和现代发展,通常就把 Cantor 当时所创立并在 Cantor 时代发展起来的集合论叫作古典集合论. 古典集合论的创立,其最重要的历史性的意义有两点:其一是扩充了数学研究对象;其二是为整个经典数学的各个分支提供了一个共同的理论基础.

具体地说,作为从量的侧面去探索和研究客观世界的一门学问而言,数学并不是一开始就能对所有的量性对象去作数学的考察和处理的,在数学历史的发展中,数学研究对象是在不断的扩充之中逐步丰富起来的. 例如,在很长的历史阶段中,数学只能处理静态的量性对象,这就是常量数学的发展和研究. 直到 18 世纪以后,数学才能处理动态的量性对象,这就是从微积分学创立以后的变量数学研究. 再例如确定性的经典数学只处理确定性的量性对象,对于随机性的量性对象不做分析研究,而后由于概率论的诞生和发展,标志着数学研究对象由确定性到随机性的再扩充.那么19世纪Cantor以前的数学,从根本上说只处理有限性的或者至多是潜无限的量性对象,而19世纪Cantor关于古典集合论的创立,实无限量与对象才明确地被引入数学领域,从而标志着数学已进入处理实无限性对象的时代,所以古典集合论实现了数学研究对象从有限与潜无限到实无限的再扩充.这就是Hausdorff所说的:"从有限推进到无限,乃是Cantor的不朽功绩."[4] 另一方面,又由于集合论的思想和方法渗透到数学的各个分支中,不仅如此,任何一个数学概念,都能从集合论的概念出发把它定义出来,任何一条数学定理,都能从集合论的思想规定和定理出发把它推导出来,这就是说,整个数学都能在集合论的基础上被推导出来.再则后来关于非欧几何相对相容性证明,最后被归结为集合论的相容性证明.如此,几乎公认整个经典数学都可奠定在集合论的基础上,也就是说集合论是整个数学的理论基础.有关数学基础的一系列丰富内容,将在下文继续有所论及,并将在《数学基础概论》一书中做系统的讨论.

Cantor 1845年3月3日生于俄国圣彼得堡(今列宁格勒),1918年1月6日于萨克森的哈勒逝世.Cantor的父亲是从丹麦移居俄国的,他的家庭是犹太人的后裔,因而具有丹麦—犹太血统.Cantor的母亲出生于罗马天主教家庭,而父亲全心全意信奉基督教.Cantor 11岁时随父母从俄国移居德国.Cantor早在小学读书的时候,就已表现出数学才能,而父亲则极力主张他去学工程,因而于1863年入柏林大学学工,但很快受到Weierstrass的影响而不顾父亲的反对,终于转向攻读纯粹数学.1867年,Cantor以优异的成绩在柏林大学获得博士学位,他的博士论文是《论Gauss的一个错误》.后于1869年任哈勒大学的讲师.1879年升任教授,并且终于成为德国著名数学家.1874年,也就是他29岁的时候,他在《数学杂志》(*Journal für Mathematik*)上发表了关于无穷集合论方面的第一篇开创性和奠基性的论文,并且继续不断地发表有关集合论与超限数方面的论文,直到1897年为止.

由于Cantor的工作直接冲击了许多前人的想法和传统观念,从而遭到了保守思潮的强烈反对,许多反对意见是耸人听闻的.其中以曾经是Cantor的老师,当时数学界的权威教授Kronecker所做的攻击最为激烈和粗暴.他谩骂Cantor是科学的叛徒和骗子.[5] Isaac Asimov曾在他的名著《古今科技名人辞典》中指出:"Kronecker还出于同行的妒忌心理,阻碍Cantor的提升,比如说他使Cantor不能得到柏林大学的职位."[6] 还应指出,Kronecker 对 Cantor 的攻击,不仅粗暴和耸人听闻,而且长达十余年,这样在论战十分紧张的情况下,致使 Cantor 于 1884 年精神失常. Cantor 的余生,"大都处在一种严重抑郁状态中,"[6] 并且"死在精神病院里."[6] 更严重的是 Kronecker 的攻击,致使数学家对 Cantor 的工作长时间持有怀疑态度.[3] 在这里,当时的权威 Kronecker 扮演了一个刽子手的角色. 当然,历史地和现代地说,几乎每一个数学新分支的诞生,数学研究对象的每一次再扩充,总要受到传统思想的反对和攻击,只是程度有所不同而已,这几乎是一种规律. 即使在人类智慧的未来发展中,仍将如此反复地表演下去. 然而,不论传统观念如何反对新思想,随着时间的推移,新思想终究会被人们所理解和接受,Cantor 的思想和工作也不例外. "1897 年在苏黎世举行的第一次国际数学家会议上,Adolf Hurwitz 与 Hadamard 指出了超限数理论在分析中的重要应用. 进一步的应用不久就在测度论与拓扑学方面开展起来. Hilbert 在德国传播了 Cantor 的思想,并在 1926 年说:'没有人能把我们从 Cantor 为我们创造的乐园中驱赶出去.' 他对 Cantor 的超限算术赞誉为'数学思想的最惊人的产物,在纯粹理性的范畴中人类活动的最美的表现之一.'Russell 把 Cantor 的工作描述为'可能是这个时代所能夸耀的最巨大的工作'."[3]

1.3 近代公理集合论的兴起

在数学上,有所谓数学系统的公理化方法,也就是选取少数不加定义的原始概念(基本概念)和无条件承认的互相制约的规定(公理)作为出发点,再以严格的逻辑推演,使某一数学分支成为演绎系统的方法.

"从认识论的角度来看,我们首先主张对任何公理系统的原始概念和公理的选取,必须客观地反映现实对象的本质与关系,就是说应该有它真实的直观背景,而不是凭空臆造. 其次,从逻辑的角度来看,则不能认为一些概念和公理的任意罗列就能构成一个合理的公理系统. 须知一个有意义的公理系统应当是一个相容的有机整体. 一般说来,要求所给公理系统能满足如下三个条件:

(1) 相容性,也称为无矛盾性. 换句话说,公理的选取不允许出现这种情况:既能证明定理甲成立,又能证明定理甲的反面成立.

(2) 独立性,即在所选的公理表中,不允许有一条公理能用其他公理把它推出来.

(3) 完备性，即要求能确保从公理系统能推出所研究的数学分支的全部命题，也就是说必要的公理不能少.

至少从理论上讲，对于公理系统的如上要求应该算是正当和自然的. 至于某个所论之公理系统是否满足或已否验证满足上述要求，甚至能否在理论上证明满足上述要求的公理系统确实存在等都是另外一回事. ”[1]

公理化方法既是表述与总结科学理论的重要方法之一，同时又是推动和创建新理论的重要方法之一. 20 世纪以来，公理化方法渗透到数学的许多分支之中. 尤其是在现代数理逻辑中，公理化方法已成为最流行的方法. 如所知，公理化方法对近代数学发展所产生的巨大影响，已是举世公认的事实. 不仅如此，公理化方法早已超越数学理论范围的应用而进入其他的自然科学领域，如 20 世纪 40 年代，Banach 完成了理论力学的公理化，物理学家还将相对论表述为公理化体系等.

一般认为，对于数学系统公理化和公理化方法的历史发展，大致可以划分为公理化方法的产生、公理化方法的完善和公理化方法的形式化这样三个阶段. 其中第一阶段是指由 Aristotle 的完全三段论到 Euclid《几何原本》的问世. Aristotle (前 384—前 322) 是历史上第一个正式给出公理系统的学者，因为他总结了古代积累起来的逻辑知识，并以数学及其他演绎的学科为实例，把完全三段论作为无条件承认的前提或公理，然后从这前提出发推出其他三段论. Euclid 正是在深受其影响的情况下，将逻辑的公理演绎方法应用于几何学，才使他完成了《几何原本》的著述. Euclid 的《几何原本》当然是数学系统公理化和公理化方法的一个雏形，但它很不完善. 公理方法历史发展的第二阶段是指非欧几何的诞生到 Hilbert 的巨著《几何学基础》一书的问世. Hilbert 在《几何学基础》一书中解决了《几何原本》中的不足之处，由此而解决了用公理方法研究几何学的基础问题，成为近代公理化思想方法的代表作. 至于公理方法历史发展的第三阶段，那是指 Hilbert 在他的形式化研究方法，特别是在他的元数学(证明论) 中把公理化方法所推向的一个新阶段. [1][7] 有关具体内容涉及许多数学基础理论的内容，《数学基础概论》一书中将会有所论及.

Cantor 创建古典集合论，只是以素朴的形式陈述他的理论，既没有明确其原始概念，也没有罗列其不证自明的思想规定，所以古典集合论通常被称为素朴集合论. 但是，任何一个仅以素朴形式陈述而未经公理化的数学分支，都在本质上依然具有其自身的思想原则和基本概念，只是这些原则和基本概念没有像公理化了的数学分支那样完全明朗化而已. 对于 Cantor 的素朴集合论而言，当然也不例外. 我们只要对古典集合论的内容稍加分析和概括，也就不难看出，“Cantor 当时的几个主要的基本原则或思想方法，不外乎是概括原则、外延原则、一一对应原则、延伸原则、穷竭原则和对角线方法. ”[1] 其中以概括原则为核心，这也是 Cantor 创建古典集合论的最重要的思想方法之一. 然而，在古典集合论诞生之后，Cantor 首先于 1895 年发现古典集合论内部包含着悖论. 所谓悖论，就是一种逻辑矛盾. 因而任何一个包含着悖论的理论，也就是一种不能自圆其说的自相矛盾的理论. 当时，Cantor 对自己的这一发现没有声张，但在两年后，这同一个悖论又被 Burali-Forti 于 1897 年发现，并且立即公布于世. 再过两年，Cantor 于 1899 年又在古典集合论中发现了另一个新的悖论. 然而不论如何，人们依然认为这些逻辑矛盾的出现，也许只是涉及集合论中的一些专门的技术问题，经过适当的调整或修改，问题是可以解决的. 然而又过了两年，时尚、年轻而后来成为逻辑主义派领袖的 Russell(1872—1970)，却在古典集合论中发现了一个十分基本而且直接涉及逻辑理论本身的悖论，即著名的 Russell 悖论，这可惊动了整个学术界. 特别是古典集合论作为整个经典数学的基础理论而言，竟是如此矛盾百出，岂不是说，整个经典数学是被奠定在一种自相矛盾的理论基础之上？这犹如一座高楼大厦建筑在一块裂缝甚多的墙基之上，怎能令人心安. 数学家和逻辑学家不能不认真对待集合论的悖论问题. 为了在集合论中避免悖论的出现，曾提出几种解决方案的思想和见解，其中之一就导致了近代公理集合论的发展.

M. Kline 教授指出：“数学家首先是求助于把 Cantor 以相当随便的方式阐述的，现在所谓的素朴集合论加以公理化. 几何与数学的公理化解决了这些领域中的逻辑问题，似乎公理化也可能澄清集合论中的困难. 这项工作最先由德国数学家 Ernst Zermelo 所承担，他相信悖论起因于 Cantor 对集合的概念未加限制. ”[3] 这样，Zermelo 于 1908 年建立了他的集合论公理系统，后来又经 Fraenkel，Von Neumann 和 Skolem 等数学家的几次改进，终于形成了著名的 ZFC 公理集合论系统. 在这个系统中，不仅避免了过去已被发现的悖论，而且至今未被发现有新的悖论出现. 当然，近代公理集合论中，还有如 GB 等其他公理集合论系统. GB 是由 John von Neumann 首先建立，并经由 Bernays 和 Gödel 改进而发展起来的. 这些系统也在同等程度上有效地避免了悖论的出现. 但由于 ZFC 系统从总体上来说，显得更为直观和自然，使用起来也较方便，因而被普遍采用和受到欢迎. 如此，近代公理集合论的建立和发展，就使整个经典数学得以奠定在一个较为牢靠的理论基础上，即现有的几种公理集合论系统，都为经典数学大厦提供了一块尚未发现有何裂缝而较为坚固的墙基. 但应指出，各种近代公理集合论的建立和发展，都不涉及数学研究对象的任何新的再扩充. 有关上述 Cantor 建立古典集合论的种种思想原则，以及悖论的发现与排除等的具体内容，必然涉及许多集合论的基本知识，故在此处尚不能去作具体而详细的讨论，我们将在下文和《数学基础概论》一书中去做具体的分析和讨论.

1.4　中介公理集合论的建立

今设 P 为一谓词(概念或性质)，如果对任何对象 x 而言，总是要么 x 完全满足 P，要么 x 完全不满足 P，即不存在这样的对象，它部分地满足 P，部分地不满足 P，那么，我们就说 P 是一个清晰谓词，并简记为 $\mathrm{dis}\ P$. 又若对某个谓词 P，存有这样的对象 x，它部分地满足 P，却又部分地不满足 P，则称 P 是一个模糊谓词，并简记为 $\mathrm{fuz}\ P$. 此处 dis 与 fuz 分别表示“清晰的”和“模糊的”. 我们又把形式符号 $\sim$ 叫作模糊否定词，解释并读为“部分地”，于是 $\sim P(x)$ 表示对象 x 部分地具有性质 P，即 x 只是部分地满足 P，而 $P(x)$ 表示 x 完全满足 P，即对象 x 完全具有性质 P.

我们曾在文献[48]中指出：“自从 Aristotle 以来，形式逻辑就区分了反对对立和矛盾对立；如果两个概念，都有其自身的肯定内容，并在同一内涵的一个更为高级的概念中，两者之间存在着最大的差异，那么，这两个概念就是反对对立概念，例如，善和恶、美和丑等. 而当两个概念中，一个的内涵否定另一个的内涵，那么，这两个概念就是矛盾对立概念，例如，劳动和非劳动、资本和非资本等”. 其实反对对立概念在日常生活、社会科学和自然科学中，都是经常使用和无处不有的，数学领域也不应例外. 我们把形式符号 $\dashv$ 叫作对立否定词，解释并读为“对立于”. 并把谓词 P 的反对对立面记为 $\dashv P$，如此，我们就用 $(P, \dashv P)$ 来抽象地表示一对反对对立概念. 如所知，在经典的二值逻辑中，形式符号 $\neg$ 的名称是否定词，解释并读为“非”，所以我们就用 $\neg P$ 来表示谓词 P 的矛盾对立面，并以 $(P, \neg P)$ 抽象地表示一对矛盾对立概念，而 $\neg P(x)$ 指并非对象 x 完全具有性质 P.

任给$(P,ㅋP)$,如果对象x满足$\sim P(x)\&\sim ㅋP(x)$,即x部分地具有性质P,同时又部分地具有性质$ㅋP$,此时我们就说x为反对对立谓词$(P,ㅋP)$的中介对象,这也就是哲学上常说的“亦此亦彼”,所谓“此”与“彼”,就是指P与$ㅋP$.而“亦此亦彼”就是对立面在其转化过程中的中介状态,即“同一性在质变过程中的集中表现”.[8]它呈现为既是对立的此方,又是对立的彼方.例如,黎明就是黑夜转化到白昼的中介,而黄昏则为白昼转化为黑夜的中介.这种对立面的中介概念或对象,在日常生活到各个自然科学或社会科学领域中也是经常运用和处处皆是的.诸如中年就是老年与少年的中介.半导体乃是导体与绝缘体的中介等.总之,中介对象也正是普遍存在于现实世界中的一类模糊性的量性对象.然而经典的二值逻辑和经典数学是拒不考虑和研究那些普遍存在并为人们所经常使用的模糊性质或模糊概念的,古典集合论和近代公理集合论,正是在拒不考虑和处理fuz P的造集问题意义下,为拒绝处理模糊现象的精确性经典数学提供了一个理论基础.这就是说,在经典数学及其理论基础上,无形中贯彻了如下一条原则:即在论域的适当限制下,任给谓词P和对象x,要么有$P(x)$,要么有$ㅋP(x)$,即无条件认为,任何可接受的谓词P,都没有x能使$\sim P(x)$,不妨将这一原则叫作“无中介原则”.因为在这种原则之下,只要论域一经适当限制,首先否认中介对象存在,进而就在所给论域中,反对对立与矛盾对立被视为同一,以致$\neg P$就是$ㅋP$.这就是二值系统中之“非美即丑”“非善即恶”“非真即假”等之由来.但应提醒的是,在经典数学及其理论基础之中,从来不把“无中介原则”作为一条公理而明确列出,只是在构造任何逻辑系统、集合论系统或数学系统时,无形地把这一原则的精神贯彻始终.

在本书1.2节中曾已论及,数学以客观世界中的量性对象为自己的研究对象,但在一定的历史阶段中,囿于历史的局限,总有这样或那样的未被数学地考察和研究过的量性对象,即数学研究对象是在不断地再扩充之中逐渐丰富起来的.其中古典集合论的创立,完成了数学研究对象由有限与潜无限到实无限的再扩充.20世纪60年代,由Zadeh教授创始而被发展起来的模糊集理论,标志着数学研究对象由精确性量性对象到模糊性量性对象的再扩充.然而这一再扩充未能在纯数学的基础理论意义下彻底实现,Zadeh的历史功绩,在于他第一个十分明确地指出,必须数学地分析处理模糊现象,同时又提供了一种相对合理可行的处理方法,这就是用精确性经典数学手段去处理模糊现象的方法,在这种方法的使用下,发展和形成了当今意义下的模糊数学. 如所知,Zadeh 是一位著名的控制论专家,大量的涉及模糊现象的实际问题刺激他去考虑,如何数学地分析处理这些模糊现象,加上他的才智和思想活跃,使他创建了当今的模糊集理论. 但又因为 Zadeh 不是一位纯粹数学家,决定了 Zadeh 不可能在纯数学的基础理论意义下去解决数学研究对象的这一再扩充问题,而只能提供当前这种相对合理的处理模糊现象的方法.

为了能在数学基础理论意义下去完成数学研究对象由精确性到模糊性的再扩充,首先,必须确立一条与无中介原则相反的原则,即无条件地承认,并非对于任何谓词 P 与对象 x,总是要么 $P(x)$ 真,要么$\neg P(x)$ 真. 换一种说法,就是无条件承认存在着某些谓词 P,对于这些 P,有对象 x 使得 $P(x)$ 和$\neg P(x)$ 都部分地真. 我们把这条原则叫作"中介原则". 其次,要在中介原则的观点下,去构造和建立一种新的集合论系统,也就是说,在这种新的集合论系统中,我们无条件地遵循和贯彻中介原则;当然,我们也不去把中介原则作为一条公理明确列出,而是在构造逻辑系统或集合论系统时,无形中将中介原则的精神贯彻始终. 对于这种公理集合论系统,必须既能处理 dis P 的造集问题,同时又接受并能处理 fuz P 的造集问题. 只有这样,才能在数学基础理论意义下去实现数学研究对象由精确性到模糊性的再扩充.

朱梧槚与肖奚安经过长期合作研究,共同建立了一种符合上述目标的新的集合论系统. 由于这种集合论系统是在中介原则的观点下建立起来的,并以公理化的形式展开,又全部引理和定理的证明都已形式化,所以取名为"中介公理集合论系统",并简记为 MS,而与 MS 配套的逻辑工具则是一种有别于二值逻辑的逻辑演算系统,同样因为这种逻辑系统始终贯彻中介原则的精神,而被称为"中介逻辑演算",并且简记为 ML.

ML 由 MP、MP^*、MF、MF^* 与 ME^* 这 5 个系统构成,其中 MP 表示中介逻辑的命题演算系统,MF 表示中介逻辑的谓词演算系统,而 MP^* 和 MF^* 则分别表示 MP 与 MF 的扩张系统,ME^* 表示中介逻辑的同异性演算系统,即带等词的中介谓词演算系统. 对于上述 ML 之诸系统的建立,首先于 1985 年在《自然杂志》上连续发表了 9 篇研究通讯,详见文献[9]～[13]. 后于 1988 年起,分别在《数学研究与评论》等三种数学杂志上发表全文,详见文献[14]～[18]. ML 诸系统的出现,很快引起我国许多中青年数理逻辑工作者的兴趣,有关 ML 诸系统之语义研究被迅速展开. 例如,迄今为止,ML 诸系统的可靠性、相容性与完备性均已被证明. 在有关工作中做出有意义成果的同志有邹晶、钱磊、潘振华、潘勇、盛建国、张东摩、张大可等.另外,谭乃教授、肖奚安和朱梧槚还分别对 MP 和 MP^* 的形式语言表达能力进行了研究,获得了一系列结果,并且证明了从 MP 到 MP^* 的扩张是本质的和必不可少的.又朱剑英教授在文献[19]、[20]中阐明了他对 ML 与 MS 之应用前景的看法.还应特别指出如下几项工作:其一是吴望名教授和他的学生潘吟建立了“中介代数系统”,由此而开辟了用代数方法研究中介逻辑的途径,也表明与相对于经典的二值逻辑有 Boole 代数一样,相对于 ML 也是可以代数化的;其二是邹晶与邱伟德建立了“中介模态逻辑系统”,他们已经构造了 MT、MS_4 和 MS_5 等三个中介模态系统,并且分别进行了严格的语义研究,分别获得了这些系统的可靠性与完备性的定理;其三是钱磊构造了“中介逻辑演算的 Gentzen 系统”,证明了“切割消除定理”,并用此定理证明了 MP 与 MF 的相容性,又构造模型而证明了 MP 与 MF 的完备性和可靠性.应予指出的有关工作还有不少,限于篇幅,不能一一说明.有关 ML 的上述一系列成果,详见文献[21]~[39].

有关 MS 的建立和展开,可概括为如下 6 个部分,即“两种谓词的划分与定义”“集合的运算”“谓词与集合”“小集与巨集”“MS 与 ZFC 的关系”“逻辑数学悖论在 MS 中的解释方法”.有关结果首先于 1986 年在《自然杂志》上连续发表了 6 篇研究通讯,而 1988 年《中国科学》又分别以中文版和英文版发表了上述有关 MS 的全部结果.详见文献[40]~[47].有关阐明建立 ML 与 MS 之实际背景、思想原则或目的意义等内容,则见文献[48]~[51].现据 ML 与 MS 中之基本概念及所获有关定理,简要指出如下几点:

(1) 由于在 ML 与 MS 中无条件贯彻中介原则,不仅直接引进了模糊否定词 $\sim$ 和对立否定词ㅋ,并在 MS 中给出了有如模糊谓词 $\underset{\langle x_1,\cdots,x_n\rangle}{\mathrm{fuz}} P$(见文献[40]之定义 1.9)、清晰谓词 $\underset{\langle x_1,\cdots,x_n\rangle}{\mathrm{dis}} P$(见文献[40]之定义 1.10)、概集 $a\ \underset{x}{\mathrm{com}} P(x,t)$(见文献[42]之定义 3.1)、恰集 $a\ \underset{\langle x_1,\cdots,x_n\rangle}{\mathrm{exa}} P(x_1,\cdots,x_n;t)$(见文献[41]之定义 2.1)等概念的形式定义,直至在纯数学的基础理论意义下解决了 fuz P 的造集问题,从而在 ML 与 MS 中建立了更为广泛的概念与原则去直接反映种种模糊现象,所以 ML 与 MS 已在数学基础理论意义下完成了数学研究对象由清晰性到模糊性的再扩充.

(2) 首先我们在文献[52]中,严格地证明了经典的二值逻辑演算 CL 的各个系统都是 ML 的子系统.其次,大家公认整个精确性经典数学可由 ZFC 之正则公理以外的 9 条公理推出，但这 9 条公理现已成为 MS 中对谓词与个体在某种约束条件下的 9 条定理，这些定理是：

定理 5.2　$W(a)\wedge W(b)\Rightarrow(\forall x(x\in a\Leftrightarrow x\in b)\Rightarrow a=b)$.[44]

定理 5.3　$W(a)\wedge W(b)\Rightarrow\exists c(W(c)\wedge\forall x(x\in c\Leftrightarrow(x=a\vee x=b)))$.[44]

定理 5.4　$\exists b(W(b)\wedge\forall x(x\notin b))$.[44]

定理 5.5　$W(a)\wedge\forall x(x\in a\Rightarrow W(x))\Rightarrow\exists b(W(b)\wedge\forall x(x\in b\Leftrightarrow\exists y(y\in a\wedge x\in y)))$.[44]

定理 5.10　$W(a)\Rightarrow\exists b(W(b)\wedge\forall x(x\in b\Leftrightarrow x\subseteq a\wedge W(x)))$.[44]

定理 5.13　$\underset{\langle x,y\rangle}{\mathscr{U}n}\varphi(x,y;t)\wedge\underset{\langle x,y\rangle}{\mathrm{dis}}\varphi(x,y;t)\wedge\underset{\langle x,y\rangle}{\mathscr{P}\mathrm{dm}}\varphi(x,y;t)\wedge W(a)\Rightarrow\exists b(W(b)\wedge b\underset{x}{\mathrm{exa}}\exists x(x\in a\wedge\varphi(x,y;t)))$，此处 $\varphi(x,y;t)$ 中没有 b 的自由出现.[44]

定理 5.14　$\underset{x}{\mathrm{dis}}\ P(x)\wedge W(a)\Rightarrow\exists b(W(b)\wedge\forall y(y\in b\asymp(y\in a\wedge P(y))))$.[44]

定理 5.17　$\exists a(W(a)\wedge\varnothing\in a\wedge\forall x(x\in a\Rightarrow W(x))\wedge\forall x(x\in a\Rightarrow x^{+}\in a))$.[44]

定理 5.18　$W(a)\wedge\forall x(x\in a\Rightarrow W(x))\wedge\forall x\forall y(x\in a\wedge y\in a)\wedge\neg(x=y)\Rightarrow x\cap y=\varnothing)\Rightarrow\exists b(W(b)\wedge\forall x(x\in a\wedge x\neq\varnothing\Rightarrow I(b\cap x)))$.[44]

上述 MS 中之一系列定理依次相当于 ZFC 之外延公理(定理 5.2)、对偶公理(定理 5.3)、空集公理(定理 5.4)、并集公理(定理 5.5)、幂集公理(定理 5.10)、替换公理(定理 5.13)、子集公理(定理 5.14)、无穷公理(定理 5.17)、选择公理(定理 5.18). 从而整个精确性经典数学也可在 MS 中产生并奠基于 MS. 此外，在 ML 与 MS 中还建立了一套清晰化算符 $\measuredangle_{\circ}$、$\overset{\circ}{\sim}$、$\overset{\circ}{\text{ㅋ}}$，并证得如下定理：

定理 13　MP*[10]：(1) $\sim\measuredangle_{\circ}A\vdash B$，(2) $\sim\overset{\circ}{\sim}A\vdash B$，(3) $\sim\overset{\circ}{\text{ㅋ}}A\vdash B$.

本定理表明 ML 与 MS 中之任何 Wff A(合式公式 A)，一经清晰化算符作用后，就不能再取 $\sim$ 值. 从而当我们无须处理模糊现象时，即可使用清晰化算符去对 ML 与 MS 做清晰化处理，以使任一被清晰化了的 Wff 非真即假. 从而 ML 被约化为 CL，MS 被约化为 ZFC. 综上所述，可以认为 ML 与 MS 拓宽了精确性经典数学逻辑基础与集合论基础. 其结构和框架可如下图所示.

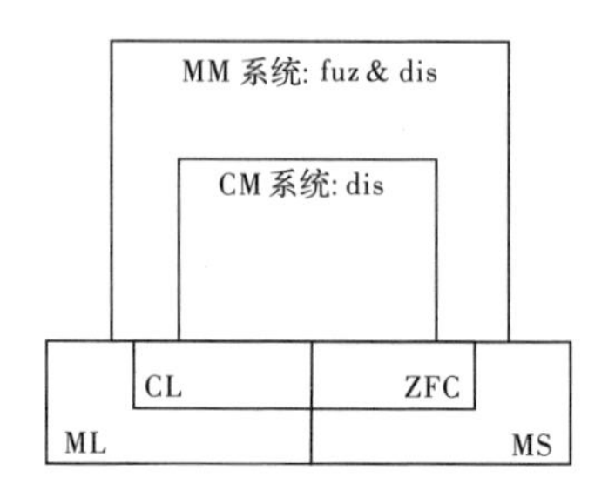

(3) 在《数学基础概论》一书中,我们将会详细讨论并指出,各种近代公理集合论系统对于悖论的排除,都涉及概括原则的修改,但在排除悖论的同时又过多地限制了概括原则的合理内容. 因而需要寻找一种方案,使之既能排除悖论,又能最大限度地保留概括原则的合理内容. 这一问题在经典数学范围内不仅没有解决,而且几乎可以说是不可能在经典数学范围内获得解决的. 但在 MS 中,首先通过泛概括公理 A10[42]、泛概括定理[42]、定理 3.14[42] 和定理 3.15[42] 而全面保留了 Cantor 意义下的概括原则. 其次,又通过定理 6.7[45]、定理 6.8[45]、定理 6.10[45]、定理 6.17[45]、定理 6.18[45]、定理 6.19[45] 和定理 6.20[45] 等一批有关的定理,严格地证明了历史上一切逻辑数学悖论均不在 MS 中出现,其中包括原在二值系统中无须解决的多值逻辑悖论[53] 和无穷值悖论[54]. 因此,上述如何寻找一种修改概括原则的方案,使之既能排除悖论,又能最大限度地保留概括原则之合理内容的问题,至此在 MS 中彻底解决.

(4) 既然前述(2) 中已经确认,整个精确性经典数学可在 MS 中产生并奠基于 ML 与 MS,另一方面,ML 与 MS 又为研究模糊现象的数学提供了必要的逻辑演算与公理集合论体系,因而 ML 与 MS 有可能为精确性经典数学和未来之处理模糊现象的不确定性数学(不同于现行的模糊数学) 提供一个共同的理论基础.

当然,对于 ML 与 MS 的出现,尚有一个实践、检验、发展和成熟的过程,在这期间,已经或者将要出现一种争论的局面,甚至包括那些非学术性的、完全属于攻击逃避反应规律的内容在内[55],也都是属于合乎规律的和必然会出现的正常情况.

第2章　集合及其运算

2.1　基本概念

任何一个理论系统，都要包含着一些不加定义而直接引入的基本概念. 例如，Euclid 几何系统或者 Лобачевский 几何系统中的“点”“直线”“平面”，又如生成自然数序列之 Peano 系统中之“自然数”“集合”“∈”“后继数”等都是它们所属系统中之基本概念. 事实上，“对任何一个概念下定义，必须借助于比它更为基本的概念. 因此，在各个历史发展的阶段中，总有一些概念只能自相地通过举例、譬如和说明来对它进行描述，例如，集合就是这样一个基本概念，至少历史地迄今为止，一切要想对集合做出所谓严谨的、合乎数学要求的定义的尝试都没有成功. 所以近代公理集合论者，都放弃了对集合下定义的做法，把它作为基本概念加以隐定义，这是可以理解的”. [1]

集合论的创始人 Cantor 曾对集合的概念做过如下的描述：“把一些明确的（确定的）、彼此有区别的、具体的或想象中抽象的东西看作一个整体，便叫作集合. ”[1] 也许有人认为Cantor的这一描述就是给集合下了一个定义. 其实不然，因为诸如整体、总体、总合、集合等都是等价概念，不明白什么叫集合，也就说不清什么叫整体. Cantor 在这里的说法如果被认为是给集合下定义，那就是使用了与集合相等价的概念（整体）来给集合下定义，因而是一种同义反复. 所以 Hausdorff 认为：“这是在用莫名定义莫名. ”[4] 即 Cantor 这类说法，只能当作一种说明，当作是对原始的、人所公认的思维过程的指证. 而这种思维过程之演解为更原始的过程，迄今没有实现.

在本书中，不妨再明确地对集合做如下的描述：当我们把一些确切的对象汇集在一起而当作一个单一的总体来考虑时，这一总体就被称之曰集合. 例如，某图书馆里所有的藏书所组成的集. 从 1 到 200 的自然数组成的集，某本书中一切独立之语句组成的集，某种形式系统中所有合式公式构成的集，平面上所有的三角形构成的集等等. 通常那些构成集合的对象叫作集合的元素. 对于一个集合的生成而言，它涉及的就不仅是那些构成集合的对象(即它的元素)，而且还有使这些对象构成一个总体的那种“汇集作用”. 对于这一点，Лузин 曾有如下的很好的说明：“为了帮助读者了解起见，采用下面这样粗浅的形式来说明，将比较方便. 我们想象有一个透明而不可穿过的囊膜，就像一只严密封闭的袋子. 假设在这囊膜中，除了这些元素以外，再没有任何别的东西，……，这个包含了所有元素(而且除了它们以外，没有任何别的东西)的透明囊膜，也足以用来很好地表示将诸元素 e 汇集在一起的那个作用，由于这汇集作用的结果才产生了集合 M. ”[57] 通常用英文大写字母 $A,B,C,A_i,B_i,C_i,R,S,\cdots(i=1,2,3,\cdots)$ 表示集合，而用英文小写字母 $a,b,c,a_i,b_i,c_i,x,y,\cdots(i=1,2,3,\cdots)$ 表示集合的元素. ①如果 a 是集合 A 的元素，则称 a 属于 A；如果 a 不是集合 A 的元素，则称 a 不属于 A，即

$$a \in A =_{\mathrm{df}} “a \text{ 属于 } A”$$

$$a \overline{\in} A =_{\mathrm{df}} “a \text{ 不属于 } A”.$$

在贯彻无中介原则之二值系统中，对于任一元素 a 和任一集合 A 而言，要么有 $a \in A$，要么有 $a \overline{\in} A$，即在 $a \in A$ 与 $a \overline{\in} A$ 中有且仅有一种情形成立. 也就是 Morris Kline 在文献[3]中所指出的：“Cantor 称集合为一些确定的、不同的东西的总体，这些东西，人们能意识到，并且能判断一个给定的东西是否属于这个总体.”

一个集合可以由某个自然数所表示的那么多个(即有限多个)对象组成，也可以由无穷多个对象组成，我们分别称之为有限集或无穷集. 如果集合 A 和 B 的元素完全相同，则称 A 和 B 是相等的. 即

$$A = B =_{\mathrm{df}} “A \text{ 与 } B \text{ 是相等的}”.$$

又若集合 A 的每一元素都是集合 B 的元素，即 $\forall a(a \in A \Rightarrow a \in B)$，则称 A 是 B 的子集并记为 $A \subseteq B$ 或 $B \supseteq A$，即

① 此处关于表示集合与元素之符号的区分，也只是为了在相对表达中的醒目与方便，实质上是无法贯彻始终的，因为集合可以成为另一集之元素，即构成集合之元素本身就是集合.

$$A \subseteq B(\text{or } B \supseteq A) =_{\text{df}} \text{“}A\text{ 是 }B\text{ 的子集”}.$$

此处 or 为自然语言中“或”的简记. 如此

$$A = B \Leftrightarrow A \subseteq B \,\&\, B \subseteq A.$$

此处 & 为自然语言中“并且”或“与”的简记. 如果 $A \subseteq B \,\&\, \exists b(b \in B \,\&\, b \overline{\in} A)$，则称 A 是 B 的真子集，记为 $A \subset B$ 或 $B \supset A$，即

$$A \subset B(\text{or } B \supset A) =_{\text{df}} \text{“}A\text{ 是 }B\text{ 的真子集”}.$$

描述或表示集合的方法有多种，常见的三种有：

(1) 枚举法：也叫作列举法，就是把集合的元素逐个列出，当然很多是只写出其中的几个元素，其余的却用“…”去表示. 不过，当我们使用“…”去表示其余元素时，必须是有条件的，那就是有规律能使您在思维中明确“…”所表达的内容. 所以枚举法通常只用以表示有穷集合，或者至多包含全体自然数那么多个元素的集合.

(2) 描述法：这就是把集合中所有元素所共有的性质或应该满足的条件写出来，就像写出一个无穷级数的通项那样.

(3) 归纳法：也就是用递归定义的方法去描述集合.

在上述几种表示集合的方法中，都以{ }去表示生成集合中的那个汇集作用. 例如，

$$A = \{x \mid P(x)\}$$

表示集合 A 由且仅由一切具有性质 P(或说满足谓词 P)的元素组成. 其中“|”左边的 x 表示 A 的任一元素，而“|”右边的 $P(x)$ 表示元素 x 具有性质 P 或满足条件 P，{ }则表示把所有满足谓词 P 的 x 汇集成一个集合(总体). 所以 $A = \{x \mid P(x)\}$ 的另一表达式便是

$$\forall x(x \in A \Leftrightarrow P(x)).$$

这就是说，凡是 A 的元素 x 都是具有性质 P 的对象，而凡是具有性质 P 的对象 x 都是 A 的元素. 这是说的上述“描述法”. 而例如 $B = \{1,2,\cdots,k\}$ 就是用“枚举法”表示由自然数序列中前面 k 个自然数所构成的集合. 又如 $C = \{x_{i+1} = x_i + 1, i = 1, 2, 3, x_1 = 1\}$ 就是用“归纳法”去表示由 1,2,3,4 这四个自然数所构成的集合.

本书中，也习惯地用 $\mathbf{N}$、$\mathbf{Z}$、$\mathbf{Z}_+$、$\mathbf{Q}$、$\mathbf{R}$ 依次分别表示自然数集合、整数集合、正整数集合、有理数集合、实数集合.

我们把$\{a\}$叫作单元集. 应当注意 a 和$\{a\}$是不同的，例如，设 $a = \{1,2\}$，故集

合a有两个元素，而集合$\{a\}$却只包含一个元素.[①]我们把不包含任何元素的集叫作空集，记为$\varnothing$.引入$\varnothing$的概念，“正如数0的引入一样，系出于方便合用的理由.”[3]因为若不引入$\varnothing$，“则势将在无数情况中，只要我们讲到一集，就得添上一个附注：如果此集是存在的.”[3] 同样应该注意$\varnothing$与$\{\varnothing\}$是不同的.因为$\varnothing$表示什么也没有，而$\{\varnothing\}$却有一个元素$\varnothing$.就像两个乞丐站在屋檐下，一个手中有个空饭盒，一个手中什么也没有，虽然两人都在饿肚子，然而一无所有的$\varnothing$处境更困难.显然对于任何x，都有$x \overline{\in} \varnothing$.此外，对于任何集合$A$，恒有$\varnothing \subseteq A$，即空集是任何集合的子集.对此，有的书上作为定理来证明，而有的作者则把它当作一种合理的规定，这种规定并不违背子集的定义.就像一个人声称凡是自己口袋里的钱都算是别人的钱，如果他口袋里真有钱而不肯拿出来给别人，那么，此人说了一句假话，但若他的口袋是空的，这就不好说他在说假话.还应指出，空集是唯一的，否则，设有两个空集$\varnothing$和$\varnothing'$，则有$\varnothing \subseteq \varnothing' \& \varnothing' \subseteq \varnothing$，于是$\varnothing = \varnothing'$.

2.2 集合之简单运算及其基本规律

本节先讨论有关集合的一些简单运算及其基本规律.首先，让我们引入“全集”的概念如下：若在我们的讨论中所涉及的全部集合，它们的元素均在某一确定的集中，则称该确定的集为全集，记为E.显然，全集E也和空集$\varnothing$那样，是唯一确定的.另外，由E的定义知，对任一集A，都有$\forall x(x \in A \Rightarrow x \in E)$，所以$A \subseteq E$，即任何集都是全集的子集.

现给出有关集合之一些简单运算的定义如下：

定义 2.2.1 集合A与集合B的并集记为$A \cup B$，而

$$A \cup B =_{\mathrm{df}} \{x \mid x \in A \text{ or } x \in B\}.$$

定义 2.2.2 集合A与集合B的交集记为$A \cap B$，而

$$A \cap B =_{\mathrm{df}} \{x \mid x \in A \& x \in B\}.$$

定义 2.2.3 集合A与集合B的差集记为$A - B$，而

$$A - B =_{\mathrm{df}} \{x \mid x \in A \& x \overline{\in} B\}$$

① 参阅本节中前述关于集合与元素之表示符号的注解.

定义 2.2.4　特把全集 E 对集合 A 的差集 $E-A$ 叫作 A 的补集，记为 $\sim A$，即

$$\sim A =_{\mathrm{df}} E - A =_{\mathrm{df}} \{x \mid x \in E \,\&\, x \,\overline{\in}\, A\}.$$

如果集合 A 与 B 使得 $A \cap B = \varnothing$，即 A 与 B 没有公共元素，则称 A 和 B 不相交.

通常由两个(或一个)集合按某种规则生成一个新的集合的运算，称为集合的二元(或一元)运算. 上述诸定义中，有关求两个集合之并、交、差等运算，都是关于集合的二元运算，而补运算则为一元运算，人们还用一种被称为文氏图的办法，去把这些运算直观地表达出来，如图2.2.1 所示.

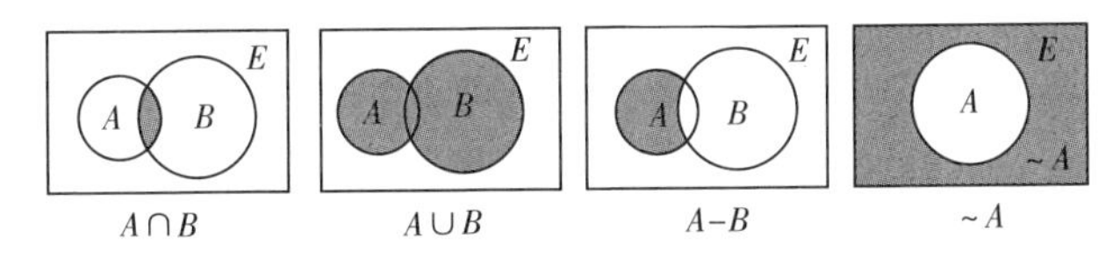

图 2.2.1

图 2.2.1 中之长方形代表全集 E，圆代表任意集 A、B，而把每一图所表示的含义写在每个长方形的下方，应特别对照图中所画出的阴影部分去做直观理解.

我们先讨论关于集合之交与并两种运算之交换律、分配律、零律、补余律、结合律、零元与单位元之存在性及补集的性质，这些性质对于集的运算来说是基本的，所谓基本，是指集的运算的其他性质可由这些基本性质推出.

定理 2.2.1　设 E 为全集，则对其任意子集 A,B,C 而言，可有：

(1) $A \cup B = B \cup A$(并的交换律).

(2) $A \cap B = B \cap A$(交的交换律).

(3) $A \cup (B \cup C) = (A \cup B) \cup C$(并的结合律).

(4) $A \cap (B \cap C) = (A \cap B) \cap C$(交的结合律).

(5) $A \cup (B \cap C) = (A \cup B) \cap (A \cup C)$(并对交的分配律).

(6) $A \cap (B \cup C) = (A \cap B) \cup (A \cap C)$(交对并的分配律).

(7) $A \cup \varnothing = A$($\varnothing$ 称为并运算的零元).

(8) $A \cap I = A$(I 称为交运算的单位元).

(9) $A \cup \sim A = E$

(10) $A \cap \sim A = \varnothing$

(9)(10)(补余律).

$$\left.\begin{aligned}&(11)\ A \cap \varnothing = \varnothing \\ &(12)\ A \cup E = E\end{aligned}\right\}(\text{零律}).$$

证明　我们选证其中的一部分,其余读者可自行证明之.

(1) 设 $x \in A \cup B$,则或有 $x \in A$,或有 $x \in B$,无论哪种情况都可得 $x \in B \cup A$,这表明 $x \in A \cup B \Rightarrow x \in B \cup A$,故 $A \cup B \subseteq B \cup A$,同理可证 $B \cup A \subseteq A \cup B$,于是 $A \cup B = B \cup A$.

(3) 设 $x \in A \cup (B \cup C)$,则或有 $x \in A$,或有 $x \in B \cup C$,当 $x \in A$ 时,则有 $x \in A \cup B$,于是 $x \in (A \cup B) \cup C$. 当 $x \in B \cup C$ 时,则或有 $x \in B$,此时有 $x \in A \cup B$,故 $x \in (A \cup B) \cup C$;或有 $x \in C$,此时也有 $x \in (A \cup B) \cup C$,这表明无论哪种情况都可得 $x \in (A \cup B) \cup C$,即有 $\forall x(x \in A \cup (B \cup C) \Rightarrow x \in (A \cup B) \cup C)$,这表明 $A \cup (B \cup C) \subseteq (A \cup B) \cup C$,同理可证$(A \cup B) \cup C \subseteq A \cup (B \cup C)$,于是$(A \cup B) \cup C = A \cup (B \cup C)$.

(5) 设 $x \in A \cup (B \cap C)$,则或有 $x \in A$,或有 $x \in B \cap C$. 当 $x \in A$ 时,则可有 $x \in A \cup B \& x \in A \cup C$,故 $x \in (A \cup B) \cap (A \cup C)$. 当 $x \in B \cap C$ 时,则有 $x \in B \& x \in C$,于是 $x \in A \cup B \& x \in A \cup C$,即 $x \in (A \cup B) \cap (A \cup C)$. 故在任何情况下均可得

$$x \in A \cup (B \cap C) \Rightarrow x \in (A \cup B) \cap (A \cup C).$$

反之,设 $x \in (A \cup B) \cap (A \cup C)$,则 $x \in A \cup B \& x \in A \cup C$. 于是有 $x \in A$ 或 $x \in B$,并同时有 $x \in A$ 或 $x \in C$. 如果 $x \in A$,则有 $x \in A \cup (B \cap C)$,否则必有 $x \in B \& x \in C$,即 $x \in B \cap C$,于是 $x \in A \cup (B \cap C)$,故在任何情况下均可得

$$x \in (A \cup B) \cap (A \cup C) \Rightarrow x \in A \cup (B \cap C).$$

于是 $A \cup (B \cap C) \subseteq (A \cup B) \cap (A \cup C)$ 且$(A \cup B) \cap (A \cup C) \subseteq A \cup (B \cap C)$,即 $A \cup (B \cap C) = (A \cup B) \cap (A \cup C)$.

(8) 设 $x \in A \cap E$,则 $x \in A \& x \in E$,故 $x \in A$,于是 $A \cap E \subseteq A$. 反设 $x \in A$,又因 E 为全集,故 $x \in E$,于是 $x \in A \cap E$,故知 $A \subseteq A \cap E$,所以 $A \cap E = A$.

(9) 设 $x \in E$,则或有 $x \in A$,或有 $x \overline{\in} A$. 如果 $x \in A$,则 $x \in A \cup \sim A$,如果 $x \overline{\in} A$,则 $x \in E \& x \overline{\in} A$,据定义 2.2.4 知,$x \in E - A$,即 $x \in \sim A$,于是 $x \in A \cup \sim A$,这表明不论哪种情况,都有 $x \in E \Rightarrow x \in A \cup \sim A$,于是,$E \subseteq A \cup \sim A$,反之,因为 E 是全集,故 $A \cup \sim A \subseteq E$ 总成立,如此即得 $A \cup \sim A = E$.

(10) 否则设 $\exists x(x \in A \cap \sim A)$，则 $x \in A \& x \in \sim A$，即 $x \in A \& x \overline{\in} A$，矛盾. 故 $\forall x(x \overline{\in} A \cap \sim A)$，即 $A \cap \sim A = \varnothing$.

(11) 否则设 $\exists x(x \in A \cap \varnothing)$，则 $x \in A \& x \in \varnothing$，因此 $\exists x(x \in \varnothing)$，矛盾于 $\forall x(x \overline{\in} \varnothing)$，故 $\forall x(x \overline{\in} A \cap \varnothing)$，即 $A \cap \varnothing = \varnothing$.

(12) 设 $x \in A \cup E$，则 $x \in A$ 或 $x \in E$. 如果 $x \in A$，则因 E 为全集，故 $x \in E$，即 $A \cup E \subseteq E$. 反之，设 $x \in E$，则 $x \in A \cup E$，故 $E \subseteq A \cup E$，于是 $A \cup E = E$. □

现在，先让我们利用上述定理中的有关结果去证明补集的唯一性，然后再讨论集运算的一系列其他性质.

定理 2.2.2(**补集唯一性定理**)　令 A, B 为 E 的任意子集，则 $B = \sim A \Leftrightarrow A \cup B = E \& A \cap B = \varnothing$.

证明　先证必要性 $\Rightarrow$，此时题设为 $B = \sim A$，则由定理 2.2.1 之(9) 与(10)，即补余律知 $A \cup \sim A = E$ 和 $A \cap \sim A = \varnothing$，故由题设将 B 取代 $\sim A$ 的出现，则有 $A \cup B = E \& A \cap B = \varnothing$.

再证充分性 $\Leftarrow$，此时题设为 $A \cup B = E$ 和 $A \cap B = \varnothing$，下面我们将利用定理 2.2.1 中诸有关结果去证明 $B = \sim A$，并将每一步推理的依据写在右边.

$$
\begin{aligned}
B &= B \cap E && \text{定理 2.2.1(8)}\\
&= B \cap (A \cup \sim A) && \text{定理 2.2.1(9)}\\
&= (B \cap A) \cup (B \cap \sim A) && \text{定理 2.2.1(6)}\\
&= \varnothing \cup (B \cap \sim A) && \text{题设}\\
&= (A \cap \sim A) \cup (B \cap \sim A) && \text{定理 2.2.1(10)}\\
&= (\sim A \cap A) \cup (\sim A \cap B) && \text{定理 2.2.1(2)}\\
&= \sim A \cap (A \cup B) && \text{定理 2.2.1(6)}\\
&= \sim A \cap E && \text{题设}\\
&= \sim A && \text{定理 2.2.1(8)}
\end{aligned}
$$
□

定理 2.2.3　设 E 为全集，则对其任意子集 A, B, C 而言，可有：

$$
\left.\begin{aligned}
&(1)\ A \cap A = A\\
&(2)\ A \cup A = A
\end{aligned}\right\}(\text{幂等律}).
$$

$$\left.\begin{array}{l}(3)\ A\cap(A\cup B)=A\\(4)\ A\cup(A\cap B)=A\end{array}\right\}\text{(吸收律)}.$$

(5) $\sim\sim A=A$(双重否定律).

(6) $A-(B\cap C)=(A-B)\cup(A-C)$.

(7) $A-(B\cup C)=(A-B)\cap(A-C)$.

$$\left.\begin{array}{l}(8)\ \sim(A\cap B)=\sim A\cup\sim B\\(9)\ \sim(A\cup B)=\sim A\cap\sim B\end{array}\right\}\text{(De Morgan 律)}.$$

(10) $\sim E=\varnothing$.

(11) $\sim\varnothing=E$.

(12) $A-B=A\cap\sim B=A-(A\cap B)$.

(13) $A-\varnothing=A$.

(14) $A\cap(B-A)=\varnothing$.

(15) $A\cup(B-A)=A\cup B$.

证明 选证其中一部分,其余读者自行证明.

(5) 由定理 2.2.1(9)、(10)、(1)、(2) 有 $\sim A\cup A=E\,\&\sim A\cap A=\varnothing$,于是由定理 2.2.2 之充分性即得 $A=\sim\sim A$.

(7) 设 $x\in A-(B\cup C)$,则 $x\in A\,\&\,x\,\overline{\in}\,(B\cup C)$,此处应注意 $x\,\overline{\in}\,(B\cup C)$ 即表示 $x\in B$ 与 $x\in C$ 都不能成立,因不然将有 $x\in(B\cup C)$ 而矛盾于 $x\,\overline{\in}\,(B\cup C)$. 因此而有 $x\in A\,\&\,(x\,\overline{\in}\,B\,\&\,x\,\overline{\in}\,C)$,于是$(x\in A\,\&\,x\,\overline{\in}\,B)\,\&\,(x\in A\,\&\,x\,\overline{\in}\,C)$,即 $x\in(A-B)\,\&\,x\in(A-C)$,因之 $x\in(A-B)\cap(A-C)$. 由于反推过去也成立,故 $A-(B\cup C)=(A-B)\cap(A-C)$.

(9) 设 $x\in\sim(A\cup B)$,由定义 2.2.4 知 $x\in E\,\&\,x\,\overline{\in}\,(A\cup B)$,于是 $x\in E\,\&\,(x\,\overline{\in}\,A\,\&\,x\,\overline{\in}\,B)$,即$(x\in E\,\&\,x\,\overline{\in}\,A)\,\&\,(x\in E\,\&\,x\,\overline{\in}\,B)$,故 $x\in\sim A\,\&\,x\in\sim B$,即 $x\in\sim A\cap\sim B$,于是 $\sim(A\cup B)\subseteq\sim A\cap\sim B$. 反推之易得$\sim A\cap\sim B\subseteq\sim(A\cup B)$,故 $\sim(A\cup B)=\sim A\cap\sim B$.

(15) 设 $x\in A\cup(B-A)$,则或有 $x\in A$,或有 $x\in B-A$,若 $x\in A$,则 $x\in A\cup B$,若 $x\in B-A$,则有 $x\in B\,\&\,x\,\overline{\in}\,A$,于是 $x\in B$,也有 $x\in A\cup B$,这表明

$A\cup(B-A)\subseteq A\cup B$. 反之,设 $x\in A\cup B$,则或有 $x\in A$,或有 $x\in B$. 如果 $x\in A$,则总有 $x\in A\cup(B-A)$,否则当 $x\overline{\in} A$ 时,则必有 $x\in B$,于是 $x\in B\&x\overline{\in} A$,即 $x\in(B-A)$,故 $x\in A\cup(B-A)$,于是有 $A\cup B\subseteq A\cup(B-A)$,因此 $A\cup B\subseteq A\cup(B-A)$.

□

现在让我们回过头去考察一下曾被我们称为集合运算之基本性质的定理 2.2.1 中之 12 条性质. 首先容易发现(1) ~ (6) 条性质中体现了 $\cup$ 与 $\cap$ 两种运算的对偶性. 为了显示这一事实,不妨把(1) 与(2),(3) 与(4),(5) 与(6) 成对地并列起来加以观察. 易见每一对中之任一性质正好是由另一性质将 $\cup$ 与 $\cap$ 互换而得. 再看定理 2.2.1 中之性质(7) ~ (12),我们也将(7) 与(8),(9) 与(10),(11) 与(12) 成对地并列起来观察,同样发现每一对中之任一性质,均由另一性质互换 $\cup$ 与 $\cap$,而且同时互换 E 与 $\varnothing$ 而得到. 由此可见,对于任一由这些基本性质所导出的性质之表达式而言,如果将该性质与表达式中所出现之 $\cup$、$\cap$、E、$\varnothing$,依次分别对换为 $\cap$、$\cup$、$\varnothing$、E,则所获之表达式仍为一可导出之性质,通常称之为原性质之对偶性质. 并且只要将原性质证明进程中所出现之 $\cup$、$\cap$、E、$\varnothing$,依次分别对换为 $\cap$、$\cup$、$\varnothing$、E,那么,这就是原性质之对偶性质的证明过程. 对此,请仔细观察下述关于证明两集合相等之重要方法的定理及其证明过程.

定理 2.2.4　设 E 为全集,A、B、C 为其任意子集,则有

(1) $A\cup B=A\cup C\&A\cap B=A\cap C\Rightarrow B=C$.

(2) $A\cup B=A\cup C\&\sim A\cup B=\sim A\cup C\Rightarrow B=C$.

(3) $A\cap B=A\cap C\&\sim A\cap B=\sim A\cap C\Rightarrow B=C$.

证明　现分别证明之,并把每一步推理的依据写在右边.

(1) 我们的题设条件有两条,也就是 $A\cup B=A\cup C$ 和 $A\cap B=A\cap C$,于是

$$
\begin{aligned}
B&=B\cap(B\cup A) &&\text{定理 2.2.3(3)}\\
&=B\cap(C\cup A) &&\text{题设,定理 2.2.1(1)}\\
&=(B\cap C)\cup(B\cap A) &&\text{定理 2.2.1(6)}\\
&=(B\cap C)\cup(C\cap A) &&\text{题设,定理 2.2.1(2)}\\
&=C\cap(A\cup B) &&\text{定理 2.2.1(6),(2)}\\
&=C\cap(A\cup C) &&\text{题设}
\end{aligned}
$$

$= C$ 定理 2.2.3(3),定理 2.2.1(2)

(2) 题设条件是 $A \cup B = A \cup C$ 和 $\sim A \cup B = \sim A \cup C$,故

$$
\begin{aligned}
B &= B \cup \varnothing && \text{定理 2.2.1(7)}\\
&= B \cup (A \cap \sim A) && \text{定理 2.2.1(10)}\\
&= (A \cup B) \cap (\sim A \cup B) && \text{定理 2.2.1(5),(1)}\\
&= (A \cup C) \cap (\sim A \cup C) && \text{题设}\\
&= C \cup (A \cap \sim A) && \text{定理 2.2.1(5),(1)}\\
&= C \cup \varnothing && \text{定理 2.2.1(10)}\\
&= C && \text{定理 2.2.1(7)}
\end{aligned}
$$

(3) 题设条件是 $A \cap B = A \cap C$ 和 $\sim A \cap B = \sim A \cap C$,故

$$
\begin{aligned}
B &= B \cap E && \text{定理 2.2.1(8)}\\
&= B \cap (A \cup \sim A) && \text{定理 2.2.1(9)}\\
&= (A \cap B) \cup (\sim A \cap B) && \text{定理 2.2.1(6),(2)}\\
&= (A \cap C) \cup (\sim A \cap C) && \text{题设}\\
&= C \cap (A \cup \sim A) && \text{定理 2.2.1(6),(2)}\\
&= C \cap E && \text{定理 2.2.1(9)}\\
&= C && \text{定理 2.2.1(8)}
\end{aligned}
$$

□

在上述定理中,(1) 的对偶性质就是其自身,而(2) 与(3) 则互为对偶性质,而且当我们对照观察它们的证明过程时,立即看出相对于 $\cup$、$\cap$、E、$\varnothing$ 而言,整个过程都是完全对偶的.

定理 2.2.5 设 E 为全集,而 A,B,C,D 均为 E 的任意子集,则有:

(1) $A - B \subseteq A$.

(2) $A \subseteq B \& C \subseteq D \Rightarrow (A \cup C) \subseteq (B \cup D)$.

(3) $A \subseteq B \& C \subseteq D \Rightarrow (A \cap C) \subseteq (B \cap D)$.

(4) $A \subseteq A \cup B$.

(5) $A \cap B \subseteq A$.

(6) $A \subseteq B \Leftrightarrow A \cup B = B$.

(7) $A \subseteq B \Leftrightarrow A \cap B = A$.

证明　我们选证其中一部分,其余读者自行证明之.

(2) 题设条件是 $A \subseteq B$ 和 $C \subseteq D$,今设 $x \in A \cup C$,于是 $x \in A$ 或 $x \in C$. 如果 $x \in A$,则用题设 $A \subseteq B$ 而知 $x \in B$,于是有 $x \in B \cup D$. 如果 $x \in C$,则用题设 $C \subseteq D$ 而有 $x \in D$,同样可有 $x \in B \cup D$,这表明不论何种情况都有 $x \in A \cup C \Rightarrow x \in B \cup D$,故 $(A \cup C) \subseteq (B \cup D)$.

(6)$\Rightarrow$ 由题设条件有 $A \subseteq B$,又 $B \subseteq B$,于是由本定理之(2) 而知 $A \cup B \subseteq B \cup B$,又定理 2.2.2(2) 告诉我们 $B \cup B = B$,于是 $A \cup B \subseteq B$,又由本定理之(4) 而知 $B \subseteq B \cup A$,由定理 2.2.1(1) 知 $B \cup A = A \cup B$,故 $B \subseteq A \cup B$,因此,$A \cup B = B$. 至于 $\Leftarrow$,由(4) 代换即得. □

以上两条定理,讨论了与两个集合相等($=$) 或包含($\subseteq$) 有关的集运算. 对于证明集合相等或包含之表达式的方法,有所谓文氏图法,这种方法的优点是直观性强,缺点是往往不太严格;还有所谓外延性方法,其意无非是从两集合的外延上去确定 $\forall x(x \in A \Leftrightarrow x \in B)$ 或 $\forall x(x \in A \Rightarrow x \in B)$ 一类关系;又有所谓代数方法,这就是从集运算之基本性质(见定理 2.2.1) 出发逐步证明之,这种方法往往有一定的难度.

现在让我们来讨论一种被称为“对称差”(或称“环和”) 的运算. 其定义如下:

定义 2.2.5　集合 A 与集合 B 的环和(或对称差) 记为 $A \oplus B$,并且

$$
\begin{aligned}
A \oplus B &=_{\mathrm{df}} \{x \mid x \in A \cup B \,\&\, x \,\overline{\in}\, A \cap B\} \\
&=_{\mathrm{df}} (A \cup B) - (A \cap B).
\end{aligned}
$$

由上述定义 2.2.5 易见 $A \oplus B$ 也可表为 $(A - B) \cup (B - A)$. 我们也可用文氏图法把两集之对称差直观地表达出来,如图 2.2.2 所示. 图 2.2.2 中,E 为全集,A 与 B 为其任意子集,而阴影部分便是 A 与 B 的对称差. 现在先让我们来讨论关于对称差的一些其他表示方法与性质.

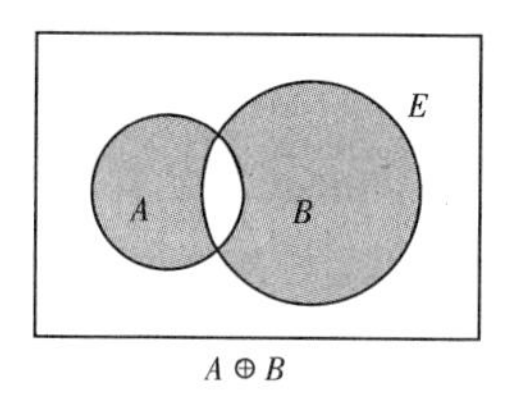

图 2.2.2

定理 2.2.6 设 A,B,C 为全集 E 的任意子集，则可有：

(1) $A \oplus B = (A \cap \sim B) \cup (B \cap \sim A)$.

(2) $A \oplus B = (A \cup B) \cap (\sim A \cup \sim B)$.

(3) $A \oplus B = \sim A \oplus \sim B$.

(4) $A \oplus \varnothing = A$.

(5) $A \oplus B = \varnothing \Leftrightarrow A = B$.

(6) $A \oplus E = \sim A$.

(7) $A \oplus B = B \oplus A$.

(8) $(A_1 \oplus B_1) \cup \cdots \cup (A_n \oplus B_n) = \varnothing \Leftrightarrow A_i = B_i (i = 1,2,\cdots,n)$.

(9) $(A \oplus B) \oplus C = A \oplus (B \oplus C)$.

证明 只证其中一部分，其余读者自行证之.

(1) 因为 $A - B = A \cap \sim B, B - A = B \cap \sim A$[见定理 2.2.3(12)]，于是 $A \oplus B = (A - B) \cup (B - A) = (A \cap \sim B) \cup (B \cap \sim A)$.

(2)
$$\begin{aligned} A \oplus B &= (A \cap \sim B) \cup (B \cap \sim A) \\ &= [\varnothing \cup (A \cap \sim B)] \cup [\varnothing \cup (B \cap \sim A)] \\ &= [(B \cap \sim B) \cup (A \cap \sim B)] \cup (A \cap \sim A) \cup (B \cap \sim A)] \\ &= [(A \cup B) \cap \sim B] \cup [(A \cup B) \cap \sim A] \\ &= (A \cup B) \cap (\sim A \cup \sim B). \end{aligned}$$

(5)$\Rightarrow$ 首先易证 $A \cup B = \varnothing \Rightarrow A = B = \varnothing$. 因为不然的话，例如设 $A \neq \varnothing$，则 $\exists x(x \in A)$，于是 $\exists x(x \in A \cup B)$，故 $A \cup B \neq \varnothing$，矛盾于前提，故 $A = \varnothing$，同理 $B = \varnothing$. 其次易证 $A \cap \sim B = \varnothing \Rightarrow A \subseteq B$，因设 $x \in A$，则必有 $x \overline{\in} \sim B$，不然的话，则由 $x \in \sim B$ 而有 $x \in A \cap \sim B$，从而 $A \cap \sim B \neq \varnothing$ 而矛盾于前提. 既然 $x \overline{\in} \sim B$，即 $x \in B$，故 $A \subseteq B$. 如此一方面有 $A \oplus B = (A \cap \sim B) \cup (B \cap \sim A)$，又由题设知 $A \oplus B = \varnothing$，故$(A \cap \sim B) \cup (B \cap \sim A) = \varnothing$，根据上面第一个结果知 $A \cap \sim B = \varnothing \& B \cap \sim A = \varnothing$，再根据上面第二个结果知 $A \subseteq B \& B \subseteq A$，于是 $A = B$.

$\Leftarrow$ 我们的题设是 $A = B$，于是 $A \oplus B = (A \cap \sim B) \cup (B \cap \sim A) = (A \cap \sim A) \cup (A \cap \sim A) = \varnothing \cup \varnothing = \varnothing$.

(9) 让我们先证

$$\sim (A \oplus B) = (A \cap B) \cup (\sim A \cap \sim B). \tag{Δ}$$

事实上，

$$\begin{aligned}
\sim(A\oplus B) &= \sim[(A\cup B)\cap(\sim A\cup\sim B)] && \text{定理 2.2.6(2)}\\
&= \sim(A\cup B)\cup\sim(\sim A\cup\sim B) && \text{定理 2.2.3(8)}\\
&= (\sim A\cap\sim B)\cup(\sim\sim A\cap\sim\sim B) && \text{定理 2.2.3(9)}\\
&= (\sim A\cap\sim B)\cup(A\cap B) && \text{定理 2.2.3(5)}\\
&= (A\cap B)\cup(\sim A\cap\sim B), && \text{定理 2.2.1(1)}
\end{aligned}$$

于是

$$\begin{aligned}
&(A\oplus B)\oplus C\\
&= [(A\oplus B)\cup C]\cap[\sim(A\oplus B)\cup\sim C] && \text{定理 2.2.6(2)}\\
&= \{[(A\cup B)\cap(\sim A\cup\sim B]\cup C\}\cap && \text{定理 2.2.6(2)}\\
&\quad \{[(A\cap B)\cup(\sim A\cap\sim B)]\cup\sim C\} && \text{上证}(\Delta)\\
&= [(A\cup B\cup C)\cap(\sim A\cup\sim B\cup C)]\cap && \text{定理 2.2.1(5)}\\
&\quad [(\sim C\cup(\sim A\cap\sim B))\cup(A\cap B)] && \text{定理 2.2.1(1),(3)}\\
&= (A\cup B\cup C)\cap(\sim A\cup\sim B\cup C)\cap\\
&\quad [\sim C\cup(\sim A\cap\sim B)\cup A]\cap\\
&\quad [\sim C\cup(\sim A\cap\sim B)\cup B] && \text{定理 2.2.1(5)}\\
&= (A\cup B\cup C)\cap(\sim A\cup\sim B\cup C)\cap\\
&\quad \{\sim C\cup[(A\cup\sim A)\cap(A\cup\sim B)]\}\cap\\
&\quad \{\sim C\cup[(B\cup\sim A)\cap(B\cup\sim B]\} && \text{定理 2.2.1(5)}\\
&= (A\cup B\cup C)\cap(\sim A\cup\sim B\cup C)\cap\\
&\quad \{\sim C\cup[E\cap(A\cup\sim B)]\}\cap\\
&\quad \{\sim C\cup[(B\cup\sim A)\cap E]\} && \text{定理 2.2.1(9)}\\
&= (A\cup B\cup C)\cap(\sim A\cup\sim B\cup C)\cap\\
&\quad (\sim C\cup A\cup\sim B)\cap(\sim C\cup B\cup\sim A) && \text{定理 2.2.1(8)}\\
&= (A\cup B\cup C)\cap(\sim A\cup\sim B\cup C)\cap\\
&\quad (A\cup\sim B\cup\sim C)\cap(\sim A\cup B\cup\sim C). && \text{定理 2.2.1(1)}
\end{aligned}$$

据此可有

$$\begin{aligned}
&(C\oplus B)\oplus A\\
&= (C\cup B\cup A)\cap(\sim C\cup\sim B\cup A)\cap
\end{aligned}$$

$$
\begin{aligned}
&(C \cup \sim B \cup \sim A) \cap (\sim C \cup B \cup \sim A) \\
= &(A \cup B \cup C) \cap (\sim A \cup \sim B \cup C) \cap \\
&(A \cup \sim B \cup \sim C) \cap (\sim A \cup B \cup \sim C). && \text{定理 2.2.1(1)}
\end{aligned}
$$

于是

$$
\begin{aligned}
(A \oplus B) \oplus C &= (C \oplus B) \oplus A \\
&= (B \oplus C) \oplus A && \text{定理 2.2.6(7)} \\
&= A \oplus (B \oplus C). && \text{定理 2.2.6(7)}
\end{aligned}
$$

□

上述定理 2.2.6 之(7) 和(9) 表明对称差运算满足交换律和结合律. 下面的讨论还将表明 $\cap$ 关于 $\oplus$ 是可分配的. 为了证明这一点,让我们先证明 $\cap$ 关于 $-$ 的可分配性.

定理 2.2.7 设 A、B、C 为全集 E 的任意子集,则

$$A \cap (B - C) = (A \cap B) - (A \cap C).$$

证明 事实上,

$$
\begin{aligned}
A \cap (B - C) &= A \cap (B \cap \sim C) && \text{定理 2.2.3(12)} \\
&= \varnothing \cup (A \cap B \cap \sim C) && \text{定理 2.2.1(7)} \\
&= (\varnothing \cap B) \cup (A \cap B \cap \sim C) && \text{定理 2.2.1(11)} \\
&= (A \cap \sim A \cap B) \cup \\
&\quad\ (A \cap B \cap \sim C) && \text{定理 2.2.1(10)} \\
&= [(A \cap B) \cap \sim A] \cup \\
&\quad\ [(A \cap B) \cap \sim C] && \text{定理 2.2.1(2),(3)} \\
&= (A \cap B) \cap (\sim A \cup \sim C) && \text{定 2.2.1(6)} \\
&= (A \cap B) \cap \sim (A \cap C) && \text{定理 2.2.3(8)} \\
&= (A \cap B) - (A \cap C). && \text{定理 2.2.3(12)}
\end{aligned}
$$

□

本定理表明 $\cap$ 关于 $-$ 是可分配的,但应指出 $\cup$ 关于 $-$ 是不可分配的. 事实上,$B \subseteq B \cup (A - B)$,但是$(B \cup A) - (B \cup B) = (B \cup A) \cap \sim B = (B \cap \sim B) \cup (A \cap \sim B) = \varnothing \cup (A \cap \sim B) = A \cap \sim B$,故 $\forall x(x \in B \Rightarrow x \overline{\in} [(B \cup A) - (B \cup B)])$,即$(B \cup A) - (B \cup B)$ 不包含 B 的任何元素,但 $B \cup (A - B)$ 却包含

B 的所有元素，故 $B \cup (A-B) \neq (B \cup A)-(B \cup B)$. 这表明 $\cup$ 对 $-$ 是不可分配的. 现在我们来证明 $\cap$ 关于 $\oplus$ 是可分配的.

定理 2.2.8　设 A、B、C 为全集 E 的任意子集，则

$$A \cap (B \oplus C) = (A \cap B) \oplus (A \cap C).$$

证明　事实上，

$$\begin{aligned}
A \cap (B \oplus C) &= A \cap [(B-C) \cup (C-B)] && \text{定义 2.2.5}\\
&= [A \cap (B-C)] \cup [A \cap (C-B)] && \text{定理 2.2.1(6)}\\
&= [(A \cap B)-(A \cap C)] \cup \\
&\quad\ [(A \cap C)-(A \cap B)] && \text{定理 2.2.7}\\
&= (A \cap B) \oplus (A \cap C). && \text{定义 2.2.5}
\end{aligned}$$

□

本定理表明 $\cap$ 关于 $\oplus$ 是可分配的，但应指出 $\cup$ 关于 $\oplus$ 是不可分配的，事实上，我们立即可以给出反例如下：

$$\begin{aligned}
A \cup (A \oplus B) &= A \cup [(A \cup B) \cap (\sim A \cup \sim B)] && \text{定理 2.2.6(2)}\\
&= [A \cup (A \cup B)] \cap \\
&\quad\ [A \cup (\sim A \cup \sim B)] && \text{定理 2.2.1(5)}\\
&= (A \cup B) \cap (E \cup \sim B) && \text{定理 2.2.1(9)}\\
&= (A \cup B) \cap E && \text{定理 2.2.1(12)}\\
&= A \cup B && \text{定理 2.2.1(8)}
\end{aligned}$$

$$\begin{aligned}
(A \cup A) \oplus (A \cup B) &= A \oplus (A \cup B) && \text{定理 2.2.3(2)}\\
&= [A \cap \sim (A \cup B)] \cup \\
&\quad\ [(A \cup B) \cap \sim A] && \text{定理 2.2.6(1)}\\
&= (A \cap \sim A \cap \sim B) \cup && \text{定理 2.2.3(9)}\\
&\quad\ [(\sim A \cap A) \cup \\
&\quad\ (\sim A \cap B)] && \text{定理 2.2.1(6)}\\
&= (\varnothing \cap \sim B) \cup \\
&\quad\ [\varnothing \cup (B \cap \sim A)] && \text{定理 2.2.1(10)}\\
&= \varnothing \cup (B \cap \sim A) && \text{定理 2.2.1(11),(7)}\\
&= B \cap \sim A && \text{定理 2.2.1(7)}\\
&= B-A. && \text{定理 2.2.3(12)}
\end{aligned}$$

显然,只要 $A \neq \varnothing$,则 $A \cup B \neq B - A$,因此,$A \cup (A \oplus B) \neq (A \cup A) \oplus (A \cup B)$.

本节之末,让我们讨论一下由集合利用 $\cup$、$\cap$、$\sim$ 及 $\oplus$、$-$ 所构成之表达式的标准形式(范式).

定义 2.2.6 集合变元以及变元之前加 $\sim$ 者合称为准变元.

由准变元仅用 $\cap$ 相联结所得之式称为交子式,若干交子式的并称为并交范式.

由准变元仅用 $\cup$ 相联结所得之式称为并子式,若干并子式的交称为交并范式.

例如,$(A \cap B) \cup (B \cap \sim C) \cup (\sim A \cap \sim B \cap \sim C)$ 是并交范式,$A \cap (B \cup C) \cap (\sim A \cup \sim B)$ 是交并范式,而 $B \cup C$ 及 $A_1 \cap A_2$ 既是交并范式,又是并交范式. $\sim (A \cap B) \cup (\sim B \cap C)$ 则不是范式.

任何一个集合的表达式如何化为范式呢?一般而言,可通过如下步骤而将由集合利用 $\cup$、$\cap$、$\sim$ 及 $\oplus$、$-$ 所构成之任一表达式化为范式.

第一步,将式中的 $\oplus$、$-$ 化为 $\cup$、$\cap$、$\sim$,这只要利用定理2.2.6(1)、(2) 及 2.2.3(12) 便可办到;

第二步,利用 De Morgan 律,可将求补运算 $\sim$ 化归到各个变元之前(此步可称为“求补深入”);

第三步,利用分配律[定理 2.2.1(5)(6)],可将上式化归为范式.具体地说,用交对于并的分配律,可将表达式化为若干交子式之并,即并交范式;用并对于交的分配律,可将表达式化为若干并子式之交,即交并范式,最后进行适当化简.

例如,要将 $S = (A \cap B \cap C) \cup \sim [\sim (C \cup D) \cup (\sim D \cap F)]$ 化为交并范式.首先,因为其中不含 $\oplus$、$-$,故第一步省略不做.第二步,用 De Morgan 律,可得

$$\begin{aligned} S &= (A \cap B \cap C) \cup [\sim\sim (C \cup D) \cap \sim (\sim D \cap F)] \\ &= (A \cap B \cap C) \cup [(C \cup D) \cap (D \cup \sim F)], \end{aligned}$$

第三步,利用并对于交的分配律,逐步展开而得

$$\begin{aligned} S &= [(A \cap B \cap C) \cup (C \cup D)] \cap [(A \cap B \cap C) \cup (D \cup \sim F)] \\ &= (A \cup C \cup D) \cap (B \cup C \cup D) \cap (C \cup C \cup D) \cap \\ &\quad (A \cup D \cup \sim F) \cap (B \cup D \cup \sim F) \cap (C \cup D \cup \sim F), \end{aligned}$$

最后略加化简而得

$$S=(A\cup C\cup D)\cap(B\cup C\cup D)\cap(C\cup D)\cap$$
$$(A\cup D\cup\sim F)\cap(B\cup D\cup\sim F)\cap(C\cup D\cup\sim F)$$
$$=(C\cup D)\cap(A\cup D\cup\sim F)\cap(B\cup D\cup\sim F).$$

最后一步是利用吸收律[定理 2.2.3(3)]而将 $A\cup C\cup D$、$B\cup C\cup D$ 与 $C\cup D\cup\sim F$ 这三个并子式都吸收到 $C\cup D$ 中去了.

如果要将 S 化为并交范式，那么，就应在上述第二步的基础上，利用交对于并的分配律，得

$$S=(A\cap B\cap C)\cup[(C\cup D)\cap D]\cup[(C\cup D)\cap\sim F]$$
$$=(A\cap B\cap C)\cup(C\cap D)\cup(D\cap D)\cup(C\cap\sim F)\cup(D\cap\sim F)$$
$$=(A\cap B\cap C)\cup(C\cap D)\cup D\cup(C\cap\sim F)\cup(D\cap\sim F)$$
$$=(A\cap B\cap C)\cup D\cup(C\cap\sim F).$$

其中最后一步利用吸收律[定理 2.2.3(4)]而将 $C\cap D$、$D\cap\sim E$ 都吸收到 D 中去了.

再如求 $(A\oplus B)\oplus C$ 的范式，我们可如下进行：

首先，利用定理 2.2.6(1)，有

$$(A\oplus B)\oplus C=[(A\oplus B)\cap\sim C]\cup[C\cap\sim(A\oplus B)]$$
$$=\{[(A\cap\sim B)\cup(\sim A\cap B)]\cap\sim C\}\cup$$
$$\{C\cap\sim[(A\cap\sim B)\cup(\sim A\cap B)]\}.$$

其次，$\sim$ 深入，有

$$\text{上式}=\{[(A\cap\sim B)\cup(\sim A\cap B)]\cap\sim C\}\cup$$
$$\{C\cap[(\sim A\cup B)\cap(A\cup\sim B)]\}.$$

要化为并交范式，用交对于并的分配律，得

$$\text{上式}=(A\cap\sim B\cap\sim C)\cup(\sim A\cap B\cap\sim C)\cup$$
$$[C\cap(\sim A\cup B)\cap A]\cup[C\cap(\sim A\cup B)\cap\sim B]$$
$$=(A\cap\sim B\cap\sim C)\cup(\sim A\cap B\cap\sim C)\cup$$
$$(C\cap\sim A\cap A)\cup(C\cap B\cap A)\cup(C\cap\sim A\cap\sim B)\cup$$
$$(C\cap B\cap\sim B).$$

最后，稍加整理，注意到 $C\cap\sim A\cap A=C\cap B\cap\sim B=\varnothing$，得到

$$\text{上式}=(A\cap\sim B\cap\sim C)\cup(\sim A\cap B\cap\sim C)\cup(A\cap B\cap C)\cup$$

$$(\sim A \cap \sim B \cap C).$$

这与定理 2.2.6(9) 之证明中所得到的表达式是一致的.

在上述化简过程中,我们看到,形如$A \cap \sim A$(还有形如$A \cap \sim A \cap B$等) 的交子式可以从并交范式中删除而不影响其值;同样地,我们也可以从交并范式中任意删除形如$A \cup \sim A$(以及形如$A \cup \sim A \cup B$等) 的并子式.其理由是,这种同时含某个变元及此变元之补的交子式必为空集,而同时含某个变元及其补元的并子式必为全集.为了应用的方便,特给它们专门名称:虚交子式和虚并子式.

定义 2.2.7 同时含有某个变元及此变元之补元的交子式(或并子式) 称为虚交子式(或虚并子式).

用这个名称,我们不难证明,一个集合表达式为空集之充要条件是它的并交范式中的每个交子式均为虚交子式;一个集合表达式为全集之充要条件是它的交并范式中的每个并子式均为虚并子式.

例如,$\sim(\sim A \cap B) \cap (\sim A \cup \sim C) \cap B \cap C$ 的并交范式是$(A \cap \sim A \cap B \cap C) \cup (A \cap B \cap C \cap \sim C) \cup (B \cap \sim B \cap \sim A \cap C) \cup (B \cap \sim B \cap C \cap \sim C)$,其中每个交子式均为虚交子式,故上式为 $\varnothing$.

我们注意到一个表达式的并交范式(或交并范式) 并不唯一,比如以下几个式子都是相等的并交范式:$(A \cap B) \cup (A \cap \sim B) \cup (\sim A \cap B) = A \cup (\sim A \cap B) = (A \cap \sim B) \cup B = A \cup B$.这种不唯一性的"范式"给我们带来了某种缺憾.那么,有没有另外类型的唯一的"范式" 呢?答案是肯定的,这就是以下介绍的"饱和交并范式" 和"饱和并交范式".

定义 2.2.8 一个只涉及变元 $A_1, A_2, \cdots, A_n$ 的交并范式(或并交范式),如果其中的每个并子式(相应地,交子式) 中都含有变元 A_i 或其补元 $\sim A_i$ 至少一次($i = 1, 2, \cdots, n$),则此范式就称为饱和交并范式(相应地,饱和并交范式).

比如上面所举的例子中,$(A \cap B) \cup (A \cap \sim B) \cup (\sim A \cap B)$ 是饱和并交范式,其余几个都不是饱和并交范式.再如,虽然 $A \cup B$ 既可看作是交并范式,又可看作是并交范式,但它作为交并范式时是饱和的(因为唯一的一个并子式 $A \cup B$ 中,A、B 两变元都出现了),而它作为并交范式时就不是饱和的了(因为它有两个交子式:A 和 B,两者都没有含两个变元).

现在我们来讨论饱和范式的唯一性.

首先我们不难证明，若 I 和 J 都是含有变元 A_i 或其补元 $\sim A_i$ 至少一次($i=1,2,\cdots,n$) 的交子式，则或者 $I=J$，或者 $I\cap J=\varnothing$(见习题).

现设 F 有两种饱和并交范式 $F=I_1\cup I_2\cup\cdots\cup I_k=J_1\cup J_2\cup\cdots\cup J_l$. 其中 I_i,J_j 都是含每个变元至少一次的交子式. 由上知对每两个 I_i 与 J_j，都有 $I_i=J_j$ 或 $I_i\cap J_j=\varnothing$. 现任取某个 I_i，由于可以将虚交子式预先删除，故 $I_i\neq\varnothing$，有 $x\in I_i$，于是 $x\in F$，即有某个 j 使 $x\in J_j$. 这样，$I_i\cap J_j\neq\varnothing$，由上知 $I_i=J_j$. 这就是说，对于任一交子式 I_i，必存在交子式 J_j 与之相等. 注意到 $I_1,I_2,\cdots,I_k$ 各不相同，与之相等的 $J_{j_1},J_{j_2},\cdots,J_{j_k}$ 也各不相同，所以有 $k\leqslant l$. 完全重复地可以证 $l\leqslant k$，因此 $k=l$. 并且在 $I_1\cup\cdots\cup I_k$ 中出现的交子式与在 $J_1\cup\cdots\cup J_l$ 中出现的交子式完全一样. 也就是说，如果不计交子式出现的次序，它们是完全相同的. 这样，我们实际上证明了：

定理 2.2.9　任一集合的饱和并交范式，如果不计其中交子式的次序，是唯一的.

我们用求 $\sim F$ 的饱和并交范式，然后再求补而成 F 的饱和交并范式这样的方法，不难证明：

定理 2.2.10　任一集合表达式的饱和交并范式，如果不计其中并子式的次序，是唯一的.

这样，我们就可以用如下机械的办法来决定两个集合表达式是否相等了：先分别将两者都化归为饱和并交范式(或饱和交并范式)，然后再对照两个范式中的交子式(或并子式)是否完全相同，完全相同者必相等，有一个交子式在其中一个范式中出现，而在另一个范式中不出现，则两者必不等.

但是，我们还有一个重要的问题没有解决，这就是如何将任一表达式化为饱和范式的问题，但这是容易解决的. 事实上，我们在前述化为并交范式(或交并范式)的基础上，再进行如下步骤就可以了.

第四步，设某个交子式 I 中不含 A，也不含 $\sim A$，则利用下式：$I=I\cap E=I\cap(A\cup\sim A)=(I\cap A)\cup(I\cap\sim A)$，将 I 化作两个交子式 $I\cap A$ 及 $I\cap\sim A$ 之并. 依此方法，必能使每个交子式至少含各个变元一次. 类似地，对于并子式 U，则利用 $U=U\cup\varnothing=U\cup(A\cap\sim A)=(U\cup A)\cap(U\cup\sim A)$，可将未出现的变元一个个地添加上去. 最后，将重复的子式删去，即得饱和范式了.

例如前面所举过的例子,已求得 S 的交并范式是$(C\cup D)\cap(A\cup D\cup\sim F)\cap(B\cup D\cup\sim F)$,则将每个并子式分别“饱和化”如下:

$$C\cup D=(A\cup C\cup D)\cap(\sim A\cup C\cup D) \quad (添加 A)$$

$$=(A\cup B\cup C\cup D)\cap(A\cup\sim B\cup C\cup D)\cap(\sim A\cup B\cup C\cup D)\cap(\sim A\cup\sim B\cup C\cup D) \quad (添加 B)$$

$$=(A\cup B\cup C\cup D\cup F)\cap(A\cup B\cup C\cup D\cup\sim F)\cap(A\cup\sim B\cup C\cup D\cup F)\cap(A\cup\sim B\cup C\cup D\cup\sim F)\cap(\sim A\cup B\cup C\cup D\cup F)\cap(\sim A\cup B\cup C\cup D\cup\sim F)\cap(\sim A\cup\sim B\cup C\cup D\cup F)\cap(\sim A\cup\sim B\cup C\cup D\cup\sim F), \quad (添加 F)$$

$$A\cup D\cup\sim F=(A\cup B\cup D\cup\sim F)\cap(A\cup\sim B\cup D\cup\sim F) \quad (添加 B)$$

$$=(A\cup B\cup C\cup D\cup\sim F)\cap(A\cup B\cup\sim C\cup D\cup\sim F)\cap(A\cup\sim B\cup C\cup D\cup\sim F)\cap(A\cup\sim B\cup\sim C\cup D\cup\sim F), \quad (添加 C)$$

$$B\cup D\cup\sim F=(A\cup B\cup D\cup\sim F)\cap(\sim A\cup B\cup D\cup\sim F)$$

$$=(A\cup B\cup C\cup D\cup\sim F)\cap(A\cup B\cup\sim C\cup D\cup\sim F)\cap(\sim A\cup B\cup C\cup D\cup\sim F)\cap(\sim A\cup B\cup\sim C\cup D\cup\sim F).$$

最后,将如上饱和化后的并子式全都取来,但要删除重复出现者,就得到饱和交并范式如下:

$$S=(A\cup B\cup C\cup D\cup F)\cap(A\cup B\cup C\cup D\cup\sim F)\cap(A\cup\sim B\cup C\cup D\cup F)\cap(A\cup\sim B\cup C\cup D\cup\sim F)\cap(\sim A\cup B\cup C\cup D\cup F)\cap(\sim A\cup B\cup C\cup D\cup\sim F)\cap(\sim A\cup\sim B\cup C\cup D\cup F)\cap(\sim A\cup\sim B\cup C\cup D\cup\sim F)\cap(A\cup B\cup\sim C\cup D\cup\sim F)\cap(A\cup\sim B\cup\sim C\cup D\cup\sim F)\cap(\sim A\cup B\cup\sim C\cup D\cup\sim F).$$

作为练习,读者可验证 S 的饱和并交范式如下:

$$S=(A\cap B\cap C\cap D\cap F)\cup(A\cap B\cap C\cap D\cap\sim F)\cup$$

$(A\cap B\cap C\cap\sim D\cap F)\cup(A\cap B\cap C\cap\sim D\cap\sim F)\cup$
$(A\cap B\cap\sim C\cap D\cap F)\cup(A\cap B\cap\sim C\cap D\cap\sim F)\cup$
$(A\cap\sim B\cap C\cap D\cap F)\cup(A\cap\sim B\cap C\cap D\cap\sim F)\cup$
$(A\cap\sim B\cap\sim C\cap D\cap F)\cup(A\cap\sim B\cap\sim C\cap D\cap\sim F)\cup$
$(\sim A\cap B\cap C\cap D\cap F)\cup(\sim A\cap B\cap C\cap D\cap\sim F)\cup$
$(\sim A\cap B\cap\sim C\cap D\cap F)\cup(\sim A\cap B\cap\sim C\cap D\cap\sim F)\cup$
$(\sim A\cap\sim B\cap C\cap D\cap F)\cup(\sim A\cap\sim B\cap C\cap D\cap\sim F)\cup$
$(\sim A\cap\sim B\cap\sim C\cap D\cap F)\cup(\sim A\cap\sim B\cap\sim C\cap D\cap\sim F)\cup$
$(A\cap\sim B\cap C\cap\sim D\cap\sim F)\cup(\sim A\cap B\cap C\cap\sim D\cap\sim F)\cup$
$(\sim A\cap\sim B\cap C\cap\sim D\cap\sim F)$.

2.3　集合之 $\cap$，$\cup$ 运算的推广与集合之某些其他运算

本节将对集合之 $\cap$，$\cup$ 运算进行推广，并再引进一些关于集合之其他运算. 首先，关于集合之 $\cup$ 与 $\cap$ 的运算，可以直接推广到任意多(即有限或无穷多）个集合上去. 即下述定义所示.

定义 2.3.1　令 A 是由全集 E 的一部分（有限或无穷多个）子集 $\cdots A_i\cdots A_j\cdots A_k\cdots$ 所组成的集，则将 A 中一切元(E 的子集）的并定义如下，并记为 $\bigcup\limits_{A_i\in A}$，即

$$\bigcup_{A_i\in A}A_i=_{\mathrm{df}}\{x\mid\exists A_i(A_i\in A\,\&\,x\in A_i)\}.$$

定义 2.3.2　令非空集合 A 是由全集 E 的一部分(有限或无限多个）子集 $\cdots A_i\cdots A_j\cdots A_k\cdots$ 所组成的集，则将 A 中一切元(E 的子集）的交定义如下，并记为 $\bigcap\limits_{A_i\in A}A_i$，即

$$\bigcap_{A_i\in A}A_i=_{\mathrm{df}}\{x\mid\forall A_i(A_i\in A\Rightarrow x\in A_i)\}.$$

上述两个定义便是本章 2.2 节中关于两个集合之 $\cup$、$\cap$ 运算的自然推广. 定义 2.3.1 告诉我们，如果 $x\in\bigcup\limits_{A_i\in A}A_i$，那么，$A$ 中必有某个 A_i 使 $x\in A_i$. 反之，A 中任何一个 A_i 的元 x，都有 $x\in\bigcup\limits_{A_i\in A}A_i$. 所以 $\bigcup\limits_{A_i\in A}A_i$ 指所有至少属于一个 A_i 的元所组成的集. 定义 2.3.2 告诉我们，如果 $x\in\bigcap\limits_{A_i\in A}A_i$，则对 A 中之一切 A_i 而言，都有 x

$\in A_i$. 反之，如果 x 为 A 中一切 A_i 的公共元，则 $x \in \bigcap_{A_i \in A} A_i$. 即 $\bigcap_{A_i \in A} A_i$ 指所有同时属于 A 中一切 A_i 之元所组成的集. 此外还应注意，定义 2.3.2 中还规定了 $A \neq \varnothing$，这是因为如果 $A = \varnothing$，则 $A_i \in A$ 永假，从而 $A_i \in A \Rightarrow x \in A_i$ 永真，甚至对任何 $x \in E$ 都能满足 $\forall A_i(A_i \in A \Rightarrow x \in A_i)$，于是 $x \in \bigcap_{A_i \in \varnothing} A_i$，故 $E \subseteq \bigcap_{A_i \in \varnothing} A_i$. 另一方面，由全集之定义又应有 $\bigcap_{A_i \in \varnothing} A_i \subseteq E$，因此 $\bigcap_{A_i \in \varnothing} A_i = E$. 所以，有的书上不在 $\bigcap_{A_i \in A} A_i$ 的定义中规定 $A \neq \varnothing$，而且在定义之余往证 $\bigcap_{A_i \in \varnothing} A = E$ 如上. 但也有许多作者认为，不论如上逻辑推理如何步步有据，然而 $\bigcap_{A_i \in \varnothing} A_i = E$ 一事在直觉上总是显得那么别扭，因此干脆在定义中规定 $A \neq \varnothing$. 此外，我们在定义 2.3.1 中却也未作 $A \neq \varnothing$ 的规定，而当 $A = \varnothing$ 时，则 $A_i \in A$ 永假，于是 $A_i \in A \& x \in A_i$ 也永假，从而 $\forall x \neg \exists A_i(A_i \in A \& x \in A_i)$，即 $\forall x(x \overline{\in} \bigcap_{A_i \in \varnothing} A_i)$，故 $\bigcup_{A_i \in \varnothing} A_i = \varnothing$，对此，无论在逻辑推理上，还是从直觉上看，都显得较为自然. 故在定义中也不作 A 为非空集合之规定了.

在上述两个定义中，如果 A 的元能以逐个排列，例如，$A = \{A_1, A_2, \cdots, A_n\}$ 或 $A = \{A_1, A_2, \cdots, A_n, \cdots\}$，则关于 A 的元(E 的子集) 的 $\bigcup$ 或 $\bigcap$ 分别表示为：

(1) $\bigcup_{A_i \in A} A_i = \bigcup_{k=1}^{n} A_k = A_1 \cup A_2 \cup \cdots \cup A_n$,

(2) $\bigcap_{A_i \in A} A_i = \bigcap_{k=1}^{n} A_k = A_1 \cap A_2 \cap \cdots \cap A_n$,

(3) $\bigcup_{A_i \in A} A_i = \bigcup_{k=1}^{\infty} A_k = A_1 \cup A_2 \cup \cdots \cup A_n \cup \cdots$,

(4) $\bigcap_{A_i \in A} A_i = \bigcap_{k=1}^{\infty} A_k = A_1 \cap A_2 \cap \cdots \cap A_n \cap \cdots$.

并且，若 A 中之元还两两不相交，即对任何 $i \neq j$，有 $A_i \cap A_j = \varnothing$ 时，则还把 $\bigcup_{k=1}^{n} A_k$ 和 $\bigcup_{k=1}^{\infty} A_k$ 分别记为 $\sum_{k=1}^{n} A_k$ 和 $\sum_{k=1}^{\infty} A_k$. 而此时 $\bigcap_{k=1}^{n} A_k$ 和 $\bigcap_{k=1}^{\infty} A_k$ 则显然皆为 $\varnothing$.

例 1 若 $A = \{\{0\}, \{0,1\}, \{0,2,3\}, \{0,4\}\}$，则 $\bigcup_{A_i \in A} A_i = \{0,1,2,3,4\}$，$\bigcap_{A_i \in A} A_i = \{0\}$.

例 2 若 $A = \{(-1,1), (-2,2), \cdots, (-n,n), \cdots\}$，此处 $(-n,n)$ 指开区间，即 $(-n,n) =_{\mathrm{df}} \{x \mid -n < x < n\}$. 于是

$$\bigcap_{A_i \in A} A_i = \bigcap_{n=1}^{\infty} (-n,n) = (-1,1),$$

$$\bigcup_{A_i \in A} A_i = \bigcup_{n=1}^{\infty} (-n,n) = (-\infty, +\infty).$$

今后，当我们在第3章中引入两集之间的一一对应概念后，关于集合之 $\cup$、$\cap$ 运算的上述推广，还可更抽象地定义如下：即对任一抽象的指标集 $M=\{m,n,p,\cdots\}$ 而言，如果 M 的每一元 m，都有 E 的一个子集 A_m 与之对应，则所有这种 A_m 之并和交被定义为：

(1) $\bigcup\limits_{m\in M} A_m =_{\mathrm{df}} \{x \mid \exists m(m\in M \& x\in A_m)\}$，

(2) $\bigcap\limits_{m\in M} A_m =_{\mathrm{df}} \{x \mid \forall m(m\in M \Rightarrow x\in A_m)\}$.

并若在定义中不作 $M\neq\varnothing$ 之规定时，易证

$$\bigcup_{m\in\varnothing} A_m = \varnothing,\ \bigcap_{m\in\varnothing} A_m = E.$$

特别是在 $M=\{1,2,\cdots,n\}$ 或 $M=\{1,2,\cdots,n,\cdots\}$ 时，则把 $\bigcup\limits_{n\in M} A_n$ 分别记为 $\bigcup\limits_{k=1}^{n} A_k$ 和 $\bigcup\limits_{k=1}^{\infty} A_k$，$\bigcap\limits_{n\in M} A_n$ 分别记为 $\bigcap\limits_{k=1}^{n} A_k$ 和 $\bigcap\limits_{k=1}^{\infty} A_k$.

例3　设 $M=\{x \mid x\in R \& x>1\}$，即 M 为一切大于1之实数 x 所构成之集，而与 x 所对应之 A_x 为数 $0\leqslant y<x$ 的区间，即 $A_x=\{y \mid 0\leqslant y<x\}$，则

$$\bigcap_{x\in M} A_x = \{y \mid 0\leqslant y\leqslant 1\} = [0,1],$$

即 $\bigcap\limits_{x\in M} A_x$ 为数 $0\leqslant y\leqslant 1$ 的区间.

如所知，本章2.2节中定理2.2.1(1)～(6)表明，关于两集合之 $\cup$、$\cap$ 运算均满足交换律、结合律和分配律.对于 $\cup$、$\cap$ 之推广情形而言，让我们给出如下的定理.

定理2.3.1　设 $M=\{m,n,p,\cdots\}$，G 为全集 E 的任意子集，而对于 M 的每一元 m 都有 E 的一个子集 A_m 与之对应，则

(1) $G\cap\bigcup\limits_{m\in M} A_m = \bigcup\limits_{m\in M} G\cap A_m$，

(2) $G\cup\bigcap\limits_{m\in M} A_m = \bigcap\limits_{m\in M} G\cup A_m$.

证明

(1) 事实上，

$$G\cap\bigcup_{m\in M} A_m = \{x \mid x\in G \& \exists m(m\in M \& x\in A_m)\},$$

$$\bigcup_{m\in M} G\cap A_m = \{x \mid \exists m(m\in M \& x\in G \& x\in A_m)\}.$$

而 $x\in G \& \exists m(m\in M \& x\in A_m)$ 与 $\exists m(m\in M \& x\in G \& x\in A_m)$ 显然是完全

相同的，因此 $G \cap \bigcup_{m \in M} A_m = \bigcup_{m \in M} G \cap A_m$.

(2) 设 $x \in G \cup \bigcap_{m \in M} A_m$，则或有 $x \in G$，或有 $x \in \bigcap_{m \in M} A_m$，如果 $x \in G$，则对任何 $m \in M$ 而言，都有 $x \in G \cup A_m$，即 $\forall m(m \in M \Rightarrow x \in G \cup A_m)$，故 $x \in \bigcap_{m \in M} G \cup A_m$. 另一方面，如果 $x \in \bigcap_{m \in M} A_m$，则对任何 $m \in M$，都有 $x \in A_m$，于是同样对任何 $m \in M$ 而言，总有 $x \in G \cup A_m$，因此 $\forall m(m \in M \Rightarrow x \in G \cup A_m)$，即 $x \in \bigcap_{m \in M} G \cup A_m$. 这表明不论哪种情形都有 $x \in G \cup \bigcap_{m \in M} A_m \Rightarrow x \in \bigcap_{m \in M} G \cup A_m$. 因此，我们有 $G \cup \bigcap_{m \in M} A_m \subseteq \bigcap_{m \in M} G \cup A_m$. 现设 $x \in \bigcap_{m \in M} G \cup A_m$，于是 $\forall m(m \in M \Rightarrow x \in G \cup A_m)$，即对任何 $m \in M$ 而言，或有 $x \in G$，或有 $x \in A_m$. 如果 $x \in G$，则 $x \in G \cup \bigcap_{m \in M} A_m$；如果 $x \overline{\in} G$，则 $x \in A_m$ 对任何 $m \in M$ 都成立，也就是 $\forall m(m \in M \Rightarrow x \in A_m)$，即 $x \in \bigcap_{m \in M} A_m$，因此，$x \in G \cup \bigcap_{m \in M} A_m$. 总之，$x \in \bigcap_{m \in M} G \cup A_m \Rightarrow x \in G \cup \bigcap_{m \in M} A_m$，即 $\bigcap_{m \in M} G \cap A_m \subseteq G \cup \bigcap_{m \in M} A_m$，因此，$G \cup \bigcap_{m \in M} A_m = \bigcap_{m \in M} G \cup A_m$.

定理 2.3.2 设 $M = \{m, n, p, \cdots\}$ 为任意的指标子集，而对 M 的每一元 m 都有 E 的一个子集 A_m 与之对应，则

(1) $\bigcup_{m \in M} A_m \cup \bigcap_{m \in M} \sim A_m = E$,

(2) $\bigcap_{m \in M} A_m \cup \bigcup_{m \in M} \sim A_m = E$.

证明 (1) 因为 E 是全集，故首先有

$$\bigcup_{m \in M} A_m \cup \bigcap_{m \in M} \sim A_m \subseteq E.$$

现设 $x \in E$，则或者 $\exists m(m \in M \& x \in A_m)$，否则便是 $\forall m(m \in M \Rightarrow x \overline{\in} A_m)$. 如果 $\exists m(m \in M \& x \in A_m)$，于是 $x \in \bigcup_{m \in M} A_m$，故有 $x \in \bigcup_{m \in M} A_m \cup \bigcap_{m \in M} \sim A_m$. 如果 $\forall m(m \in M \Rightarrow x \overline{\in} A_m)$，则就是 $\forall m(m \in M \Rightarrow x \in \sim A_m)$，即 $x \in \bigcap_{m \in M} \sim A_m$. 如此，同样得到 $x \in \bigcup_{m \in M} A_m \cup \bigcap_{m \in M} \sim A_m$. 因此，不论哪种情况，都有 $x \in E \Rightarrow x \in \bigcup_{m \in M} A_m \cup \bigcap_{m \in M} \sim A_m$，故 $E \subseteq \bigcup_{m \in M} A_m \cup \bigcap_{m \in M} \sim A_m$，所以 $\bigcup_{m \in M} A_m \cup \bigcap_{m \in M} \sim A_m = E$.

(2) 设 $x \in E$，则要么 $\forall m(m \in M \Rightarrow x \in A_m)$，那么 $\neg \forall m(m \in M \Rightarrow x \in A_m)$，如果 $\forall m(m \in M \Rightarrow x \in A_m)$，则 $x \in \bigcap_{m \in M} A_m$，于是 $x \in \bigcap_{m \in M} A_m \cup \bigcup_{m \in M} \sim A_m$. 如果 $\neg \forall m(m \in M \Rightarrow x \in A_m)$，则 $\exists m(m \in M \& x \overline{\in} A_m)$，即 $\exists m(m \in M \& x \in \sim A_m)$，即 $x \in \bigcup_{m \in M} \sim A_m$，故 $x \in \bigcap_{m \in M} A_m \cup \bigcup_{m \in M} \sim A_m$. 即不论哪种情况，总能有 $x \in$

$E \Rightarrow x \in \bigcap_{m\in M} A_m \cup \bigcup_{m\in M} \sim A_m$，即 $E \subseteq \bigcap_{m\in M} A_m \cup \bigcup_{m\in M} \sim A_m$，而 $\bigcap_{m\in M} A_m \cup \bigcup_{m\in M} \sim A_m \subseteq E$ 是显然成立的，因此我们有结论 $\bigcap_{m\in M} A_m \cup \bigcup_{m\in M} \sim A_m = E$. □

定理 2.3.3　设 $M = \{m, n, p, \cdots\}$ 为任意指标集，而对 M 的每一元 m 都有 E 的一个子集 A_m 与之对应，则

(1) $\bigcup_{m\in M} A_m \cap \bigcap_{m\in M} \sim A_m = \varnothing$,

(2) $\bigcap_{m\in M} A_m \cap \bigcup_{m\in M} \sim A_m = \varnothing$.

证明　(1) 否则，若设定理结论不成立，这表明应有 $\exists x(x \in \bigcup_{m\in M} A_m \cap \bigcap_{m\in M} \sim A_m)$，因此，$x \in \bigcup_{m\in M} A_m \& x \in \bigcap_{m\in M} \sim A_m$，于是 $\exists m(m \in M \& x \in A_m) \& \forall m(m \in M \Rightarrow x \in \sim A_m)$，故 $\exists m(m \in M \& x \in A_m)$ 与 $\forall m(m \in M \Rightarrow x \overline{\in} A_m)$ 必须同时成立，故矛盾，所以定理结论是成立的.

(2) 类似地，反设 $\bigcap_{m\in M} A_m \cap \bigcup_{m\in M} \sim A_m \neq \varnothing$，因此，$\exists x(x \in \bigcap_{m\in M} A_m \cap \bigcup_{m\in M} \sim A_m)$，即 $x \in \bigcap_{m\in M} A_m \& x \in \bigcup_{m\in M} \sim A_m$，从而 $\forall m(m \in M \Rightarrow x \in A_m)$ 与 $\exists m(m \in M \& x \overline{\in} A_m)$ 二式同时成立，故矛盾. 因此，反设不真，即，$\bigcap_{m\in M} A_m \cap \bigcup_{m\in M} \sim A_m = \varnothing$. □

人们不难证明下述事实

$$A \cup B = E \& A \cap B = \varnothing \Rightarrow B = \sim A.$$

从而上述定理 2.3.2 与定理 2.3.3 表明下述事实为真：

(A) $\sim \bigcup_{m\in M} A_m = \bigcap_{m\in M} \sim A_m$,

(B) $\sim \bigcap_{m\in M} A_m = \bigcup_{m\in M} \sim A_m$.

当然，如果单纯为了得到上述表达式(A) 和(B)，则直接证明之，也是轻而易举的，因而通过上述定理 2.3.2 与定理 2.3.3 而推论(A) 和(B) 既非必须，也不简捷. 例如，为了证明(A)，不妨设 $x \in \sim \bigcup_{m\in M} A_m$，于是 $x \overline{\in} \bigcup_{m\in M} A_m$，从而 $\forall m(m \in M \Rightarrow x \overline{\in} A_m)$，即 $\forall m(m \in M \Rightarrow x \in \sim A_m)$，故 $x \in \bigcap_{m\in M} \sim A_m$. 于是 $\sim \bigcup_{m\in M} A_m \subseteq \bigcap_{m\in M} \sim A_m$. 再设 $x \in \bigcap_{m\in M} \sim A_m$，则 $\forall m(m \in M \Rightarrow x \in \sim A_m)$，即 $\forall m(m \in M \Rightarrow x \overline{\in} A_m)$，即 $x \overline{\in} \bigcup_{m\in M} A_m$，于是 $x \in \sim \bigcup_{m\in M} A_m$，故 $\bigcap_{m\in M} \sim A_m \subseteq \sim \bigcup_{m\in M} A_m$. 因此，上述(A) 是成立的. 类似地，可证(B) 也成立. 而上述(A) 和(B) 可概述为下述两句话：

(A′) 并的补是补的交，

(B′) 交的补是补的并.

即 De Morgan 律对任意的并与交都成立.

现在,我们来引入关于集合序列之上极限与下极限的概念.

定义 2.3.3 设 $N=\{1,2,\cdots,n,\cdots\}$ 为自然数集,对于 N 的任一元 n,有 E 的一个子集 A_n 与之对应,则对集合序列 $\{A_n:n\geqslant 1\}=\{A_1,A_2,\cdots,A_n,\cdots\}$ 的上极限定义如下,并记为 $\overline{\lim\limits_{n\to\infty}}A_n$,

即

$$\overline{\lim_{n\to\infty}}A_n=_{\mathrm{df}}\{x\mid\forall n(n\in N\Rightarrow\exists k(k\geqslant n\&x\in A_k))\}$$

此处 $\forall n(n\in N\Rightarrow\exists k(k\geqslant n\&x\in A_k))$ 指在无论多大的自然数 n 之后,总有某个 $k\geqslant n$,使得 $x\in A_k$ 成立,因而这就意味着 x 属于无穷多个 A_n.

定义 2.3.4 设 $N=\{1,2,\cdots,n,\cdots\}$ 为自然数集,对于 N 的任一元 n,有 E 的一个子集 A_n 与之对应,则对集合序列 $\{A_n:n\geqslant 1\}=\{A_1,A_2,\cdots,A_n,\cdots\}$ 的下极限定义如下,并记为 $\underline{\lim\limits_{n\to\infty}}A_n$,即

$$\underline{\lim_{n\to\infty}}A_n=_{\mathrm{df}}\{x\mid\exists n(n\in N\&\forall k(k\geqslant n\Rightarrow x\in A_k))\},$$

此处 $\exists n(n\in N\&\forall k(k\geqslant n\Rightarrow x\in A_k))$ 指存在一个自然数 n,在它之后的每个自然数 k,都有 $x\in A_k$,因而意味着 x 至多不属于有穷多个 A_n.

由定义 2.3.3 和定义 2.3.4 可知,$\overline{\lim\limits_{n\to\infty}}A_n$ 是指所有属于无穷多个 A_n 的元所构成的集,或说是所有那些有无穷多个 n 使 $x\in A_n$ 成立的 x 所组成的集. 而 $\underline{\lim\limits_{n\to\infty}}A_n$ 是指所有那些至多只有有限多个 n 使得 $x\overline{\in}A_n$ 成立的 x 所组成的集,或说是所有那些几乎是一切 n 都使 $x\in A_n$ 成立的 x 所组成的集. 显然,定义 2.3.4 的要求比定义 2.3.3 的要求强,所以易证下述关系成立:

$$\underline{\lim_{n\to\infty}}A_n\subseteq\overline{\lim_{n\to\infty}}A_n.$$

如果同时又有 $\overline{\lim\limits_{n\to\infty}}A_n\subseteq\underline{\lim\limits_{n\to\infty}}A_n$ 成立,从而有

$$\underline{\lim_{n\to\infty}}A_n=\overline{\lim_{n\to\infty}}A_n.$$

此时我们就说,集合序列 $\{A_n:n\geqslant 1\}$ 的极限存在,或称该集合序列 $\{A_n:n\geqslant 1\}$ 是收敛的,并将此极限记为 $\lim\limits_{n\to\infty}A_n$.

例 4 设 A,B 均为 E 的子集,则对集合序列 $\{A,B,A,B,\cdots,A,B,\cdots\}$ 而言,易

见$\overline{\lim\limits_{n\to\infty}} A_n = A \cup B$，$\underline{\lim\limits_{n\to\infty}} A_n = A \cap B$，并且$\lim\limits_{n\to\infty} A_n$ 存在 $\Leftrightarrow A = B$. 此处之

$$A_n = \begin{cases} A, \text{当 } n \text{ 为奇数}, \\ B, \text{当 } n \text{ 为偶数}. \end{cases}$$

例 5　设有一集合序列$\{A_n : n \geqslant 1\} = \{A_1, A_2, \cdots, A_n, \cdots\}$，其中 A_1 是$[0,1]$，A_2，A_3 依次为$\left[0, \frac{1}{2}\right]$，$\left[\frac{1}{2}, 1\right]$，$A_4$，$A_5$，$A_6$ 依次为$\left[0, \frac{1}{3}\right]$，$\left[\frac{1}{3}, \frac{2}{3}\right]$，$\left[\frac{2}{3}, 1\right]$，以此类推，则易见

$$\overline{\lim_{n\to\infty}} A_n = [0,1], \quad \underline{\lim_{n\to\infty}} A_n = \varnothing.$$

定理 2.3.5　设 $N = \{1, 2, \cdots, n, \cdots\}$ 为自然数集，对于 N 的任一元 n，有 E 的一子集 A_n 与之对应，则对集合序列$\{A_1, A_2, \cdots, A_n, \cdots\}$ 而言，我们有

(1) $\overline{\lim\limits_{n\to\infty}} A_n = \bigcap\limits_{n=1}^{\infty} \bigcup\limits_{k=n}^{\infty} A_k$，

(2) $\underline{\lim\limits_{n\to\infty}} A_n = \bigcup\limits_{n=1}^{\infty} \bigcap\limits_{k=n}^{\infty} A_k$.

证明　(1) 设 $x \in \overline{\lim\limits_{n\to\infty}} A_n$，则有无穷多个 n，使得 $x \in A_n$ 成立. 故对任何一个 n 而言，总有

$$\exists k(n)(k(n) \geqslant n \,\&\, k(n) \in N \,\&\, x \in A_{k(n)}),$$

否则 x 将至多属于前面 n 个 A_n. 既然如此，我们有 $\forall n(n \in N \Rightarrow x \in \bigcup\limits_{k=n}^{\infty} A_k)$，即 $x \in \bigcap\limits_{n=1}^{\infty} \bigcup\limits_{k=n}^{\infty} A_k$，故$\overline{\lim\limits_{n\to\infty}} A_n \subseteq \bigcap\limits_{n=1}^{\infty} \bigcup\limits_{k=n}^{\infty} A_k$. 反之，设 $x \in \bigcap\limits_{n=1}^{\infty} \bigcup\limits_{k=n}^{\infty} A_k$，则 $\forall n(n \in N \Rightarrow x \in \bigcup\limits_{k=n}^{\infty} A_k)$，故对任何一个 n 而言，至少要有一个 $k(n)(k(n) \geqslant n \,\&\, k(n) \in N)$ 使得 $x \in A_{k(n)}$ 成立. 既然对任何 n，即不论 n 多么大，总有这种 $\geqslant n$ 的 $k(n)$ 存在，则就不可能仅有有限多个 n 使得 $x \in A_n$ 成立，即 x 属于无穷多个 A_n，故 $x \in \overline{\lim\limits_{n\to\infty}} A_n$. 因此 $\bigcap\limits_{n=1}^{\infty} \bigcup\limits_{k=n}^{\infty} A_k \subseteq \overline{\lim\limits_{n\to\infty}} A_n$，故有$\overline{\lim\limits_{n\to\infty}} A_n = \bigcap\limits_{n=1}^{\infty} \bigcup\limits_{k=n}^{\infty} A_k$.

(2) 设 $x \in \underline{\lim\limits_{n\to\infty}} A_n$，故至多只有有限个 $m_i \in N (i = 1, 2, \cdots, k, k < \infty)$ 使得 $x \overline{\in} A_{m_i}$ 成立. 令 $m = \max(m_1, m_2, \cdots, m_k)$，因此 $\forall k(n)(k(n) \geqslant m + 1 \,\&\, k(n) \in N \Rightarrow x \in A_{k(n)})$，这表明有 $n = m + 1 \in N$ 使得 $x \in \bigcap\limits_{k=n}^{\infty} A_k$，既然 $\exists n(n \in N \,\&\, x \in \bigcap\limits_{k=n}^{\infty} A_k)$，即 $x \in \bigcup\limits_{n=1}^{\infty} \bigcap\limits_{k=n}^{\infty} A_k$，故$\underline{\lim\limits_{n\to\infty}} A_n \subseteq \bigcup\limits_{n=1}^{\infty} \bigcap\limits_{k=n}^{\infty} A_k$. 再设 $x \in \bigcup\limits_{n=1}^{\infty} \bigcap\limits_{k=n}^{\infty} A_k$，故必有 $n \in N$，使

得$x \in \bigcap\limits_{k=n}^{\infty} A_k$成立，即有$n \in N$使$\forall k(n)(k(n) \geqslant n \& k(n) \in N \Rightarrow x \in A_{k(n)})$，这表明至多只有有限多个$m(m \in N \& m \leqslant n)$使得$x \overline{\in} A_m$成立. 这表明$x \in \varliminf\limits_{n\to\infty} A_n$，于是$\bigcup\limits_{n=1}^{\infty}\bigcap\limits_{k=n}^{\infty} A_k \subseteq \varliminf\limits_{n\to\infty} A_n$. 故$\varliminf\limits_{n\to\infty} A_n = \bigcup\limits_{n=1}^{\infty}\bigcap\limits_{k=n}^{\infty} A_k$. □

定义 2.3.5 如果集合序列$\{A_n : n \geqslant 1\}$具有性质：对于每个$n \geqslant 1$，都有$A_n \subseteq A_{n+1}$，即

$$A_1 \subseteq A_2 \subseteq \cdots \subseteq A_n \subseteq \cdots,$$

则称该集合序列$\{A_n : n \geqslant 1\}$是上升（或称不减）的，并简记为$\{A_n\}\uparrow$.

定义 2.3.6 如果集合序列$\{A_n : n \geqslant 1\}$具有性质：对于每个$n \geqslant 1$，都有$A_n \supseteq A_{n+1}$，即

$$A_1 \supseteq A_2 \supseteq \cdots \supseteq A_n \supseteq \cdots,$$

则称该集合序列$\{A_n : n \geqslant 1\}$是下降（或称不增）的，并简记为$\{A_n\}\downarrow$.

定理 2.3.6 对任给的集合序列$\{A_n : n \geqslant 1\}$，有

(1) $\{A_n\}\uparrow \Rightarrow \varlimsup\limits_{n\to\infty} A_n = \varliminf\limits_{n\to\infty} A_n = \lim\limits_{n\to\infty} A_n = \bigcup\limits_{n=1}^{\infty} A_n$，

(2) $\{A_n\}\downarrow \Rightarrow \varlimsup\limits_{n\to\infty} A_n = \varliminf\limits_{n\to\infty} A_n = \lim\limits_{n\to\infty} A_n = \bigcap\limits_{n=1}^{\infty} A_n$.

证明 (1) 首先易见下述事实都是成立的：

(a) $\{A_n\}\uparrow \Rightarrow \bigcap\limits_{k=n}^{\infty} A_k = A_n$，

(b) 对任何n都有$\bigcup\limits_{k=n}^{\infty} A_k \subseteq \bigcup\limits_{n=1}^{\infty} A_n$，

(c) "对任何n都有$A \supseteq B_n$"$\Rightarrow A \supseteq \bigcap\limits_{n=1}^{\infty} B_n$.

因此，

$$\begin{aligned} \varliminf_{n\to\infty} A_k &= \bigcup_{n=1}^{\infty}\bigcap_{k=n}^{\infty} A_k && \text{定理 2.3.5(2)} \\ &= \bigcup_{n=1}^{\infty} A_n && \text{上述(a)} \\ &\supseteq \bigcap_{n=1}^{\infty}\bigcup_{k=n}^{\infty} A_k && \text{上述(b),(c)} \\ &= \varlimsup_{n\to\infty} A_n. && \text{定理 2.3.5(1)} \end{aligned}$$

于是$\varlimsup\limits_{n\to\infty} A_n \subseteq \varliminf\limits_{n\to\infty} A_n$，又前文早已指出$\varliminf\limits_{n\to\infty} A_n \subseteq \varlimsup\limits_{n\to\infty} A_n$，故$\lim\limits_{n\to\infty} A_n = \varlimsup\limits_{n\to\infty} A_n = \varliminf\limits_{n\to\infty} A_n = \bigcup\limits_{n=1}^{\infty} A_n$.

(2) 首先易见下述事实为真：

(a) $\{A_n\}\downarrow \Rightarrow \bigcup_{k=n}^{\infty} A_k = A_n$,

(b) 对任何 n 都有 $\bigcap_{n=1}^{\infty} A_n \subseteq \bigcap_{k=n}^{\infty} A_k$,

(c)"对任何 n 都有 $A \subseteq B_n$"$\Rightarrow A \subseteq \bigcup_{n=1}^{\infty} B_n$.

因此,

$$\begin{aligned}
\overline{\lim_{n\to\infty}} A_n &= \bigcap_{n=1}^{\infty}\bigcup_{k=n}^{\infty} A_k && \text{定理 2.3.5(1)}\\
&= \bigcap_{n=1}^{\infty} A_n && \text{上述(a)}\\
&\subseteq \bigcup_{n=1}^{\infty}\bigcap_{k=n}^{\infty} A_k && \text{上述(b),(c)}\\
&= \underline{\lim_{n\to\infty}} A_n.
\end{aligned}$$

于是 $\overline{\lim_{n\to\infty}} A_n \subseteq \underline{\lim_{n\to\infty}} A_n$,又前文早已指出 $\underline{\lim_{n\to\infty}} A_n \subseteq \overline{\lim_{n\to\infty}} A_n$,故 $\lim_{n\to\infty} A_n = \underline{\lim_{n\to\infty}} A_n = \overline{\lim_{n\to\infty}} A_n = \bigcap_{n=1}^{\infty} A_n$. □

本定理表明上升的集合序列收敛于集合的并,而下降的集合序列收敛于集合的交.

本节之末,我们再引进一种被称为集合的幂集运算,并讨论一个关于幂集运算的初步性质.

定义 2.3.7　设 A 为一集,则集合 A 的幂集被定义如下,并简记为 $\mathscr{P}(A)$ 或 $\mathscr{P}A$ 即,

$$\mathscr{P}(A) =_{\mathrm{df}} \{x \mid x \subseteq A\}.$$

所以集合 A 的幂集 $\mathscr{P}(A)$ 是由且仅由 A 的一切子集组成的.

定理 2.3.7　设集合 $A = \{a_1, a_2, \cdots, a_n\}$ 是一个含有 n 个不同元素的有限集合,则 $\mathscr{P}(A)$ 恰有 2^n 个元素.

证明　设 $A = \{a_1, a_2, \cdots, a_n\}$,则 A 的一切子集(即 $\mathscr{P}(A)$ 的一切元)可按其所包含之不同元素之个数分类统计. A 的所有不含任何元的子集只有 $\mathrm{C}_n^0 = 1$ 个,即 $\varnothing$. 而 A 的所有只含一个元的不同子集的个数为 C_n^1 个,又 A 的所有只含两个不同元的相异子集之个数为 C_n^2 个,一般地,A 的所有只含 $k(k \leqslant n)$ 个不同元的相异子集的个数为 C_n^k 个,因之集合 A 之所有相异子集之个数为

$$\mathrm{C}_n^0 + \mathrm{C}_n^1 + \cdots + \mathrm{C}_n^k + \cdots + \mathrm{C}_n^n = 2^n.$$

□

习题与补充 2

1. 在下列空格______处,填上"$\in$"和"$\subseteq$"中的哪一个符号使得关系式为真?

(1)$\varnothing$ ______ $\{\varnothing,\{\varnothing\}\}$,

(2)$\{\varnothing\}$ ______ $\{\varnothing,\{\{\varnothing\}\}\}$,

(3)$\{\{\varnothing\}\}$ ______ $\{\varnothing,\{\varnothing\}\}$,

(4)$\{\{\varnothing\}\}$ ______ $\{\varnothing,\{\{\varnothing\}\}\}$,

(5)$\{\{\varnothing\}\}$ ______ $\{\varnothing,\{\varnothing,\{\varnothing\}\}\}$.

2. 设 $A=\{a\mid a$ 为正整数$\}$,$B=\{b\mid b$ 为质数$\}$,$C=\{c\mid c$ 为正偶数$\}$,试讨论 A,B,C 之间的 $\subseteq$ 关系.

3. 证明定理 2.2.1 中的(2)、(4)、(6)、(7).

4. 用"外延性原则"证明下列集合等式:

(1)$A\cap(A\cup B)=A, A\cup(A\cap B)=A$,

(2)$A=(A\cap B)\cup(A-B)$,

(3)$A\cup(B-A)=A\cup B$,

(4)$(A-B)-C=A-(B\cup C)$.

5. 现在先让我们给出如下 4 组等式:

(1) $A\cup B=B\cup A$,

$A\cap B=B\cap A$;

(2) $A\cup(B\cap C)=(A\cup B)\cap(A\cup C)$,

$A\cap(B\cup C)=(A\cap B)\cup(A\cap C)$;

(3) 存在一集 $\varnothing$,对任何 A 有 $A\cup\varnothing=A$,

存在一集 E,对任何 A 有 $A\cap E=A$;

(4) 对任何 A,存在 $\sim A$ 使 $A\cup\sim A=E$,并且 $A\cap\sim A=\varnothing$.

以上 8 个等式叫作集合代数的公理系统.从这组公理出发,依次往证如下各条:

(a) $\varnothing$ 和 E 是唯一的,

(b) 对任何 A,它的补 $\sim A$ 是唯一的,

(c) $\sim\sim A=A$,

(d) $\sim E = \varnothing$，$\sim \varnothing = E$，

(e) $A \cup E = E, A \cap \varnothing = \varnothing$，

(f) $A \cup A = A, A \cap A = A$.

6. 设 I, J 都是关于 $A_1, \cdots, A_n$ 的饱和交子式(即含每个 A_i 或 $\sim A_i$ 至少一次的交子式)，求证：或者 $I = J$，或者 $I \cap J = \varnothing$.

7. 试证明：一个饱和并交范式的补可以表示为另一个饱和并交范式，其中的交子式是所有不在原饱和并交范式中出现的饱和交子式. 例如，因为所有含 A_1, A_2, A_3 的饱和交子式共有如下 8 个：$I_1 = A_1 \cap A_2 \cap A_3, I_2 = A_1 \cap A_2 \cap \sim A_3, I_3 = A_1 \cap \sim A_2 \cap A_3, I_4 = A_1 \cap \sim A_2 \cap \sim A_3, I_5 = \sim A_1 \cap A_2 \cap A_3, I_6 = \sim A_1 \cap A_2 \cap \sim A_3, I_7 = \sim A_1 \cap \sim A_2 \cap A_3, I_8 = \sim A_1 \cap \sim A_2 \cap \sim A_3$. 故 $f(A_1, A_2, A_3) = A_1 \oplus A_2 \oplus A_3 = (A_1 \cap \sim A_2 \cap \sim A_3) \cup (\sim A_1 \cap A_2 \cap \sim A_3) \cup (\sim A_1 \cap \sim A_2 \cap A_3) \cup (A_1 \cap A_2 \cap A_3) = I_4 \cup I_6 \cup I_7 \cup I_1$ 的补即为 $\sim f(A_1, A_2, A_3) = I_2 \cup I_3 \cup I_5 \cup I_8$.

8. 试由上述第 7 题给出一种方法，使之能直接由一个饱和并交范式求出该式的饱和交并范式来.

9. 已知 $A \oplus B = (A \cap \sim B) \cup (\sim A \cap B)$，试用上述第 8 题所给方法直接求出它的交并范式.

10. 试证明：

(1) $A_1 \oplus A_2 \oplus A_3 \oplus A_4 = (A_1 \cap \sim A_2 \cap \sim A_3 \cap \sim A_4) \cup (\sim A_1 \cap A_2 \cap \sim A_3 \cap \sim A_4) \cup (\sim A_1 \cap \sim A_2 \cap A_3 \cap \sim A_4) \cup (\sim A_1 \cap \sim A_2 \cap \sim A_3 \cap A_4) \cup (A_1 \cap A_2 \cap A_3 \cap \sim A_4) \cup (A_1 \cap A_2 \cap \sim A_3 \cap A_4) \cup (A_1 \cap \sim A_2 \cap A_3 \cap A_4) \cup (\sim A_1 \cap A_2 \cap A_3 \cap A_4)$.

(2) $A_1 \oplus A_2 \oplus \cdots \oplus A_n = \bigcup\limits_{\substack{(i_1, \cdots, i_n)\text{是} \\ (1, \cdots, n)\text{的排列}}} (A_{i_1} \cap A_{i_2} \cap \cdots \cap \sim A_{i_n}) \cup \bigcup\limits_{\substack{(i_1, \cdots, i_n)\text{是} \\ (1, \cdots, n)\text{的排列}}} (A_{i_1} \cap A_{i_2} \cap A_{i_3} \cap \sim A_{i_4} \cap \cdots \cap \sim A_{i_n}) \cup \cdots$，即它的饱和并交范式中，每个交子式恰有奇数个变元不取补，其余变元都取补.

11. 若 $N \subseteq B$，试证：

(1) $A \cup N = (A - B) \oplus [B \cap (A \cup N)]$，

(2) $A \oplus N = (A - B) \cup [B \cap (A \oplus N)]$.

12. 试构造反例用以说明如下三个分配律均不成立：

(1)$A \oplus (B \cap C) = (A \oplus B) \cap (A \oplus C)$,

(2)$A \oplus (B \cup C) = (A \oplus B) \cup (A \oplus C)$,

(3)$A \cup (B \oplus C) = (A \cup B) \oplus (A \cup C)$.

13. 试分别求出 $A \cup N$ 与$(A-B) \oplus [B \cap (A \cup N)]$的饱和并交范式,再借此证明当 $N \subseteq B$ 时,两者相等.

14. 人们常把 $\bigcup_{A_i \in A} A_i$ 记为 $\bigcup A$,即把 $\bigcup$ 作为对于集合的一元运算符号,也可形式地写为

$$x \in \bigcup A \Leftrightarrow \exists y(y \in A \& x \in y).$$

(1) 试求 $\bigcup \{\varnothing,\{\varnothing\}\}$, $\bigcup \{\{\varnothing\}\}$,

(2) 证明 $a \in A \Rightarrow a \subseteq \bigcup A$,

(3) 证明 $A \subseteq B \Rightarrow \bigcup A \subseteq \bigcup B$.

15. 证明对任何集合 A 有 $\bigcup \mathscr{P}A = A$.

16. 证明对任何集合 A 有 $A \subseteq \mathscr{P} \bigcup A$,并举例说明 $\mathscr{P} \bigcup A \subseteq A$ 不一定成立.

17. 证明 $\mathscr{P}A \cap \mathscr{P}B = \mathscr{P}(A \cap B)$.

18. 证明 $\mathscr{P}A \cup \mathscr{P}B \subseteq \mathscr{P}(A \cup B)$,并举例说明反向的包含关系 $\mathscr{P}(A \cup B) \subseteq \mathscr{P}A \cup \mathscr{P}B$ 不一定成立.

19. 证明 $\mathscr{P}(A \cup B) \subseteq \mathscr{P}A \cup \mathscr{P}B$ 成立的充要条件是 $A \subseteq B$ 或 $B \subseteq A$.

20. 试证如下五个条件是等价的:

(1)$A \subseteq B$,

(2)$A - B = \varnothing$,

(3)$A \cup B = B$,

(4)$A \cap B = A$,

(5)$A \oplus B = B - A$.

21. 试求 $\mathscr{P}\varnothing$, $\mathscr{P}\mathscr{P}\varnothing$, $\mathscr{P}\mathscr{P}\mathscr{P}\varnothing$ 及 $\bigcup \mathscr{P}\mathscr{P}\mathscr{P}\varnothing$.

22. 证明对任一集合序列$\{A_i : i = 1,2,\cdots\}$,有

$$\underline{\lim_{n\to\infty}} A_n \subseteq \overline{\lim_{n\to\infty}} A_n.$$

23. 我们也可用另一种方式来叙述集合序列的极限:

定义 1 集合序列$\{A_n : n = 1,2,\cdots\}$的极限是空集 $\varnothing$,意指 $\forall x \exists n \forall k (k \geqslant n \Rightarrow x \overline{\in} A_k)$,并记为:$\lim_{n\to\infty} A_n = \varnothing$.

(1) 试证在定义 1 的意义下，$\lim\limits_{n\to\infty} A_n = \varnothing$ 当且仅当 $\bigcap\limits_{n=1}^{\infty}\bigcup\limits_{k=n}^{\infty} A_k = \varnothing$.

定义 2　集合序列$\{A_n : n = 1,2,\cdots\}$的极限是集合 A，意指$\lim\limits_{n\to\infty}(A_n \oplus A) = \varnothing$，记为$\lim\limits_{n\to\infty} A_n = A$.

(2) 试证 $\bigcup\limits_{n=1}^{\infty}\bigcap\limits_{k=n}^{\infty} A_k \subseteq \bigcap\limits_{n=1}^{\infty}\bigcup\limits_{k=n}^{\infty} A_k$.

(3) 试证在定义 2 的意义下$\lim\limits_{n\to\infty} A_n = A$ 当且仅当 $\bigcap\limits_{n=1}^{\infty}\bigcup\limits_{k=n}^{\infty} A_k = \bigcup\limits_{n=1}^{\infty}\bigcap\limits_{k=n}^{\infty} A_k = A$.

由上述命题(3) 可知，用 $\bigcap\limits_{n=1}^{\infty}\bigcup\limits_{k=n}^{\infty} A_k$ 与 $\bigcup\limits_{n=1}^{\infty}\bigcap\limits_{k=n}^{\infty} A_k$ 两者相等来定义极限$\lim\limits_{k\to\infty} A_k$ 存在且其极限值就是这两者之值是合理的. 至于为什么将这两个式子分别叫作序列$\{A_n : n = 1,2,\cdots\}$ 的“上极限”和“下极限”，乃是因为它们具有类似于数列之上、下极限的性质.

(4) 任给序列$\{A_n\}$ 的子序列$\{A_{n_j} : j = 1,2,\cdots\}$，若有上述定义 2 意义下的极限，则必有

$$\bigcup_{n=1}^{\infty}\bigcap_{k=n}^{\infty} A_k \subseteq \lim_{j\to\infty} A_{n_j} \subseteq \bigcap_{n=1}^{\infty}\bigcup_{k=n}^{\infty} A_k.$$

试证明之.

第3章 映 射

3.1 序偶与卡氏积

本节中，将引入关于集合的一种被称为卡氏积的运算，有时也叫作直积或笛卡儿(Descartes)乘积. 为了引入集合的这种运算，还需先给出有关序偶(或称有序对)以及 n 元有序组(简称为 n 元组)等概念.

一个序偶是按照给定顺序的两个对象 x 和 y 构成的，例如 x 在前，y 在后，则就记为 $\langle x,y\rangle$，此时也将 x,y 分别叫作 $\langle x,y\rangle$ 的第一分量和第二分量. 显然，我们希望两个序偶相等的充分必要条件是它们的对应分量相等. 即

$$\langle x,y\rangle = \langle u,v\rangle \Leftrightarrow x = u \,\&\, y = v \qquad (*)$$

许多书上是把上述条件(*)人为地规定为序偶所必须满足的性质，实际上，就是直接用条件(*)来定义序偶概念. 但这样做，从集合论的观点来看，却不符合从最基本的 $\in$ 概念出发，而去定义其他概念的本意. 那么，能否用集合的概念去定义出一种有序对，并使这种被定义出来的有序对，不是规定而是能够证明它必然满足上述条件(*)呢?历史地说，其中还有一个过程.

试问

$$\langle x,y\rangle =_{\mathrm{df}} \{x,y\}$$

是否可行?显然，这是不成功的. 因为即使明确指出 $x \neq y$，却 $\{x,y\} = \{y,x\}$ 依然成立，因此有 $\langle x,y\rangle = \langle y,x\rangle$，这表明如此定义出来的序偶概念是无法满足上述条件(*)的. 那么再问

$$\langle x,y\rangle =_{\mathrm{df}} \{x,\{y\}\}$$

是否可行?回答仍然是否定的. 因为我们在第 2 章 2.1 节中就已指出 $a \neq \{a\}$，而此

时我们却有

$$\langle\{a\},\{a\}\rangle=\{\{a\},\{\{a\}\}\}=\{\{\{a\}\},\{a\}\}=\langle\{\{a\}\},a\rangle,$$

这表明如上定义出来的序偶概念同样不能满足上述条件(*).

直到 1914 年,Norbert Wiener 给出了第一个成功的定义,但不够简洁,需要改进①. 这样,到了 1921 年,K. Kuratowsk 终于给出了简洁、合理而又成功的定义,因而受到欢迎并被普遍采用,即

定义 3.1.1 $\langle x,y\rangle =_{\mathrm{df}}\{\{x\},\{x,y\}\}$.

现在我们来证明上述定义下的序偶概念确实满足前述条件(*),即

定理 3.1.1 $\langle x,y\rangle=\langle u,v\rangle\Leftrightarrow x=u\,\&\,y=v$.

证明 $\Rightarrow$ 我们的题设是$\langle x,y\rangle=\langle u,v\rangle$,分两种情况讨论之.

(1) 设 $u=v$,则$\{u,v\}=\{u,u\}=\{u\}$,由题设和定义 3.1.1 知$\{\{x\},\{x,y\}\}=\{\{u\},\{u,v\}\}=\{\{u\},\{u\}\}=\{\{u\}\}$,于是$\{x,y\}\in\{\{u\}\}$,故$\{x,y\}=\{u\}$,因此,$x\in\{u\},y\in\{u\}$. 这表明 $x=u=v,y=u=v$,即 $x=u\,\&\,y=v$.

(2) 设 $u\neq v$,则$\{x\}=\{x,x\}\neq\{u,v\}$. 另一方面,$\{x\}\in\{\{x\},\{x,y\}\}=\langle x,y\rangle=\langle u,v\rangle=\{\{u\},\{u,v\}\}$,由于已知$\{x\}\neq\{u,v\}$,只有$\{x\}=\{u\}$,即 $x=u$. 又因为$\{u,v\}\in\{\{u\},\{u,v\}\}=\langle u,v\rangle=\langle x,y\rangle=\{\{x\},\{x,y\}\}$,同样因为已知$\{u,v\}\neq\{x\}$,只有$\{u,v\}=\{x,y\}$,于是有 $v\in\{u,v\}=\{x,y\}$,即 $v\in\{x,y\}$. 因设$u\neq v$ 且已证 $x=u$,故 $v\neq x$,只有 $v=y$. 于是我们得到 $x=u\,\&\,y=v$.

$\Leftarrow$ 此时已知 $x=u\,\&\,y=v$,于是只要在$\{\{x\},\{x,y\}\}$中以 u,v 分别取代 x,y 的出现便是$\{\{x\},\{x,y\}\}=\{\{u\},\{u,v\}\}$,由定义 3.1.1 知$\langle x,y\rangle=\langle u,v\rangle$. □

序偶的一个最熟知的例子,便是平面上的 Descartes 坐标系中的坐标点,而且

$$(x,y)=(l,m)\Leftrightarrow x=l\,\&\,y=m.$$

即两个坐标点相同的充分必要条件是:它们对应的横坐标和对应的纵坐标分别相等. 这表明 Descartes 平面的坐标系中的标点完全具有序偶的性格,或者说是序偶的一种解释.

定理 3.1.2 $x\in A\,\&\,y\in B\Rightarrow\langle x,y\rangle\in\mathscr{P}\mathscr{P}(A\cup B)$.

证明 由假设条件知 $x\in A\cup B,y\in A\cup B$,于是$\{x\}\subseteq A\cup B,\{x,y\}\subseteq$

---

① 请参见本章有关习题.

$A \cup B$,即$\{x\} \in \mathscr{P}(A \cup B)$,$\{x,y\} \in \mathscr{P}(A \cup B)$,于是$\{\{x\},\{x,y\}\} \subseteq \mathscr{P}(A \cup B)$,即$\{\{x\},\{x,y\}\} \in \mathscr{P}\mathscr{P}(A \cup B)$. 由定义 3.1.1 知$\langle x,y\rangle \in \mathscr{P}\mathscr{P}(A \cup B)$. □

我们还要对序偶的概念进行扩充,即引入三元组、四元组,直至一般情形下的n元组,分别记为$\langle x_1,x_2,x_3\rangle$,$\langle x_1,x_2,x_3,x_4\rangle$,$\cdots$,$\langle x_1,x_2,\cdots,x_n\rangle$,$\cdots$. 当然希望有

$$\langle x_1,x_2,\cdots,x_n\rangle = \langle y_1,y_2,\cdots,y_n\rangle \Leftrightarrow x_1 = y_1, x_2 = y_2, \cdots, x_n = y_n.$$

那么,例如三元组$\langle x,y,z\rangle$,试问如下定义

$$\langle x,y,z\rangle =_{\mathrm{df}} \{\{x\},\{x,y\},\{x,y,z\}\}$$

是否可行?回答是否定的(虽然如上定义在直觉上显得那么自然). 事实上,设$x \neq y$,则按如上定义方式,将有$\langle x,y,x\rangle = \{\{x\},\{x,y\},\{x,y,x\}\} = \{\{x\},\{x,y\},\{x,y\}\} = \{\{x\},\{x,y\},\{x,y,y\}\} = \langle x,y,y\rangle$,然而由于已经设定$x \neq y$,故此处第三个分量无法相等. 这表明上述定义方式,不论在表面上如何诱人,但实际上却无法满足我们的希望.

在这里,我们可以利用已定义的序偶概念去定义三元组$\langle x_1,x_2,x_3\rangle$如下:

定义 3.1.2 $\langle x_1,x_2,x_3\rangle =_{\mathrm{df}} \langle\langle x_1,x_2\rangle,x_3\rangle$.

于是

$$\begin{aligned}
&\langle x_1,x_2,x_3\rangle = \langle y_1,y_2,y_3\rangle \\
&\Leftrightarrow \langle\langle x_1,x_2\rangle,x_3\rangle = \langle\langle y_1,y_2\rangle,y_3\rangle && \text{定义 3.1.2} \\
&\Leftrightarrow \langle x_1,x_2\rangle = \langle y_1,y_2\rangle \,\&\, x_3 = y_3 && \text{定理 3.1.1} \\
&\Leftrightarrow x_1 = y_1 \,\&\, x_2 = y_2 \,\&\, x_3 = y_3. && \text{定理 3.1.1}
\end{aligned}$$

这表明定义 3.1.2 是成功的,为之,我们也依次类推地去定义四元组、五元组等. 在一般情形下,我们将n元组$\langle x_1,x_2,\cdots,x_n\rangle$定义如下:

定义 3.1.3 $\langle x_1,x_2,\cdots,x_n\rangle =_{\mathrm{df}} \langle\langle x_1,x_2,\cdots,x_{n-1}\rangle,x_n\rangle$.

倒回去,我们又把单元组$\langle x\rangle$这样一种特殊情形合理地规定如下:

定义 3.1.4 $\langle x\rangle =_{\mathrm{df}} x$.

事实上,此时我们也有

$$\langle x\rangle = \langle y\rangle \Leftrightarrow x = y.$$

现在,让我们在上述序偶及n元组等概念的基础上引进关于集合之卡氏积运算如下:

定义 3.1.5 设A,B为二集合,则A与B的卡氏积被定义如下,并记为$A \times B$,

即

$$A \times B =_{df} \{\langle x, y\rangle \mid x \in A \& y \in B\}.$$

上述定义表明,卡氏积 $A \times B$ 是由且仅由一切这样的序偶 $\langle x, y\rangle$ 所组成的集,其中 x 走遍集合 A 的一切元,y 走遍集合 B 的一切元.即

$$\langle x, y\rangle \in A \times B \Leftrightarrow x \in A \& y \in B.$$

如果 A 和 B 都是有限集,并且 A 有 m 个元素,而 B 有 n 个元素,则显然 $A \times B$ 由 $m \cdot n$ 个元素组成,由此也体现了 $A \times B$ 具有积的性格.

定义 3.1.6 设 $A_1, A_2, \cdots, A_n$ 为 n 个集合,则集合 $A_1, A_2, \cdots, A_n$ 的卡氏积定义如下(并又叫作多元卡氏积),记为 $A_1 \times A_2 \times \cdots \times A_n$,即

$$A_1 \times A_2 \times \cdots \times A_n =_{df} \{\langle x_1, x_2, \cdots, x_n\rangle \mid x_i \in A_i, i = 1, 2, \cdots, n\}.$$

上述定义表明,多元卡氏积 $A_1 \times A_2 \times \cdots \times A_n$ 是由且仅由一切这样的 n 元组 $\langle x_1, x_2, \cdots, x_n\rangle$ 所组成的集,其中 x_i 走遍集合 A_i 的一切元,而 $i = 1, 2, \cdots, n$.即

$$\begin{aligned}&\langle x_1, x_2, \cdots, x_n\rangle \in A_1 \times A_2 \times \cdots \times A_n \\ &\Leftrightarrow x_1 \in A_1 \& x_2 \in A_2 \& \cdots \& x_n \in A_n.\end{aligned}$$

有时也将多元卡氏积 $A_1 \times A_2 \times \cdots \times A_n$ 简记为 $\mathop{\times}\limits_{i=1}^{n} A_i$,特别是当 $A_1 = A_2 = \cdots = A_n = A$ 时,$\mathop{\times}\limits_{i=1}^{n} A_i$ 又被简记为 A^n.

例 1 设 $A = \{1, 2\}, B = \{a, b, c\}$,则

$$A \times B = \{\langle 1, a\rangle, \langle 1, b\rangle, \langle 1, c\rangle, \langle 2, a\rangle, \langle 2, b\rangle, \langle 2, c\rangle\},$$

$$B \times A = \{\langle a, 1\rangle, \langle a, 2\rangle, \langle b, 1\rangle, \langle b, 2\rangle, \langle c, 1\rangle, \langle c, 2\rangle\}.$$

例 2 设 $A = \{1, 2\}, B = \{3, 4\}, C = \{5, 6\}$,则

$$A \times B = \{\langle 1, 3\rangle, \langle 1, 4\rangle, \langle 2, 3\rangle, \langle 2, 4\rangle\},$$

$$B \times C = \{\langle 3, 5\rangle, \langle 3, 6\rangle, \langle 4, 5\rangle, \langle 4, 6\rangle\},$$

$$\begin{aligned}(A \times B) \times C &= \{\langle\langle 1, 3\rangle, 5\rangle, \langle\langle 1, 3\rangle, 6\rangle, \langle\langle 1, 4\rangle, 5\rangle, \langle\langle 1, 4\rangle, 6\rangle, \langle\langle 2, 3\rangle, 5\rangle, \\ &\quad \langle\langle 2, 3\rangle, 6\rangle, \langle\langle 2, 4\rangle, 5\rangle, \langle\langle 2, 4\rangle, 6\rangle\} \\ &= \{\langle 1, 3, 5\rangle, \langle 1, 3, 6\rangle, \langle 1, 4, 5\rangle, \langle 1, 4, 6\rangle, \langle 2, 3, 5\rangle, \langle 2, 3, 6\rangle, \\ &\quad \langle 2, 4, 5\rangle, \langle 2, 4, 6\rangle\} \\ &= A \times B \times C.\end{aligned}$$

$$A \times (B \times C) = \{\langle 1,\langle 3,5\rangle\rangle,\langle 1,\langle 3,6\rangle\rangle,\langle 1,\langle 4,5\rangle\rangle,\langle 1,\langle 4,6\rangle\rangle,\langle 2,\langle 3,5\rangle\rangle,\langle 2,\langle 3,6\rangle\rangle,\langle 2,\langle 4,5\rangle\rangle,\langle 2,\langle 4,6\rangle\rangle\}.$$

上述二例表明，集合之卡氏积运算既不满足交换律，也不满足结合律，[①]但是卡氏积运算对于集合之并或交的运算却是可分配的，即我们有下述定理.

定理 3.1.3 设 A,B,C 都是集合，则有

(1) $A \times (B \cup C) = (A \times B) \cup (A \times C)$,

(2) $A \times (B \cap C) = (A \times B) \cap (A \times C)$,

(3) $(A \cup B) \times C = (A \times C) \cup (B \times C)$,

(4) $(A \cap B) \times C = (A \times C) \cap (B \times C)$.

证明 选证(1) 和(4)，其余自行证明.

(1) 设 $\langle x,y\rangle \in A \times (B \cup C)$，则 $x \in A \,\&\, y \in B \cup C$，于是或者 $x \in A \,\&\, y \in B$，或者 $x \in A \,\&\, y \in C$，于是或者有 $\langle x,y\rangle \in A \times B$，或者有 $\langle x,y\rangle \in A \times C$，不论哪种情形都可有 $\langle x,y\rangle \in (A \times B) \cup (A \times C)$，这表明 $A \times (B \cup C) \subseteq (A \times B) \cup (A \times C)$. 现设 $\langle x,y\rangle \in (A \times B) \cup (A \times C)$，于是或者 $\langle x,y\rangle \in A \times B$，或者 $\langle x,y\rangle \in A \times C$. 若 $\langle x,y\rangle \in A \times B$，则 $x \in A \,\&\, y \in B$，故 $x \in A \,\&\, y \in B \cup C$，于是 $\langle x,y\rangle \in A \times (B \cup C)$. 若 $\langle x,y\rangle \in A \times C$，则 $x \in A \,\&\, y \in C$，同样有 $\langle x,y\rangle \in A \times (B \cup C)$. 这表明 $(A \times B) \cup (A \times C) \subseteq A \times (B \cup C)$，故 $A \times (B \cup C) = (A \times B) \cup (A \times C)$.

(4) 设 $\langle x,y\rangle \in (A \cap B) \times C$，则 $x \in A \cap B \,\&\, y \in C$，即 $x \in A \,\&\, x \in B \,\&\, y \in C$，也就是 $x \in A \,\&\, y \in C \,\&\, x \in B \,\&\, y \in C$，从而 $\langle x,y\rangle \in A \times C \,\&\, \langle x,y\rangle \in B \times C$，即 $\langle x,y\rangle \in (A \times C) \cap (B \times C)$. 故 $(A \cap B) \times C \subseteq (A \times C) \cap (B \times C)$. 现设 $\langle x,y\rangle \in (A \times C) \cap (B \times C)$，则 $\langle x,y\rangle \in A \times C \,\&\, \langle x,y\rangle \in B \times C$，即 $x \in A \,\&\, y \in C \,\&\, x \in B \,\&\, y \in C$，即 $x \in A \,\&\, x \in B \,\&\, y \in C$，即 $x \in (A \cap B) \,\&\, y \in C$，于是可得 $\langle x,y\rangle \in (A \cap B) \times C$，故 $(A \times C) \cap (B \times C) \subseteq (A \cap B) \times C$，从而 $(A \cap B) \times C = (A \times C) \cap (B \times C)$. □

① 不过应该指出，在拓扑学和测度论中，仅须注意三元组的顺序时，也可以将 $(A \times B) \times C$ 和 $A \times (B \times C)$ 视为同一物，或更确切地说，$(A \times B) \times C$ 与 $A \times (B \times C)$ 是同构的.

3.2　关系与映射

关系概念的建立和使用在日常生活中极为普遍;诸如张三和李四之间具有同事关系,物件 a 与物件 b 之间具有体积之大小关系,如此等等. 同样地,在社会科学与自然科学中,特别是数学领域中,关系概念的应用也比比皆是. 所以关系概念的建立,无论在理论上还是应用上都是十分重要的. 实际上,本书第2章和本章3.1节一直都在讨论集合与集合之间的关系,或者是集合与元素之间的关系. 在本节中,我们要讨论元素与元素之间的关系,而且其间的关系既可能是同一个集合之元素间的关系,也可能是不同集合之元素间的关系. 例如自然数 m 大于 n,这是同一集之元素间的大小关系. 又如平面 α 上的点 a,b,c 落在 α 的同一条直线 l 上,这是涉及点集合之元素与直线集合之元素间的关系. 另外,所有的关系,既可能是两个对象之间的关系,也可能是三个或四个对象之间的关系. 普遍地说,我们应该讨论任意 n 个对象之间的关系.

本节中,除了数学地建立起关系的基础概念外,只对关系的性质略作初步的讨论,目的只在于映射概念的引入和建立. 至于关系概念之种种性质与运算等等的深入讨论和展开,将在本书之第5章中给出. 为了抽象地建立数学意义下的关系概念,先看一些具体例子.

例1　设 $A=\{1,2,3\}$,则 $A\times A=\{\langle 1,1\rangle,\langle 1,2\rangle,\langle 1,3\rangle,\langle 2,1\rangle,\langle 2,2\rangle,\langle 2,3\rangle,\langle 3,1\rangle,\langle 3,2\rangle,\langle 3,3\rangle\}$. 令 R_1 表示 A 上的 $<$ 关系,则 R_1 可由下述序偶集刻画之,即

$$R_1=\{\langle 1,2\rangle,\langle 1,3\rangle,\langle 2,3\rangle\}.$$

再令 R_2 表示 A 上的恒等关系,则 R_2 可由下述序偶集刻画之,即

$$R_2=\{\langle 1,1\rangle,\langle 2,2\rangle,\langle 3,3\rangle\}.$$

又令 R_3 表示 A 上的 $>$ 关系,则类似可有

$$R_3=\{\langle 2,1\rangle,\langle 3,1\rangle,\langle 3,2\rangle\}.$$

在这里 $R_i\subset A\times A(i=1,2,3)$. 并在 A 中任取二元素,例如1和2,当1和2具有 $<$ 关系时,即具有关系 R_1 时,就有 $\langle 1,2\rangle\in R_1$. 当1和2不具有恒等关系 R_2 时,即有

$\langle 1,2\rangle \overline{\in} R_2$ 等.

例 2 本章3.1节中曾指出,Descartes平面坐标系中的坐标点(x,y)完全具有序偶$\langle x,y\rangle$的性格.由此而进一步看出,若令R_x和R_y分别表示坐标系中横轴与纵轴上一切实数所组成的集(实际上都是实数集R),那么,卡氏积$R_x\times R_y=R\times R$正好是Descartes平面坐标系中一切坐标点(x,y)所组成的集合$\mathfrak{S}$,而集合$\mathfrak{S}$也可以下述序偶集(卡氏积)刻画之,即

$$R_x\times R_y=\{\langle x,y\rangle \mid x\in R_x \& y\in R_y\}.$$

今考虑坐标平面α上以原点为圆心,3为半径之圆K内之一切坐标点所组成的集.又将R中任二实数x和y具有圆K内坐标点(x,y)之横坐标与纵坐标的关系记为R_1,则所说圆K内一切点的集,或者实数集R上的关系R_1均可以下述序偶集刻画之,即

$$R_1=\{\langle x,y\rangle \mid \langle x,y\rangle\in R_x\times R_y \& x^2+y^2<9\}.$$

虽然$R_1\subset R_x\times R_y$,而且任二实数x_1,y_1具有关系R_1,当且仅当$\langle x_1,y_1\rangle\in R_1$,又$\langle x_1,y_1\rangle\in R_1\Leftrightarrow(x_1,y_1)\in K$.

通过如上二例的讨论,若设R表示某种二元关系,而集A之元a与集B之元b具有关系R,则不妨记为aRb或$\langle a,b\rangle\in R$,如果a和b不具有关系R时,就不妨记为$a\overline{R}b$或$\langle a,b\rangle\overline{\in} R$,而且应有$R\subseteq A\times B$.但上述二例所讨论的都是同一个集合内的元素与元素之间的关系,或说是同一类事物之间的关系.当然,在一般情况下,存在着种种不同类之事物之间的关系,即当有aRb时,a和b不是同一个集合的元素.例如在日常生活中,若设a,b,c,d表示4位学生,而1,2,3表示3个房间的房号.现令a,b同住1号房间,c住2号房间,d住3号房间,令R表示学生与他所住房间之房号的关系,则显然有$aR1,bR1,cR2,dR3$以及$a\overline{R}2,b\overline{R}3,c\overline{R}1$,等等.而且关系$R$的特征当可用下述序偶集刻画之,即

$$R=\{\langle a,1\rangle,\langle b,1\rangle,\langle c,2\rangle,\langle d,3\rangle\}.$$

这里学生集$A=\{a,b,c,d\}$和房号集$B=\{1,2,3\}$表达了两类不同的对象,而$A\times B=\{\langle a,1\rangle,\langle a,2\rangle,\langle a,3\rangle,\langle b,1\rangle,\langle b,2\rangle,\langle b,3\rangle,\langle c,1\rangle,\langle c,2\rangle,\langle c,3\rangle,\langle d,1\rangle,\langle d,2\rangle,\langle d,3\rangle\}$.此处$R\subset A\times B$.现在,让我们给出数学意义下的二元关系概念如

下：

定义 3.2.1　设 A,B 为二集合，则把卡氏积 $A\times B$ 的任意子集 R 称为 A 与 B 的元素之间的一个关系，或简称为 $A\times B$ 上的关系. 如果 $A=B$，则称 R 为 A 上的关系.

在上述定义 3.2.1 的意义下，如果 $R=\varnothing$，则称 R 为 $A\times B$ 上的空关系，如果 $R=A\times B$，则称 R 为 $A\times B$ 上的全域关系. 此外，不妨再明确一下，如果 $a\in A$ 和 $b\in B$ 具有关系 R，则记为 aRb，如果不具有关系 R，则记为 $a\overline{R}b$，并且

$$aRb =_{\mathrm{df}} \langle a,b\rangle \in R,$$

$$a\overline{R}b =_{\mathrm{df}} \langle a,b\rangle \overline{\in} R.$$

迄今为止，我们只讨论了二元关系，也是关系中一种特别重要的关系. 但是在普遍意义上说，还应讨论任意的 n 个对象之间的关系，即 n 元关系. 顺便指出，从上述二元关系的讨论中已看出，对象之间是否具有某种关系，十分密切地涉及对象之间的顺序，例如 $1<2$ 与 $2<1$ 中，仅仅由于顺序的不同，就使得对象之间的 $<$ 关系，一个成立，一个不成立. 基于同样的道理，如果有 n 个对象具有某种关系时，这也与这 n 个对象之间的顺序有着密切的联系. 这种对象之间的“关系”与“顺序”间的密切联系，也是可用序偶集合刻画关系的重要因素. 而且任给一关系和一个 n 元组，那么，n 元组中的元素，要么具有这个关系，要么不具有这个关系，这是完全确定的. 因此，具有某种关系的 n 元组的集合也是完全确定的. 现在让我们把二元关系概念扩充到 n 元关系概念.

定义 3.2.2　设 $A_1,A_2,\cdots,A_n$ 都是集合，则卡氏积 $A_1\times A_2\times\cdots\times A_n$ 的任意子集 R 叫作 $A_1\times A_2\times\cdots\times A_n$ 上的一个 n 元关系.

在上述定义 3.2.2 的意义下，如果 $A_1=A_2=\cdots=A_n=A$，则 $A\times A\times\cdots\times A$ 上的 n 元关系简称为 A 上的 n 元关系. 当 $R=\varnothing$ 时，则称 R 为空关系，即任一 n 元组都不具有该关系 R. 又若 $R=A_1\times A_2\times\cdots\times A_n$ 时，则称 R 为全关系，即任何 n 元组都具有该关系 R. 另外，既然关系是 n 元组的集合，所以关于集合之相等或包含等概念全可移用并称为关系的相等与包含等.

例 3　在笛卡儿(Descartes)坐标平面上，关系

$$R_1 = \{\langle x,y\rangle \mid \langle x,y\rangle \in R_x \times R_y \& \ |x|+|y|=1\}$$

的直观性图像如图 3.2.1 所示.

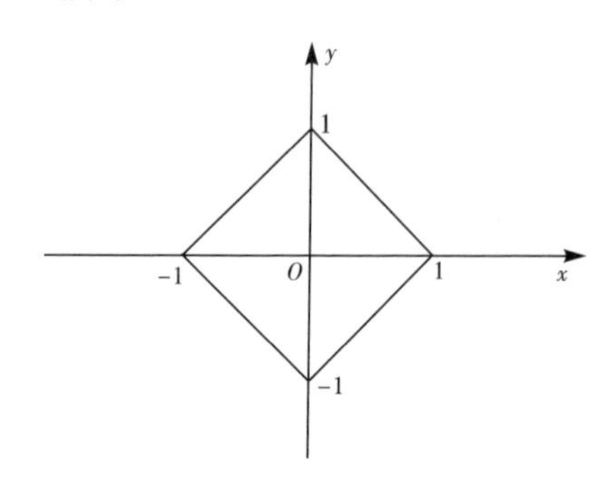

图 3.2.1

上述例 3 表明有的关系确有它的直观图像,然而更多的情况并非如此. 为之,人们通常用下述方法去给出二元关系的示意图. 今设 R 为集合 $A=\{x_1,x_2,\cdots,x_n\}$ 上的二元关系,则先在平面上画一些小圆圈分别表示 A 的各个元素,并且一一分别标明,然后当有 x_iRx_j 时,就从 x_i 到 x_j 作一有向弧线把 x_i 和 x_j 连接起来,又若当有 x_iRx_i 时,则从 x_i 出发作一有向弧线转向其自身,把 $R\subseteq A\times A$ 中每个序偶的有向弧线画出后,就给出了关系 R 的一个直观示意图. 当然,也可如法给出 $A\times B$ 上的二元关系示意图.

例 4 设 $A=\{x_1,x_2,x_3,x_4\}$,$B=\{y_1,y_2,y_3,y_4,y_5\}$,而 $R=\{\langle x_1,y_4\rangle,\langle x_2,y_1\rangle,\langle x_3,y_4\rangle,\langle x_2,y_3\rangle\}$ 为 $A\times B$ 上的一个二元关系,则其直观示意图如图 3.2.2 所示.

例 5 设 $A=\{a,b,c,d\}$,而 $R=\{\langle a,c\rangle,\langle b,c\rangle,\langle a,a\rangle\}$ 为 A 上的一个二元关系,则其示意图如图 3.2.3 所示.

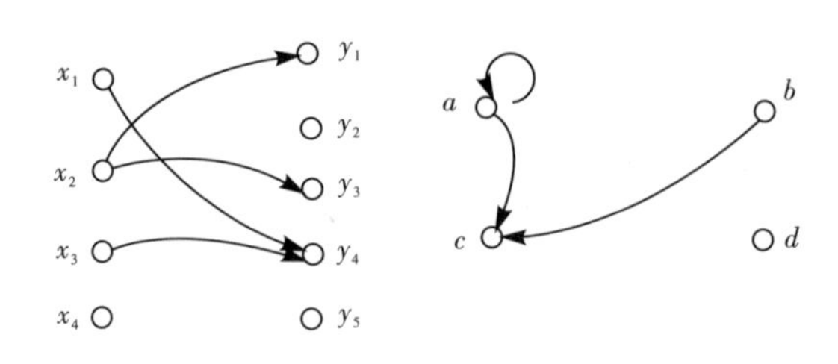

图 3.2.2　　图 3.2.3

定义 3.2.3 集合 $A=\{\cdots,a_i,\cdots\}$ 上的恒等二元关系被定义如下,并记为 I_A,

即

$$I_A = \{\langle a_i, a_i\rangle \mid a_i \in A\}.$$

根据定义 3.2.3,若设 $A = \{a, b, c, d\}$,则

$$I_A = \{\langle a, a\rangle, \langle b, b\rangle, \langle c, c\rangle, \langle d, d\rangle\}.$$

且应注意 $R_1 = \{\langle a, a\rangle, \langle c, c\rangle, \langle d, d\rangle\}$ 就不是 A 上的恒等关系,因为 $\langle b, b\rangle \overline{\in} R_1$,所以 R_1 不符合恒等关系的定义. 又在任意集 A 之恒等关系 I_A 的示意图中,除了 A 之各个元素转向其自身的环线之外,别无任何联结相异元素之有向弧线.

定义 3.2.4 卡氏积 $A \times B$ 上的二元关系 R 之定义域被定义如下,并记为 $\mathrm{dom}R$,即

$$\mathrm{dom}R =_{\mathrm{df}} \{x \mid x \in A \,\&\, \exists y(y \in B \,\&\, \langle x, y\rangle \in R)\}.$$

上述定义表明,$A \times B$ 上之 R 的 $\mathrm{dom}R$,恰好是 A 中所有那些满足有 $y \in B$ 并使 $\langle x, y\rangle \in R$ 之 x 所组成的集合. 因此,$\mathrm{dom}R \subseteq A$,并称 A 为 R 之前域,又 $\mathrm{dom}R$ 有时也记为 $\mathrm{D}(R)$. 另外,应有

$$R = A \times B \Rightarrow \mathrm{dom}R = A,$$

$$R = \varnothing \Leftrightarrow \mathrm{dom}R = \varnothing.$$

即 $A \times B$ 上之全关系的定义域是 A,而关系 R 之定义域为空集的充要条件为关系 R 是空关系,注意 $\mathrm{dom}R = A \Rightarrow R = A \times B$ 不成立.

定义 3.2.5 卡氏积 $A \times B$ 上之二元关系 R 之值域被定义如下,并记为 $\mathrm{ran}R$,即

$$\mathrm{ran}R =_{\mathrm{df}} \{y \mid y \in B \,\&\, \exists x(x \in A \,\&\, \langle x, y\rangle \in R)\}.$$

上述定义表明,$A \times B$ 上之 R 的 $\mathrm{ran}R$,恰好是 B 中所有那些满足有 $x \in A$ 并使 $\langle x, y\rangle \in R$ 之 y 所组成的集合. 因此 $\mathrm{ran}R \subseteq B$,并称 B 为 R 之陪域,又 $\mathrm{ran}R$ 有时也记为 $\mathrm{C}(R)$. 另外,应有

$$R = A \times B \Rightarrow \mathrm{ran}R = B,$$

$$R = \varnothing \Leftrightarrow \mathrm{ran}R = \varnothing.$$

当然,也应注意 $\mathrm{ran}R = B \Rightarrow R = A \times B$ 是不成立的.

定义 3.2.6 卡氏积 $A \times B$ 上之二元关系 R 之域被定义如下,并记为 $\mathrm{fld}R$,即

$$\text{fld}R =_{\text{df}} \text{dom}R \cup \text{ran}R.$$

现将 2.3 节的定义 2.3.1 中所引进之 A 中一切元之并的记法 $\bigcup\limits_{A_i \in A} A_i$，简记为 $\bigcup A$(见第 2 章习题 14).

定理 3.2.1 $\langle a,b\rangle \in G \Rightarrow a \in \bigcup\bigcup G \& b \in \bigcup\bigcup G.$

证明 设$\langle a,b\rangle \in G$,即$\{\{a\},\{a,b\}\} \in G$,这表明$\{a,b\} \in \bigcup G$,于是$a \in \bigcup\bigcup G \& b \in \bigcup\bigcup G$. □

现在,让我们在二元关系概念的基础上,讨论和建立种种映射概念.

定义 3.2.7 卡氏积$A\times B$上的二元关系f按如下定义方式而被称为由$\text{dom}f$到 B 的一个映射,并记为 $f:\text{dom}f \to B$,即

$$f:\text{dom}f \to B \Leftrightarrow_{\text{df}} \forall x(x \in \text{dom}f \Rightarrow \exists!y(y \in B \& \langle x,y\rangle \in f))\text{①}.$$

顺便提醒,定义3.2.7中之 $\exists!y$ 即指有唯一的y. 映射f也被称为函数. 往往还把相对于 $x \in \text{dom}f$ 的那个 $\exists!y$ 记为$f(x)$,且称之为x在f下的映象或值,反之,又称 x 为 $y = f(x)$ 的原象. 又特将在 f 之下由 x 到它的值 $f(x)$ 的对应记为 $f:x \mapsto f(x)$. 如果 $\text{dom}f \subset A \& \text{ran}f \subset B$,则图 3.2.4 是 $f:\text{dom}f \to B$ 的示意图.

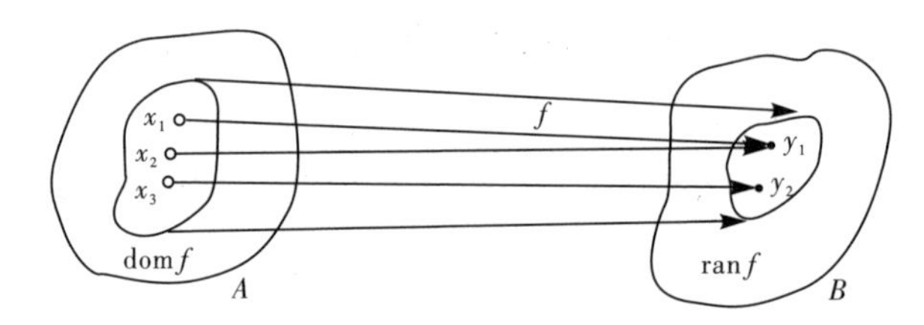

图 3.2.4

例 6 设$A = \{x_1,x_2,x_3,x_4\}$,$B = \{y_1,y_2,y_3,y_4,y_5\}$. 而又设$A\times B$上的两个二元关系 f_1 与 f_2 分别为

$$f_1 = \{\langle x_1,y_1\rangle,\langle x_2,y_2\rangle,\langle x_2,y_1\rangle,\langle x_4,y_5\rangle\},$$

---

① 若全用符号表述定义 3.2.7,则应为

$$f:\text{dom}f \to B \Leftrightarrow_{\text{df}} f \subseteq A \times B \& \forall x(x \in \text{dom}f \Rightarrow \exists!y(y \in B \& \langle x,y\rangle \in f)).$$

此处由于在定义 3.2.7 中,一开始就指明 f 是$A \times B$ 上的二元关系,故在符号表达式中略去了 $f \subseteq A \times B$,下文中之种种类似情况不再注释.

$$f_2=\{\langle x_1,y_1\rangle,\langle x_2,y_1\rangle,\langle x_4,y_5\rangle\}.$$

如此， $\mathrm{dom}f_1=\{x_1,x_2,x_4\}\subset A\&\ \mathrm{ran}f_1=\{y_1,y_2,y_5\}\subset B,$

$$\mathrm{dom}f_2=\{x_1,x_2,x_4\}\subset A\&\ \mathrm{ran}f_2=\{y_1,y_5\}\subset B.$$

然而 f_1 不是 $\mathrm{dom}f_1$ 到 B 上的映射，因为对于 $x_2\in\mathrm{dom}f_1$ 而言，既有 $y_2\in B$ 而使 $\langle x_2,y_2\rangle\in f_1$，又有 $y_1\in B$ 而使 $\langle x_2,y_1\rangle\in f_1$. 所以不符合定义 3.2.7 之要求. 另一方面，f_2 却是 $\mathrm{dom}f_2$ 到 B 上的映射，因对任意的 $x_i\in\mathrm{dom}f_2$，都有唯一的 $y_i\in\mathrm{ran}f_2\subset B$，使 $\langle x_i,y_i\rangle\in f_2$，因而满足定义 3.2.7 之要求，故 $f_2:\mathrm{dom}f_2\to B$.

由本例可见，映射是卡氏积上的二元关系，但卡氏积上的二元关系未必是映射.

定义 3.2.8 卡氏积 $A\times B$ 上的二元关系 f 按如下定义方式而被称为由 A 到 B 的映射，并记为 $f:A\to B$，即

$$f:A\to B\Leftrightarrow_{\mathrm{df}} f:\mathrm{dom}f\to B\&\ \mathrm{dom}f=A,$$

或者

$$f:A\to B\Leftrightarrow_{\mathrm{df}}\forall x(x\in A \Rightarrow\exists!y(y\in B\&\langle x,y\rangle\in f)).$$

在定义 3.2.8 的含义下，如果 $\mathrm{ran}f\subset B$，则图 3.2.5 是 $f:A\to B$ 的直观示意图.

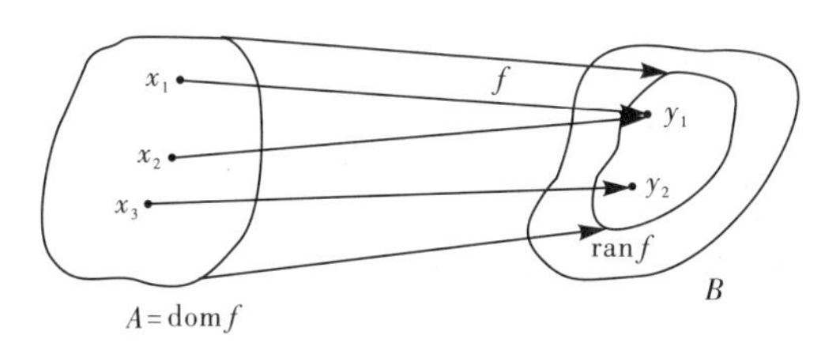

图 3.2.5

定义 3.2.9 卡氏积 $A\times B$ 上的二元关系 f 按如下定义方式而被称为由 A 到 B 的单一映射(简称为单射)，并记为 $f:A\xrightarrow{\mathrm{Inj}}B$，即

$$f:A\xrightarrow{\mathrm{Inj}}B\Leftrightarrow_{\mathrm{df}} f:A\to B\&\ \forall x_1\forall x_2(x_1\in A\&x_2\in A \&x_1\neq x_2\Rightarrow f(x_1)\neq f(x_2)).$$

在定义 3.2.9 的含义下，如果 $\mathrm{ran}f\subset B$，则图 3.2.6 是 $f:A\xrightarrow{\mathrm{Inj}}B$ 的直观示意图.

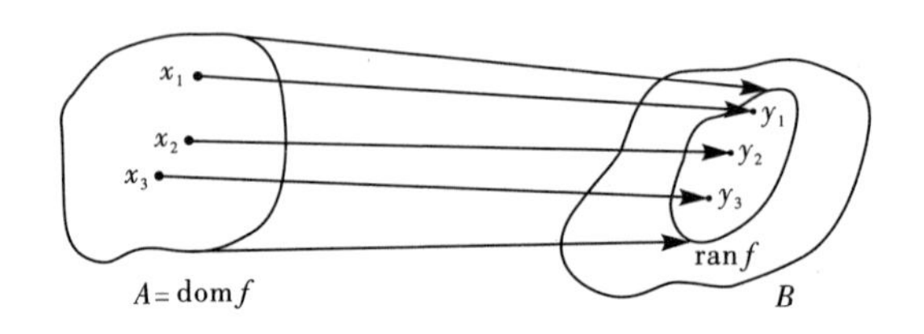

图 3.2.6

定义 3.2.10 卡氏积$A\times B$上的二元关系f按如下定义方式而被称为由A到B上的满映射(简称为满射),并记为$f:A\xrightarrow{\text{Surj}}B$,即

$$f:A\xrightarrow{\text{Surj}}B\Leftrightarrow_{\text{df}}f:A\rightarrow B\ \&\ \text{ran}f=B.$$

按定义 3.2.10,图 3.2.7 为$f:A\xrightarrow{\text{Surj}}B$的直观示意图.

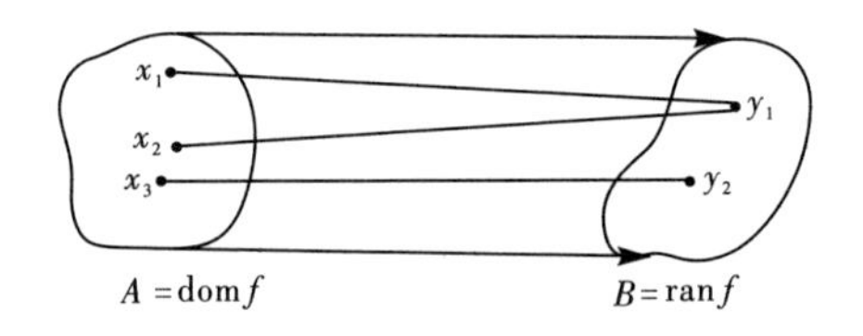

图 3.2.7

定义 3.2.11 卡氏积$A\times B$上的二元关系f按如下定义方式被称为由A到B的1对1映射(简称为双射),并记为$f:A\leftrightarrow B$或$f:A\xrightarrow{\text{Bij}}B$,即

$$f:A\xrightarrow{\text{Bij}}B\Leftrightarrow_{\text{df}}f:A\xrightarrow{\text{Inj}}B\ \&\ f:A\xrightarrow{\text{Surj}}B.$$

按定义 3.2.11,图 3.2.8 为$f:A\xrightarrow{\text{Bij}}B$的直观示意图.

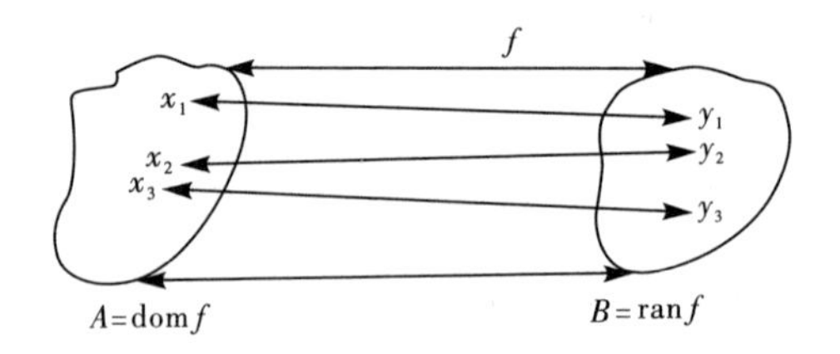

图 3.2.8

例 7 设$A=\{x_1,x_2,x_3,x_4\}$,$B=\{y_1,y_2,y_3,y_4,y_5\}$,令$f=\{\langle x_1,y_1\rangle,\langle x_2,y_1\rangle,\langle x_3,y_3\rangle,\langle x_4,y_5\rangle\}$,故$f\subset A\times B$,$\text{dom}f=A$,$\text{ran}f=\{y_1,y_3,y_5\}\subset B$.因此$f$

是 A 到 B 的映射，即 $f:A \to B$.

例 8　设 N 为自然数集，$\{2n\}$ 为全体偶数组成的集. 令 $f=\{\langle n,2n\rangle \mid n\in N\}$，故 $f\subset N\times N$，并且 $\mathrm{dom}f=N$，$\mathrm{ran}f=\{2n\}\subset N$，又 $m\neq n$ 时，必有 $2m\neq 2n$，并对每个 $n\in N$，都有唯一的 $2n$ 使 $\langle n,2n\rangle\in f$. 因此，f 是由 N 到 N 内的单射，即 $f:N\xrightarrow{\mathrm{Inj}}N$. 但若考虑 $f\subset N\times\{2n\}$ 的话，因此时有 $\mathrm{ran}f=\{2n\}$ 和 $\mathrm{dom}f=N$，因此 f 是由 N 到 $\{2n\}$ 的满射，即 $f:N\xrightarrow{\mathrm{Surj}}\{2n\}$. 不仅如此，$f$ 还是 N 到 $\{2n\}$ 的双射，即 $f:N\xrightarrow{\mathrm{Bij}}\{2n\}$.

例 9　设 $R_x=(-\infty,+\infty)$，$R_1=[-1,1]$，试考虑序偶集 $f=\{\langle x,\sin x\rangle \mid x\in R_x\}$，显然 $f\subset R_x\times R_1$，则 $R_x\times R_1$ 上的二元关系 f 是由 R_x 到 R_1 的满射，但既不是单射，更不是双射. 即 $f:R_x\xrightarrow{\mathrm{Surj}}R_1$.

例 10　设 $R_+=(0,+\infty)$，$R_y=(-\infty,+\infty)$，试考虑序偶集 $f=\{\langle x,\ln x\rangle \mid x\in R_+\}$，故 $f\subset R_+\times R_y$. 此时 $\mathrm{dom}f=R_+$，$\mathrm{ran}f=R_y$. 而且

$$\forall x(x\in R_+\Rightarrow \exists !\ln x(\ln x\in R_y \,\&\, \langle x,\ln x\rangle\in f)),$$

$$\forall x_1\forall x_2(x_1\in R_+ \,\&\, x_2\in R_+ \,\&\, x_1\neq x_2\Rightarrow \ln x_1\neq \ln x_2).$$

所以 f 是由 R_+ 到 R_y 的双射，即 $f:R_+\xrightarrow{\mathrm{Bij}}R_y$.

3.3　复合映射与逆映射

本节将讨论复合映射与逆映射. 映射这个概念是现代数学中的重要的基本概念之一，因而我们还要作进一步的分析讨论，以能研究种种映射之间的规律. 首先让我们来建立复合映射这一概念. 复合映射也叫作映射的合成，也就是用不同的映射去合成新的映射. 就这一意义上说，映射的合成也就是关于映射的运算. 而映射不过是在某种条件制约下的二元关系，而关系就是集合，因之，关于映射的运算，从本质上看也是关于集合的运算. 说明白些，无非就是从不同的（在映射条件制约下的）序偶集出发，按照某种规则去产生新的（在映射条件制约下的）序偶集.

定义 3.3.1　设 $f:A\to B$，$g:B\to C$，则由 f 和 g 合成之由 A 到 C 的复合映射被定义如下，并记为 $g\circ f:A\to C$，即

$$g \circ f: A \to C \Leftrightarrow_{df} \{\langle a,c\rangle \mid a \in A \& c \in C \& \exists b(b \in B \& \langle a,b\rangle \in f \& \langle b,c\rangle \in g)\}.$$

今后,除特殊情况外,都将 $g \circ f: A \to C$ 简记为 $g \circ f$. 又据定义3.2.8 和定义3.3.1 直接推知,任给映射 $f: A \to B$ 和 $g: B \to C$,必有一由 A 到 C 的映射 h 存在而使 $g \circ f = h: A \to C$. 事实上,因有 $f: A \to B$,故对任意的 $x \in A$,有唯一的 $y = f(x) \in B$,而使 $\langle x,y\rangle \in f$,又对此唯一的 $y = f(x)$ 而言,因有 $g: B \to C$,故必有唯一的 $z = g(y) = g(f(x)) \in C$,而使 $\langle y,z\rangle \in g$. 因此,一方面对照定义 3.3.1 知,对 $\forall x(x \in A)$ 都有一个 $z \in C$ 且 $\exists y(y \in B \& \langle x,y\rangle \in f \& \langle y,z\rangle \in g)$,即 $\langle x,z\rangle \in g \circ f$. 另一方面,对照定义 3.2.8 知,对 $\forall x(x \in A)$,有唯一的 $z = g(f(x)) \in C$ 成为 x 的值,也可记为 $z = h(x)$,从而形成一个由 A 到 C 的映射 $h: A \to C$. 实际上,也就是 $\langle x,z\rangle = \langle x,g(f(x))\rangle = \langle x,h(x)\rangle \in h: A \to C$,这表明 $g \circ f$ 与 $h: A \to C$ 有相同的元. 故 $g \circ f = h: A \to C$. 由此也表明 $(g \circ f)(x) = h(x) = g(f(x))$.

注意 3.2 节定义 3.2.3 所引进之任意集合 A 上的恒等关系 I_A,不难看出 I_A 决定了如下一个由 A 到 A 的映射:

$$I_A: A \to A \Leftrightarrow_{df} I_A \subseteq A \times A \& \forall x(x \in A \Rightarrow \exists! y(y \in A \& y = x \& \langle x,y\rangle \in I_A)).$$

实际上,也就是 $\{\langle x,x\rangle \mid x \in A\} = I_A$. 特称 $I_A: A \to A$ 为 A 上的恒等映射. 又因 $\mathrm{dom} I_A = \mathrm{ran} I_A = A$, $x_1 \neq x_2 \Rightarrow I_A(x_1) = x_1 \neq x_2 = I_A(x_2)$,故恒等映射必为双射,即 $I_A: A \xrightarrow{\text{Bij}} A$. 正因为 A 上的恒等映射就是 A 上的恒等关系,故今后把 $I_A: A \to A$ 记为 I_A.

定理 3.3.1 设有 $f: A \to B$, $g: B \to C$, $h: C \to D$,则

(1) $I_B \circ f = f$, $f \circ I_A = f$,此处 f 为 $f: A \to B$ 之简记.

(2) $h \circ (g \circ f) = (h \circ g) \circ f$.

证明 (1) 是显然的,故只证(2).

(2) 事实上,对于任意 $a \in A$,都有 $d \in D$ 而使

$$\langle a,d\rangle \in h \circ (g \circ f) \Leftrightarrow \exists c(\langle a,c\rangle \in g \circ f \& \langle c,d\rangle \in h)$$

$$\Leftrightarrow \exists c[\exists b(\langle a,b\rangle \in f \& \langle b,c\rangle \in g) \& \langle c,d\rangle \in h]$$

$$\Leftrightarrow \exists c \exists b(\langle a,b\rangle \in f \& \langle b,c\rangle \in g \& \langle c,d\rangle \in h)$$

$$\Leftrightarrow \exists b \exists c(\langle a,b\rangle \in f \& \langle b,c\rangle \in g \& \langle c,d\rangle \in h)$$

$$\Leftrightarrow \exists b[\langle a,b\rangle \in f \& \exists c(\langle b,c\rangle \in g \& \langle c,d\rangle \in h)]$$

$$\Leftrightarrow \exists b(\langle a,b\rangle \in f \& \langle b,d\rangle \in h \circ g)$$

$$\Leftrightarrow \langle a,d\rangle \in (h \circ g) \circ f.$$

这表明 $h \circ (g \circ f)$ 和 $(h \circ g) \circ f$ 具有完全相同的元素,因而有

$$h \circ (g \circ f) = (h \circ g) \circ f. \qquad \square$$

顺便指出,定理 3.3.1 之(2) 也可如下证明,即对任意的 $x \in A$,一方面 $[h \circ (g \circ f)](x) = h((g \circ f)(x)) = h(g(f(x)))$;另一方面 $[(h \circ g) \circ f](x) = (h \circ g)(f(x)) = h(g(f(x)))$,所以 $[h \circ (g \circ f)](x) = [(h \circ g) \circ f](x)$,这表明对任何 $x \in A$,通过复合映射 $h \circ (g \circ f)$ 与 $(h \circ g) \circ f$ 所获之值是完全相同的. 并由此而知 $\text{ran}\ h \circ (g \circ f) = \text{ran}\ (h \circ g) \circ f$. 至于定义域,则显然有 $\text{dom}\ h \circ (g \circ f) = \text{dom}\ (h \circ g) \circ f = A$,所以 A 上的两个函数 $h \circ (g \circ f)$ 与 $(h \circ g) \circ f$ 完全相同.

上述定理 3.3.1 表明映射的合成满足结合律.

定义 3.3.2 设 $f:A \to B$,若有 $g:B \to A$ 而使 $g \circ f = I_A$,则称 $f:A \to B$ 为左可逆映射,又 $g:B \to A$ 被称为 $f:A \to B$ 的左逆映射.

定义 3.3.3 设 $f:A \to B$,若有 $g:B \to A$ 而使 $f \circ g = I_B$,则称 $f:A \to B$ 为右可逆映射,而 $g:B \to A$ 被称为 $f:A \to B$ 的右逆映射.

定义 3.3.4 如果 $f:A \to B$ 既是左可逆映射,又是右可逆映射,则称 $f:A \to B$ 为双侧可逆映射.

定理 3.3.2 设 f 为由 A 到 B 的映射,则

(1) $f:A \to B$ 为左可逆映射 $\Leftrightarrow f:A \xrightarrow{\text{Inj}} B$[①].

(2) $f:A \to B$ 为右可逆映射 $\Leftrightarrow f:A \xrightarrow{\text{Surj}} B$.

(3) $f:A \to B$ 为双侧可逆映射 $\Leftrightarrow f:A \xrightarrow{\text{Bij}} B$.

---

① 此结论从右往左方向需假设集合 A 是非空集合.

证明 显然,(3) 是(1) 和(2) 的直接推论,故只要证(1) 和(2) 即可.

(1)⇒ 设 $f:A\to B$ 为左可逆映射,按定义 3.3.2 知,有 $g:B\to A$. 使 $g\circ f = I_A$,则对任意的 $a_1\in A$ 和 $a_2\in A$ 而言,如果 $f(a_1)=f(a_2)$,那么 $a_1=I_A(a_1)=(g\circ f)(a_1)=g(f(a_1))=g(f(a_2))=(g\circ f)(a_2)=I_A(a_2)=a_2$,这表明对任意的 $a_1\in A$ 和 $a_2\in A$ 都有 $a_1\neq a_2\Rightarrow f(a_1)\neq f(a_2)$,由定义 3.2.9 知有 $f:A\xrightarrow{\text{Inj}}B$.

⇐ 设有 $f:A\xrightarrow{\text{Inj}}B$,则如图 3.3.1 所示,我们构造 $g:B\to A$ 如下:任取 $a_1\in A$,而 $f(a_1)=b$. 然后令

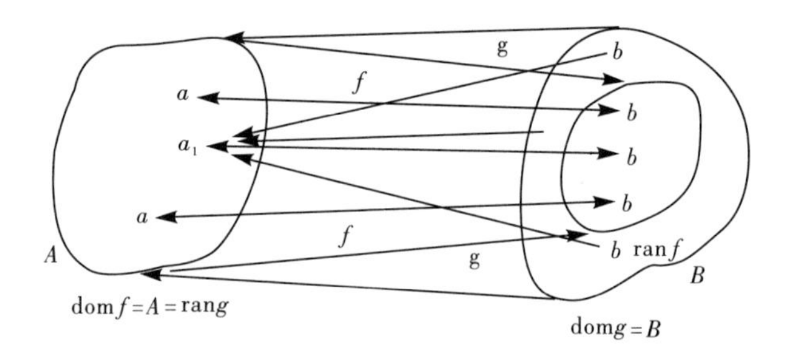

图 3.3.1

$$g(b)=\begin{cases}a,\text{当 }\exists a(a\in A\,\&\,f(a)=b)\text{ 时},\\ a_1,\text{当}\neg\exists a(a\in A\,\&\,f(a)=b)\text{ 时}.\end{cases}$$

因为 $f:A\to B$ 是由 A 到 B 内的单射,故在如上所构造之由 B 到 A 的映射下,对任何 $b\in B$,都有唯一确定的 $a\in A$,使得 $a=g(b)$,即 $g:B\to A$ 是完全确定的. 又对任何 $a\in A$ 而言,总有

$$(g\circ f)(a)=g(f(a))=g(b)=a,\ (a\neq a_1).$$

$$(g\circ f)(a_1)=g(f(a_1))=g(b)=a_1.$$

这表明 $g\circ f=I_A$.

(2)⇒ 设 $f:A\to B$ 为右可逆映射,据定义 3.3.3 知,存在 $g:B\to A$ 使 $f\circ g=I_B$. 故对任何 $b\in B$ 而言,总有 $b=I_B(b)=(f\circ g)(b)=f(g(b))$,即存在 $g(b)\in A$,使得 $f(g(b))=b$. 这表明 B 之任何元素在 $f:A\to B$ 之下,都是 A 中某个或某些元素之值. 这就是说,$\forall b(b\in B\Rightarrow b\in \text{ran}f)$,即 $\text{ran}f=B$,从而我们有 $f:A\xrightarrow{\text{Surj}}B$.

$\Leftarrow$　设有 $f:A \xrightarrow{\text{Surj}} B$，则 $\forall b(b \in B \Rightarrow \exists a(a \in A \,\&\, f(a) = b))$. 显然，对任何 $b \in B$ 而言，A 中使 $f(a) = b$ 的 a 往往不止一个. 在此情况下，我们可在这些 a 中任意选定一个 a，然后令 $g:b \mapsto a$，即令那个被选定之 a 为 b 在 $g:B \to A$ 之下的值，即 $a = g(b)$. 对于如此构造出来的 $g:B \to A$ 而言，对任何 $b \in B$ 都有 $(f \circ g)(b) = f(g(b)) = f(a) = b$，这表明 $f \circ g = I_B$. □

定理 3.3.3　设 $f:A \to B$，且有 $g \circ f = I_A$，$f \circ h = I_B$，则有 $g:B \to A = h:B \to A$.

证明　事实上，

$$
\begin{aligned}
g &= g \circ I_B && \text{定理 3.3.1(1)} \\
&= g \circ (f \circ h) && \text{假设} \\
&= (g \circ f) \circ h && \text{定理 3.3.1(2)} \\
&= I_A \circ h && \text{假设} \\
&= h. && \text{定理 3.3.1(1)}
\end{aligned}
$$

□

上述定理 3.3.3 表明，双侧可逆映射左右二逆映射完全相同，因此，我们可给出逆映射概念如下：

定义 3.3.5　设 $f:A \to B$ 为双侧可逆映射，则称其左逆映射 $g:B \to A$ 与右逆映射 $h:B \to A$ 为 $f:A \to B$ 的逆映射，并记为 $f^{-1}:B \to A$.

下文所给的例子是讨论如何在已知的由 A 到 B 的映射基础上，去构造 A 和 B 的幂集 $\mathscr{P}A$ 与 $\mathscr{P}B$ 之间的映射，也略涉及它们的个别性质的讨论.

例 1　设有 $f:A \to B$，现构造由 $\mathscr{P}A$ 到 $\mathscr{P}B$ 的映射 $\mathscr{P}_f$ 如下：对任何 $S \in \mathscr{P}A$（即 $S \subseteq A$），我们令 $\mathscr{P}_f(S) = \{b \mid \exists a(a \in S \,\&\, f(a) = b)\}$ 为 S 在 $\mathscr{P}_f:\mathscr{P}A \to \mathscr{P}B$ 之下的值. 显然 $\mathscr{P}_f(S) \subseteq B$，故 $\mathscr{P}_f(S) \in \mathscr{P}B$. 由于在 $f:A \to B$ 之下，S 中每个元素 $a \in A$ 的象 $f(a) = b \in B$ 是完全确定的，所以在 $\mathscr{P}_f:\mathscr{P}A \to \mathscr{P}B$ 之下，如上所构造之 $\mathscr{P}A$ 的任意元素 S 的象 $\mathscr{P}_f(S)$ 也是完全确定的，且当 S 一经指定，则 $\mathscr{P}_f(S)$ 也就唯一确定了，并且 $\mathrm{dom}\mathscr{P}_f = \mathscr{P}A$，$\mathrm{ran}\mathscr{P}_f \subseteq \mathscr{P}B$. 故由定义 3.2.8 可知，如上所构造之由 $\mathscr{P}A$ 到 $\mathscr{P}B$ 的映射 $\mathscr{P}_f$ 是完全确定的. 如此，我们就在 $f:A \to B$ 的基础上，自然而成功地导

出了一个新的映射 $\mathscr{P}_f:\mathscr{P}A\to\mathscr{P}B$. 通常被称为 $f:A\to B$ 的自然提升.

试问 $\varnothing\in\mathscr{P}A$(即 $\varnothing\subset A$) 在 $\mathscr{P}_f:\mathscr{P}A\to\mathscr{P}B$ 之下的象 $\mathscr{P}_f(\varnothing)$ 是什么?显然 $\mathscr{P}_f(\varnothing)=\varnothing\in\mathscr{P}B$. 另外,对于任何 $a\in A$ 而言,因在 $f:A\to B$ 之下,B 中有唯一的 $b=f(a)$,所以 $\{a\}\in\mathscr{P}A$ 在 $\mathscr{P}_f:\mathscr{P}A\to\mathscr{P}B$ 之下的值必为 $\{b\}=\{f(a)\}$,即我们有 $\forall a(a\in A\Rightarrow\mathscr{P}_f(\{a\})=\{f(a)\})$.

例 2 设有 $f:A\to B$,现构造由 $\mathscr{P}B$ 到 $\mathscr{P}A$ 的映射 $\mathscr{P}_f^{-1}$ 如下:即对任意的 $T\in\mathscr{P}B$(即 $T\subseteq B$) 而言,我们令 $\mathscr{P}_f^{-1}(T)=\{a\mid\exists b(b\in T\&b=f(a))\}$ 为所说的 T 在 $\mathscr{P}_f^{-1}:\mathscr{P}B\to\mathscr{P}A$ 之下的值. 显然 $\mathscr{P}_f^{-1}(T)\subseteq A$,即 $\mathscr{P}_f^{-1}(T)\in\mathscr{P}A$. 又对任何 $b\in B$ 而言,虽然 A 中使 $b=f(a)$ 的 a 往往不止一个,但在确定的 $f:A\to B$ 之下,A 中能使 $b=f(a)$ 的那些 a 本身和总体都是完全确定的. 因而在 $\mathscr{P}_f^{-1}:\mathscr{P}B\to\mathscr{P}A$ 之下,如上所构造之 $\mathscr{P}B$ 的任意元素 T 的象 $\mathscr{P}_f^{-1}(T)$ 也是完全确定的,且当 T 一经指定,则 $\mathscr{P}_f^{-1}(T)$ 也就唯一确定了. 故由定义 3.2.8 可知,如上所构造之由 $\mathscr{P}B$ 到 $\mathscr{P}A$ 的映射 $\mathscr{P}_f^{-1}$ 是完全确定的,通常称之为 $f:A\to B$ 的自然逆提升.

如所知,在上述例 1 中,我们有 $\forall a(a\in A\Rightarrow\mathscr{P}_f(\{a\})=\{f(a)\})$. 但在 $\mathscr{P}_f^{-1}:\mathscr{P}B\to\mathscr{P}A$ 之下,却没有类似的结果. 即对于 $b\in B$ 而言,$\mathscr{P}_f^{-1}(\{b\})=\{f^{-1}(b)\}$ 并不普遍成立. 这是因为我们并没有设 f 为由 A 到 B 的双射,所以一般不存在 $f^{-1}:B\to A$,因而也无所谓 $f^{-1}(b)$,更谈不上 $\mathscr{P}_f^{-1}(\{b\})=\{f^{-1}(b)\}$ 能对一切 $b\in B$ 成立了.

在不致引起混淆的情况下,也用 f,f^{-1} 表示 $f:A\to B$ 的自然提升和自然逆提升. 有关初步性质和相互关系见本章习题与补充.

3.4 等势与映射的集合

本节引入集合之间的等势概念,并涉及由映射汇集而成的集合概念.

任给二集 A 和 B,试考虑一切可能建立的、由 A 到 B 的映射,我们把所有这些映射 $f:A\to B$ 汇集在一起组成一个集合,并记为 B^A,即

$$B^A=\{f\mid f:A\to B\}.$$

因此,任何一个由 A 到 B 的映射 f 都有 $f\in B^A$,反之,B^A 的任何一个元素都是由 A 到 B 的某个映射,即

$$x \in B^A \Leftrightarrow x \text{ 为由 } A \text{ 到 } B \text{ 的映射}.$$

如果A和B都是有限集合，例如B有m个元素，而A有n个元素.那么，由A到B的映射的总数正好是m^n个.因为任何一个$f:A \to B$都是$A \times B$上的一个受到映射条件限制的二元关系.即这是一个序偶集，并且$\mathrm{dom}f = A$，$\mathrm{ran}f \subseteq B$.因而让我们考虑如下带有$n$个空位的(未定)序偶集表达式(△)：

(△)　　$\{\langle a_1, \times\rangle, \langle a_2, \times\rangle, \langle a_3, \times\rangle, \cdots, \langle a_n, \times\rangle\}$.

此处$a_i \in A(i = 1,2,3,\cdots,n)$.现于$B$集合的$m$个元素中，可重复地任取$n$个元素并排定次序，然后一对一地依次填满上述(△)中之n个空位×.如此就成功地构造了一个由A到B的映射.因而究竟有多少种由A到B的映射，无非就是在B的m个元素中，究竟有多少种可重复地选排n个元素的方式，如所知，计有m^n种选排方式，所以由A到B的映射正好是m^n个，由此而体现了幂积之性格.这就是我们使用记号B^A表示$\{f \mid f:A \to B\}$的直观背景.

例如，设$A = \{a_1, a_2, a_3\}$，$B = \{b_1, b_2\}$，则B^A计有$2^3 = 8$个元素.即一切可能的由A到B的映射共有8种，也就是在b_1与b_2两个元素中可重复地选排3个元素去填如下的(未定)序偶集(△).

(△)　$\{\langle a_1, \times\rangle, \langle a_2, \times\rangle, \langle a_3, \times\rangle\}$.

而在b_1与b_2两个元素中可重复地选排3个元素的方式计有如下以→联结的8种：

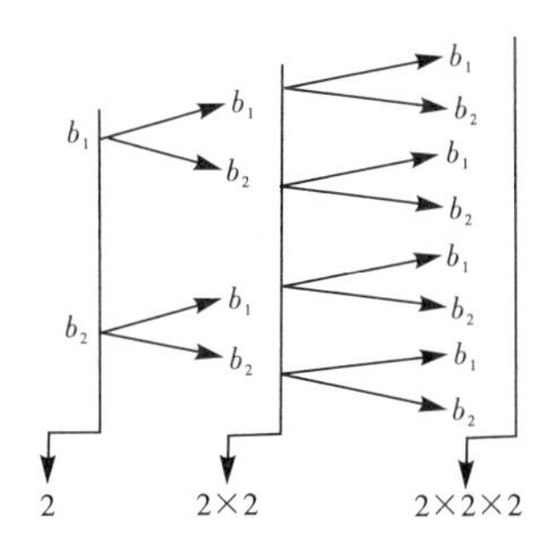

定义 3.4.1　任给二集合A和B，则按如下方式定义A和B等势，并记为$A \sim B$，则

$$A \sim B \Leftrightarrow_{\mathrm{df}} \exists f(f:A \xrightarrow{\mathrm{Bij}} B).$$

集合A和B等势，有种种不同的称谓方法，诸如A和B等浓，A和B对等，A和B的基数相同，等等，并且有时还将$A \sim B$记为$A \leftrightarrow B$.

定理 3.4.1 设A为一集，又$2 = \{0,1\}$，则$2^A \sim \mathscr{P}A$.

证明 如所知，$2^A = \{f \mid f:A \to \{0,1\}\}$，今按如下方式去构造由$\mathscr{P}A$到$2^A$的映射$\varphi$. 即对任何$B \in \mathscr{P}A$（即$B \subseteq A$）而言，它在$\varphi:\mathscr{P}A \to 2^A$之下的值为$\varphi(B) = f_B \in 2^A$，而此处之$f_B$又是按如下方式所构造的、由$A$到$\{0,1\}$的映射，即对任何$x \in A$而言，规定在$x \overline{\in} B$时，$x$在$f_B:A \to \{0,1\}$之下的值为0，即$f_B(x) = 0$，而规定当$x \in B$时，$x$在$f_B:A \to \{0,1\}$之下的值为1，即$f_B(x) = 1$. 即

$$f_B(x) = \begin{cases} 0, \text{当 } x \overline{\in} B \text{ 时}, \\ 1, \text{当 } x \in B \text{ 时}. \end{cases}$$

于是，对于按如上方式所构造出来的，由$\mathscr{P}A$到2^A的映射φ而言，当A的两个子集B_1与B_2不同时，则它们在$\varphi:\mathscr{P}A \to 2^A$之下的两个值$\varphi(B_1) = f_{B_1}$与$\varphi(B_2) = f_{B_2}$也不会相同，因为既然$B_1 \neq B_2$，则至少或有$x_1 \in B_1 \& x_1 \overline{\in} B_2$，或有$x_2 \in B_2 \& x_2 \overline{\in} B_1$，若为前者，则有$f_{B_1}(x_1) = 1 \& f_{B_2}(x_1) = 0$，若为后者，则有$f_{B_2}(x_2) = 1 \& f_{B_1}(x_2) = 0$. 总之，$f_{B_1} \neq f_{B_2}$. 因此，我们有

$$\forall B_1 \forall B_2 (B_1 \in \mathscr{P}A \& B_2 \in \mathscr{P}A \& B_1 \neq B_2 \Rightarrow \varphi(B_1) \neq \varphi(B_2)).$$

从而获知$\varphi:\mathscr{P}A \xrightarrow{\text{Inj}} 2^A$. 另外，任选$2^A$中的一个元素$f':A \to \{0,1\}$，可令$B' = \{x \mid x \in A \& f'(x) = 1\}$，则显然$B' \subseteq A$，即$B' \in \mathscr{P}A$. 并且$B'$在按如上方式所构造之$\varphi:\mathscr{P}A \to 2^A$之下的值$\varphi(B')$正好就是刚才所选的这个$f':A \to \{0,1\}$. 这表明$2^A$中任何一个元素都是$\mathscr{P}A$中某个元素在$\varphi:\mathscr{P}A \to 2^A$之下的值，这表明$\text{ran}\varphi = 2^A$. 从而我们又有$\varphi:\mathscr{P}A \xrightarrow{\text{Surj}} 2^A$. 因此，获知$\varphi:\mathscr{P}A \xrightarrow{\text{Bij}} 2^A$. 按上述定义 3.4.1 知$2^A$与$\mathscr{P}A$等势. 即$2^A \sim \mathscr{P}A$. □

例 1 设$\omega = \{0,1,2,\cdots,n,\cdots\}$，$2 = \{0,1\}$，则$2^\omega = \{f \mid f:\omega \to \{0,1\}\}$便是一切可能的、由$\omega$到2的映射的集合. 而任一$f \in 2^\omega$，则$\text{dom}f = \omega$，而$\text{ran}f \subseteq \{0,1\}$，因此可将$f:\omega \to \{0,1\}$设想为一个无穷数列：

$$\{f(n)\}: f(0), f(1), \cdots, f(n), \cdots,$$

而数列$\{f(n)\}$中之每个数非0即1.

例2　$A \neq \varnothing \Rightarrow \varnothing^A = \varnothing$.

事实上,我们有

$$(\triangle) \qquad f \in \varnothing^A \Leftrightarrow f \subseteq A \times \varnothing \,\&\, \forall a(a \in A \Rightarrow \exists ! x(x \in \varnothing \,\&\, \langle a, x\rangle \in f)).$$

显然由$f \subseteq A \times \varnothing$而知$f = \varnothing$,于是$x \in \varnothing \,\&\, \langle a, x\rangle \in f$永假,从而$\exists ! x(x \in \varnothing \,\&\, \langle a, x\rangle \in f)$永假,但因$A \neq \varnothing$,故确有$a$使得$a \in A$为真,从而$a \in A \Rightarrow \exists ! x(x \in \varnothing \,\&\, \langle a, x\rangle \in f)$为假,这表明$\forall a(a \in A \Rightarrow \exists !(x \in \varnothing \,\&\, \langle a, x\rangle \in f))$不得成立,也就是不存在$f: A \to \varnothing$能满足

$$f \subseteq A \times \varnothing \,\&\, \forall a(a \in A \Rightarrow \exists ! x(x \in \varnothing \,\&\, \langle a, x\rangle \in f)).$$

据($\triangle$)而知$\forall f(f \,\overline{\in}\, \varnothing^A)$,即$\varnothing^A = \varnothing$.

本例表明,使$\mathrm{dom} f \neq \varnothing \,\&\, \mathrm{ran} f = \varnothing$的映射$f$是根本不存在的.

例3　对于任何集合A而言,可有$A^{\varnothing} = \{\varnothing\}$.特殊地,有$\varnothing^{\varnothing} = \{\varnothing\}$.

事实上,我们有

$$(\triangle) \qquad f \in A^{\varnothing} \Leftrightarrow f \subseteq \varnothing \times A \,\&\, \forall x(x \in \varnothing \Rightarrow \exists ! a(a \in A \,\&\, \langle x, a\rangle \in f)).$$

由于$x \in \varnothing$永假,故$x \in \varnothing \Rightarrow \exists ! a(a \in A \,\&\, \langle x, a\rangle \in f)$为真,从而$\forall x(x \in \varnothing \Rightarrow \exists ! a(a \in A \,\&\, \langle x, a\rangle \in f))$为真,另一方面,由$f \subseteq \varnothing \times A$而知$f = \varnothing$,即唯有一个空关系$\varnothing$能满足$f \subseteq \varnothing \times A$,从而也就表明唯有一个空关系$\varnothing$能满足

$$f \subseteq \varnothing \times A \,\&\, \forall x(x \in \varnothing \Rightarrow \exists ! a(a \in A \,\&\, \langle x, a\rangle \in f)).$$

于是由($\triangle$)而知,唯有一个$f = \varnothing$使$\varnothing \in A^{\varnothing}$,也就是$A^{\varnothing} = \{\varnothing\}$.当$A = \varnothing$时,即为$\varnothing^{\varnothing} = \{\varnothing\}$. □

本例表明,$\varnothing$是唯一的一个有空定义域的映射,当然这在直觉上是很不自然的,但应想到,人们在代数学中,对$0^a = 0(a \neq 0)$和$a^0 = 1$(不论a是否为0)早已习惯自如,那么对照例2中之$\varnothing^A = \varnothing(A \neq \varnothing)$和本例中之$A^{\varnothing} = \{\varnothing\}$(不论$A$是否为$\varnothing$)考虑,也就不必那么感到很不自然了.

习题与补充 3

1. N. Wiener 曾按如下方式定义序偶：

$$\langle x,y\rangle_1 =_{\mathrm{df}}\{\{\{x\},\varnothing\},\{\{y\}\}\}.$$

试证明该定义是合理的，即证明该定义确能满足条件：

$$\langle x,y\rangle_1 = \langle u,v\rangle_1 \Leftrightarrow x = u \,\&\, y = v.$$

2. 试问按如下方式定义序偶概念是否合理可行？分别验证能否满足条件：序偶相等当且仅当它们的对应分量相等.

(1) $\langle x,y\rangle_2 =_{\mathrm{df}}\{\{x,\varnothing\},\{y,\{\varnothing\}\}\}$,

(2) $\langle x,y\rangle_3 =_{\mathrm{df}}\{x,\{x,y\}\}$.

3. 设 $A=\{1,2,3,\cdots\}$，B 为实数集，试求 $A\times B$ 与 $B\times A$.

4. 试证本章定理 3.1.3 之(2)、(3) 式，即

(1) $A\times(B\cap C)=(A\times B)\cap(A\times C)$,

(2) $(A\cup B)\times C=(A\times C)\cup(B\times C)$.

5. 设 R 是 $A\times B$ 上的二元关系，求证：

(1) $R=\varnothing\Leftrightarrow \mathrm{dom}R=\varnothing$,

(2) $R=\varnothing\Leftrightarrow \mathrm{ran}R=\varnothing$.

（见 3.2 节定义 3.2.4 与定义 3.2.5 的有关讨论.）

6. 设 $R\subseteq A\times B$，试举例说明如下二式不一定成立：

(1) $\mathrm{dom}R=A\Rightarrow R=A\times B$,

(2) $\mathrm{ran}R=B\Rightarrow R=A\times B$

（见 3.2 节定义 3.2.4 与定义 3.2.5 的有关讨论.）

7. 试证明下列结论，并举例说明相应的反包含关系都不普遍成立. 在这里应注意 $\widetilde{A\times C}=\sim(A\times C)=U\times V-A\times C$，其中 U,V 分别是集合 A,C 所对应的全集.

(1) $A\times\tilde{C}\subseteq\widetilde{A\times C}$,

(2) $A \times (B - C) = A \times B - A \times C$,

(3) $(A - C) \times (B - D) \subseteq A \times B - C \times D$.

8. 设R是实数集,试问下列$R \times R$的子集中,有哪些可表为R的两个子集的卡氏积,并且写出其具体表达式.

(1) $\{\langle x, y\rangle \mid x$ 为整数,$y \in R\}$,

(2) $\{\langle x, y\rangle \mid y \in R, 0 \leqslant y \leqslant 1\}$,

(3) $\{\langle x, y\rangle \mid y > x\}$,

(4) $\{\langle x, y\rangle \mid x$ 不是整数,y 是整数$\}$,

(5) $\{\langle x, y\rangle \mid x^2 + y^2 < 1\}$.

9. 设R是实数集,试问下列$R \times R$上的二元关系是否为映射?如果是映射,则是否为单射、满射或双射?

(1) $R_1 = \{\langle x, y\rangle \mid x^2 + y^2 + 2xy = 4\}$,

(2) $R_2 = \{\langle x, y\rangle \mid 3x^2 - y = 0\}$,

(3) $R_3 = \{\langle x, y\rangle \mid x$ 为有理数时,$y = 1$;x 为无理数时,$y = 0\}$,

(4) $R_4 = \{\langle x, y\rangle \mid x = n\pi$ 时,$y = 0$;$x \neq n\pi$ 时,$y = \cot x\}$,

(5) $R_5 = \{\langle x, y\rangle \mid x = y^3\}$,

(6) $R_6 = \{\langle x, y\rangle \mid y > 0 \& x = \ln y\}$.

10. 设有 $f: A \to B, g: B \to C$,试问:

(1) 如果已知 f, g 都是单射,则 $g \circ f$ 是否也是单射,为什么?

(2) 如果已知 $g \circ f$ 是单射,则 f, g 是否都是单射,为什么?

(3) 如果已知 f, g 都是满射,则 $g \circ f$ 是否也是满射,为什么?

(4) 如果已知 $g \circ f$ 是满射,则 f, g 是否都是满射,为什么?

11. 今设 $f: A \to B$ 的左逆映射存在且唯一,又 A 中至少有 2 个元素,试证 f 必为右可逆映射.

12. 今设 $f: A \to B$ 的右逆映射存在且唯一,试证 f 必为左可逆映射.

13. 设 f, g, h 都是从整数集 Z 到 Z 的映射,并且 $f: x \mapsto 3x$, $g: x \mapsto 3x + 1$, $h: x \mapsto 3x + 2$.

(1) 找出 f,g,h 的共同的左逆映射，即找出一个从 Z 到 Z 的映射 k 使

$$k \circ f = k \circ g = k \circ h = I_Z.$$

(2) 找出一个从 Z 到 Z 的映射，它是 f,g 的共同的左逆映射而不是 h 的左逆映射.

14. 设有 $f:A \to B, g:B \to C$，试问：

(1) 设 $g \circ f$ 有左逆映射，则能否断言 f 或 g 也有左逆映射?

(2) 设 $g \circ f$ 有右逆映射，则能否断言 f 或 g 也有右逆映射?

15. 在不致引起混淆的情况下，也用 f 及 f^{-1} 表示映射 $f:A \to B$ 的自然提升 $\mathscr{P}_f$ 和自然逆提升 $\mathscr{P}_f^{-1}$. 现设 A 是坐标平面上所有点组成的集合，B 表示 X 轴上一切点构成的集合. 现对每个 $a \in A$，规定 $f(a)$ 表示 a 在 X 轴上的投影(即过 a 作 X 轴之垂线的垂足)，试问 f 是否为由 A 到 B 的映射?如果是映射，则是否为单射或满射?对于任一 $b \in B$，试问 $f^{-1}(\{b\})$ 是什么集合?又 $\bigcup\limits_{b \in B} f^{-1}(\{b\})$ 是什么集?又当 $b_1 \in B$，$b_2 \in B$ 且 $b_1 \neq b_2$ 时 $f^{-1}(\{b_1\}) \cap f^{-1}(\{b_2\})$ 是什么集合?

16. 今设 $f:A \to B$，且 $A_1 \subseteq A, A_2 \subseteq A$，又仍以 f 表示 f 向幂集的自然提升，试证明：

(1) $A_1 \subseteq A_2 \Rightarrow f(A_1) \subseteq f(A_2)$;

(2) $f(A_1 \cup A_2) = f(A_1) \cup f(A_2)$;

(3) $f(A_1 \cap A_2) \subseteq f(A_1) \cap f(A_2)$;

(4) $f(A_1 - A_2) \supseteq f(A_1) - f(A_2)$.

对于上述(3) 和(4)，再分别举例说明表达式两边不得相等.

17. 任给映射 $f:A \to B$，且 $B_1 \subseteq B, B_2 \subseteq B$，又仍以 f^{-1} 表示 f 的自然逆提升，试证明：

(1) $B_1 \subseteq B_2 \Rightarrow f^{-1}(B_1) \subseteq f^{-1}(B_2)$;

(2) $f^{-1}(B_1 \cup B_2) = f^{-1}(B_1) \cup f^{-1}(B_2)$;

(3) $f^{-1}(B_1 \cap B_2) = f^{-1}(B_1) \cap f^{-1}(B_2)$;

(4) $f^{-1}(B_1 - B_2) = f^{-1}(B_1) - f^{-1}(B_2)$.

上述(1)(2)(3)(4) 表明：任何映射的自然逆提升仍保持集合的包含关系及并、交、

差运算.

18. 今设 $f:A\rightarrow B$,且 $A_0\subseteq A,B_0\subseteq B$,则

(1) 证明 $f^{-1}(f(A_0))\supseteq A_0$,且当 f 为单射时有 $f^{-1}(f(A_0))=A_0$;

(2) 证明 $f(f^{-1}(B_0))\subseteq B_0$,且当 f 是满射时有 $f(f^{-1}(B_0))=B_0$.

19. 试对下列各对 A,B,写出映射集合 B^A:

(1)$B=\{b_1,b_2,b_3\},A=\{a_1,a_2\}$;

(2)$B=\{b_1,b_2\},A=\{a_1,a_2,a_3\}$;

(3)$B=\{b_1\},A=\{a_1,a_2,\cdots,a_n\}$;

(4)$B=\{b_1,b_2,\cdots,b_n\},A=\{a\}$;

(5)$B=\varnothing,A=\{a_1,a_2\}$;

(6)$B=\{b_1,b_2\},A=\varnothing$.

第4章　有限集合与可数无穷集合

4.1　自然数系统

关于自然数系统的构造和建立，首先是意大利数学家 Peano(1858—1932) 在 1889 年运用公理化方法建立了一个关于自然数的公理系统，由此而阐明了怎样从少数几个基本概念和几条公理出发，进而去导出自然数的种种性质，并使得大量的算术命题能从中不断地演绎出来. 虽然 Peano 曾把这一公理系统的阐述归功于 Dedekind，但后人还是普遍地称之为 Peano 系统. “Peano 从不经定义的集合、自然数、后继数和属于等概念出发”[3]，再加上下述 5 条公理而构成关于自然数的 Peano 系统。这 5 条公理是：

(1) 0 是一个自然数.

(2) 每个自然数的后继数仍为自然数.

(3) 0 不是任何其他自然数的后继数.

(4) 如果两个自然数 a 和 b 的后继数相等，则 a 和 b 也相等.

(5) 若 M 是由一些自然数所组成的集合，而 M 含有 0，且当 M 含有任一自然数 a 时，则 M 也一定含有 a 的后继数. 那么，M 就含有全部自然数.[3]

在上述建立自然数系统的 5 条公理中，公理(2) 和(5) 是两条很关键的公理，它们依次被称为继元公理和归纳公理. 这两条公理在其他公理的配套下，突出地体现了生成自然数全体的两个关键步骤，那就是首先通过继元公理而去一个一个地生成自然数，然后通过归纳公理而去汇集全体自然数.

然而,从集合论的观点来看,既然集合论是整个经典数学的理论基础,那么任何数学理论应当渊源于集合论,自然数系统及其算术理论当亦不例外,因而我们就不能立足于 Peano 系统去引进自然数,阐明自然数的性质以及建立算术理论的演绎系统等.一句话,不能依靠上述公理化方法去建立自然数系统.也就是说,我们应当用构造性的方法,从集合的概念出发去把自然数概念定义出来,而使这种被定义出来的自然数概念完全满足自然数的种种性质.就像我们在 3.1 节中运用集合概念去定义序偶概念那样,使得被定义出来的序偶概念不是规定而是被证明完全满足序偶的种种性质.因而对于自然数概念,一旦也能成功地做到这一点,那么整个算术理论就被奠定在集合论的基础之上了.本节的主要内容,也就是从集合概念出发,用构造性的方法去建立自然数系统,而这也是把整个数学理论嵌入集合论的这项巨大工程的一部分.

1908 年,Zermelo 曾建议用集合序列

$$\varnothing,\{\varnothing\},\{\{\varnothing\}\},\cdots$$

去表达自然数系统,Zermelo 用以构造自然数的指导原则是从 $\varnothing$ 出发,逐次构造单元集.当然可以依次用符号:

$$0,1,2,\cdots$$

去分别表示上述集合序列中的各个集合,如此构造出来的自然数的一个意外的性质是:

$$0\in 1\in 2\in \cdots.$$

后来 John von Neumann 又提出了另一种刻画自然数的办法,这就是用集合序列

$$\begin{aligned}
&0=\varnothing,\\
&1=\{0\}=\{\varnothing\},\\
&2=\{0,1\}=\{\varnothing,\{\varnothing\}\},\\
&3=\{0,1,2\}=\{\varnothing,\{\varnothing\},\{\varnothing,\{\varnothing\}\}\},\\
&\vdots
\end{aligned}$$

去表达自然数系统.不难看出,John von Neumann用以构造自然数的指导原则是从 $\varnothing$ 出发,使得每个自然数都是较小自然数的集合.这种较小自然数之集合的逐次构造

法,使得被构造出来的自然数同时具有如下两条性质:

(1) $0 \in 1 \in 2 \in 3 \in \cdots$,

(2) $0 \subseteq 1 \subseteq 2 \subseteq 3 \subseteq \cdots$.

须知,上述这些意外的收获不仅无害,甚至在使用时还有独到的方便之处.然而问题在于我们至今未能界定全体自然数的集合,即依然滞留于逐个逐个构造自然数的境地.因此,尚需为实现构造自然数系统这一目标而继续努力,为之,先让我们给出一些预备概念.

定义 4.1.1 设 a 为一集合,则 a 的后继被定义如下,并记为 a^+,即

$$a^+ =_{\mathrm{df}} a \cup \{a\}.$$

定义 4.1.2 设 A 为一集合,则 A 由如下方式而被定义为归纳集,并记为 $\mathrm{Ind}(A)$,即

$$\mathrm{Ind}(A) \Leftrightarrow_{\mathrm{df}} \varnothing \in A \,\&\, \forall a(a \in A \Rightarrow a^+ \in A).$$

顺便提醒几句,即在近代公理集合论中,关于归纳集的存在性是由无穷公理保证的,但在本书的素朴陈述中,将不明确出现任何集合论公理,无穷公理当亦不例外,至于由此而遗留的这样或那样的逻辑严密性问题,将在《数学基础概论》一书中一一明确并全部解决.对此,仍望参阅并记住本书前言中所注释或郑重说明的有关内容.至于前文中已经出现的和下文中还将继续出现的种种类似情况,既无必要也不可能全部逐一指出.

定义 4.1.3 设 a 为一集合,则 a 由如下方式被定义为自然数,并记为 $n(a)$,即

$$n(a) \Leftrightarrow_{\mathrm{df}} \forall A(\mathrm{Ind}(A) \Rightarrow a \in A).$$

现令

$$\omega = \{x \mid \forall A(\mathrm{Ind}(A) \Rightarrow x \in A)\},$$

于是 ω 就是恰由全体自然数所组成的集合,即

$$\omega = \{x \mid n(x)\} \text{ 或 } x \in \omega \Leftrightarrow n(x).$$

定理 4.1.1 设 $\omega = \{x \mid n(x)\}$,则

(1) $\mathrm{Ind}(\omega)$,

(2) $\forall A(\mathrm{Ind}(A) \Rightarrow \omega \subseteq A)$.

证明

(1) 由定义 4.1.2 知 $\forall A(\mathrm{Ind}(A) \Rightarrow \varnothing \in A)$，故由定义 4.1.3 知有 $n(\varnothing)$，即 $\varnothing \in \omega$；另一方面，我们有

$$
\begin{aligned}
a \in \omega &\Leftrightarrow n(a) && \text{假设}\\
&\Leftrightarrow \forall A(\mathrm{Ind}(A) \Rightarrow a \in A) && \text{定义 4.1.3}\\
&\Rightarrow \forall A(\mathrm{Ind}(A) \Rightarrow a^{+} \in A) && \text{定义 4.1.2}\\
&\Leftrightarrow n(a^{+}) && \text{定义 4.1.3}\\
&\Leftrightarrow a^{+} \in \omega && \text{假设}
\end{aligned}
$$

于是 $\varnothing \in \omega \,\&\, \forall a(a \in \omega \Rightarrow a^{+} \in \omega)$，这表明 ω 为一归纳集，即 $\mathrm{Ind}(\omega)$.

(2) 因 $a \in \omega \Rightarrow n(a) \Rightarrow \forall A(\mathrm{Ind}(A) \Rightarrow a \in A)$，也就是说，对任何 $\mathrm{Ind}(A)$ 而言，都有 $a \in \omega \Rightarrow a \in \mathrm{Ind}(A)$. 即 $\omega \subseteq \mathrm{Ind}(A)$，于是 $\forall A(\mathrm{Ind}(A) \Rightarrow \omega \subseteq A)$. □

由定理 4.1.1(1) 可知：

$$\varnothing \in \omega, \varnothing^{+} \in \omega, \varnothing^{++} \in \omega, \cdots, \varnothing^{++\cdots+} \in \omega, \cdots,$$

现令

$$N = \{\varnothing, \varnothing^{+}, \varnothing^{++}, \cdots, \varnothing^{++\cdots+}, \cdots\},$$

显然，$N \subseteq \omega$. 另一方面，$\varnothing \in N$，并对 N 中之任一元 $\varnothing^{++\cdots+} \in N$ 时，则其后继元也有 $\varnothing^{++\cdots++} \in N$，所以 N 为一归纳集，即 $\mathrm{Ind}(N)$. 但由定理 4.1.1(2) 知 ω 为最小的归纳集，从而 $\omega \subseteq N$. 于是 $N = \omega$，即我们有

$$N = \{\varnothing, \varnothing^{+}, \varnothing^{++}, \cdots, \varnothing^{++\cdots+}, \cdots\}.$$

现令符号序列

$$0, 1, 2, \cdots, n, \cdots,$$

依次表示集合序列

$$\varnothing, \varnothing^{+}, \varnothing^{++}, \cdots, \varnothing^{++\cdots+}, \cdots$$

中的各个集合. 于是我们有

$0 = \varnothing$

$1 = \varnothing^{+} = \varnothing \cup \{\varnothing\} = \{\varnothing\} = 0 \cup \{0\} = 0^{+}$

$2 = \varnothing^{++} = \{\varnothing\} \cup \{\{\varnothing\}\} = \{\varnothing, \{\varnothing\}\} = 1 \cup \{1\}$

$$= \{0\} \cup \{1\} = \{0,1\} = 1^+$$

$$3 = \varnothing^{+++} = \{\varnothing,\{\varnothing\}\} \cup \{\{\varnothing,\{\varnothing\}\}\} = \{\varnothing,\{\varnothing\},\{\varnothing,\{\varnothing\}\}\}$$

$$= 2 \cup \{2\} = \{0,1\} \cup \{2\} = \{0,1,2\} = 2^+$$

$$\vdots$$

设有 $n = (n-1) \cup \{n-1\} = \{0,1,2,\cdots,n-2\} \cup \{n-1\} = \{0,1,2,\cdots,n-1\} = (n-1)^+$,则有

$$n+1 = n \cup \{n\} \qquad \text{定义 4.1.1}$$

$$= \{0,1,2,\cdots,n-1\} \cup \{n\} \qquad \text{假设}$$

$$= \{0,1,2,\cdots,n\} = n^+ \qquad \text{定义 2}$$

$$\vdots$$

综上所述,我们有如下两条性质同时成立.

(1) $0 \in 1 \in 2 \in 3 \in \cdots \in n \in n+1 \in \cdots$,

(2) $0 \subseteq 1 \subseteq 2 \subseteq 3 \subseteq \cdots \subseteq n \subseteq n+1 \subseteq \cdots$,

并且

$$\omega = N = \{0,1,2,3,\cdots,n,n+1,\cdots\}$$
$$= \{0,\{0\},\{0,1\},\{0,1,2\},\cdots,$$
$$\{0,1,2,\cdots,n-1\},\{0,1,2,\cdots,n\},\cdots\},$$

至此不妨对照考虑一下前述 John von Neumann 用以构造自然数的指导原则,并在今后直接用 N 中诸元素来表示各个自然数.

定理 4.1.2 对任何 $m \in \omega$ 与 $n \in \omega$,则 $m = n$,$m \in n$ 和 $n \in m$ 三种情况中有且仅有一种成立.

证明 若设 $m = n$,则不论 $m = n = \varnothing$ 或 $m = n \neq \varnothing$ 都不能有 $m \in n$ 或 $n \in m$. 事实上,当 $m = n = \varnothing$ 时,则 $\varnothing \in \varnothing$ 永假. 当 $m = n \neq \varnothing$ 时,例如 $n = \{0,1,2,\cdots,n-1\}$,则因 $0 = \varnothing, 1 = \{0\}, 2 = \{0,1\}, \cdots, n-1 = \{0,1,2,\cdots,n-2\}$,所以有 $\forall a(a \in \{0,1,2,\cdots,n-1\} \Rightarrow a \neq n)$,故 $n \overline{\in} n$,即此时不论 $m \in n$ 或 $n \in m$ 都不能成立. 现在我们设 $m \neq n$,则 m 与 n 在上述(1)、(2) 中,要么 m 在前,要么 n 在前,如果 m 在前,则 $m \in m+1$,而或有 $m+1 = n$,或有 $m+1 \subset n$,但不论如何

都有 $m \in n$. 同理当 n 在前时，可证 $n \in m$. 但是 $m \in n$ 与 $n \in m$ 不得同时成立，否则由上述(1)、(2) 将有 $m \subseteq n$ 且 $n \subseteq m$，如此则有 $m = n$，于是矛盾于原假设 $m \neq n$. 故在 $m \neq n$ 的情况下，$m \in n$ 与 $n \in m$ 中有且只有一个成立. □

定理 4.1.2 就是关于自然数的三分律. 这里的证明是素朴而粗线条的，它在公理集合论中的证明过程，则远较此处仔细而严格.

定理 4.1.3　设 $\omega = \{x \mid n(x)\}$，则有

(1) $0 \in \omega$，

(2) $\forall a(a \in \omega \Rightarrow a^+ \in \omega)$，

(3) $\forall a(a \in \omega \Rightarrow a^+ \neq 0)$，

(4) $\forall a \forall b(a \in \omega \& b \in \omega \& a^+ = b^+ \Rightarrow a = b)$，

(5) $\forall M(M \subseteq \omega \& 0 \in M \& \forall a(a \in M \Rightarrow a^+ \in M) \Rightarrow M = \omega)$.

证明　关于(1) 和(2)，实已在定理 4.1.1(1) 的证明过程中被证明，或者也可这样说，由定理 4.1.1(1) 知有 $\mathrm{Ind}(\omega)$，故有 $\varnothing \in \omega \& \forall a(a \in \omega \Rightarrow a^+ \in \omega)$，故(1) 与(2) 成立. 为之，只要证明(3)(4)(5) 即可.

(3) 因对任何 $a \in \omega$ 而言，由定义 4.1.1 而知 $a^+ = a \cup \{a\}$，显然 $a \in a \cup \{a\}$，即 $a \in a^+$，故 a^+ 至少有一个元素 a，即 $a^+ \neq 0$.

(4) 令 a，b 为 ω 中任二元素，且有 $a^+ = b^+$，即 $a \cup \{a\} = b \cup \{b\}$. 现反设 $a \neq b$，但因 $a \in a \cup \{a\}$，于是 $a \in b \cup \{b\}$，因此，或有 $a \in b$，或有 $a = b$，因已设 $a \neq b$，故必为 $a \in b$. 另一方面，因 $b \in b \cup \{b\}$，于是 $b \in a \cup \{a\}$，因此，或有 $b \in a$，或有 $b = a$，同样因已设 $a \neq b$，而必为 $b \in a$. 这表明在反设 $a \neq b$ 的前提下，可证得 $a \in b \& b \in a$，但这矛盾于定理 4.1.2，故 $a = b$.

(5) 此处有题设 $0 \in M \& \forall a(a \in M \Rightarrow a^+ \in M)$，于是有 $\mathrm{Ind}(M)$，由定理 4.1.1(2) 而知 $\omega \subseteq M$，但此处又有题设 $M \subseteq \omega$，故 $M = \omega$. □

定理 4.1.3 表明 Peano 系统之 5 条公理均为集合论中之可证定理. 这表明我们能够而且已经实现了从集合概念出发，用构造性方法去建立 Peano 系统之目的.

设 P 为任给的一个谓词或性质，今后用符号 $P(n)$ 表示自然数 n 具有性质 P（n 满足谓词 P），则有下述数学归纳法定理，即通常所说的数学归纳法原理，而这也是

集合论中之可证命题.

定理 4.1.4 任给谓词或性质 P,如果

(1) $P(0)$,

(2) 对任何自然数都有“$P(n) \Rightarrow P(n+1)$”,

则 $\forall n(n \in \omega \Rightarrow P(n))$.

证明 令 $M = \{n \mid n \in \omega \& P(n)\}$,于是 $M \subseteq \omega$,并且 $\forall n(n \in M \Rightarrow P(n))$. 那么联合(2) 便有 $\forall n(n \in M \Rightarrow P(n+1))$,从而 $\forall n(n \in M \Rightarrow n+1 \in M)$,即 $\forall n(n \in M \Rightarrow n^{+} \in M)$,而由(1) 知 $0 \in M$,从而有 $M \subseteq \omega \& 0 \in M \& \forall n(n \in M \Rightarrow n^{+} \in M)$,由定理 4.1.3(5) 知 $M = \omega$. 故 $\forall n(n \in \omega \Rightarrow P(n))$. □

4.2 有限集合

我们早在 2.1 节中涉及并直观地论及有限集合与无穷集合,即我们早已非正式地在使用有限集合与无穷集合的概念了. 现在,经过如上一番准备之后,我们能够正式地定义和讨论有限集合与无穷集合的概念了. 本节的内容,就是正式给出有限集合这一概念的定义,并对有关的一些性质略作讨论.

定义 4.2.1 设 A 为一集合,则 A 由如下方式而被定义为有限集合,并记为 $A[\text{fin}]$,即

$$A[\text{fin}] \Leftrightarrow_{\text{df}} \exists n(n \in \omega \& n \sim A).$$

定理 4.2.1 任何自然数 n 都不与其自身之任何真子集等势.

证明 为行文之便,我们把“自然数 n 不与其自身之任何真子集等势”这一语句简记为 $P(n)$. 实际上,

$$P(n) \Leftrightarrow \forall f(f: n \xrightarrow{\text{Inj}} n \Rightarrow \text{ran} f = n).$$ ①

现令

$$T = \{n \mid n \in \omega \& P(n)\} = \{n \mid n \in \omega \& \forall f(f: n \xrightarrow{\text{Inj}} n \Rightarrow \text{ran} f = n)\},$$

① 对此证明不难,参见本章习题与补充.

则本定理无非就是要证明 $T=\omega$，现往证之.

首先，因为 $\varnothing\in\omega$. 又3.4节之例3指出，$\varnothing^{\varnothing}=\{\varnothing\}$，即 $\varnothing$ 是从 $\varnothing$ 到 $\varnothing$ 的唯一映射，故

$$\varnothing\in\omega\ \&\ \forall f(f:\varnothing\xrightarrow{\text{Inj}}\varnothing\Rightarrow \mathrm{ran}f=\varnothing),$$

这表明 $\varnothing\in T$. 再证 $\forall k(k\in T\Rightarrow k^+\in T)$. 为之，设 $k\in T$，于是，由 T 的构造而知有

$$k\in\omega\ \&\ \forall f(f:k\xrightarrow{\text{Inj}}k\Rightarrow \mathrm{ran}f=k).$$

为证 $k^+\in T$ 而设 $f:k^+\xrightarrow{\text{Inj}}k^+$，并往证 $\mathrm{ran}f=k^+$.

如所知，

$$k=k-1\cup\{k-1\}=\{0,1,2,\cdots,k-1\},$$

$$k^+=k\cup\{k\}=\{0,1,2,\cdots,k-1\}\cup\{k\}=\{0,1,2,\cdots,k-1,k\}.$$

为在行文中避免可能的误解，规定当把 k 作为集合 $\{0,1,2,\cdots,k-1\}$ 看待或使用时，特记为 $k(s)$，而当把 k 视为单独一个元素而使用时，则仍记为 k. 其实应该完全明白，我们有 $k(s)=k$. 另外，符号 $\upharpoonright$ 表示限制，例如，$f\upharpoonright k(s)$ 指映射 $f:k^+\xrightarrow{\text{Inj}}k^+$ 被限制在 $k(s)$ 上. 试考虑 $k(s)$ 在 $f:k^+\xrightarrow{\text{Inj}}k^+$ 之下的象，显然，有且仅有如下两种情况：

$$(\text{Ⅰ})\ \forall p(p\in k(s)\Rightarrow f(p)\in k(s)),$$

$$(\text{Ⅱ})\ \exists p(p\in k(s)\ \&\ f(p)\ \overline{\in}\ k(s))$$

现分(Ⅰ)和(Ⅱ)两种情况讨论之：

(Ⅰ)设 $f:k^+\xrightarrow{\text{Inj}}k^+$，而 $\forall p(p\in k(s)\Rightarrow f(p)\in k(s))$，则考虑 $f\upharpoonright k(s):k(s)\xrightarrow{\text{Inj}}k(s)$，因已知 $k\in T$，从而应有 $\mathrm{ran}f\upharpoonright k(s)=k(s)$. 但因 f 是由 $k^+=k(s)\cup\{k\}$ 到 $k(s)\cup\{k\}=k^+$ 上的单射，故如图4.2.1所示，必有 $f(k)=k$. 这表明，在 $f:k^+\xrightarrow{\text{Inj}}k^+$ 之下，$\mathrm{ran}f=\mathrm{ran}f\upharpoonright k(s)\cup\{f(k)\}=k\cup\{k\}=k^+$. 故在此情况下，必有 $k^+\in T$.

(Ⅱ)设 $f:k^+\xrightarrow{\text{Inj}}k^+$，而 $\exists p(p\in k(s)\ \&\ f(p)\ \overline{\in}\ k(s))$，则因 f 为由 k^+ 到 k^+

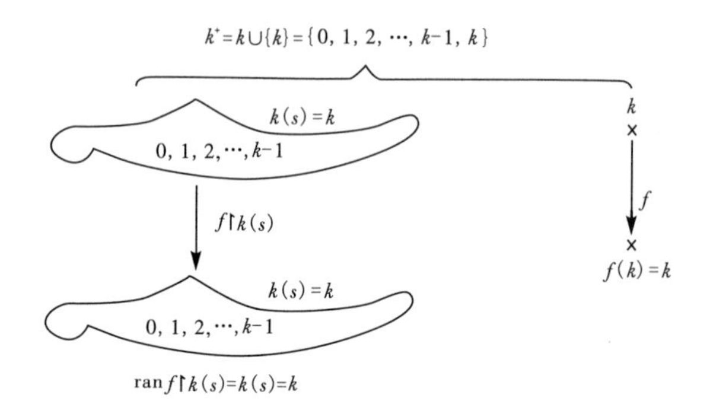

图 4.2.1

的单射，又在 k^+ 中只有唯一的 $k \overline{\in} k(s)$，故此时如图 4.2.2 所示，必为

$$\exists p(p \in k(s) \& f(p) = k) \& f(k) \in k(s).$$

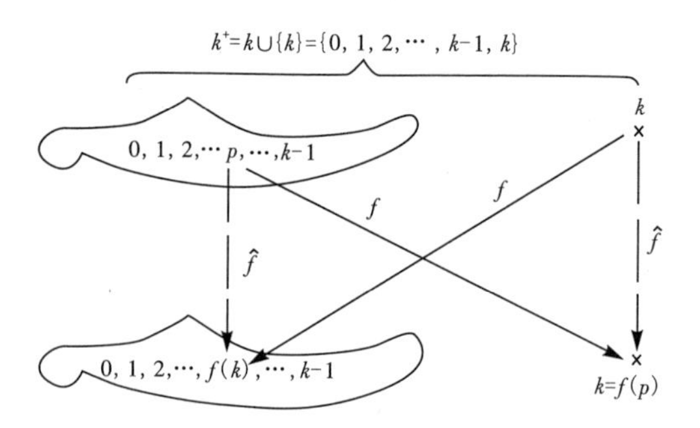

图 4.2.2

但此时我们定义 $\hat{f}:k^+ \xrightarrow{\mathrm{Inj}} k^+$ 如下：

$$\begin{cases}\hat{f}(p) = f(k), \\ \hat{f}(k) = f(p) = k, \\ \hat{f}(x) = f(x), \text{当 } x \in k(s) \& x \neq p \text{ 时}.\end{cases}$$

实际上，即如图 4.2.2 所示，$\hat{f}:k^+ \xrightarrow{\mathrm{Inj}} k^+$ 就是将 $f:k^+ \xrightarrow{\mathrm{Inj}} k^+$ 中之 $f(p)$ 与 $f(k)$ 互相对调一下，其余保持不动. 因而首先有 $\mathrm{ran}f = \mathrm{ran}\hat{f}$. 另外，$\hat{f}$ 仍为由 k^+ 到 k^+ 的单射，并且 $\hat{f}:k^+ \xrightarrow{\mathrm{Inj}} k^+$ 的特点是：

$$\forall p(p \in k(s) \Rightarrow \hat{f}(p) \in k(s)).$$

故由前述(Ⅰ)知，$\mathrm{ran}\hat{f} = k(s) \cup \{k\} = k^+$. 因而我们仍有 $\mathrm{ran}f = \mathrm{ran}\hat{f} = k^+$.

以上讨论表明,不论在何种情况下总有:

$$f: k^+ \xrightarrow{\text{Inj}} k^+ \ \& \ \text{ran} f = k^+.$$

从而表明有 $\varnothing \in T \& \ \forall k(k \in T \Rightarrow k^+ \in T)$,故有 Ind($T$),由定理 4.1.1(2) 知 $\omega \subseteq T$,另一方面,又显然有 $T \subseteq \omega$,故 $T = \omega$. □

定理 4.2.2 任何有限集合都不与其自身之真子集等势. 即若设 $C \subset A[\text{fin}]$[①],则 $A \sim C$ 不得成立.

证明 任给 $A[\text{fin}]$,则由定义 4.2.1 和定义 3.4.1 知有自然数 $n \in \omega$ 而使 $g: A \xrightarrow{\text{Bij}} n$. 并由 3.3 节中有关逆映射的定义和定理而知有 $g^{-1}: n \xrightarrow{\text{Bij}} A$. 现用反证法往证本定理,即反设 $A \sim C$ 成立. 即有 $f: A \xrightarrow{\text{Bij}} C$,并且 $\text{ran} f = C \subset A$. 则如图 4.2.3 所示,取 $b \in A - C$,则 $g(b) \in \text{ran} g = n$,但 $g(b) \,\overline{\in}\, \text{ran}(g \upharpoonright C)$,即 $\text{ran}(g \upharpoonright C) \subset \text{ran} g = n$. 今如图 4.2.3 考虑映射 $g \circ f \circ g^{-1}$,显然有 $g \circ f \circ g^{-1}: n \xrightarrow{\text{Inj}} n$. 另一方面,令 $a \in n$,则 $g^{-1}(a) \in A$, $f(g^{-1}(a)) \in \text{ran} f = C$, $g(f(g^{-1}(a))) \in \text{ran}(g \upharpoonright C) \subset n$,而 $(g \circ f \circ g^{-1})(a) = g(f(g^{-1}(a)))$,因所令 a 为 n 中之任意元素,故刚才所论表示 $\forall a(a \in n \Rightarrow (g \circ f \circ g^{-1})(a) \in \text{ran}(g \upharpoonright C))$,而且 $\text{ran}(g \circ f \circ g^{-1}) = \text{ran}(g \upharpoonright C) \subset n$. 从而我们证得如下结论:存在一个由 n 到 n 之真子集上的双射,即 n 与 n 的一个真子集等势,于是矛盾于定理 4.2.1,这表明 $A \sim C$ 一式不得成立. □

定理 4.2.3 若 $A[\text{fin}] \& A \subset B$,则 $A \sim B$ 不成立.

证明 因由定义 4.2.1 知有 $n \in \omega$ 而使 $A \sim n$,现反设 $A \sim B$ 成立,则有 $n \sim B$,于是由定义 4.2.1 知有 $B[\text{fin}]$,于是 $B \sim A$,而已设 $A[\text{fin}] \subset B = B[\text{fin}]$,这表示 $B[\text{fin}]$ 与其真子集 $A[\text{fin}]$ 等势,矛盾于定理 4.2.2,故 $A \sim B$ 不得成立. □

定理 4.2.4 任一 $A[\text{fin}]$,恰有一自然数 $n \in \omega$ 而使 $A \sim n$.

证明 对任意的 $A[\text{fin}]$,首先由定义 4.2.1 知有自然数 $n \in \omega$ 而使 $A \sim n$. 现

① 此处 $C \subset A[\text{fin}]$ 为 $C \subset A \& A[\text{fin}]$ 的缩写,余类同.

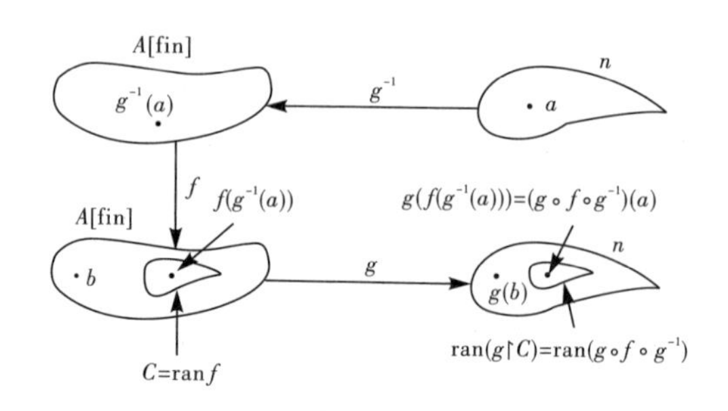

图 4.2.3

反设另有 $m\in\omega\&m\neq n$ 而使 $A\sim m$,于是 $n\sim m$. 但因 $m\neq n$ 而知或有 $m\subset n$,或有 $n\subset m$,不论哪种情形都将与定理 4.2.1 矛盾. 故 $\exists!n(n\in\omega\&A[\mathrm{fin}]\sim n)$.

□

4.3 无穷与可数无穷

在本节中,我们将正式给出无穷集合的定义,并对其某些性质进行分析讨论.

定义 4.3.1 设 A 为一集合,则 A 由如下方式而被定义为无穷集合,并记为 $A[\mathrm{inf}]$,即

$$A[\mathrm{inf}]\Leftrightarrow_{\mathrm{df}}\neg A[\mathrm{fin}].$$

定义 4.3.1 表明

$$A[\mathrm{inf}]\Leftrightarrow\neg\exists n(n\in\omega\&n\sim A).$$

这就是说,对于任意集合 A,如果它不是有限集合,则就是无穷集合. 或者说,不与任何自然数等势的集合是无穷集合.

定理 4.3.1 $\exists D(D\subset A\&A\sim D)\Rightarrow A[\mathrm{inf}]$.

证明 否则,设有 $D\subset A\&A\sim D\&A[\mathrm{fin}]$,这表示有限集合 A 与自身之真子集 D 等势,从而矛盾于定理 4.2.2. 故在 $D\subset A\&A\sim D$ 的前提下,只能结论 A 是无限集合,即 $A[\mathrm{inf}]$.

□

例 1 ω 是无限集.

事实上,只要对任何 $n\in\omega$,令 $f(n)=n+1$,则易见有 $f:\omega\xrightarrow{\mathrm{Bij}}\omega-\{0\}$. 即如下所示:

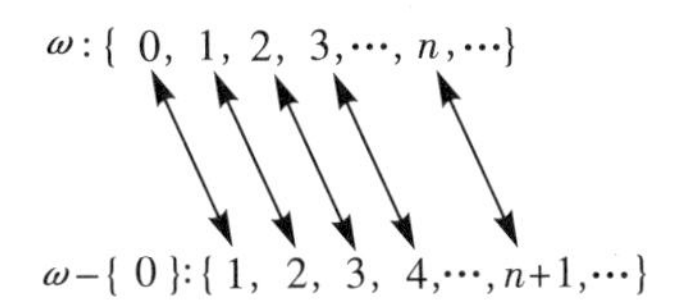

由于 $\omega - \{0\} \subset \omega$,故由定理 4.3.1 知有 $\omega[\text{inf}]$.

例 2　任何以 ω 为子集的集合是无限集.

事实上,设 $A \supseteq \omega$,则令

$$f(a) = \begin{cases} a+1 & \text{当 } a \in \omega \text{ 时}, \\ a & \text{当 } a \overline{\in} \omega \text{ 时}, \end{cases}$$

则易见有 $f: A \xrightarrow{\text{Bij}} A - \{0\}$,即如下所示:

$$A:\{a, a, \cdots, 0, 1, 2, \cdots, n, \cdots, a, \cdots\}$$

$$A-\{0\}:\{a, a, \cdots, 1, 2, 3, \cdots, n+1, \cdots, a, \cdots\}$$

又 $A - \{0\} \subset A$,故由定理 4.3.1 知有 $A[\text{inf}]$.

定理 4.3.2　$A[\text{inf}] \Rightarrow \exists C(C \subseteq A \,\&\, C \sim \omega)$.

证明　令设 A 为任一无穷集合,故 $A \neq \varnothing$,既然 A 非空,则有 $a_0 \in A$,令 $f(a_0) = 0$. 显然可知,$A - \{a_0\} \neq \varnothing$,否则 $A \sim 1$,于是有 $A[\text{fin}]$,从而矛盾于题设. 既然 $A - \{a_0\}$ 非空,则有 $a_1 \in A - \{a_0\}$,此时令 $f(a_1) = 1$. 然而仍有 $A - \{a_0, a_1\} \neq \varnothing$,否则同样有 $A \sim 2$ 而导致矛盾. 既然 $A - \{a_0, a_1\}$ 非空,则又有 $a_2 \in A - \{a_0, a_1\}$,此时令 $f(a_2) = 2$,以此类推而有

$$f(a_0) = 0, f(a_1) = 1, \cdots, f(a_n) = n.$$

但我们仍有 $A - \{a_0, a_1, \cdots, a_n\} \neq \varnothing$,否则将有 $A \sim n+1$ 而导致矛盾,故又有 $a_{n+1} \in A - \{a_0, a_1, \cdots, a_n\}$,再令 $f(a_{n+1}) = n+1$,如此我们就有

$$f: \{a_0, a_1, \cdots, a_n, \cdots\} \xrightarrow{\text{Bij}} \omega.$$

显然 $\{a_0, a_1, \cdots, a_n, \cdots\} \subseteq A$,令 $C = \{a_0, a_1, \cdots, a_n, \cdots\}$,则以上结论即为 $C \subseteq A \,\&\, C \sim \omega$. □

定理 4.3.3 $A[\text{inf}] \Rightarrow \exists D(D \subset A \& A \sim D)$

证明 设 A 为任一无穷集合,则由定理 4.3.2 知有 $C \subseteq A \& C \sim \omega$,即有 $f: C \xrightarrow{\text{Bij}} \omega$,又由本节例 1 知有 $g: \omega \xrightarrow{\text{Bij}} \omega - \{0\}$,于是令

$$h(a) = \begin{cases} (f^{-1} \circ g \circ f)(a) = f^{-1}(g(f(a))) & \text{当 } a \in C, \\ a & \text{当 } a \overline{\in} C \end{cases}$$

则有 $h: A \xrightarrow{\text{Bij}} A - \{f^{-1}(0)\}$,即如下所示:

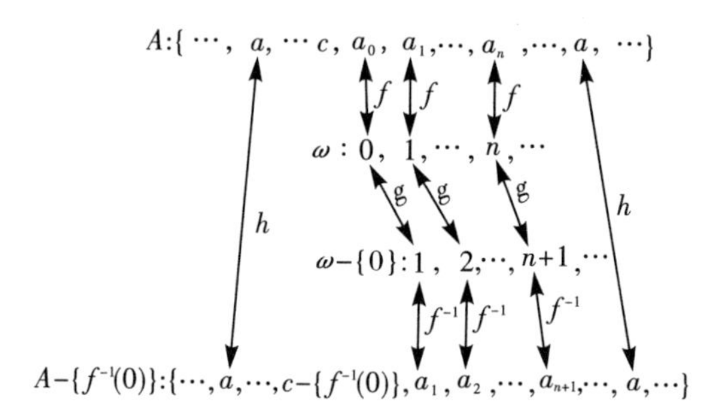

显然 $A - \{f^{-1}(0)\} \subset A$,令 $D = A - \{f^{-1}(0)\}$,以上结论也就是 $D \subset A \& A \sim D$.

□

联合上述定理 4.3.1 和定理 4.3.3 便是如下结论:

$$A[\text{inf}] \Leftrightarrow \exists D(D \subset A \& A \sim D),$$

由此可有

$$\neg A[\text{inf}] \Leftrightarrow \neg \exists D(D \subset A \& A \sim D),$$

由定义 4.3.1 而得

$$\neg\neg \exists n(n \in \omega \& n \sim A) \Leftrightarrow \neg \exists D(D \subset A \& A \sim D),$$

即我们有

$$\exists n(n \in \omega \& n \sim A) \Leftrightarrow \neg \exists D(D \subset A \& A \sim D),$$

据定义 4.2.1 而得

$$A[\text{fin}] \Leftrightarrow \neg \exists D(D \subset A \& A \sim D).$$

以上讨论表明,对于任意集合 A 而言,A 为有限集合之充要条件为 A 不与其任何真子集等势. 而 A 为无穷集合之充要条件为 A 必能与其某个真子集等势.

定义 4.3.2　设 A 为一集合，则 A 由如下方式而被定义为可数无穷集合，并记为 $A[\omega]$，即

$$A[\omega]\Leftrightarrow_{\mathrm{df}} A\sim\omega.$$

显然，I_A 是由 A 到 A 的双射，故 $A\sim A$. 自然数集 ω 也不例外，故有 $\omega\sim\omega$，于是 $\omega[\omega]$.

可数无穷集合在许多场合也叫作可列集、可排集或可数无限集.

定理 4.3.4　$A[\omega]\Leftrightarrow A=\{a_0,a_1,\cdots,a_n,\cdots\}$，即 A 为可列集的充分必要条件是 A 的一切元可排成无穷序列

$$a_0,a_1,\cdots,a_n,\cdots.$$

证明　$\Rightarrow$ 设 A 为可列集，则由定义 4.3.2 知有 $f:A\xrightarrow{\text{Bij}}\omega$，于是有 $f^{-1}:\omega\xrightarrow{\text{Bij}}A$. 只要把 $f^{-1}(n)$ 记为 $a_n(n=0,1,2,\cdots,n,\cdots)$，如此，$A$ 的一切元即可表为无限序列：

$$a_0,a_1,a_2,\cdots,a_n,\cdots,$$

其中应注意 $\operatorname{ran}f=\omega\ \&\ \operatorname{ran}f^{-1}=A$. 故

$$A=\{a_0,a_1,a_2,\cdots,a_n,\cdots\}.$$

$\Leftarrow$ 设 $A=\{a_0,a_1,a_2,\cdots,a_n,\cdots\}$，令 $f(a_n)=n$，易见有 $f:A\xrightarrow{\text{Bij}}\omega$，故 $A[\omega]$.

□

定理 4.3.5　$A[\text{fin}]\ \&\ B[\omega]\Rightarrow(A\cup B)[\omega]$.

证明　设 $A[\text{fin}]=\{a_0,a_1,\cdots,a_{n-1}\}$，$B[\omega]=\{b_0,b_1,\cdots,b_n,\cdots\}$. 如果 $A\cap B=\varnothing$，则 $A\cup B$ 可表为无穷序列：

$$a_0,a_1,\cdots,a_{n-1},b_0,b_1,\cdots,b_n,\cdots$$

或者更明确一点，只要令

$$f(e)=\begin{cases} i & \text{当 } e=a_i(i=0,1,\cdots,n-1)\text{ 时}, \\ n+j & \text{当 } e=b_j(j=0,1,\cdots,n,\cdots)\text{ 时}. \end{cases}$$

于是易见有 f：$(A\cup B)\xrightarrow{\text{Bij}}\omega$. 如果 $A\cap B\neq\varnothing$，则令 $A-B=\{a_{n_0},a_{n_1},\cdots,a_{n_k}\}\subset A$，则 $A\cup B$ 可表为无穷序列

$$a_{n_0}, a_{n_1}, \cdots, a_{n_k}, b_0, b_1, \cdots, b_n, \cdots$$

故不论何种情形都有$(A \cup B)[\omega]$. □

定理 4.3.6 $A[\text{inf}] \Rightarrow \exists C(C \subseteq A \& C[\omega])$.

证明 由定理 4.3.2 及定义 4.3.2 直接推知本定理为真. □

定理 4.3.7 $\forall A \forall C(A[\omega] \& C[\text{inf}] \& C \subseteq A \Rightarrow C[\omega])$,即可列集的任何无穷子集都是可列集.

证明 设有 $A[\omega]$,则由定理 4.3.4 知 A 的一切元可排成无穷序列:

$$a_0, a_1, a_2, \cdots, a_n, \cdots,$$

今设C为A的一个无穷子集,则C的一切元都在上述无穷序列中出现,并对C的每个元素而言,各有一个确定的自然数作为它的脚标,并且相异元素的脚标也相异,于是我们可将C的一切元按其脚标之大小而排列如下:

$$a_{n_0}, a_{n_1}, \cdots, a_{n_k}, a_{n_{k+1}}, \cdots,$$

其中 $n_0 < n_1 < \cdots < n_k < n_{k+1} < \cdots$,只要将$C$的任意元$a_{n_k}$记为$a'_k$,则$C$的一切元即可排成无穷序列:

$$a'_0, a'_1, \cdots, a'_n, \cdots,$$

由定理 4.3.4 知有 $C[\omega]$. □

若设 $A[\omega] \& C[\text{fin}]$,则$(A - C)$ 必为 A 的无穷子集,故由定理4.3.7 知$(A - C)[\omega]$,即从可列集 A 中,除去一个有限子集 C,所得之集 $A - C$ 仍为可列集.

临时指出,关于等势概念的下述两个性质是很显然的:

(1)$A \sim B \Rightarrow B \sim A$,

(2)$A \sim B \& B \sim C \Rightarrow A \sim C$.

定理 4.3.8 $B[\omega] \& (A \sim B) \Rightarrow A[\omega]$.

证明 因为$(A \sim B) \& B[\omega]$,而 $B[\omega]$ 表示 $B \sim \omega$,故有 $A \sim B \& B \sim \omega$,故 $A \sim \omega$,即 $A[\omega]$. □

本定理表明,凡与可列集等势的集是可列集.

定义 4.3.3 如果n元有序组$\langle a_0, a_1, \cdots, a_{n-1} \rangle$的各个分量$a_0, a_1, \cdots, a_{n-1}$均为自然数,则特称此$n$元有序组为$n$元自然数组,并记为$\langle a_0, a_1, \cdots, a_{n-1} \rangle [a_i \in \omega]$.

实际上，我们有

$$x \in \omega^n = \omega \times \omega \times \cdots \times \omega \Leftrightarrow x = \langle a_0, a_1, \cdots, a_{n-1} \rangle [a_i \in \omega].$$

定理 4.3.9　一切 n 元(n 不固定) 自然数组所组成的集合是可列集，即

$$A = \{x \mid x = \langle a_1, a_2, \cdots, a_n \rangle [a_i \in \omega](n = 1, 2, \cdots)\} \Rightarrow A[\omega].$$ [①]

证明　我们令

$$f(\langle a_1, a_2, \cdots, a_n \rangle) = 10^{a_1+a_2+\cdots+a_n} + 10^{a_2+a_3+\cdots+a_n} + \cdots + 10^{a_{n-1}+a_n} + 10^{a_n},$$

显然，上式右边共有 n 项，并且

$$10^{a_1+a_2+\cdots+a_n} + 10^{a_2+a_3+\cdots+a_n} + \cdots + 10^{a_{n-1}+a_n} + 10^{a_n}$$

是一个自然数，特将该自然数记为 α. 那么，α 是一个具有用一些 0 互相隔开的、共有 n 个 1 出现的十进制形式的自然数. 例如

$$f(\langle 3, 2, 2 \rangle) = 10^{3+2+2} + 10^{2+2} + 10^2 = 10010100.$$

如此，f 就是一个由 A 到 ω 的映射，而 $\mathrm{ran} f \subset \omega$.

今设

$$f(\langle b_1, b_2, \cdots, b_m \rangle [b_i \in \omega]) = 10^{b_1+b_2+\cdots+b_m} + 10^{b_2+b_3+\cdots+b_m} + \cdots + 10^{b_{m-1}+b_m} + 10^{b_m},$$

并特将 $f(\langle b_1, b_2, \cdots, b_m \rangle [b_i \in \omega])$ 记为 β.

如果 $\alpha = \beta$，则因自然数的十进制表达式是唯一确定的，因此，在 α 的十进制表达式中，位数最低的那个 1 必处于从个位向左数的第 $a_n + 1$ 位，又在 β 的十进制表达式中，位数最低的那个 1 应处于从个位向左数的第 $b_m + 1$ 位. 那么，在 $\alpha = \beta$ 的情况下，α 与 β 中之位数最低的那个 1 必须处在从个位向左数的同一个位置上，即必有 $a_n + 1 = b_m + 1$，于是 $a_n = b_m$. 再则，α 中之第二个位数最低的 1 处在从个位向左数的第 $a_n + a_{n-1} + 1$ 位，β 中之第二个位数最低的 1 处在从个位向左数的第 $b_m + b_{m-1} + 1$ 位，因 $\alpha = \beta$，故又有 $a_n + a_{n-1} + 1 = b_m + b_{m-1} + 1$，于是 $a_{n-1} = b_{m-1}$，如此继续下去，直到最后便是 $a_1 = b_1$. 因此，我们得到

$$a_1 = b_1 \& a_2 = b_2 \& \cdots \& a_n = b_m.$$

① 注意本定理中之自然数(包括足码) 均不为 0，这完全是为了方便，这对定理的结果毫无影响，因为 $N \sim N - \{0\}$.

这表明$\langle a_1,a_2,\cdots,a_n\rangle[a_i\in\omega]=\langle b_1,b_2,\cdots,b_m\rangle[b_i\in\omega]$，由此可见，对于$A$中任二不同的元素，它们在映射$f$之下的值也不相同. 所以，映射$f$是由$A$到$\omega$的单射，即$f:A\xrightarrow{\text{Inj}}\omega$. 令$\text{ran}f=C$，则有$C[\text{inf}]\&C\subset\omega$. 因为$\omega$是可列集，故由定理4.3.7知$C$为可列集，并且$f:A\xrightarrow{\text{Bij}}C$，即$(A\sim C)\&C[\omega]$，由定理4.3.8知有$A[\omega]$，即一切$n$元($n$不固定)自然数组的集合是一个可列集. □

定理4.3.10 一切n元(n固定)自然数组所组成的集合是可列集，即

$$A^*=\{y\mid y=\langle a_1,a_2,\cdots,a_n\rangle[a_i\in\omega],n\text{ 为一固定自然数}\}$$
$$\Rightarrow A^*[\omega].$$

证明 令A为一切n元(n不固定)自然数组所构成的集合，由定理4.3.9知有$A[\omega]$，另一方面，显然有$A^*[\text{inf}]\&A^*\subset A$，故$A^*$是一个可列集的无穷子集，故由定理4.3.7知有$A^*[\omega]$. □

由定理4.3.10，当$n=2$时，即作为特例的一切二元自然数组的集合

$$G=\{x\mid\langle a_1,a_2\rangle[a_i\in\omega]\}$$

是可列集，即对上述G而言，应有$G[\omega]$.

定理4.3.11 $A_i[\omega](i=1,2,\cdots)\Rightarrow(\bigcup_{i=1}^{\infty}A_i)[\omega]$，即可列无穷多个可列集的并是可列集.

证明 据定理4.3.4知可列集的一切元可排成无穷序列，现将每个$A_i[\omega]$的元都排成无穷序列，并用自然数对分别编号如下：

$$A_1=\{a_{11},a_{12},a_{13},\cdots,a_{1n},\cdots\}$$
$$A_2=\{a_{21},a_{22},a_{23},\cdots,a_{2n},\cdots\}$$
$$A_3=\{a_{31},a_{32},a_{33},\cdots,a_{3n},\cdots\}$$
$$\vdots$$
$$A_n=\{a_{n1},a_{n2},a_{n3},\cdots,a_{nn},\cdots\}$$
$$\vdots$$

再设$A=\{x\mid x=\langle i,j\rangle[i\in\omega\&j\in\omega]\}$为一切二元自然数组的集. 我们令$f(\langle i,j\rangle)=a_{ij}$，则不难看出，$f$是由$A$到$\bigcup_{i=1}^{\infty}A_i$的一个满射，即$f:A\xrightarrow{\text{Surj}}\bigcup_{i=1}^{\infty}A_i$，从而

存在 $B\subseteq A$ 使 $f\upharpoonright B:B\xrightarrow{\text{Bij}}\bigcup_{i=1}^{\infty}A_i$. 如前所知,$A$ 为可数集,故有 $B[\text{fin}]$ 或 $B[\omega]$,这表明

$$(\bigcup_{i=1}^{\infty}A_i)[\text{fin}]\text{ 或 }(\bigcup_{i=1}^{\infty}A_i)[\omega].$$

但因 $A_i[\omega]\&A_i\subseteq\bigcup_{i=1}^{\infty}A_i$,因此 $\bigcup_{i=1}^{\infty}A_i$ 不可能是有限集,因而只有 $(\bigcup_{i=1}^{\infty}A_i)[\omega]$. □

例 1　全体有理数所组成的集是可列集. 即 $Q=\{r\mid r=\pm\frac{p}{q}\&(p\in\omega\&q\in\omega)\}\Rightarrow Q[\omega]$.

事实上,有理数 r 具有 $\pm\frac{p}{q}(p\in\omega\&q\in\omega)$ 的形式,此处 $\frac{p}{q}$ 是既约分数,若 $r=0$,则分子 $p=0$. 我们以 $Q_-=\left\{-\frac{p}{q}\right\}$ 表示全体负有理数的集,以 $\{0\}$ 表示由数 0 构成的单元集,以 $Q_+=\left\{\frac{p}{q}\right\}$ 表示全体正有理数的集,那么,$Q=Q_-\cup\{0\}\cup Q_+$. 现在先让我们考虑 $Q_+=\left\{\frac{p}{q}\right\}$,设 $G=\{x\mid x=\langle p,q\rangle\}$,如所知,我们有 $G[\omega]$. 现令 $f\left(\frac{p}{q}\right)=\langle p,q\rangle$,易见 f 是一个由 Q_+ 到 G 上的单射,令 $C=\text{ran}f$,显然有 $C[\inf]\&C\subset G$,由定理 4.3.7 知有 $C[\omega]$. 于是,我们有 $f:Q_+\xrightarrow{\text{Bij}}C$,即 $(Q_+\sim C)\&C[\omega]$,故由定理4.3.8 而有 $Q_+[\omega]$. 易见 $(Q_-\sim Q_+)\&Q_+[\omega]$,因而知有 $Q_-[\omega]$,于是,我们可获 $(Q_-\cup\{0\}\cup Q_+)[\omega]$,即 $Q[\omega]$.

顺便指出,也可直接由定理 4.3.11 而确定 $Q_+[\omega]$. 事实上,令

$$Q_n=\left\{\frac{1}{n},\frac{2}{n},\frac{3}{n},\cdots,\frac{n}{n},\cdots\right\}(n=1,2,\cdots),$$

显然,$Q_+=\bigcup_{n=1}^{\infty}Q_n$,并且 $Q_n[\omega](n=1,2,\cdots)$,注意当 n 遍历 $1,2,\cdots$ 时,将全体 $\frac{p}{q}$ 中之重复者去掉. 故由定理4.3.11 直接推知 Q_+ 为可列集,即 $Q_+[\omega]$. 图 4.3.1 便是论述 $Q[\omega]$ 的一个最直观的办法.

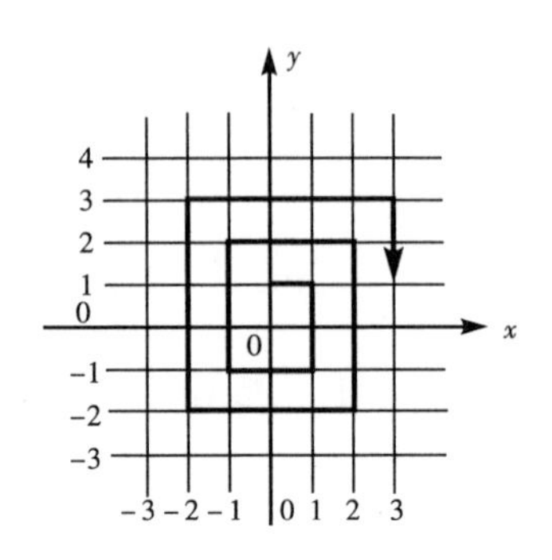

图 4.3.1

4.4 Bernstein 定理与不可数无穷集合

在本节中，我们要建立不可数无穷集合的概念，并涉及关于势的比较问题，其中包括与势的比较有密切关系的 Bernstein 定理.

定义 4.4.1 对于每个集合 A，相应地有一个符号 $|A|$，称为集合 A 的势或基数，它由如下两条性质来确定：①

(1) 对任意集合 A 和 B：$|A|=|B|\Leftrightarrow A\sim B$，

(2) 对任一 $A[\text{fin}]$：$A\sim\{0,1,\cdots,n-1\}\Rightarrow|A|=n$，并且 $A=\varnothing\Rightarrow|A|=0$.

根据定义 4.4.1，任何两个等势的集合的基数相等，因此，所有的可数无穷集合具有同一个基数，因为它们都与 ω 等势，因而也互相等势. 显然 $|\varnothing|=0$，并对每个 $n\in\omega$，都是某个有限集合的基数，特称之为有限基数，不是有限基数的其他基数叫作无穷基数，例如 $|\omega|$ 就是无穷基数，但由于任何无穷集合都包含着一个与 ω 等势的子集，所以 $|\omega|$ 应该是最小的无穷基数了. 有时候还采用一些记号来表示集合的势. 例如，令 $\lambda=|A|$，$\mu=|B|$，…，特别地，人们用 $\aleph_0$ 表示自然数集的势，即 $|\omega|=\aleph_0$，又用 C 或 $\aleph$ 来表示全体实数集合 R 的势，即 $|R|=C=\aleph$，$\aleph$ 读为“阿列夫”，$\aleph_0$ 读为“阿列夫零”.

定义 4.4.2 一个集合 A 的势(基数) 按如下方式被定义为弱于集合 B 的势

---

① 定义 4.4.1 引入新概念时，并没有像引入序偶概念和自然数概念那样，全都化归为集合论中的基本概念 $\in$，要对本定义所引入的新概念也做到这一点并不困难，只是要费较大的篇幅，为简明和节省篇幅，此处使用了本定义的形式.

(基数),并记为 $|A| \leqslant |B|$,即

$$|A| \leqslant |B| \Leftrightarrow_{\mathrm{df}} \exists C(C \subseteq B \& A \sim C).$$

定理 4.4.1　设 A 和 B 为任二集合,则有

(1) $A \sim B \Rightarrow |A| \leqslant |B|$,

(2) $A \subseteq B \Rightarrow |A| \leqslant |B|$,

(3) $|A| \leqslant |B| \,\&\, |B| \leqslant |C| \Rightarrow |A| \leqslant |C|$.

本定理之(1)(2)(3) 均可从定义 4.4.2 直接推出,无须多述. 只想指出一点,即 $A \sim B \Rightarrow |A| \leqslant |B|$ 一式与定义 4.4.1 中之 $A \sim B \Leftrightarrow |A| = |B|$ 并不矛盾,只是显得多余. 实际上,$A \sim B \Rightarrow |B| \leqslant |A|$ 也是成立的,故在此处,就把它想象为对于任二自然数 m 与 n,$m \leqslant n$ 与 $m = n$ 并不矛盾一样就算了.

定义 4.4.3　一集合 A 的势按如下方式而被定义为小于集合 B 的势,并记为 $|A| < |B|$,即

$$|A| < |B| \Leftrightarrow_{\mathrm{df}} \neg \exists A_1(A_1 \subseteq A \& A_1 \sim B) \& \exists B_1(B_1 \subseteq B \& B_1 \sim A).$$

此时也说集合 B 的基数大于集合 A 的基数,并记为 $|B| > |A|$.

迄今为止,我们已经引入了两基数之相等和大小的概念,我们也希望任给两个基数,能和两个数那样,具有可比较的性格,即要么相等,要么其中之一小于另一个. 当然,对于所有的有限势来说,这是不成问题的;但对无限基数来说,情况就不是那么简单了,因为给定两个集合 A 和 B,在逻辑上可能的场合,将有如下 4 种:

(1) $\exists A_1(A_1 \subseteq A \& A_1 \sim B) \& \neg \exists B_1(B_1 \subseteq B \& B_1 \sim A)$,

(2) $\exists B_1(B_1 \subseteq B \& B_1 \sim A) \& \neg \exists A_1(A_1 \subseteq A \& A_1 \sim B)$,

(3) $\exists A_1(A_1 \subseteq A \& A_1 \sim B) \& \exists B_1(B_1 \subseteq B \& B_1 \sim A)$,

(4) $\neg \exists A_1(A_1 \subseteq A \& A_1 \sim B) \& \neg \exists B_1(B_1 \subseteq B \& B_1 \sim A)$.

对于以上 4 种情况中之第(1) 和(2) 两种情况而言,根据定义 4.4.3,可依次结论如下:即 $|B| < |A|$ 和 $|A| < |B|$. 至于情况(3),则通过下述 Bernstein 定理而可获结论 $|A| = |B|$,至于情况(4),在本章中还没有办法处理,但在下文中是要作分析讨论的. 因而暂称此种情形为不可比较,并记为 $|A| \,)(\, |B|$.

如所知,$A \sim B$ 指有 $f: A \xrightarrow{\mathrm{Bij}} B$. 因而有时为了简明醒目起见,特把两种记法结

合起来而写成 $A \overset{f}{\sim} B$,意即 A 和 B 在双射 f 之下(互相对等)一一对应,即等势.

定理 4.4.2(Bernstein 定理) 任给二集合 A 和 B,则

$$\exists A_1(A_1 \subseteq A \& A_1 \sim B) \& \exists B_1(B_1 \subseteq B \& B_1 \sim A) \Rightarrow B \sim A.$$ [①]

证明 如图 4.4.1 所示,据假设条件而知有:

(1)$A \overset{f}{\sim} B_1 \subset B$,

(2)$B \overset{g}{\sim} A_1 \subset A$.

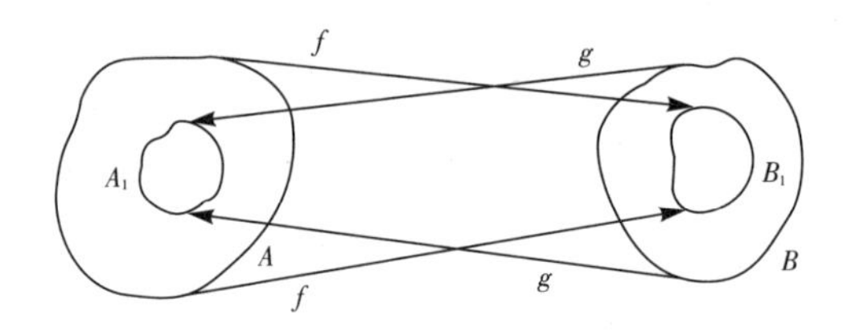

图 4.4.1

由(2) 知有 $g:B \xrightarrow{\text{Bij}} A_1 \subseteq A$,此时在 $g:B \xrightarrow{\text{Bij}} A_1$ 之下,对 B 的子集 B_1 而言,应有 $B_1 \overset{g \upharpoonright B_1}{\sim} A_2 \subseteq A_1$,$A_2 = \text{rang} \upharpoonright B_1$.联合(1) 便有 $A \overset{f}{\sim} B_1 \& B_1 \overset{g \upharpoonright B_1}{\sim} A_2$,于是我们得到

$$A \overset{(g \upharpoonright B_1) \circ f}{\sim} A_2. \qquad (*)$$

此处 $A_2 \subseteq A_1 \subseteq A$.如果我们据此而能进一步证明有 $h:A_1 \xrightarrow{\text{Bij}} A$,那么联合(2) 便是 $B \overset{g}{\sim} A_1 \& A_1 \overset{h}{\sim} A$,从而就有 $B \overset{h \circ g}{\sim} A$.于是定理成立.

现在,余下的便是据($*$)而往证 $A_1 \sim A$.下文中,我们将映射$(g \upharpoonright B_1) \circ f$(见($*$))简记为 k.即我们已有

$$A \overset{k}{\sim} A_2 \qquad (*')$$

于是应有

$$A_1(\subseteq A) \overset{k \upharpoonright A_1}{\sim} A_3(\subseteq A_2),A_3 = \text{ran}k \upharpoonright A_1,$$

---

① 有的书上将 Bernstein 定理表为 $\exists A_1(A_1 \subset A \& A_1 \sim B) \& \exists B_1(B_1 \subset B \& B_1 \sim A) \Rightarrow B \sim A$.这也是成立的,但如此不能与 $A \sim B$ 完全对应,详见本章习题与补充.

$$A_2(\subseteq A_1) \overset{k\upharpoonright A_2}{\sim} A_4(\subseteq A_3), A_4 = \operatorname{ran}k\upharpoonright A_2,$$

$$A_3(\subseteq A_2) \overset{k\upharpoonright A_3}{\sim} A_5(\subseteq A_4), A_5 = \operatorname{ran}k\upharpoonright A_3,$$

$$A_4(\subseteq A_3) \overset{k\upharpoonright A_4}{\sim} A_6(\subseteq A_5), A_6 = \operatorname{ran}k\upharpoonright A_4,$$

$$\vdots$$

如此继续下去,直至无穷.这里应注意,例如 $A_2 \subseteq A_1 \subseteq A$,因 A 的子集的子集仍为 A 的子集,故在以上映射中,可直接写 $k\upharpoonright A_2$,而不必去写什么 $(k\upharpoonright A_1)\upharpoonright A_2$ 之类,其余也类推,如图 4.4.2 所示,让我们直观地去想象一下上述一系列等势关系.

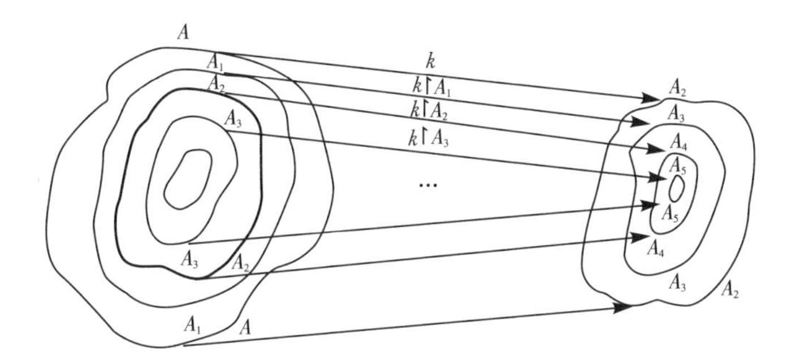

图 4.4.2

完全相应地,我们又有

$$A - A_1 \overset{k\upharpoonright(A-A_1)}{\sim} A_2 - A_3, A_2 - A_3 = \operatorname{ran}k\upharpoonright(A - A_1),$$

$$A_1 - A_2 \overset{k\upharpoonright(A_1-A_2)}{\sim} A_3 - A_4, A_3 - A_4 = \operatorname{ran}k\upharpoonright(A_1 - A_2),$$

$$A_2 - A_3 \overset{k\upharpoonright(A_2-A_3)}{\sim} A_4 - A_5, A_4 - A_5 = \operatorname{ran}k\upharpoonright(A_2 - A_3),$$

$$A_3 - A_4 \overset{k\upharpoonright(A_3-A_4)}{\sim} A_5 - A_6, A_5 - A_6 = \operatorname{ran}k\upharpoonright(A_3 - A_4),$$

$$A_4 - A_5 \overset{k\upharpoonright(A_4-A_5)}{\sim} A_6 - A_7, A_6 - A_7 = \operatorname{ran}k\upharpoonright(A_4 - A_5),$$

$$\vdots$$

同样延续,并直至无穷.同样注意到 $A - A_1, A_1 - A_2, A_2 - A_3, A_3 - A_4, A_4 - A_5, \cdots$,都是 A 的子集,如上便是将 k 分别限制在这些子集上使用之.

据上述一系列对等关系直接推知如下两个无穷并也是互相对等的.

$$\left.\begin{aligned}&(A-A_1)\cup(A_2-A_3)\cup(A_4-A_5)\cup\cdots\\&(A_2-A_3)\cup(A_4-A_5)\cup(A_6-A_7)\cup\cdots\end{aligned}\right\}\qquad(\Delta)$$

现令

$$D = A \cap A_1 \cap A_2 \cap A_3 \cap \cdots$$

另一方面,我们不难验证下述恒等式:

$$A = D \cup (A-A_1) \cup (A_1-A_2) \cup (A_2-A_3) \cup (A_3-A_4) \cup \cdots,$$

$$A_1 = D \cup (A_1-A_2) \cup (A_2-A_3) \cup (A_3-A_4) \cup (A_4-A_5) \cup \cdots.$$

现将上述二恒等式改写为

$$\begin{aligned}A = {}&[D \cup (A_1-A_2) \cup (A_3-A_4) \cup \cdots] \cup\\&[(A-A_1) \cup (A_2-A_3) \cup \cdots],\\A_1 = {}&[D \cup (A_1-A_2) \cup (A_3-A_4) \cup \cdots] \cup\\&[(A_2-A_3) \cup (A_4-A_5) \cup \cdots].\end{aligned}$$

试看如上两个恒等式的右边,第一个方括号内的并完全是相同的,故由恒等映射保证它们互相对等.再看第二个方括号内,则由上述(Δ)已知它们是互相对等的,从而等式右边之二集互相对等,从而我们有 $A \sim A_1$. □

如此,前述二集 A 和 B 在逻辑上可能出现的 4 种情形中,根据定理4.4.2,已将情形(3)化归为 $|A| = |B|$,故在前三种情况下,可称 $|A|$ 与 $|B|$ 是可比较的.但还留有情形(4)被称为 $|A|$ 与 $|B|$ 是不可比较的.总之,我们有:

$$\left.\begin{aligned}&(3)\ |A| = |B|\\&(1)\ |A| < |B|\\&(2)\ |A| > |B|\end{aligned}\right\}|A| \text{ 与 } |B| \text{ 可比较}.$$

$$(4)\ |A| \,)(\, |B| \,\}\ |A| \text{ 与 } |B| \text{ 不可比较}.$$

由此可见,关于基数的可比较性,只有当我们能够证明 $|A| \,)(\, |B|$ 在实际上不会出现后,才算是彻底实现.

定义 4.4.4 设 A 为一集合,则 A 由如下方式而被定义为不可数无穷集合,并记为 $A[\breve{\omega}]$,即

$$A[\breve{\omega}] \Leftrightarrow_{\mathrm{df}} \neg A[\omega] \,\&\, \neg A[\mathrm{fin}].$$

按定义 4.4.4，设 A 为一集合，如果 A 既非可数无穷集合，又非有限集合，则 A 为不可数无穷集合. 实际上，$\neg A[\mathrm{fin}]$ 也就是 $A[\mathrm{inf}]$，所以 $A[\check{\omega}]$ 也可被定义为 $A[\mathrm{inf}]\&\neg A[\omega]$，这就是说，$A[\check{\omega}]$ 首先是无穷集合，但它不是 $A[\omega]$ 一类的无穷集合. 故在无穷集合中，去掉可数无穷集合后，其余的都是不可数无穷集合.

Cantor 首先证明了 $(0,1)$ 开区间中全体实数所成的集 R_1 是不可数集合，从而以 R_1 为其子集的全体实数集 R 也是不可数集合. 现在我们来证明下述事实.

$$R_1=\{x \mid x\in R\&0<x<1\}\Rightarrow R_1[\check{\omega}].$$

我们用反证法来证明这个事实，即让我们反设 R_1 与 ω 是等势的，并由此而导致矛盾. 既然 $R_1\sim\omega$，故 R_1 的一切元可排成无穷序列，并与 ω 的一切元构成如下的一一对应.

$$\begin{array}{lll}
0 & \leftrightarrow & \theta_0=0.\,p_{11}\,p_{12}\,p_{13}\cdots p_{1n}\cdots \\
1 & \leftrightarrow & \theta_1=0.\,p_{21}\,p_{22}\,p_{23}\cdots p_{2n}\cdots \\
\vdots & & \\
n & \leftrightarrow & \theta_n=0.\,p_{n1}\,p_{n2}\,p_{n3}\cdots p_{nn}\cdots \\
\vdots & & \vdots
\end{array}$$

此处我们将 R_1 的每一元都用十进制小数的形式写出. 现让我们定义一个实数 θ 如下：

$$\theta=0.\,p'_{11}\,p'_{22}\cdots p'_{nn}\cdots,$$

其中
$$p'_{nn}=\begin{cases}2, \text{当 } p_{nn}=9 \text{ 时}^{①}, \\ p_{nn}+1, \text{当 } p_{nn}\neq 9 \text{ 时}.\end{cases}$$

如此，一方面显然有 $\theta\in R\&0<\theta<1$，从而 $\theta\in R_1$. 但在另一方面，θ 却与上面所排之 R_1 的无穷序列：

$$\theta_0,\theta_1,\cdots,\theta_n,\cdots$$

中之每一元素都不同，因为 θ 与序列中任一 $\theta_i(i=0,1,\cdots,n,\cdots)$ 都有一个有穷差

---

① 此处当 $p_{nn}=9$ 时，令 $p'_{nn}=2$，而不是令 $p'_{nn}=0$. 这样规定可避免下述情形的出现，即从某个 n 以后的每个 p_{nn} 都是 9，于是 θ 的小数位中所相应的每个 p'_{nn} 就都是 0. 从而 θ 就可能与某个 θ_i 相同，例如 $\theta=0.2388000\cdots$ 与 $\theta_i=0.2387999\cdots$

位，即 $p'_{ii} \neq p_{ii}$. 这说明在反设 $R_1[\omega]$ 的前提下，将 R_1 之一切元所排成之无穷序列未能包括 R_1 的一切元，矛盾. 故原设 R_1 与 ω 等势一事不得成立，故有 $\neg R_1[\omega]$，而 $R_1[\text{inf}]$ 是显然的，故 $R_1[\breve{\omega}]$.

例 1 设 A,B,C 都是集合，则有

$$A \subseteq B \subseteq C \& \mid C \mid \leqslant \mid A \mid \Rightarrow A \sim B \sim C.$$

事实上，因为 $\mid C \mid \leqslant \mid A \mid$，由定义 4.4.2 知有

$$\exists A_1(A_1 \subseteq A \& C \sim A_1), \tag{1}$$

又 $A \subseteq B$，故 $A_1 \subseteq A \subseteq B$，于是 $A_1 \subseteq B$，故据(1) 而有

$$\exists A_1(A_1 \subseteq B \& C \sim A_1). \tag{2}$$

再据 $B \subseteq C$ 可有

$$\exists B(B \subseteq C \& B \overset{I_B}{\sim} B), \tag{3}$$

又由 $A \subseteq B \subseteq C$ 而有 $A \subseteq C$，故有

$$\exists A(A \subseteq C \& A \overset{I_A}{\sim} A). \tag{4}$$

由(2) 和(3)，利用 Bernstein 定理而得 $B \sim C$. 再由(1) 与(4)，并由 Bernstein 定理而有 $C \sim A$. 因此而易见 $A \sim B \sim C$.

例 2 现令

$$R_1 = \{x \mid x \in R \& 0 < x < 1\} = (0,1),$$
$$R'_1 = \{x \mid x \in R \& 0 \leqslant x \leqslant 1\} = [0,1],$$
$$R_+ = \{x \mid x \in R \& x > 0\} = (0,+\infty).$$

此处 R 为全体实数的集.

再令 $f(x) = \tan\pi\left(x - \frac{1}{2}\right)$，易见 $f: R_1 \xrightarrow{\text{Bij}} R$，即 $R_1 \overset{f}{\sim} R$. 又 $R_+ \subset R$，故 $\exists R_+ (R_+ \subset R \& R_+ \overset{I_{R_+}}{\sim} R_+)$，但又因 $R_1 \subset R_+$，故 $\exists R_1(R_1 \subset R_+ \& R_1 \overset{f}{\sim} R)$，故由 Bernstein 定理[①]知 $R \sim R_+$，于是 $R_1 \sim R_+ \sim R$. 完全类似地，利用 $R_1 \subset R'_1 \subset R$ 而证明 $R_1 \sim$

① 此处使用 Bernstein 定理之另一形式 $\exists A_1(A_1 \subset A \& A_1 \sim B) \& \exists B_1(B_1 \subset B \& B_1 \sim A) \Rightarrow A \sim B$，由前注及本章习题与补充知其为真.

$R_1' \sim R$,故 $R_1 \sim R_1' \sim R_+ \sim R$.

例 3　试考虑卡氏积 $\omega \times \omega$,现令

$$f(\langle a,b\rangle) = 2^a \cdot 3^b (a \in \omega \& b \in \omega)$$

因设 $2^a \cdot 3^b = 2^c \cdot 3^d$,且 $c > a$,则 $3^b = 2^{c-a} \cdot 3^d$,但偶数不能等于奇数,故矛盾,同样 $c < a$ 也导致矛盾,故只好 $c = a$,于是 $b = d$. 这表明 $\langle a,b\rangle \neq \langle c,d\rangle$ 时必有 $f(\langle a, b\rangle) \neq f(\langle c,d\rangle)$,即 $f:\omega \times \omega \xrightarrow{\text{Inj}} \omega$. 显然,$\operatorname{ran} f \subset \omega$,令 $M = \operatorname{ran} f$,则 $f:\omega \times \omega \xrightarrow{\text{Bij}} M$,于是 $\omega \times \omega \overset{f}{\sim} M$. 故有 $\exists M(M \subset \omega \& M \overset{f}{\sim} \omega \times \omega)$. 现再令

$$g(n) = \langle n,0\rangle \quad (n \in \omega),$$

易见 $m \neq n$ 时,必有 $\langle m,0\rangle \neq \langle n,0\rangle$,故 $g:\omega \xrightarrow{\text{Inj}} \omega \times \omega$,显然,$\operatorname{ran} g \subset \omega \times \omega$,令 $L = \operatorname{ran} g$,则 $g:\omega \xrightarrow{\text{Bij}} L$. 于是 $L \overset{g}{\sim} \omega$,从而我们又有 $\exists L(L \subset \omega \times \omega \& L \overset{g}{\sim} \omega)$,故由 Bernstein 定理而知 $\omega \times \omega \sim \omega$.

以上几个例子,都是用以说明,如何运用 Bernstein 定理去证明两个集合之间的对等关系. 当然,这不过是求证二集等势的一种方法而已,并且也不可能总是那种有效和高明的方法,在许多场合,人们可以直接求出二集之间的双射,并用以确定两者之间的对等关系. 例如,就上述例 3 而言,我们也可令

$$f(\langle m,n\rangle) = 2^{m-1}(2n-1). \quad (m \in \omega \& n \in \omega)$$

事实上,对任何 $k \in \omega$,总可用 2 逐次去除 k,最后总能找出适当的 $m \in \omega \& n \in \omega$ 使得 $k = 2^{m-1}(2n-1)$,这表明 $\operatorname{ran} f = \omega$,故首先有 $f:\omega \times \omega \xrightarrow{\text{Surj}} \omega$. 其次,若设 $f(\langle m, n\rangle) = f(\langle p,q\rangle)$,则

$$2^{m-1}(2n-1) = 2^{p-1}(2q-1). \tag{$*$}$$

如果 $m \neq p$,则将导致奇数等于偶数的矛盾,因此只能 $m = p$. 既然 $m = p$,则由 ($*$) 易见必有 $n = q$,于是 $\langle m,n\rangle = \langle p,q\rangle$,这表明如果 $\langle m,n\rangle \neq \langle p,q\rangle$,则必有 $f(\langle m,n\rangle) \neq f(\langle p,q\rangle)$,即 $f:\omega \times \omega \xrightarrow{\text{Inj}} \omega$,故知 $f:\omega \times \omega \xrightarrow{\text{Bij}} \omega$,即 $\omega \times \omega \sim \omega$.

顺便提醒一下,上述例 3 的结果,实际上早在 4.3 节中指出,这不过是定理 4.3.10 中取 $n = 2$ 时的一个特例而已. 此处往事重提,旨在涉及 Bernstein 定理之应用,当也由此说明弄清与确定 $\omega \times \omega \sim \omega$ 一事的方式是多种多样的.

4.5 初等势及其运算

在本节中，我们将建立关于势（基数）的和、积、幂等运算概念，并通过举例和几个典型势（$\aleph_0$、$\aleph$ 等）的运算去进一步阐明基数运算的种种性质.

如所知，若设 $B \cap A = \varnothing$，B 有 n 个元，A 有 m 个元，则 $B \cup A$ 恰有 $n+m$ 个元. 又若设 $A \sim A_1$，$B \sim B_1$，$A \cap B = \varnothing$，$A_1 \cap B_1 = \varnothing$，则显然有 $A \cup B \sim A_1 \cup B_1$. 由此而为我们提供了一个建立势之和这一概念的直观依据.

定义 4.5.1 设 $A \cap B = \varnothing$，则势 $|A|$ 与 $|B|$ 之和被定义如下，并记为 $|A| + |B|$，即 $|A| + |B| =_{\mathrm{df}} |A \cup B|$. 又若 $A \cap B \neq \varnothing$，则令 $C = \{\langle x,1\rangle \mid x \in A\}$，$D = \{\langle y,2\rangle \mid y \in B\}$，此时定义 $|A| + |B| =_{\mathrm{df}} |C| + |D|$.

注意，在定义 4.5.1 中之 C 和 D，显然有$(C \sim A) \& (D \sim B) \& C \cap D = \varnothing$.

普遍地说，关于势之和应有如下定义.

定义 4.5.2 给定指标集 $M = \{m,n,p,\cdots\}$，对于 M 中之每一元 m，各有一集 A_m 与之对应，并且诸 A_m 两两不相交①，则对应于各个集 A_m 之势 $|A_m|$ 之和被定义如下，并记为 $|A_m| + |A_n| + |A_p| + \cdots$，即

$$|A_m| + |A_n| + |A_p| + \cdots =_{\mathrm{df}} |A_m \cup A_n \cup A_p \cup \cdots|,$$

简记为 $\sum_{m \in M} |A_m| =_{\mathrm{df}} |\bigcup_{m \in M} A_m|$.

例 1 由于自然数集 ω 可分解为

$$\{0,1,2,\cdots,n-1\} \cup \{n,n+1,n+2,\cdots\},$$

从而将有 $n + \aleph_0 = \aleph_0 + n = \aleph_0 = |\omega|$. 事实上，本章 4.3 节中定理4.3.5 就早已指出了$(A[n] \cup B[\omega])[\omega]$ 这个结论.

又由于 ω 可分解为奇数集与偶数集之并，即

$$\begin{aligned}\omega &= \{1,3,\cdots,2n+1,\cdots\} \cup \{0,2,4,\cdots,2n,\cdots\} \\ &= \{2n+1\} \cup \{2n\}.\end{aligned}$$

而 $\omega \sim \{2n+1\} \sim \{2n\}$，故 $|\omega| = |\{2n+1\}| = |\{2n\}| = \aleph_0$，于是

① 如遇有 $A_m \cap A_n \neq \varnothing$，则均按定义 4.5.1 中 $A \cap B \neq \varnothing$ 的情形处理.

$$\aleph_0 = \aleph_0 + \aleph_0.$$

ω还可拆成凡以3除之余数各为0,1,2的自然数所组成的集的并,又这三个集显然都是可数无穷集合. 因此,我们又有

$$\aleph_0 + \aleph_0 + \aleph_0 = \aleph_0.$$

这种情形不难推广到任意有限多项相加的情形,也就是

$$\aleph_0 + \aleph_0 + \cdots + \aleph_0 = \aleph_0.$$

不仅如此,设指标集为$\omega = \{0,1,2,\cdots\}$,而对应于每个$m \in \omega$,有一元素为自然数的集$A_m$,其每个元能被$2^m$除尽而不能被$2^{m+1}$除尽,即

$$A_0 = \{1,3,5,7,\cdots\}$$

$$A_1 = \{2,6,10,14,\cdots\}$$

$$A_2 = \{4,12,20,28,\cdots\}$$

$$A_3 = \{8,24,40,56,\cdots\}$$

$$\vdots$$

又显然有

$$\omega - \{0\} = A_0 \cup A_1 \cup A_2 \cup A_3 \cup \cdots = \bigcup_{m=0}^{\infty} A_m,$$

而$|\omega - \{0\}| = |\omega| = \aleph_0$,每个$|A_m| = \aleph_0 (m = 0,1,2,\cdots)$. 因此,我们又有

$$\aleph_0 + \aleph_0 + \cdots + \aleph_0 + \cdots = \aleph_0.$$

注意4.3节定理4.3.11早已指出:

$$A_i[\omega](i = 1,2,\cdots) \Rightarrow (\bigcup_{i=1}^{\infty} A_i)[\omega].$$

另一方面,也可将ω分解为各个单元集的并,即

$$\omega = \{0\} \cup \{1\} \cup \{2\} \cup \cdots \cup \{n\} \cup \cdots$$

不仅如此,还可有

$$\omega = \{0,1\} \cup \{2,3\} \cup \{4,5\} \cup \cdots \cup \{2n,2n+1\} \cup \cdots$$

$$\omega = \{0\} \cup \{1,2\} \cup \{3,4,5\} \cup \{6,7,8,9\} \cup \cdots$$

因而又有

$$1 + 1 + 1 + \cdots + 1 + \cdots = \aleph_0,$$

$$2+2+2+\cdots+2+\cdots=\aleph_0,$$

$$1+2+3+4+\cdots+n+(n+1)+\cdots=\aleph_0.$$

例 2 在4.4节之例2中曾证明诸如$R_1=(0,1)$,$R_1'=[0,1]$,$R_+=(0,+\infty)$,$R=(-\infty,+\infty)$等实数集都是互相等势的,它们都有同一个势,即

$$C=|R|=|R_1|=|R_1'|=|R_+|=\aleph.$$

其实易见实数轴R_x上的任意开区间、半开区间和闭区间上之一切实数所组成的集都是和实数集R等势的.即它们都有势$C=\aleph$.于是,由$[0,1)\cup[1,2)=[0,2)$而有

$$\aleph+\aleph=\aleph,$$

并由$\aleph\leqslant n+\aleph\leqslant\aleph_0+\aleph\leqslant\aleph+\aleph=\aleph$而有

$$n+\aleph=\aleph_0+\aleph=\aleph+\aleph=\aleph.$$

又由可数无穷多(即全体自然数那么多)个区间$[n-1,n)(n=1,2,\cdots)$相继并列而成半直线R_+'.因而可有

$$\aleph+\aleph+\cdots+\aleph+\cdots=\aleph.$$

例 3 在4.3节定理4.3.2指出:$A[\inf]\Rightarrow\exists C(C\subseteq A\&C\sim\omega)$.即任何无限集都包含着一个可数无穷集合.在这里便是$|C|=\aleph_0$,再令$|A-C|=\mu$,$|A|=\lambda$.因$C\subseteq A$,故$A=C\cup(A-C)$,于是$|A|=|C\cup(A-C)|=|C|+|A-C|$.即$\lambda=\aleph_0+\mu$.这表明对任一无限势$\lambda$,可令

$$\lambda=\mu+\aleph_0\qquad(*)$$

于是由(*)可得$\lambda+\aleph_0=\mu+\aleph_0+\aleph_0=\mu+\aleph_0=\lambda$(其中用到关于势之和的结合律,参见本章习题与补充).这表明对任意的无限势λ可有

$$\lambda+\aleph_0=\lambda.$$

例 4 若设λ与μ均为无限势,且有

$$\lambda=\mu+n,$$

则由前例的结论,并注意到$n+\aleph_0=\aleph_0$,即知有

$$\lambda=\lambda+\aleph_0=\mu+n+\aleph_0=\mu+\aleph_0=\mu.$$

这表明我们有

$$\lambda = \mu + n \Rightarrow \lambda = \mu.$$

即反映了任一 A[inf] 减少有限个元之后，其势不变.

定义 4.5.3　任给 n 个集合 $A_1, A_2, \cdots, A_n$，则对应于这些集合之势 $|A_i|(i = 1,2,\cdots,n)$ 的积被定义如下，并记为 $|A_1| \cdot |A_2| \cdot \cdots \cdot |A_n|$，即

$$|A_1| \cdot |A_2| \cdot \cdots \cdot |A_n| =_{\text{df}} |A_1 \times A_2 \times \cdots \times A_n| = |\mathop{\times}_{i=1}^{n} A_i|.$$

例 5　由定义 4.5.3 可知 $|A| \cdot |B| = |A \times B|$，当 $A = B = \omega$ 时，我们有 $|\omega| \cdot |\omega| = |\omega \times \omega|$，而 $\omega \times \omega \sim \omega$，因此我们有

$$\aleph_0 \cdot \aleph_0 = \aleph_0.$$

关于卡氏积和 n 元有序组的概念还可进一步扩充，从而定义 4.5.3 中关于势之积的概念，还可进一步扩充到更为一般的情形. 现素朴地陈述和讨论之.

设有一指标集 $M = \{m, n, p, \cdots\}$，若对 M 的每一元 m，各有一对象 a_m 与之对应，把这些对象并列在一起，并记为

$$p = \langle a_m, a_n, a_p, \cdots \rangle,$$

通常被称为元复合，对于任何元复合规定满足条件

$$\langle a_m, a_n, a_p, \cdots \rangle = \langle a'_m, a'_n, a'_p, \cdots \rangle$$
$$\Leftrightarrow a_m = a'_m \,\&\, a_n = a'_n \,\&\, a_p = a'_p \,\&\, \cdots.$$

现令指标集 M 之每一元 m 对应着一个集合 A_m，并且

$$P = \{p \mid p = \langle a_m, a_n, a_p, \cdots \rangle, \text{其中 } a_m \in A_m \,\&\, a_n \in A_n \,\&\, a_p \in A_p \,\&\, \cdots\}.$$

上述集合 P 叫作诸集合 A_m 之积，并记为

$$P = A_m \times A_n \times A_p \times \cdots = \prod_{m \in M} A_m.$$

对此，如果所有 A_m 都相同，即 $A = A_m = A_n = A_p = \cdots$ 时，则记为

$$P = A \times A \times A \times \cdots = \prod_{m \in M} A = A^M.$$

被称为以 A 为底集和 M 为指数集的幂. 注意此时 $A^M = P$ 中之每一元复合 $p = \langle a_m, a_n, a_p, \cdots \rangle$ 的每一元都是 A 的元素，即 $a_m \in A \,\&\, a_n \in A \,\&\, a_p \in A \,\&\, \cdots$. 于是每个元复合 p 确定了一个由 M 到 A 的映射

$$f: m \mapsto a_m$$

即

$$f:M\to A=\{\langle m,a_m\rangle,\langle n,a_n\rangle,\langle p,a_p\rangle,\cdots\}.$$

所以此处的

$$P=A^M=\{x\mid x=\langle a_m,a_n,a_p,\cdots\rangle,\text{其中 } a_m\in A\&a_n\in A\&\cdots\}$$

正好是由 M 到 A 的一切映射所构成的集合. 因而此处的 $P=A^M$ 也就是 3.4 节开头所定义的映射集合 $P=A^M=\{f\mid f:M\to A\}$.

定义 4.5.4 给定指标集 $M=\{m,n,p,\cdots\}$,M 的每一元 m 有一集 A_m 与之对应,则诸集 $A_m,A_n,A_p,\cdots$ 之势的积被定义如下,并记为 $|A_m|\cdot|A_n|\cdot|A_p|\cdots$,即

$$|A_m|\cdot|A_n|\cdot|A_p|\cdots=_{\mathrm{df}}|A_m\times A_n\times A_p\times\cdots|,$$

简记为 $\prod\limits_{m\in M}|A_m|=_{\mathrm{df}}|\prod\limits_{m\in M}A_m|$.

定义 4.5.5 任给二集 A 和 M,则以 A 之势为底势而 M 之势为指数势的幂被定义如下,并记为 $|A|^{|M|}$,即

$$|A|^{|M|}=_{\mathrm{df}}|A^M|.$$

定理 4.5.1 设 $M=\{m,n,p,\cdots\}$ 为指标集,对于 M 的每一元 m,有一集 A_m 与之对应,但所有的 A_m 都是等势的,并将其势记为 α,因而对任何 $m\in M$ 都对应于同一个势 α(即 $A_m\sim A_n\sim A_p\sim\cdots,\alpha=|A_m|=|A_n|=|A_p|=\cdots$),又将 M 之势 $|M|$ 记为 β,则

(1) $\sum\limits_{m\in M}|A_m|=\alpha\cdot\beta$,

(2) $\prod\limits_{m\in M}|A_m|=\alpha^{\beta}$.

证明 (1) 设 $M=\{m,n,p,\cdots\}$ 为指标集,既然对应于 M 之任意元 m 的集 A_m 都是等势的,即可设所有这些 A_m 都对等于某同一个抽象集 A,即

$$A\sim A_m\sim A_n\sim A_p\sim\cdots$$

并且

$$\alpha=|A|=|A_m|=|A_n|=|A_p|=\cdots$$

试考虑卡氏积 $A\times M$,现对任一固定的 $m\in M$ 构造一集合 $A'_m=\{x\mid x=\langle a,m\rangle,a\in A\text{ 而 }m\in M\text{ 固定}\}$,现令

$$f(\langle a,m\rangle)=a,$$

显然对任何 $a\in A$ 都有 $\langle a,m\rangle\in A'_m$，使 $f(\langle a,m\rangle)=a$，故 $\operatorname{ran}f=A$，即 $f:A'_m\xrightarrow{\text{Surj}}A$. 另一方面，若 $\langle a_1,m\rangle\neq\langle a_2,m\rangle$，因为 $m=m$，故必有 $a_1\neq a_2$，于是 $f(\langle a_1,m\rangle)\neq f(\langle a_2,m\rangle)$. 这表明 $f:A'_m\xrightarrow{\text{Inj}}A$，因此有 $f:A'_m\xrightarrow{\text{Bij}}A$，这就是说 $A'_m\overset{f}{\sim}A$，因 $A\sim A_m$，故 $A\sim A_m\sim A'_m$. 于是对于所有如此构造出来之 $A'_m,A'_n,A'_p,\cdots$ 都与 A 等势，即

$$A\sim A_m\sim A'_m\sim A_n\sim A'_n\sim A_p\sim A'_p\sim\cdots$$

并且

$$\alpha=|A_m|=|A'_m|=|A_n|=|A'_n|=|A_p|=|A'_p|=\cdots$$

另一方面，显然有

$$A\times M=A'_m\cup A'_n\cup A'_p\cup\cdots=\bigcup_{m\in M}A'_m,$$

从而应有

$$|A\times M|=\left|\bigcup_{m\in M}A'_m\right|,\tag{$*$}$$

据定义 4.5.2 知 $\left|\bigcup_{m\in M}A'_m\right|=\sum_{m\in M}|A'_m|=\sum_{m\in M}|A_m|=\sum_{m\in M}\alpha$，又据定义4.5.3 应有 $|A\times M|=|A|\cdot|M|=\alpha\cdot\beta$，从而由上述（$*$）而获证

$$\sum_{m\in M}|A_m|=\alpha\cdot\beta.$$

(2) 类似于(1) 而让各个 A_m 都对等于同一集 A，从而应有

(a) $A\sim A_m\sim A_n\sim A_p\sim\cdots$,

(b) $\alpha=|A|=|A_m|=|A_n|=|A_p|=\cdots$

因此，$\prod_{m\in M}|A_m|=\prod_{m\in M}|A|=\prod_{m\in M}\alpha$，由定义 4.5.4 而有

$$\prod_{m\in M}|A_m|=\left|\prod_{m\in M}A_m\right|=\prod_{m\in M}|A|=\left|\prod_{m\in M}A\right|,\tag{$*$}$$

另一方面，$\prod_{m\in M}A=A^M$，故 $\left|\prod_{m\in M}A\right|=|A^M|$. 又由定义4.5.5知有 $|A^M|=|A|^{|M|}=\alpha^\beta$，从而 $\left|\prod_{m\in M}A\right|=\alpha^\beta$，由上述（$*$）即获证 $\prod_{m\in M}|A_m|=\alpha^\beta$. □

定理 4.5.1 表明，即使在无限的领域中，依然保持着相同的加项相加导致相

乘,而相同的因子相乘导致乘幂.

例 6 将集合 A 的势 $|A|$ 记为 α,又自然数集 ω 之势 $|\omega|$ 习惯上记为 $\aleph_0$. 现令

$$f(n) = a, n \in \omega \& a \in A.$$

即 $f:\omega \to A$. 因此 $\alpha^{\aleph_0}$ 既是一切由 ω 到 A 的映射集合 $A^{\omega} = \{f:\omega \to A\}$ 的势,也是一切复合元之集合 $P = \{p \mid p = \langle a_0, a_1, a_2, \cdots \rangle, a_n \in A(n = 0,1,\cdots)\}$ 之势. 即

$$\alpha^{\aleph_0} = |A^{\omega}| = |P|.$$

现令 $A = \{0,1\}$,从而 $\alpha = 2$,于是 $2^{\aleph_0}$ 是复合元(二进序列)之集

$$P_2 = \{p \mid p = \langle a_0, a_1, a_2, \cdots \rangle, a_i = 0 \text{ 或 } 1(i = 0,1,\cdots)\}$$

之势,即 $|P_2| = 2^{\aleph_0}$. 易见 $P_2 \sim R_1 = (0,1)$. 因此,我们有 $2^{\aleph_0} = C = \aleph$.

类似地,令 $A = \{0,1,2,\cdots,9\}$,从而 $\alpha = 10$. 于是 $10^{\aleph_0}$ 便是复合元(十进序列)之集

$$P_{10} = \{p \mid p = \langle a_0, a_1, a_2, \cdots \rangle, a_i = 0 \text{ 或 } 1 \text{ 或 } \cdots \text{ 或 } 9(i = 0,1,\cdots)\}$$

之势,即 $|P_{10}| = 2^{\aleph_0}$,易见 $P_{10} \sim R_1 = (0,1)$,因此我们有 $10^{\aleph_0} = C = \aleph$,从而 $2^{\aleph_0} = 10^{\aleph_0} = \aleph$.

P_2 和 P_{10} 可在本质上视为 $R_1 = (0,1)$ 上一切实数之二进制和十进制小数表达式之集的对等集. 此外,让我们注意到 3.4 节定理 3.4.1 曾指出 $2^A \sim \mathscr{P}A$. 现令 $A = \omega$,则 $2^{\omega} \sim \mathscr{P}\omega$,故 $|2^{\omega}| = |\mathscr{P}\omega|$,但由定义4.5.5 知,$|2^{\omega}| = |2|^{|\omega|} = 2^{\aleph_0} = \aleph$,从而 $|\mathscr{P}\omega| = 2^{\aleph_0} = \aleph$. 此处 $|\mathscr{P}\omega|$ 为自然数集之幂集的势,故 $|\mathscr{P}\omega| = \aleph$ 表示实数集 R 与自然数集之一切子集的集 $\mathscr{P}\omega$ 是等势的,从而我们应有 $f:R \xrightarrow{\text{Bij}} \mathscr{P}\omega$,即 $R \sim \mathscr{P}\omega$.

对于以上所定义之基数的和、积、幂等算法,都能满足交换律、结合律和分配律. 并在基数范围内还有下列乘幂法则,即设 $\alpha, \beta, \alpha_1, \alpha_2, \beta_1, \beta_2, \cdots$ 都是基数,则有

(1) $\alpha^{\beta_1 + \beta_2} = \alpha^{\beta_1} \cdot \alpha^{\beta_2}$,

$\alpha^{\beta_1 + \beta_2 + \cdots} = \alpha^{\beta_1} \cdot \alpha^{\beta_2} \cdots$,

(2) $\alpha^{\beta \cdot \nu} = (\alpha^{\beta})^{\nu}$,

(3) $(\alpha_1 \cdot \alpha_2)^{\beta} = \alpha_1^{\beta} \cdot \alpha_2^{\beta}$,

$(\alpha_1 \cdot \alpha_2 \cdots)^{\beta} = \alpha_1^{\beta} \cdot \alpha_2^{\beta} \cdots$,

(4) $(\alpha^{\beta})^{\nu} = (\alpha^{\nu})^{\beta}$.

由于篇幅的限制,上述有关基数运算的这些规律和法则,在此就只作介绍而不证明了.而往证这些法则的一个总的原则,就是证明一些集与集之间的对等关系.例如,若要证明

$$\alpha^{\beta_1+\beta_2} = \alpha^{\beta_1} \cdot \alpha^{\beta_2},$$

则就要证明在 $M_1 \cap M_2 = \varnothing$ 时,有

$$A^{M_1 \cup M_2} \sim A^{M_1} \cdot A^{M_2}.$$

一旦获证,则易见目的已达,如此等等.

现在,让我们来证明下述重要定理,其所以重要,乃是由于该定理指出:任给一势,必有比它更大之势存在.

定理 4.5.2(Cantor 定理)　任给一集 A,则 $|A| < |\mathscr{P}A|$.

证明　如果 $A = \varnothing$,则 $\mathscr{P}A = \mathscr{P}\varnothing = \{\varnothing\}$.故此时有 $|A| = 0$,而 $|\mathscr{P}A| = 1$,因为 $0 < 1$ 而知定理成立.

今设 $A \neq \varnothing$,则令

$$f(a) = \{a\}, a \in A \& \{a\} \in \mathscr{P}A.$$

显然有 $f: A \xrightarrow{\text{Inj}} \mathscr{P}A$.令 $C = \operatorname{ran} f$,显然 $C \subset \mathscr{P}A$,当然 $f: A \xrightarrow{\text{Surj}} C$,从而有 $f: A \xrightarrow{\text{Bij}} C$.故 $A \overset{f}{\sim} C$,这表明已证 $\exists C(C \subset \mathscr{P}A \& C \sim A)$,还要证$\neg \exists A(A_1 \subset A \& A_1 \sim \mathscr{P}A)$.我们用反证法证明这一点,故反设 $\exists A_1(A_1 \subset A \& A_1 \sim \mathscr{P}A)$,于是有 $g: A_1 \xrightarrow{\text{Bij}} \mathscr{P}A$,此处 $A_1 \subset A$.在 $g: A_1 \xrightarrow{\text{Bij}} \mathscr{P}A$ 之下,对任何 $a \in A_1$ 都有 $a \mapsto g(a)$,$g(a) \in \mathscr{P}A$ 而为 A 的一个子集,故或有 $a \in g(a)$,或有 $a \overline{\in} g(a)$,现构造一集

$$B = \{x \mid x \in A_1 \& x \overline{\in} g(x)\}.$$

显然 $B \subseteq A_1 \subseteq A$,故 $B \in \mathscr{P}A$ 而为 A 的一个子集,既然 $A \overset{g}{\sim} \mathscr{P}A$,故 $\exists a_1(a_1 \in A_1 \& g(a_1) = B)$,而对于此 a_1 和 $B = g(a_1)$ 而言,要么 $a_1 \in B$,要么 $a_1 \overline{\in} B$.若设 $a_1 \in B$,则 a_1 应满足条件 $x \in A_1 \& x \overline{\in} g(x)$,从而应有 $a_1 \in A_1 \& a_1 \overline{\in} g(a_1)$,而 $g(a_1) = B$,即推得 $a_1 \overline{\in} B$.然而若设 $a_1 \overline{\in} B$,由于 $B = g(a_1)$,故知 $a_1 \overline{\in} g(a_1)$,从而 $a_1 \in A_1 \& a_1 \overline{\in} g(a_1)$,这表明 a_1满足条件 $x \in A_1 \& x \overline{\in} g(x)$,故由 B 的构造而

知有 $a_1 \in B$. 总之哪条路都说不通,故矛盾,从而反设不真,故 $\neg \exists A_1(A_1 \subset A \& A_1 \sim \mathscr{P}A)$,故 $|A| < |\mathscr{P}A|$. □

因为 3.4 节定理 3.4.1 指出 $2^A \sim \mathscr{P}A$,从而有 $2^{|A|} = |\mathscr{P}A|$,故由定理 4.5.2 知 $2^{|A|} > |A|$. 这表明任给一势 β,总有 $2^\beta > \beta$. 故对任何势而言,总有比它更大的势存在,而且可以不断地构作越来越大的势. 即如

$$\beta_1 = 2^\beta > \beta, \beta_2 = 2^{\beta_1} > \beta_1, \beta_3 = 2^{\beta_2} > \beta_2, \cdots$$

定理 4.5.3 设 $M = \{m, n, p, \cdots\}$ 为指标集,对于每一 $m \in M$,有一势 α_m 与之对应,并在诸势 α_m 中不存在最大的,则 $\forall \alpha_m (\sum_{m \in M} \alpha_m > \alpha_m)$.

证明 首先,显然有 $\sum_{m \in M} \alpha_m \geqslant \alpha_m$,但在这里等号不得成立,否则该 α_m 便是诸势之中最大的一个了,从而矛盾于题设. 故对任何 α_m,总有 $\sum_{m \in M} \alpha_m > \alpha_m$. □

定理 4.5.2 和定理 4.5.3 表明我们能够无限制地去构作更大的势,因而对于任给一基数的集合,总存在着比它更大的基数集, 即其势更大. 但是当我们考虑由一切基数所组成的集合时,就致使我们陷入矛盾之中,而矛盾的出现却远非逻辑推演严格与否的问题了. 为此,集合论权威学者 F. Hausdorff 曾在他的专著中不无感慨地郑重指出:"我们在这里面临着一件事实,即要求将所有某一类东西收集来,并非总能办到,当我们认为已经有了一切,其实却并不是一切。这一悖理之使人不安,倒不在于产生了矛盾,而是我们没有预料到会有矛盾;一切基数所组成的集,显然是如此先验地无可置疑,正如一切自然数所组成的集一样. 由此就产生了如下的不确定性, 即会不会连别的无限集,也许一切无限集, 都是这种带有矛盾的似是而非的'非集'?"[4] 有关此类集合论之悖论问题,我们已在 1.3 节中略以提及,所有这些问题,我们将在《数学基础概论》一书中一一讨论和落实.

最后,我们还要指出,以下三种基数通常称为初等势.

(1) 可数集合之势 $\aleph_0$,

(2) 实数集合之势 $2^{\aleph_0}$,

(3) 实数集之幂集合之势 $2^{\aleph}$.

对于上述(3) 略作说明之. 因已知 $2^A \sim \mathscr{P}A$,令 A 为实数集 R,则 $2^R \sim \mathscr{P}R$,故

$|2^R|=|\mathscr{P}R|$，即 $2^{|R|}=2^{\aleph}=|\mathscr{P}R|$，故 $2^{\aleph}$ 就是实数集之一切子集的集合之势. 对于上述三种初等势，我们有

$$2^{\aleph}>2^{\aleph_0}>\aleph_0.$$

人们往往把实数集合称为连续统，而 $C=\aleph=2^{\aleph_0}$ 被称为连续统势. 既然已知 $\aleph>\aleph_0$，因而早在 Cantor 时代就提问，连续统势是否恰为直次可数集势之后的势？即是否存在某个无限势 λ 能使 $\aleph_0<\lambda<\aleph$？Cantor 猜测地认为这样的无限势 λ 不存在，即假设地断言 $\aleph$ 是直次 $\aleph_0$ 之后的势，这就是著名的 Cantor 连续统假设. 关于连续统假设的问题，自被提出之时起，就一直是一个极为引人注目的著名难题，在 Hilbert 所列举的 23 个数学问题中，连续统假设问题名列第一. 数学家已为此而付出了巨大的劳动. 进一步介绍有关情况，尚需必要的准备知识，只好留在本书 6.5 节之末以及《数学基础概论》一书中做进一步陈述.

习题与补充 4

1. 试写出 $f:\{0,1,2\}\to\{0,1,2,3\}$ 的所有单射，并证明这些单射都不是双射. 这就给出了含有 3 个元素的集合不会与含有 4 个元素的集合等势的一种直接证明.

2. 试计算出 $f:\{1,2,\cdots,8\}\to\{1,2,\cdots,10\}$ 中有多少个单射.

3. 试证明“集合 A 不与其自身之任何真子集等势”等价于下述语句：

$$\forall f(f:A\xrightarrow{\text{Inj}}A\Rightarrow \operatorname{ran}f=A).$$

4. 设 $A\subseteq B$，则

(1) $B[\text{fin}]\Rightarrow A[\text{fin}]$，

(2) $A[\text{inf}]\Rightarrow B[\text{inf}]$.

5. 设 B 为一非空集合，试证明下列三个条件是互相等价的：

(1) 存在自然数 n 和一满射 $f:\{0,1,\cdots,n\}\to B$，

(2) 存在自然数 n 和一单射 $g:B\to\{0,1,\cdots,n\}$，

(3) 存在自然数 n 和一双射 $h:B\to\{0,1,\cdots,n\}$.

6. 求证 $A\cup B$ 为有限集当且仅当 A 和 B 都是有限集.

7. 设 $J \neq \varnothing \& J[\text{fin}] \& \forall \alpha \in J(A_\alpha[\text{fin}])$,则 $\bigcup_{\alpha \in J} A_\alpha$ 为有限集.

8. 若 $A[\text{fin}] \& B[\text{fin}]$,则 $A \times B$ 为有限集.举出反例,说明逆命题不成立.

9. 设 $J \neq \varnothing \& J[\text{fin}] \& \forall \alpha \in J(A_\alpha[\text{fin}])$,则 $\prod_{\alpha \in J} A_\alpha$ 为有限集.

10. 求证:$A[\text{fin}] \Leftrightarrow \mathscr{P}A[\text{fin}]$.

11. 现将 $\exists A_1(A_1 \subseteq A \& A_1 \sim B)$ 简记为 P,$\exists B_1(B_1 \subseteq B \& B_1 \sim A)$ 简记为 Q,$\exists A_1(A_1 \subset A \& A_1 \sim B)$ 简记为 P_1,$\exists B_1(B_1 \subset B \& B_1 \sim A)$ 简记为 Q_1.则 Bernstein 定理为 $P \& Q \Rightarrow |A| = |B|$;但是 Bernstein 定理也可表述为:$P_1 \& Q_1 \Rightarrow |A| = |B|$,对此只要仔细考察 4.4 节定理4.4.1 的证明过程,便可发现该证明也完全适合于往证 $P_1 \& Q_1 \Rightarrow |A| = |B|$.但是,可有 $|A| = |B| \Rightarrow P \& Q$ 成立,而 $|A| = |B| \Rightarrow P_1 \& Q_1$ 一式却并不成立,试对此做出说明.

12. 试判断下列集合是否为可数集,并说明理由:

(1)$A = \{f \mid f:\{0,1\} \to \omega\}$,

(2)$B_n = \{f \mid f:\{0,1,\cdots,n\} \to \omega\}$,

(3)$C = \bigcup_{n \in \omega} B_n$,此处 $B_n = \{f \mid f:\{0,1,\cdots,n\} \to \omega\}$,

(4)$D = \{f \mid f:\omega \to \omega\}$,

(5)$E = \{f \mid f:\omega \to \{0,1\}\}$,

(6)$F = \{f \mid f:\omega \to \{0,1\}$ 并且函数 f 是“终端为 0”的$\}$,此处注意,如果存在正整数 N,使对所有 $n \geqslant N$,有 $f(n) = 0$,则称 f 是“终端为 0”的.类似地,有所谓“终端为 1”或“终端为常数”的函数 f 等.

(7)$G = \{f \mid f:\omega \to \omega$,并且 f 为“终端为 1”的函数$\}$,

(8)$H = \{f \mid f:\omega \to \omega$,并且 f 为“终端为常数”的函数$\}$,

(9)$I = \{x \mid x \subseteq \omega \& x[\text{fin}]\}$.

13. 如果存在单射 $f:A \to B$,又存在单射 $f:B \to A$,试证此时必有 $|A| = |B|$.

14. 设 A 为一集合,则下述三个条件是互相等价的:

(1) 存在一个单射 $f:\omega \to A$,

(2) 存在一个满射 $g:A \to \omega$,

(3) A 是无穷集合.

15. 一个实数 x,如果它满足以有理数为系数的多项式方程:

$$x^n + a_{n-1}x^{n-1} + \cdots + a_1 x + a_0 = 0,$$

则此实数 x 叫作代数数. 试证明所有代数数所构成的集合是可数集合.

16. 试证基数之和满足交换律和结合律,即求证:

(1) $|A| + |B| = |B| + |A|$,

(2) $|A| + (|B| + |C|) = (|A| + |B|) + |C|$.

17. 设 $\alpha, \beta, \gamma, \alpha_1, \alpha_2, \beta_1, \beta_2$ 均为势,试证明下列关于势的运算法则:

(1) $\alpha^{\beta_1+\beta_2} = \alpha^{\beta_1} \cdot \alpha^{\beta_2}$,

(2) $\alpha^{\beta\cdot\nu} = (\alpha^{\beta})^{\nu}$,

(3) $(\alpha_1 \cdot \alpha_2)^{\beta} = {\alpha_1}^{\beta} \cdot {\alpha_2}^{\beta}$,

(4) $(\alpha^{\beta})^{\nu} = (a^{\nu})^{\beta}$.

第5章　关　系

5.1　关系的运算与特性

在本书3.2节中，曾经指出，关系概念的建立和研究，无论在理论上还是应用上都是十分重要的.但在那里，还只是为了映射概念的引入而建立了关系的基础概念，并对建立映射概念所必须涉及的那些关系性质作了初步讨论.然后附带说明，有关关系概念之种种性质与运算的深入讨论和展开，将在本章给出，故从本章本节起，将继续研讨关系的种种特性以及关系的运算规则.

如所知，我们在第2章中已对集合的种种运算作过一番讨论，所谓集合的运算，无非是对一些已知的集合，通过某种规则而去产生一些新的集合.对于关系的运算也是如此，即对一些已知的关系，通过某种规则而去构造一些新的关系.一方面，对于作为卡氏积之子集的关系而言，自然不过是集合的一种，那么就关系集合之一般性而言，有关集合之并、交、差、补等运算概念和规则，无疑均可十分自然地移用于关系.例如，设有$R_1 \subseteq A \times B$，$R_2 \subseteq A \times B$，则$R_1 \cup R_2$，$R_1 \cap R_2$，$R_1 - R_2$以及相对于全集$A \times B$的补$\sim R_1$和$\sim R_2$等，依然还是卡氏积$A \times B$上的二元关系，也就是说，我们有

$$a(R_1 \cap R_2)b \Leftrightarrow aR_1b \ \&\ aR_2b,$$

$$a(R_1 \cup R_2)b \Leftrightarrow aR_1b \text{ or } aR_2b,$$

$$a(R_1 - R_2)b \Leftrightarrow aR_1b \ \&\ a\overline{R}_2b,$$

$$a(\sim R_1)b \Leftrightarrow a\overline{R}_1b.$$

当然也可用 $\in$ 关系分别表示为

$$\langle a,b\rangle \in (R_1 \cap R_2) \Leftrightarrow \langle a,b\rangle \in R_1 \& \langle a,b\rangle \in R_2,$$

$$\langle a,b\rangle \in (R_1 \cup R_2) \Leftrightarrow \langle a,b\rangle \in R_1 \text{ or } \langle a,b\rangle \in R_2,$$

$$\langle a,b\rangle \in (R_1 - R_2) \Leftrightarrow \langle a,b\rangle \in R_1 \& \langle a,b\rangle \overline{\in} R_2,$$

$$\langle a,b\rangle \in \sim R_1 \Leftrightarrow \langle a,b\rangle \overline{\in} R_1.$$

如此等等.另一方面,既然关系又是一种特殊的集合,那么就关系集合之特殊性而言,当会有其自身的一些特有的运算,诸如关系之复合运算、逆运算和闭包运算等.现在,让我们先讨论关系的复合运算.

定义 5.1.1　设 $R_1 \subseteq A \times B, R_2 \subseteq B \times C$,则由 R_1 和 R_2 合成之由 A 到 C 的复合关系被定义如下,并记为 $R_1 \circ R_2$,即

$$R_1 \circ R_2 =_{\mathrm{df}} \{\langle a,c\rangle \mid a \in A \& c \in C \& \exists b(b \in B \& \langle a,b\rangle \in R_1 \& \langle b,c\rangle \in R_2)\}.$$

定义 5.1.1 无非就是说:$R_1 \circ R_2 \subseteq A \times C$,并对任意的 $a \in A$ 和 $c \in C$ 而言,

$$a(R_1 \circ R_2)c \Leftrightarrow \exists b(b \in B \& aR_1 b \& bR_2 c).$$

对照定义 5.1.1 和 3.3 节中关于复合映射之定义 3.3.1,至少从形式上看两者是完全相同的,即使从内容上说,也至多不过是外延上的一个扩充而已.这也就是 3.2 节中所指出的,映射不过是卡氏积上受映射条件约束之二元关系而已,所以映射必为卡氏积上之二元关系,但卡氏积上之二元关系并非都是映射.但在此处应注意,如果按照定义3.3.1 中关于复合映射的记法,则定义 5.1.1 之关系的复合运算应记为 $R_2 \circ R_1$,而不是 $R_1 \circ R_2$.须知复合映射之记法之所以自右向左,原因在于要和数学分析中之复合函数的记法相一致,例如,$\sin(\ln x)$,都是先求 $\ln x$,再求 $\sin(\ln x)$.这是一种自右向左的记法,所以映射的合成亦应如此.但对关系的复合来说,就并无此种约束,所以多数作者都采用自左向右的记法来表达关系的复合运算,似乎还是这样显得自然直观,我们在此也顺应多数的想法而采用了这种记法.

关于关系之复合运算,不论是同一集之卡氏积,还是相异集之卡氏积上的二元关系,都不满足交换律.例如,令 $A = \{a,b,c\}$,则

$$R_1 = \{\langle a,b\rangle, \langle a,c\rangle, \langle c,b\rangle\},$$

$$R_2 = \{\langle a,b\rangle,\langle b,c\rangle,\langle c,a\rangle\},$$

都是 $A \times A$ 上的二元关系,然而

$$R_1 \circ R_2 = \{\langle a,c\rangle,\langle a,a\rangle,\langle c,c\rangle\},$$

$$R_2 \circ R_1 = \{\langle b,b\rangle,\langle c,c\rangle,\langle c,b\rangle\}.$$

显然,$R_1 \circ R_2 \neq R_2 \circ R_1$,所以在一般情况下,关系的复合运算是不可交换的. 然而特殊地,却可有 $I_A \circ R = R \circ I_A = R$(请自行证明之). 另一方面,只要把 3.3 节之定理 3.3.1(2) 的证明过程完全类似地平移过来,便可证明下述定理.

定理 5.1.1 设 $R_1 \subseteq A \times B, R_2 \subseteq B \times C, R_3 \subseteq C \times D$,则

$$R_1 \circ (R_2 \circ R_3) = (R_1 \circ R_2) \circ R_3.$$

这就是说,关系的复合运算,也和映射的合成一样,足以满足结合律.

定理 5.1.2 设 $R_1 \subseteq A \times B, R_2 \subseteq B \times C, R_3 \subseteq B \times C, R_4 \subseteq C \times D$,则有下述运算成立:

(1)$R_1 \circ (R_2 \cup R_3) = R_1 \circ R_2 \cup R_1 \circ R_3$

(2)$(R_2 \cup R_3) \circ R_4 = R_2 \circ R_4 \cup R_3 \circ R_4$

证明 选证(1),请自行证明(2).

(1) 对任意的$\langle a,c\rangle \in R_1 \circ (R_2 \cup R_3)$

$\Leftrightarrow \exists b(\langle a,b\rangle \in R_1 \,\&\, \langle b,c\rangle \in (R_2 \cup R_3))$

$\Leftrightarrow \exists b(\langle a,b\rangle \in R_1 \,\&\, (\langle b,c\rangle \in R_2 \text{or} \langle b,c\rangle \in R_3))$

$\Leftrightarrow \exists b((\langle a,b\rangle \in R_1 \,\&\, \langle b,c\rangle \in R_2) \text{or} (\langle a,b\rangle \in R_1 \,\&\, \langle b,c\rangle \in R_3))$

$\Leftrightarrow \exists b(\langle a,b\rangle \in R_1 \,\&\, \langle b,c\rangle \in R_2) \text{or} \exists b(\langle a,b\rangle \in R_1 \,\&\, \langle b,c\rangle \in R_3)$

$\Leftrightarrow \langle a,c\rangle \in R_1 \circ R_2 \text{or} \langle a,c\rangle \in R_1 \circ R_3$

$\Leftrightarrow \langle a,c\rangle \in (R_1 \circ R_2 \cup R_1 \circ R_3)$ □

定理 5.1.2 表明使上述运算均有意义之二元关系的复合运算,对于并运算是能够满足分配律的. 但复合运算对交运算和差运算都不满足分配律,详见本章习题与补充.

设 $R \subseteq A \times A$,则 R 可与 R 自身复合任意次而构成 $A \times A$ 上的新关系,在此情形下 $R \circ R$ 记为 R^2,$R \circ R \circ R$ 记为 R^3 等等,一般地,可以递归地给出如下定义.

定义 5.1.2 设 $R \subseteq A \times A, n \in \omega$,则 R 的 n 次幂 R^n 定义如下:

(1)$R^0 =_{\mathrm{df}} I_A$,即 $R^0 =_{\mathrm{df}} \{\langle a,a\rangle \mid a \in A\}$,

(2)$R^{n+1} =_{\mathrm{df}} R^n \circ R$.

据定义 5.1.2,并直接用归纳法自行证明下述定理.

定理 5.1.3 设 $R \subseteq A \times A$，$m \in \omega \& n \in \omega$，则有

(1) $R^m \circ R^n = R^{m+n}$，

(2) $(R^m)^n = R^{mn}$.

定义 5.1.3 设 $R \subseteq A \times B$，则 R 的逆关系被定义如下，并记为 $\breve{R}$，即

$$\breve{R} =_{\mathrm{df}} \{\langle b,a\rangle \mid \langle a,b\rangle \in R\}.$$

定义 5.1.3 所定义之 $A \times B$ 上的关系 R 之逆关系 $\breve{R}$，无非就是说，对任意的 $a \in A$ 和 $b \in B$ 而言，总有 $\langle b,a\rangle \in \breve{R} \Leftrightarrow \langle a,b\rangle \in R$，即 $b\breve{R}a \Leftrightarrow aRb$. 另外，$\breve{R}$ 也可记为 R^c 或 R^{-1}.

定理 5.1.4 设 $R \subseteq A \times B$，则 $\breve{\breve{R}} = R$.

证明 事实上，对任意的 $a \in A \& b \in B$，我们有

$$\langle a,b\rangle \in R \Leftrightarrow \langle b,a\rangle \in \breve{R} \Leftrightarrow \langle a,b\rangle \in \breve{\breve{R}}. \qquad \square$$

定理5.1.4表明，卡氏积 $A \times B$ 上的二元关系之逆关系的逆关系就是关系 R 本身.

定理 5.1.5 设 $R_1 \subseteq A \times B$，$R_2 \subseteq B \times C$，则有 $\overbrace{R_1 \circ R_2} = \breve{R}_2 \circ \breve{R}_1$.

证明 事实上，

$$\begin{aligned}
\langle c, a\rangle \in \overbrace{R_1 \circ R_2} &\Leftrightarrow \langle a, c\rangle \in R_1 \circ R_2 \\
&\Leftrightarrow \exists b(b \in B \& \langle a, b\rangle \in R_1 \& \langle b, c\rangle \in R_2) \\
&\Leftrightarrow \exists b(b \in B \& \langle b, a\rangle \in \breve{R}_1 \& \langle c, b\rangle \in \breve{R}_2) \\
&\Leftrightarrow \exists b(b \in B \& \langle c, b\rangle \in \breve{R}_2 \& \langle b, a\rangle \in \breve{R}_1) \\
&\Leftrightarrow \langle c, a\rangle \in \breve{R}_2 \circ \breve{R}_1.
\end{aligned} \qquad \square$$

定理 5.1.5 表明复合关系的逆关系就是逆关系的逆复合. 下文略以举例，借以具体阐明上述的一些关系运算之概念与规则.

例 1 设 $A = \{1,2,3,4,5\}$，$B = \{0,3,4,5\}$，$C = \{-1,0,1,2,3\}$，而 $R_1 \subseteq A \times B \& R_1 = \{\langle a, b\rangle \mid a + b = 6\}$，$R_2 \subseteq B \times C \& R_2 = \{\langle b, c\rangle \mid b - c = 1\}$，试求 $R_1 \circ R_2$. 对此，应先求得 $R_1 = \{\langle 1,5\rangle, \langle 2,4\rangle, \langle 3,3\rangle\}$ 和 $R_2 = \{\langle 0, -1\rangle, \langle 3,2\rangle, \langle 4,3\rangle\}$，则由定义 5.1.1 即知

$$R_1 \circ R_2 = \{\langle 2,3\rangle, \langle 3,2\rangle\}.$$

例 2 设 $A = \{a,b,c,d\}$，$R \subseteq A \times A \& R = \{\langle a,b\rangle, \langle b,c\rangle, \langle c,d\rangle, \langle b,a\rangle\}$，试做出 R, R^0, R^2, R^3, R^4 的关系图，并找出此 R 的 n 次幂运算之规律.

按 3.2 节中所述之二元关系示意图的做法，则 R,R^0,R^2,R^3,R^4 的关系图应是图 5.1.1 之(A)(B)(C)(D)(E).

由图 5.1.1 可知，此处 $R^4=R^2$，因此应有 $R^4\circ R=R^2\circ R$，即 $R^5=R^3$. 相似地可有 $R^6=R^2$. 由此可见，当 $n\geqslant 1$ 时，将有 $R^{2n+1}=R^3,R^{2n}=R^2$.

例 3 设 $R\subseteq A\times B$，则将 R 之关系图上所有的弧线方向倒过来，立即得到 R 之逆关系 $\breve{R}$ 的示意图.

例 4 由定义 5.1.3 可直接推知，整数集上之小于关系 $<$ 之逆关系是大于关系 $>$.

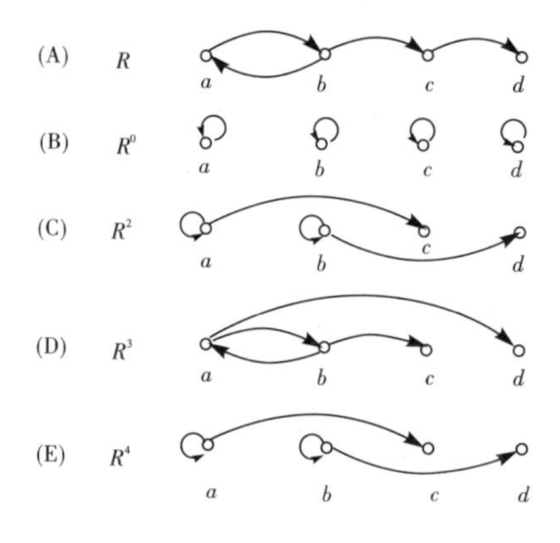

图 5.1.1

例 5 设 $R_1\subseteq A\times B,R_2\subseteq A\times B$，则可证

(1)$R_1=R_2\Leftrightarrow \breve{R}_1=\breve{R}_2$,

(2)$R_1\subseteq R_2\Leftrightarrow \breve{R}_1\subseteq \breve{R}_2$.

我们证(2) 即可. 设 $R_1\subseteq R_2$，对任意的 $a\in A$ 和 $b\in B$ 而言，$\langle a,b\rangle\in R_1\Rightarrow\langle a,b\rangle\in R_2$，于是即可有 $\langle b,a\rangle\in\breve{R}_1\Rightarrow\langle b,a\rangle\in\breve{R}_2$(因为 $\langle a,b\rangle\in R\Leftrightarrow\langle b,a\rangle\in\breve{R}$). 这表示 $\breve{R}_1\subseteq\breve{R}_2$. 至于 $\Leftarrow$ 类似可证.

例 6 有两个事实是很明显的，即空关系的逆关系就是空关系本身，又 $A\times B$ 上之全关系的逆关系正好是 $B\times A$ 上的全关系，即我们有(a) $\breve{\varnothing}=\varnothing$，(b) $\breve{A\times B}=B\times A$.

例 7 设 $R_1\subseteq A\times B,R_2\subseteq A\times B$，则 R_1 与 R_2 之并的逆是逆的并，交之逆是逆之交，差的逆是逆的差，而且任意的 $R\subseteq A\times B$ 相对于全域 $A\times B$ 的补的逆就是逆的补，也就是说，我们有

(a) $\breve{R_1\cup R_2}=\breve{R}_1\cup\breve{R}_2$,

(b) $\overbrace{R_1 \cap R_2} = \breve{R}_1 \cap \breve{R}_2$,

(c) $\overbrace{\sim R} = \sim \breve{R}$,

(d) $\overbrace{R_1 - R_2} = \breve{R}_1 - \breve{R}_2$,

证明 (a) $\langle b,a\rangle \in \overbrace{R_1 \cup R_2} \Leftrightarrow \langle a,b\rangle \in (R_1 \cup R_2) \Leftrightarrow \langle a,b\rangle \in R_1$ or $\langle a,b\rangle \in R_2 \Leftrightarrow \langle b,a\rangle \in \breve{R}_1$ or $\langle b,a\rangle \in \breve{R}_2 \Leftrightarrow \langle b,a\rangle \in (\breve{R}_1 \cup \breve{R}_2)$.

(b) $\langle b,a\rangle \in \overbrace{R_1 \cap R_2} \Leftrightarrow \langle a,b\rangle \in (R_1 \cap R_2) \Leftrightarrow \langle a,b\rangle \in R_1 \,\&\, \langle a,b\rangle \in R_2 \Leftrightarrow \langle b,a\rangle \in \breve{R}_1 \,\&\, \langle b,a\rangle \in \breve{R}_2 \Leftrightarrow \langle b,a\rangle \in (\breve{R}_1 \cap \breve{R}_2)$.

(c) $\langle b,a\rangle \in \overbrace{\sim R} \Leftrightarrow \langle a,b\rangle \in (\sim R) \Leftrightarrow \langle a,b\rangle \overline{\in} R \Leftrightarrow \langle b,a\rangle \overline{\in} \breve{R} \Leftrightarrow \langle b,a\rangle \in (\sim \breve{R})$.

(d) 因为 $R_1 - R_2 = R_1 \cap (\sim R_2)$, (*)

于是

$$\overbrace{R_1 - R_2} = \overbrace{R_1 \cap (\sim R_2)} \quad (*)$$

$$= \breve{R}_1 \cap \overbrace{\sim R_2} \quad 上述(b)$$

$$= \breve{R}_1 \cap (\sim \breve{R}_2) \quad 上述(c)$$

$$= \breve{R}_1 - \breve{R}_2. \quad (*)$$

下述一批定义是刻画同一集合上之二元关系的各种特性，即所谓自反性、反自反性、对称性、反对称性、拟反对称性和可传性等.

定义 5.1.4 集合 A 上的二元关系 R 按如下方式被定义为自反的，并记为 $R[\mathrm{ref}]$，即

$$R[\mathrm{ref}] \Leftrightarrow_{\mathrm{df}} \forall a(a \in A \Rightarrow \langle a,a\rangle \in R).$$

有时也称 $R[\mathrm{ref}]$ 为 R 具有自反性.

定义 5.1.5 集合 A 上的二元关系 R 按如下方式而被定义为反自反的，并记为 $R[\mathrm{irref}]$，即

$$R[\mathrm{irref}] \Leftrightarrow_{\mathrm{df}} \forall a(a \in A \Rightarrow \langle a,a\rangle \overline{\in} R).$$

有时也称 $R[\mathrm{irref}]$ 为 R 具有反自反性.

定义 5.1.6 集合 A 上的二元关系 R 按如下方式而被定义为对称的，并记为 $R[\mathrm{sym}]$，即

$$R[\mathrm{sym}] \Leftrightarrow_{\mathrm{df}} \forall a \forall b(a \in A \,\&\, b \in A \,\&\, \langle a,b\rangle \in R \Rightarrow \langle b,a\rangle \in R).$$

有时也称 $R[\mathrm{sym}]$ 为 R 具有对称性.

定义 5.1.7 集合 A 上的二元关系 R 按如下方式而被定义为反对称的，并记为 $R[\text{asym}]$，即

$$R[\text{asym}] \Leftrightarrow_{\text{df}} \forall a \forall b(a \in A \& b \in A \& \langle a,b\rangle \in R \& \langle b,a\rangle \in R \Rightarrow a = b).$$

$R[\text{asym}]$ 有时也称为 R 具有反对称性.

定义 5.1.8 集合 A 上的二元关系 R 按如下方式而被定义为拟反对称的，并记为 $R[\text{imasym}]$，即

$$R[\text{imasym}] \Leftrightarrow_{\text{df}} \forall a \forall b(a \in A \& b \in A \& \langle a,b\rangle \in R \Rightarrow \langle b,a\rangle \overline{\in} R).$$

$R[\text{imasym}]$ 有时也称为 R 具有拟反对称性.

定义 5.1.9 集合 A 上的二元关系 R 按如下方式而被定义为可传的，并记为 $R[\text{tra}]$，即

$$R[\text{tra}] \Leftrightarrow_{\text{df}} \forall a \forall b \forall c(a \in A \& b \in A \& c \in A \& \langle a,b\rangle \in R \& \langle b,c\rangle \in R \Rightarrow \langle a,c\rangle \in R).$$

$R[\text{tra}]$ 有时也称为 R 具有可传性或传递性.

下述定理是对上述诸定义所刻画之 $R \subseteq A \times A$ 的种种特性分别给出它们的等价条件.

定理 5.1.6 设 $R \subseteq A \times A$，则有

(1)$R[\text{ref}] \Leftrightarrow I_A \subseteq R$，

(2)$R[\text{irref}] \Leftrightarrow R \cap I_A = \varnothing$，

(3)$R[\text{sym}] \Leftrightarrow R = \breve{R}$，

(4)$R[\text{asym}] \Leftrightarrow R \cap \breve{R} \subseteq I_A$，

(5)$R[\text{imasym}] \Leftrightarrow R \cap \breve{R} = \varnothing$，

(6)$R[\text{tra}] \Leftrightarrow R^2 \subseteq R$.

证明 今设 R 为集合 A 上的二元关系，而依次往证(1) ~ (6) 如下：

(1) 由 3.2 节定义 3.2.2 知集合 A 上的恒等关系被记为 $I_A \subseteq A \times A$，并且 $I_A = \{\langle a,a\rangle \mid a \in A\}$，即 $I_A = \{x \mid \exists a(a \in A \& x = \langle a,a\rangle)\}$，如此，对任何 $a \in A$ 有 $\langle a,a\rangle \in I_A$，并且

$$x \in I_A \Leftrightarrow x = \langle a,a\rangle, \qquad (*)$$

于是

$$\begin{aligned} R[\text{ref}] &\Leftrightarrow \forall a(a \in A \Rightarrow \langle a,a\rangle \in R) && \text{定义 5.1.4} \\ &\Leftrightarrow \forall x(x \in I_A \Rightarrow x \in R) && \text{上述}(*) \\ &\Leftrightarrow I_A \subseteq R. \end{aligned}$$

(2)$\Rightarrow$ 设 $R[\text{irref}]$,现反设 $R \cap I_A \neq \varnothing$,这表示有 $x \in R \cap I_A$,即 $x \in R \& x \in I_A$,但 I_A 的任一元皆为 $\langle a,a \rangle$,从而 $x = \langle a,a \rangle$,于是有 $\langle a,a \rangle \in R$,这与 $R[\text{irref}]$ 之定义相矛盾,故必须 $R \cap I_A = \varnothing$.

$\Leftarrow$ 今设 $R \cap I_A = \varnothing$,因对任意的 $a \in A$ 都有 $\langle a,a \rangle \in I_A$,此时必有 $\langle a,a \rangle \overline{\in} R$,否则 R 与 I_A 将有一公共元 $\langle a,a \rangle$ 而矛盾于前提. 故对任何 $a \in A$ 都能推得 $\langle a,a \rangle \overline{\in} R$,故由定义 5.1.5 而知有 $R[\text{irref}]$.

(3) 今设 $R[\text{sym}]$,则由定义 5.1.6 知当且仅当下述二式都真:

$$\forall a \forall b (a \in A \& b \in A \& \langle a,b \rangle \in R \Rightarrow \langle b,a \rangle \in R),$$

$$\forall a \forall b (a \in A \& b \in A \& \langle b,a \rangle \in R \Rightarrow \langle a,b \rangle \in R).$$

合并起来写便是

$R[\text{sym}] \Leftrightarrow$ 对任何 $a \in A \& b \in A$ 有 $\langle a,b \rangle \in R \Leftrightarrow \langle b,a \rangle \in R$.

于是再由定义 5.1.3 便有

$R[\text{sym}] \Leftrightarrow$ 对任何 $a \in A \& b \in A$ 有 $\langle a,b \rangle \in R \Leftrightarrow \langle a,b \rangle \in \breve{R}$.

从而得到

$$R[\text{sym}] \Leftrightarrow R = \breve{R}.$$

(4)$\Rightarrow$ 设 $R[\text{asym}]$,则由定义 5.1.7 知,对任何 $a \in A \& b \in A$,都有

$$\langle a,b \rangle \in R \& \langle b,a \rangle \in R \Rightarrow a = b,$$

由定义 5.1.3 知上式就是

$$\langle a,b \rangle \in R \& \langle a,b \rangle \in \breve{R} \Rightarrow a = b,$$

也就是

$$\langle a,b \rangle \in R \cap \breve{R} \Rightarrow a = b,$$

既然 $a = b$,则 $\langle a,b \rangle = \langle a,a \rangle \in I_A$,即 $\langle a,b \rangle \in I_A$,故对任何 $\langle a,b \rangle \in R \cap \breve{R}$ 均可推得 $\langle a,b \rangle \in I_A$,即 $R \cap \breve{R} \subseteq I_A$.

$\Leftarrow$ 现设有 $R \cap \breve{R} \subseteq I_A$,即对任何 $a \in A \& b \in A$,都有

$$\langle a,b \rangle \in R \& \langle a,b \rangle \in \breve{R} \Rightarrow \langle a,b \rangle \in I_A,$$

由定义 5.1.3 知上式就是

$$\langle a,b \rangle \in R \& \langle b,a \rangle \in R \Rightarrow \langle a,b \rangle \in I_A,$$

但由 I_A 的定义知 $\langle a,b \rangle \in I_A \Leftrightarrow \langle a,b \rangle = \langle a,a \rangle$,从而必须 $a = b$. 即 $\forall a \forall b (a \in A \& b \in A \& \langle a,b \rangle \in R \& \langle b,a \rangle \in R \Rightarrow a = b)$,故 $R[\text{asym}]$.

(5)$\Rightarrow$ 设 $R[\text{imasym}]$,按定义 5.1.8,对任何 $a \in A$ 和 $b \in A$ 将有 $\langle a,b \rangle \in$

$R \Rightarrow \langle b,a \rangle \overline{\in} R$，现反设 $R \cap \breve{R} \neq \varnothing$，则应有某个 $\langle a,b \rangle \in R \& \langle a,b \rangle \in \breve{R}$，即 $\langle a,b \rangle \in R$，而同时又有 $\langle b,a \rangle \in R$，而这矛盾于上述 $\langle a,b \rangle \in R \Rightarrow \langle b,a \rangle \overline{\in} R$，故必须 $R \cap \breve{R} = \varnothing$.

$\Leftarrow$ 今设 $R \cap \breve{R} = \varnothing$，故对任何 $a \in A \& b \in A$ 而言，由 $\langle a,b \rangle \in R$ 必推出 $\langle a,b \rangle \overline{\in} \breve{R}$，否则将有 $R \cap \breve{R} \neq \varnothing$ 而矛盾于前提. 然而 $\langle a,b \rangle \overline{\in} \breve{R}$ 就是 $\langle b,a \rangle \overline{\in} R$，因否则 $\langle b,a \rangle \in R$ 的话，则有 $\langle a,b \rangle \in \breve{R}$ 而又导致矛盾，故必须 $\langle b,a \rangle \overline{\in} R$. 综上便是对任何 $a \in A \& b \in A$ 而言，总能由 $\langle a,b \rangle \in R$ 而推出 $\langle b,a \rangle \overline{\in} R$，故 $R[\text{imasym}]$.

(6) 首先，由定义 5.1.1 知对任意的 $a \in A \& c \in A$ 有

$$\langle a,c \rangle \in R \circ R \Leftrightarrow \exists b(b \in A \& \langle a,b \rangle \in R \& \langle b,c \rangle \in R) \qquad (\Delta_1)$$

另一方面，我们有逻辑定理

$$\forall X[A(X) \to B] \vdash\dashv \exists X A(X) \to B, X \text{ 不在 } B \text{ 中出现}, \qquad (\Delta_2)$$

于是对任何 $a \in A \& b \in A \& c \in A$ 而言，我们有

$R[\text{tra}] \Leftrightarrow \forall a \forall b \forall c(\langle a,b \rangle \in R \& \langle b,c \rangle \in R \Rightarrow \langle a,c \rangle \in R)$　　定义 5.1.9

$\Leftrightarrow \forall a \forall c \forall b(\langle a,b \rangle \in R \& \langle b,c \rangle \in R \Rightarrow \langle a,c \rangle \in R)$

交换量词符号

$\Leftrightarrow \forall a \forall c[\exists b(\langle a,b \rangle \in R \& \langle b,c \rangle \in R) \Rightarrow \langle a,c \rangle \in R]$

上述 (Δ_2)，此处 b 不在 $\langle a,c \rangle \in R$ 中出现

$\Leftrightarrow \forall a \forall c[\langle a,c \rangle \in R \circ R \Rightarrow \langle a,c \rangle \in R]$　　上述 (Δ_1)

$\Leftrightarrow R^2 \subseteq R$. □

定理 5.1.7　设 $R \subseteq A \times A$，则有

(1) $\forall a \exists b(a \in A \& b \in A \Rightarrow \langle a,b \rangle \in R) \& R[\text{sym}] \& R[\text{tra}] \Rightarrow R[\text{ref}]$.

(2) $R[\text{imasym}] \Leftrightarrow R[\text{asym}] \& R[\text{irref}]$.

证明　设 R 为集合 A 上之二元关系而往证(1) 和(2).

(1) 由已知条件，对任何 $a \in A$，都有 $b \in A$ 而使 $\langle a,b \rangle \in R$，又已知 R 具有对称性，故 $\langle b,a \rangle \in R$，又已知 R 是可传的，故 $\langle a,b \rangle \in R \& \langle b,a \rangle \in R \Rightarrow \langle a,a \rangle \in R$，这表示对任何 $a \in A$ 都有 $\langle a,a \rangle \in R$，故 $R[\text{ref}]$.

(2) 今设 R 是拟反对称的，则由定理 5.1.6(5) 知有 $R \cap \breve{R} = \varnothing$，但易证 $R \cap I_A = \breve{R} \cap I_A \subseteq R \cap \breve{R}$(参见本章习题与补充)，这表明 $R \cap I_A \subseteq \varnothing$，故 $R \cap I_A = \varnothing$，由定理 5.1.6(2) 知有 $R[\text{irref}]$. 另一方面，既然有 $R \cap \breve{R} = \varnothing$，而 $\varnothing$ 为任何集的子

集,从而 $R \cap \breve{R} \subseteq I_A$,于是由定理5.1.6(4) 而有 $R[\text{asym}]$. 下面证明反方向. 假设 $R[\text{imasym}]$ 不成立. 由此可知，存在集合 A 中元素 a,b 使得 $\langle a,b\rangle$,$\langle b,a\rangle \in R$. 因为 $R[\text{asym}]$，所以 $a=b$，此矛盾于 $R[\text{irref}]$. 故反设不成立. □

定理 5.1.8　设 $R \subseteq A \times A$,则 R 与 $\breve{R}$ 的特性总是相一致,即

(1)$R[\text{ref}] \Leftrightarrow \breve{R}[\text{ref}]$,

(2)$R[\text{irref}] \Leftrightarrow \breve{R}[\text{irref}]$,

(3)$R[\text{sym}] \Leftrightarrow \breve{R}[\text{sym}]$,

(4)$R[\text{asym}] \Leftrightarrow \breve{R}[\text{asym}]$,

(5)$R[\text{imasym}] \Leftrightarrow \breve{R}[\text{imasym}]$,

(6)$R[\text{tra}] \Leftrightarrow \breve{R}[\text{tra}]$.

证明　设 $R \subseteq A \times A$,依次往证(1) ～ (6).

(1) 易证 $$I_A \cap R = I_A \cap \breve{R} \qquad (*)$$

则

$$\begin{aligned} R[\text{ref}] &\Leftrightarrow I_A \subseteq R && \text{定理 5.1.6(1)} \\ &\Leftrightarrow I_A \cap R = I_A \\ &\Leftrightarrow I_A \cap \breve{R} = I_A && \text{上述}(*) \\ &\Leftrightarrow I_A \subseteq \breve{R} \\ &\Leftrightarrow \breve{R}[\text{ref}]. && \text{定理 5.1.6(1)} \end{aligned}$$

(2) 同样先给出 $$R \cap I_A = \breve{R} \cap I_A, \qquad (*)$$

于是

$$\begin{aligned} R[\text{irref}] &\Leftrightarrow R \cap I_A = \varnothing && \text{定理 5.1.6(2)} \\ &\Leftrightarrow \breve{R} \cap I_A = \varnothing && \text{上述}(*) \\ &\Leftrightarrow \breve{R}[\text{irref}]. && \text{定理 5.1.6(2)} \end{aligned}$$

(3) 由定理 5.1.6(3) 即知

$$R[\text{sym}] \Leftrightarrow R = \breve{R} \Leftrightarrow \breve{R} = \breve{\breve{R}} \Leftrightarrow \breve{R}[\text{sym}].$$

(4) 由定理 5.1.6(4) 即知

$$R[\text{asym}] \Leftrightarrow R \cap \breve{R} \subseteq I_A \Leftrightarrow \breve{R} \cap \breve{\breve{R}} \subseteq I_A \Leftrightarrow \breve{R}[\text{asym}].$$

(5) 由定理 5.1.6(5) 即知

$$R[\text{imasym}] \Leftrightarrow R \cap \breve{R} = \varnothing \Leftrightarrow \breve{R} \cap \breve{\breve{R}} = \varnothing \Leftrightarrow \breve{R}[\text{imasym}].$$

(6) 首先,由定理 5.1.5 知对 $R_1 \subseteq A \times A$ 和 $R_2 \subseteq A \times A$ 总有

$$\breve{\overline{R_1 \circ R_2}} = \breve{R}_2 \circ \breve{R}_1. \qquad (\Delta_1)$$

其次,由本节例 5 之(2) 知对 $R_1 \subseteq A \times A$ 和 $R_2 \subseteq A \times A$ 有

$$R_1 \subseteq R_2 \Leftrightarrow \breve{R}_1 \subseteq \breve{R}_2, \qquad (\Delta_2)$$

于是

$$\begin{aligned} R[\text{tra}] &\Leftrightarrow R \circ R \subseteq R && \text{定理 } 5.1.6(6) \\ &\Leftrightarrow \breve{\overline{R \circ R}} \subseteq \breve{R} && \text{上述}(\Delta_2) \\ &\Leftrightarrow \breve{R} \circ \breve{R} \subseteq \breve{R} && \text{上述}(\Delta_1) \\ &\Leftrightarrow R[\text{tra}]. \end{aligned}$$

□

在本节之末,将给出关系的一种矩阵表示法,虽然这种矩阵表示法只限于有限集合之卡氏积上的二元关系,但这确实是一种合理而有用的表示法,且在下文中还将逐步显示出这种表示法在某些场合的独到之处.

定义 5.1.10 任给二有限集合 $A = \{a_1, a_2, \cdots, a_m\}$, $B = \{b_1, b_2, \cdots, b_n\}$,而 $R \subseteq A \times B$,则 R 的矩阵表示法被定义如下,并记为 M_R,即

$$M_R =_{\text{df}} (r_{ij})_{m \times n}, \text{其中 } r_{ij} = \begin{cases} 1 & \text{当} \langle a_i, b_j \rangle \in R \text{ 时}, \\ 0 & \text{当} \langle a_i, b_j \rangle \overline{\in} R \text{ 时}. \end{cases}$$

例 8 设 $A = \{a_1, a_2, a_3, a_4\}$, $B = \{b_1, b_2, b_3, b_4, b_5\}$,而 $A \times B$ 上的一个二元关系为

$$R = \{\langle a_1, b_4 \rangle, \langle a_2, b_1 \rangle, \langle a_3, b_4 \rangle, \langle a_2, b_3 \rangle\},$$

则 R 的表示矩阵为

$$\boldsymbol{M}_R = \begin{array}{c} \\ a_1 \\ a_2 \\ a_3 \\ a_4 \end{array} \begin{array}{c} \begin{array}{ccccc} b_1 & b_2 & b_3 & b_4 & b_5 \end{array} \\ \begin{pmatrix} 0 & 0 & 0 & 1 & 0 \\ 1 & 0 & 1 & 0 & 0 \\ 0 & 0 & 0 & 1 & 0 \\ 0 & 0 & 0 & 0 & 0 \end{pmatrix} \end{array}.$$

例 9 设 $A = \{a_1, a_2, a_3, a_4\}$,则集合 A 上的恒等关系 $I_A \subseteq A \times A$ 的表示矩阵为

$$\boldsymbol{M}_{I_A} = \begin{array}{c} \\ a_1 \\ a_2 \\ a_3 \\ a_4 \end{array} \begin{array}{c} \begin{array}{cccc} a_1 & a_2 & a_3 & a_4 \end{array} \\ \begin{pmatrix} 1 & 0 & 0 & 0 \\ 0 & 1 & 0 & 0 \\ 0 & 0 & 1 & 0 \\ 0 & 0 & 0 & 1 \end{pmatrix} \end{array}.$$

在上述恒等关系 $I_A \subseteq A \times A$ 的表示矩阵 $\boldsymbol{M}_{I_A}$ 中，处在对角线上的元素正好全部取值为 1，而其余元素全部取值为 0，看来这是人们把任意集上之恒等关系叫作对角线，并把 I_A 记为 $\mathrm{dia}A$ 的一种直观背景了.

现任给三个有限集合 $A=\{a_1,a_2,\cdots,a_m\}$，$B=\{b_1,b_2,\cdots,b_n\}$，$C=\{c_1,c_2,\cdots,c_p\}$，而 $R_1 \subseteq A \times B$，$R_2 \subseteq B \times C$，又 R_1 与 R_2 之表示矩阵依次为

$$\boldsymbol{M}_{R_1}=(a_{ij})_{m\times n} \& a_{ij}=\begin{cases}1, \langle a_i,b_j\rangle \in R_1, \\ 0, \langle a_i,b_j\rangle \overline{\in} R_1.\end{cases}$$

$$\boldsymbol{M}_{R_2}=(b_{ij})_{n\times p} \& b_{ij}=\begin{cases}1, \langle b_i,c_j\rangle \in R_2, \\ 0, \langle b_i,c_j\rangle \overline{\in} R_2.\end{cases}$$

试考虑 R_1 和 R_2 的复合关系，$R_1 \circ R_2 \subseteq A \times C$，并将 $R_1 \circ R_2$ 之表示矩阵记为 $\boldsymbol{M}_{R_1 \circ R_2}$，则

$$\boldsymbol{M}_{R_1\circ R_2}=(c_{ij})_{m\times p} \& c_{ij}=\begin{cases}1, \langle a_i,c_j\rangle \in R_1\circ R_2, \\ 0, \langle a_i,c_j\rangle \overline{\in} R_1\circ R_2.\end{cases}$$

现在，我们要找出一种如何在已知 $\boldsymbol{M}_{R_1}$ 与 $\boldsymbol{M}_{R_2}$ 诸元素之值的基础上去求得 $\boldsymbol{M}_{R_1\circ R_2}$ 诸元素之值的计算方法. 为此，让我们先考虑如何计算 $\boldsymbol{M}_{R_1\circ R_2}$ 之元素 c_{11} 之值(非 0 即 1) 为例讨论之. 共有两种情况.

其一是当 $\langle a_1,c_1\rangle \in R_1 \circ R_2$ 时，则此时应有 $c_{11}=1$. 由于 $\langle a_1,c_1\rangle \in R_1 \circ R_2$，故至少存在一个 $b_i(1 \leqslant i \leqslant n)$ 使 $\langle a_1,b_i\rangle \in R_1 \& \langle b_i,c_1\rangle \in R_2$，故在 $\boldsymbol{M}_{R_1}$ 中看，应有 $a_{1i}=1$，而同时在 $\boldsymbol{M}_{R_2}$ 中应有 $b_{i1}=1$. 如此，按 $\boldsymbol{M}_{R_1}$ 左乘 $\boldsymbol{M}_{R_2}$ 的计算规定将有

$$\begin{aligned}c_{11} &= (a_{11}\wedge b_{11})\vee(a_{12}\wedge b_{21})\vee\cdots\vee(a_{1i}\wedge b_{i1})\vee\cdots\vee(a_{1n}\wedge b_{n1}) \\ &= (a_{11}\wedge b_{11})\vee(a_{12}\wedge b_{21})\vee\cdots\vee(1\wedge 1)\vee\cdots\vee(a_{1n}\wedge b_{n1})=1.\end{aligned}$$

而且此处不论是只有一个 b_i 或者有多个 b_i 能使得 $\langle a_1,b_i\rangle \in R_1$ 与 $\langle b_i,c_1\rangle \in R_2$ 同时成立，上式计算结果总是 $c_{11}=1$. 因为此处符号$\vee$,$\wedge$的含义是布尔加法和乘法，它们的运算规则如下表所示.

$\vee$	0	1
0	0	1
1	1	1

$\wedge$	0	1
0	0	0
1	0	1

其二是当 $\langle a_1,c_1\rangle \overline{\in} R_1 \circ R_2$ 时，应有 $c_{11}=0$. 我们可按上述计算 $c_{11}=1$ 之同

样的方法而算出 c_{11} 此时之值确实为 0. 因为 $\langle a_1,c_1\rangle \overline{\in} R_1\circ R_2$ 表示对任何一个 $b_i(1\leqslant i\leqslant n)$ 都不能使得 $\langle a_1,b_i\rangle\in R_1$ 与 $\langle b_i,c_1\rangle\in R_2$ 同时成立. 因此, a_{1i} 与 b_{i1} 中至少有一个是 0,因此

$$\begin{aligned} c_{11} &= (a_{11}\wedge b_{11})\vee(a_{12}\wedge b_{21})\vee\cdots\vee(a_{1n}\wedge b_{n1}) \\ &= 0\vee 0\vee\cdots\vee 0 = 0. \end{aligned}$$

从而一般地说,为了计算 $\boldsymbol{M}_{R_1\circ R_2}$ 之第 i 行、j 列的元素 c_{ij} 之值,可取 $\boldsymbol{M}_{R_1}$ 之第 i 行和 $\boldsymbol{M}_{R_2}$ 之第 j 列的对应元素之值逐项相乘,再将其结果逐次相加而得. 即

$$c_{ij} = \vee_{k=1}^{n}(a_{ik}\wedge b_{kj}),$$

这表明在已知 R_1 和 R_2 之表示矩阵 $\boldsymbol{M}_{R_1}$ 和 $\boldsymbol{M}_{R_2}$ 的情况下,则复合关系 $R_1\circ R_2$ 之表示矩阵 $\boldsymbol{M}_{R_1\circ R_2}$ 可用 $\boldsymbol{M}_{R_1}$ 左乘 $\boldsymbol{M}_{R_2}$ 的办法求得,即

$$\boldsymbol{M}_{R_1\circ R_2} = (c_{ij})_{m\times p}\ \&\ c_{ij} = \vee_{k=1}^{n}(a_{ik}\wedge b_{kj}),$$

其中 a_{ik} 是 $\boldsymbol{M}_{R_1}$ 中第 i 行、k 列之元素, b_{kj} 是 $\boldsymbol{M}_{R_2}$ 中第 k 行、j 列之元素, $\wedge$ 与 $\vee$ 分别为布尔乘法与加法.

总之,我们可用关系矩阵的布尔乘法去求出复合关系的表示矩阵,所以 $\boldsymbol{M}_{R_1\circ R_2}$ 又可记为 $\boldsymbol{M}_{R_1}\cdot\boldsymbol{M}_{R_2}$.

现设有二有限集合 $A=\{a_1,a_2,\cdots,a_m\}$, $B=\{b_1,b_2,\cdots,b_n\}$,而 $R\subseteq A\times B$,则 R 的表示矩阵为

$$\boldsymbol{M}_R = (r_{ij})_{m\times n}\ \&\ r_{ij} = \begin{cases} 1, \langle a_i,b_j\rangle\in R, \\ 0, \langle a_i,b_j\rangle\overline{\in} R. \end{cases}$$

试考虑 R 的逆关系 $\breve{R}$,按定义 5.1.3 而知 $\breve{R}$ 为序偶集 $\{\langle b_j,a_i\rangle \mid \langle a_i,b_j\rangle\in R\}$,因此,若将 R 之逆关系 $\breve{R}$ 之表示矩阵记为 $\boldsymbol{M}_{\breve{R}}$,则应有

$$\boldsymbol{M}_{\breve{R}} = (r_{ji})_{n\times m}\ \&\ r_{ji} = \begin{cases} 1, \langle b_j,a_i\rangle\in \breve{R}, \\ 0, \langle b_j,a_i\rangle\overline{\in} \breve{R}. \end{cases}$$

由此而易见 $\boldsymbol{M}_{\breve{R}}$ 正好是 $\boldsymbol{M}_R$ 之转置矩阵. 因此,如果已知 $\boldsymbol{M}_R$ 而求 $\boldsymbol{M}_{\breve{R}}$ 时,只要给出 $\boldsymbol{M}_R$ 之转置矩阵便 $\boldsymbol{M}_{\breve{R}}$,即 $\boldsymbol{M}_{\breve{R}} = (\boldsymbol{M}_R)^{\tau}$,其中 τ 表示矩阵的转置运算.

现在设有三个有限集合 $A=\{a_1,a_2,\cdots,a_m\}$, $B=\{b_1,b_2,\cdots,b_n\}$, $C=\{c_1,c_2,\cdots,c_p\}$,而 $R_1\subseteq A\times B$, $R_2\subseteq B\times C$,现将 R_1, R_2 及其逆关系 $\breve{R}_2\subseteq C\times B$, $\breve{R}_1\subseteq B\times A$ 的表示矩阵分别记为 $\boldsymbol{M}_{R_1}$, $\boldsymbol{M}_{R_2}$, $\boldsymbol{M}_{\breve{R}_2}$, $\boldsymbol{M}_{\breve{R}_1}$,又将复合关系 $R_1\circ R_2\subseteq A\times C$ 及其逆关系 $\overset{\smile}{R_1\circ R_2}\subseteq C\times A$ 的表示矩阵分别记为 $\boldsymbol{M}_{R_1\circ R_2}$ 和 $\boldsymbol{M}_{\overset{\smile}{R_1\circ R_2}}$. 如此,在已知 R_1 和 R_2 之表示矩阵 $\boldsymbol{M}_{R_1}$ 和 $\boldsymbol{M}_{R_2}$ 之基础上,怎样去求得 $\overset{\smile}{R_1\circ R_2}$ 的表示矩阵 $\boldsymbol{M}_{\overset{\smile}{R_1\circ R_2}}$ 呢?

方法之一便是先求得 $R_1\circ R_2$ 的表示矩阵 $\boldsymbol{M}_{R_1\circ R_2}$，然后再求 $\boldsymbol{M}_{R_1\circ R_2}$ 的转置阵便是 $\boldsymbol{M}_{\overset{\smile}{R_1\circ R_2}}$. 另一方面，定理 5.1.5 告诉我们有$\overset{\smile}{R_1\circ R_2}=\breve{R}_2\circ\breve{R}_1$. 由此而可有往求 $\boldsymbol{M}_{\overset{\smile}{R_1\circ R_2}}$ 的方法之二如下：即首先分别求出 $\boldsymbol{M}_{R_1}$ 和 $\boldsymbol{M}_{R_2}$ 的转置矩阵，而这就是 R_1 和 R_2 之逆关系$\breve{R}_1$ 与$\breve{R}_2$ 的表示矩阵 $\boldsymbol{M}_{\breve{R}_1}$ 与 $\boldsymbol{M}_{\breve{R}_2}$，然后再以 $\boldsymbol{M}_{\breve{R}_2}$ 去左乘 $\boldsymbol{M}_{\breve{R}_1}$，即求出复合关系$\breve{R}_2\circ\breve{R}_1$ 的表示矩阵 $\boldsymbol{M}_{\breve{R}_2\circ\breve{R}_1}$，此时根据定理 5.1.5 而知 $\boldsymbol{M}_{\breve{R}_2\circ\breve{R}_1}$ 就是 $\boldsymbol{M}_{\overset{\smile}{R_1\circ R_2}}$，即我们有

$$\boldsymbol{M}_{\overset{\smile}{R_1\circ R_2}}=\boldsymbol{M}_{\breve{R}_2\circ\breve{R}_1}.$$

例 10　设 $A=\{1,2,3\}$，$B=\{1,2,3,4\}$，$C=\{1,2,3,4,5\}$，$R_1\subseteq A\times B$，$R_2\subseteq B\times C$，并且 $R_1=\{\langle 1,2\rangle,\langle 2,1\rangle,\langle 2,3\rangle,\langle 3,3\rangle\}$，$R_2=\{\langle 1,2\rangle,\langle 1,5\rangle,\langle 2,3\rangle,\langle 3,1\rangle,\langle 3,2\rangle,\langle 4,3\rangle,\langle 4,5\rangle\}$，按定义5.1.1，应有 $R_1\circ R_2=\{\langle 1,3\rangle,\langle 2,2\rangle,\langle 2,1\rangle,\langle 3,1\rangle,\langle 3,2\rangle,\langle 2,5\rangle\}$. 但另一方面，我们又有

$$\boldsymbol{M}_{R_1}=\begin{array}{c}\\1\\2\\3\end{array}\begin{array}{c}\begin{array}{cccc}1&2&3&4\end{array}\\\begin{pmatrix}0&1&0&0\\1&0&1&0\\0&0&1&0\end{pmatrix}\end{array},\qquad \boldsymbol{M}_{R_2}=\begin{array}{c}\\1\\2\\3\\4\end{array}\begin{array}{c}\begin{array}{ccccc}1&2&3&4&5\end{array}\\\begin{pmatrix}0&1&0&0&1\\0&0&1&0&0\\1&1&0&0&0\\0&0&1&0&1\end{pmatrix}\end{array}.$$

于是可求得复合关系 $R_1\circ R_2\subseteq A\times C$ 的表示矩阵如下：

$$\boldsymbol{M}_{R_1\circ R_2}=\begin{array}{c}\\1\\2\\3\end{array}\begin{array}{c}\begin{array}{cccc}1&2&3&4\end{array}\\\begin{pmatrix}0&1&0&0\\1&0&1&0\\0&0&1&0\end{pmatrix}\end{array}\cdot\begin{array}{c}\\1\\2\\3\\4\end{array}\begin{array}{c}\begin{array}{ccccc}1&2&3&4&5\end{array}\\\begin{pmatrix}0&1&0&0&1\\0&0&1&0&0\\1&1&0&0&0\\0&0&1&0&1\end{pmatrix}\end{array}=\begin{array}{c}\\1\\2\\3\end{array}\begin{array}{c}\begin{array}{ccccc}1&2&3&4&5\end{array}\\\begin{pmatrix}0&0&1&0&0\\1&1&0&0&1\\1&1&0&0&0\end{pmatrix}\end{array},$$

其中关于 $\boldsymbol{M}_{R_1\circ R_2}$ 诸元素之值的计算方法，例如一行二列元素 c_{12} 之值的计算为

$$\begin{aligned}c_{12}&=(a_{11}\wedge b_{12})\vee(a_{12}\wedge b_{22})\vee(a_{13}\wedge b_{32})\vee(a_{14}\wedge b_{42})\\&=(0\wedge 1)\vee(1\wedge 0)\vee(0\wedge 1)\vee(0\wedge 0)=0\end{aligned}$$

又如一行三列元素 c_{13} 之计算为

$$\begin{aligned}c_{13}&=(a_{11}\wedge b_{13})\vee(a_{12}\wedge b_{23})\vee(a_{13}\wedge b_{33})\vee(a_{14}\wedge b_{43})\\&=(0\wedge 0)\vee(1\wedge 1)\vee(0\wedge 0)\vee(0\wedge 1)=1.\end{aligned}$$

此外，由 $\boldsymbol{M}_{R_1\circ R_2}$ 直接看出

$$R_1 \circ R_2 = \{\langle 1,3\rangle,\langle 2,1\rangle,\langle 2,2\rangle,\langle 2,5\rangle,\langle 3,1\rangle,\langle 3,2\rangle\}.$$

此外,在本例中应有$\breve{R}_1 = \{\langle 2,1\rangle,\langle 1,2\rangle,\langle 3,2\rangle,\langle 3,3\rangle\}$,$\breve{R}_2 = \{\langle 2,1\rangle,\langle 5,1\rangle,\langle 3,2\rangle,\langle 1,3\rangle,\langle 2,3\rangle,\langle 3,4\rangle,\langle 5,4\rangle\}$. 它们的表示矩阵分别为

$$\boldsymbol{M}_{\breve{R}_1} = \begin{array}{c@{}c} & \begin{array}{ccc}1&2&3\end{array} \\ \begin{array}{c}1\\2\\3\\4\end{array} & \begin{pmatrix}0&1&0\\1&0&0\\0&1&1\\0&0&0\end{pmatrix}\end{array}, \qquad \boldsymbol{M}_{\breve{R}_2} = \begin{array}{c@{}c} & \begin{array}{cccc}1&2&3&4\end{array} \\ \begin{array}{c}1\\2\\3\\4\\5\end{array} & \begin{pmatrix}0&0&1&0\\1&0&1&0\\0&1&0&1\\0&0&0&0\\1&0&0&1\end{pmatrix}\end{array},$$

$$\boldsymbol{M}_{\breve{R}_2} \circ \boldsymbol{M}_{\breve{R}_1} = \begin{array}{c@{}c} & \begin{array}{cccc}1&2&3&4\end{array} \\ \begin{array}{c}1\\2\\3\\4\\5\end{array} & \begin{pmatrix}0&0&1&0\\1&0&1&0\\0&1&0&1\\0&0&0&0\\1&0&0&1\end{pmatrix}\end{array} \cdot \begin{array}{c@{}c} & \begin{array}{ccc}1&2&3\end{array} \\ \begin{array}{c}1\\2\\3\\4\end{array} & \begin{pmatrix}0&1&0\\1&0&0\\0&1&1\\0&0&0\end{pmatrix}\end{array} = \begin{array}{c@{}c} & \begin{array}{ccc}1&2&3\end{array} \\ \begin{array}{c}1\\2\\3\\4\\5\end{array} & \begin{pmatrix}0&1&1\\0&1&1\\1&0&0\\0&0&0\\0&1&0\end{pmatrix}\end{array}.$$

另一方面,前已求得 $\boldsymbol{M}_{R_1 \circ R_2}$,则其转置矩阵就是 $\boldsymbol{M}_{\overparen{R_1 \circ R_2}}$,即我们有

$$\boldsymbol{M}_{\overparen{R_1 \circ R_2}} = \begin{array}{c@{}c} & \begin{array}{ccc}1&2&3\end{array} \\ \begin{array}{c}1\\2\\3\\4\\5\end{array} & \begin{pmatrix}0&1&1\\0&1&1\\1&0&0\\0&0&0\\0&1&0\end{pmatrix}\end{array}$$

由此可见,确有 $\boldsymbol{M}_{\overparen{R_1 \circ R_2}} = \boldsymbol{M}_{\breve{R}_2} \circ \boldsymbol{M}_{\breve{R}_1}$,即我们已用两种方法求得 $R_1 \circ R_2$ 之逆关系 $\overparen{R_1 \circ R_2}$ 的表示矩阵. 而且由此看出$\overparen{R_1 \circ R_2} = \{\langle 3,1\rangle,\langle 1,2\rangle,\langle 1,3\rangle,\langle 2,2\rangle,\langle 2,3\rangle,\langle 5,2\rangle\}$,这与$\breve{R}_2 \circ \breve{R}_1 = \{\langle 2,3\rangle,\langle 5,2\rangle,\langle 3,1\rangle,\langle 1,3\rangle,\langle 1,2\rangle,\langle 2,2\rangle\}$ 是完全一致的.

5.2 关系的闭包及其求法

本节讨论关系的闭包运算. 这是一种扩张原关系而使之具有某种特性的运算.

当然希望这种扩充恰到好处，即要使这种扩充既不过大又能达到目的. 因此，这是一种为在扩张后具有原关系原先所不具有的某种特性而作的最小扩张.

定义 5.2.1　设 $R \subseteq A \times A \& R^* \subseteq A \times A$，如果 R^* 满足下述条件，则被定义为 R 的自反闭包，记为 $r(R)$，即

$$r(R) = R^* \Leftrightarrow_{\mathrm{df}} R \subseteq R^* \subseteq A \times A \& R^* [\mathrm{ref}]$$
$$\& \forall R' \subseteq A \times A (R \subseteq R' \& R' [\mathrm{ref}] \Rightarrow R^* \subseteq R').$$

定义 5.2.1 表明，非空集合 A 上之二元关系 R 的自反闭包是 A 上的一个二元关系，该二元关系包含着 R，并且是一个自反的二元关系. 不仅如此，它还是所有包含着 R 的自反的二元关系中最小的一个.

自然会有这样一个问题：即任一二元关系 R 之自反闭包存在吗？又若存在，那么是否唯一地存在？显然，自反闭包的存在性是不难理解的. 事实上，满足定义 5.2.1 中前两个条件之关系一定存在，例如取全关系 $A \times A$ 即可，如此，再将所有这种关系取来求交，易见其仍然满足定义 5.2.1 之前两个条件，且在此时也满足定义 5.2.1 之最后一个条件，至于唯一性，可由下文之定理 5.2.1 得到解释. 下文还要引入对称闭包与可传闭包的概念，如上之类似说明不再重复.

定义 5.2.2　设 $R \subseteq A \times A \& R^* \subseteq A \times A$，如果 R^* 满足下述条件，则被定义为 R 的对称闭包，记为 $s(R)$，即

$$s(R) = R^* \Leftrightarrow_{\mathrm{df}} R \subseteq R^* \subseteq A \times A \& R^* [\mathrm{sym}]$$
$$\& \forall R' \subseteq A \times A (R \subseteq R' \& R' [\mathrm{sym}] \Rightarrow R^* \subseteq R').$$

定义 5.2.3　设 $R \subseteq A \times A \& R^* \subseteq A \times A$，如果 R^* 满足下述条件，则被定义为 R 的可传闭包，记为 $t(R)$，即

$$t(R) = R^* \Leftrightarrow_{\mathrm{df}} R \subseteq R^* \subseteq A \times A \& R^* [\mathrm{tra}]$$
$$\& \forall R' \subseteq A \times A (R \subseteq R' \& R' [\mathrm{tra}] \Rightarrow R^* \subseteq R').$$

定理 5.2.1　设 $R \subseteq A \times A$，则有

(1) $r(R) = R \cup I_A$，

(2) $s(R) = R \cup \breve{R}$，

(3) $t(R) = \bigcup_{i=1}^{\infty} R^i$.

证明　设 R 为 A 上的二元关系，依次证明(1)(2)(3).

(1) 因已知 $R \subseteq A \times A$，又 $I_A \subseteq A \times A$，因此，显然有 $R \subseteq R \cup I_A \subseteq A \times A$.

其次,因有 $I_A \subseteq R \cup I_A$,故由定理5.1.6(1)知有$(R \cup I_A)$[ref].最后,令A上的二元关系R'满足条件,$R \subseteq R' \& R'$[ref],既然有R'[ref],则由定理5.1.6(1)知 $I_A \subseteq R'$,于是联合 $R \subseteq R'$ 即有 $R \cup I_A \subseteq R'$,这表明 $\forall R' \subseteq A \times A(R \subseteq R' \& R'[\text{ref}] \Rightarrow (R \cup I_A) \subseteq R')$,故由定义5.2.1知 $R \cup I_A$ 为R的自反闭包,即 $R \cup I_A = r(R)$.

(2) 因已知 $R \subseteq A \times A$,故 $\breve{R} \subseteq A \times A$,故显然有 $R \subseteq R \cup \breve{R} \subseteq A \times A$.其次,令$\langle a,b \rangle \in R \cup \breve{R}$,则$\langle a,b \rangle \in R$ or $\langle a,b \rangle \in \breve{R}$,因$\langle a,b \rangle \in R \Leftrightarrow \langle b,a \rangle \in \breve{R}$,因此立即得到$\langle b,a \rangle \in \breve{R}$ or $\langle b,a \rangle \in R$,从而$\langle b,a \rangle \in R \cup \breve{R}$,故由上节中定义5.1.6即知有$(R \cup \breve{R})$[sym],最后令$A$上的二元关系$R'$具有性质$R \subseteq R' \& R'$[sym],则令$\langle a,b \rangle \in R \cup \breve{R}$,这表示或者$\langle a,b \rangle \in R$,或者$\langle a,b \rangle \in \breve{R}$.若为$\langle a,b \rangle \in R$,则由$R \subseteq R'$,而知$\langle a,b \rangle \in R'$,又若$\langle a,b \rangle \in \breve{R}$,则$\langle b,a \rangle \in R$,于是$\langle b,a \rangle \in R'$,但又因$R'$[sym],故即有$\langle a,b \rangle \in R'$,即不论哪种情况都归结为$\langle a,b \rangle \in R'$,这表明我们总有,$\langle a,b \rangle \in R \cup \breve{R} \Rightarrow \langle a,b \rangle \in R'$,即 $R \cup \breve{R} \subseteq R'$.因此获证 $\forall R' \subseteq A \times A(R \subseteq R' \& R'[\text{sym}] \Rightarrow (R \cup \breve{R}) \subseteq R')$,故由定义5.2.2知 $R \cup \breve{R}$ 为R的对称闭包,即 $R \cup \breve{R} = s(R)$.

(3) 因已知 $R \subseteq A \times A$,则 $R \subseteq \bigcup_{i=1}^{\infty} R^i \subseteq A \times A$ 是显然成立的.现设有$\langle a,b \rangle \in \bigcup_{i=1}^{\infty} R^i \& \langle b,c \rangle \in \bigcup_{i=1}^{\infty} R^i$,则必有某个$R^j$和$R^k$使得$\langle a,b \rangle \in R^j \& \langle b,c \rangle \in R^k$,此处$j \in \omega \& k \in \omega$,而且$R^j \subseteq A \times A \& R^k \subseteq A \times A$,因而所说结论便是 $\exists b(b \in A \& \langle a,b \rangle \in R^j \& \langle b,c \rangle \in R^k)$,由定义5.1.1知$\langle a,c \rangle \in R^j \circ R^k$,但由定理5.1.3又知 $R^j \circ R^k = R^{j+k}$,并且显然 $R^{j+k} \subseteq \bigcup_{i=1}^{\infty} R^i$,于是我们有$\langle a,c \rangle \in \bigcup_{i=1}^{\infty} R^i$,故由定义5.1.9而知有$(\bigcup_{i=1}^{\infty} R^i)$[tra].最后令$A$上的二元关系$R'$有性质$R \subseteq R' \& R'$[tra].设$\langle a,b \rangle \in \bigcup_{i=1}^{\infty} R^i$,于是有某个$R^p$使得$\langle a,b \rangle \in R^p$,即$\langle a,b \rangle \in R \circ R \circ \cdots \circ R$.故有$c_1, c_2, \cdots, c_{p-1}$使得$\langle a,c_1 \rangle \in R, \langle c_1,c_2 \rangle \in R, \cdots, \langle c_{p-1},b \rangle \in R$.既然$R \subseteq R'$,故$\langle a,c_1 \rangle \in R', \langle c_1, c_2 \rangle \in R', \cdots, \langle c_{p-1},b \rangle \in R'$,又因有$R'$[tra],故$\langle a,b \rangle \in R'$,总之,$\langle a,b \rangle \in \bigcup_{i=1}^{\infty} R^i \Rightarrow \langle a,b \rangle \in R'$,即 $\bigcup_{i=1}^{\infty} R^i \subseteq R'$.从而 $\forall R' \subseteq A \times A(R \subseteq R' \& R'[\text{tra}] \Rightarrow \bigcup_{i=1}^{\infty} R^i \subseteq R')$,由定义5.2.3可知 $\bigcup_{i=1}^{\infty} R^i$ 实为A之二元关系R的可传闭包,即 $\bigcup_{i=1}^{\infty} R^i = t(R)$.

□

实质上,定理5.2.1(1)、(2)、(3)给出了如何求取$R\subseteq A\times A$的各种闭包的方法.即为求$r(R)$而只要构造$R\cup I_A$,为求$s(R)$而只要做出$R\cup\breve{R}$,又为求$t(R)$而只要构作$\bigcup_{i=1}^{\infty}R^i$即可.另一方面,根据定理5.2.1易见下述定理为真.

定理5.2.2　设$R\subseteq A\times A$,则

(1) $R[\mathrm{ref}]\Leftrightarrow R=r(R)$,

(2) $R[\mathrm{sym}]\Leftrightarrow R=s(R)$,

(3) $R[\mathrm{tra}]\Leftrightarrow R=t(R)$.

证明　选证(1),其余自行证明之.实际上,均属显然.

(1)⇒ 首先,显然有$R\subseteq R\subseteq A\times A$,其次,$R[\mathrm{ref}]$是题设条件,最后,设有$R'\subseteq A\times A$且$R\subseteq R'\&R'[\mathrm{ref}]$,则显然有$\forall R'\subseteq A\times A(R\subseteq R'\&R'[\mathrm{ref}]\Rightarrow R\subseteq R')$,故$R$完全满足定义5.2.1之各个要求,故$R=r(R)$.

⇐ 前提条件是$R=r(R)$,而自反闭包之定义本身要求有$r(R)[\mathrm{ref}]$,故$R[\mathrm{ref}]$.　□

定理5.2.3　任给一有限集合$A=\{a_1,a_2,\cdots,a_n\}$,并设$R\subseteq A\times A$,则$t(R)=\bigcup_{i=1}^{n}R^i$.

证明　设$\langle a_i,a_j\rangle\in R^m$,如果$m\leqslant n$,则显然有$R^m\subseteq\bigcup_{i=1}^{n}R^i$.现考虑$m>n$的情形,则所谓$\langle a_i,a_j\rangle\in R^m$,就是$\langle a_i,a_j\rangle\in R\circ R\circ\cdots\circ R$,其中共有$m(>n)$个$R$.于是有$A$之元$a_{i1},a_{i2},\cdots,a_{i(m-1)}$使

$$\langle a_i,a_{i1}\rangle\in R,\langle a_{i1},a_{i2}\rangle\in R,\cdots,\langle a_{i(m-1)},a_j\rangle\in R.$$

因为$|A|=n<m$,故$a_i,a_{i1},a_{i2},\cdots,a_{i(m-1)},a_j$不可能两两相异,即从关系图上看,从结点$a_i$出发,按如上路径到达结点$a_j$,共经过$m$条弧,而相异的结点至多$n$个,又$m>n$,因而其中必定出现循环,即必有若干结点在路径中重复出现,现将循环去掉,而使之变为有A中之元$a_{j1},a_{j2},\cdots,a_{j(h-1)}$,满足

$$\langle a_j,a_{j1}\rangle\in R,\langle a_{j1},a_{j2}\rangle\in R,\cdots,\langle a_{j(h-1)},a_j\rangle\in R.$$

此时必有$h<n$,并且$\langle a_i,a_j\rangle\in R^h$,但显然$R^h\subseteq\bigcup_{k=1}^{n}R^k$,故$\langle a_i,a_j\rangle\in\bigcup_{k=1}^{n}R^k$,由$\langle a_i,a_j\rangle$的任意性而知$R^m\subseteq\bigcup_{i=1}^{n}R^i$.总之,我们证明了任给$m\in\omega\&m>n$,甚至不论$m$多么大,即对任何自然数$m$总有

$$R^m \subseteq \bigcup_{i=1}^{n} R^i \qquad (*)$$

利用(*),可知 $\bigcup_{m=1}^{\infty} R^m \subseteq \bigcup_{i=1}^{n} R^i$,但在另一方面,显然有 $\bigcup_{i=1}^{n} R^i \subseteq \bigcup_{i=1}^{n} R^i \cup \bigcup_{i=n+1}^{\infty} R^i = \bigcup_{i=1}^{\infty} R^i$,故 $\bigcup_{i=1}^{\infty} R^i = \bigcup_{i=1}^{n} R^i$,由定理 5.2.1(3) 知 $t(R) = \bigcup_{i=1}^{n} R^i$. □

定理 5.2.4 设 $R \subseteq A \times A$,则

(1) $R[\text{ref}] \Rightarrow s(R)[\text{ref}] \& t(R)[\text{ref}]$

(2) $R[\text{sym}] \Rightarrow r(R)[\text{sym}] \& t(R)[\text{sym}]$

(3) $R[\text{tra}] \Rightarrow r(R)[\text{tra}]$

证明 现设 R 是 A 上的二元关系,依次证明(1)、(2)、(3).

(1) 设有 $R[\text{ref}]$,则由定理 5.1.6(1) 知 $I_A \subseteq R$,又由定理 5.2.1(2) 知 $s(R) = R \cup \breve{R}$,故 $R \subseteq s(R)$,于是 $I_A \subseteq s(R)$. 因而再由定理 5.1.6(1) 知 $s(R)[\text{ref}]$.

另外,由定理 5.2.1(3) 知,$t(R) = \bigcup_{i=1}^{\infty} R^i$,故 $R \subseteq t(R)$,从而,$I_A \subseteq t(R)$,由定理 5.1.6(1) 知 $t(R)[\text{ref}]$.

(2) 设有 $R[\text{sym}]$,但由定理 5.2.1(1) 知 $r(R) = R \cup I_A$,而由 $I_A \subseteq I_A$ 与定理 5.1.6(1) 知 $I_A[\text{sym}]$,于是 $(R \cup I_A)[\text{sym}]$,即 $r(R)[\text{sym}]$.

现在,让我们用归纳法证明

$$R[\text{sym}] \Rightarrow R^m[\text{sym}] (m = 1,2,\cdots) \qquad (*)$$

奠基:当 $m = 2$ 时,设 $\langle a,c \rangle \in R^2 = R \circ R$,则意即 $\exists b(b \in A \& \langle a,b \rangle \in R \& \langle b,c \rangle \in R)$,但因 $R[\text{sym}]$,从而立即可得 $\exists b(b \in A \& \langle c,b \rangle \in R \& \langle b,a \rangle \in R)$,这表示 $\langle c,a \rangle \in R^2$,故由定义 5.1.6 知 $R^2[\text{sym}]$.

归纳:现设有 $R^{m-1}[\text{sym}]$ 而往证 $R^m[\text{sym}]$. 事实上,$R^m = R^{m-1} \circ R$. 设有 $\langle a,c \rangle \in R^m$,即 $\langle a,c \rangle \in R^{m-1} \circ R$,故 $\exists b(b \in A \& \langle a,b \rangle \in R^{m-1} \& \langle b,c \rangle \in R)$,因题设 $R[\text{sym}]$,又有归纳假设知 $R^{m-1}[\text{sym}]$,故 $\exists b(b \in A \& \langle c,b \rangle \in R \& \langle b,a \rangle \in R^{m-1})$,即 $\langle c,a \rangle \in R \circ R^{m-1} = R^m$,这表明 $R^m[\text{sym}]$.

由上述(*)易见 $(\bigcup_{i=1}^{\infty} R^i)[\text{sym}]$,即 $t(R)[\text{sym}]$.

(3) 设有 $R[\text{tra}]$,今设有 $\langle a,b \rangle \in r(R) \& \langle b,c \rangle \in r(R)$. 因由定理 5.2.1(1) 知 $r(R) = R \cup I_A$. 因此,我们有

$$\langle a,b \rangle \in (R \cup I_A) \& \langle b,c \rangle \in (R \cup I_A).$$

对此,计有如下四种可能的情况:

(1) $\langle a,b\rangle \in R \& \langle b,c\rangle \in R$,

(2) $\langle a,b\rangle \in R \& \langle b,c\rangle \in I_A$,

(3) $\langle a,b\rangle \in I_A \& \langle b,c\rangle \in R$,

(4) $\langle a,b\rangle \in I_A \& \langle b,c\rangle \in I_A$.

若为情况(1),则因题设$R[\text{tra}]$,故必有$\langle a,c\rangle \in R$,从而$\langle a,c\rangle \in R \cup I_A$,即$\langle a,c\rangle \in r(R)$. 若为情况(2),则 $b=c$,因此$\langle a,b\rangle = \langle a,c\rangle$,于是$\langle a,c\rangle \in R$,从而$\langle a,c\rangle \in R \cup I_A$,即$\langle a,c\rangle \in r(R)$. 若为情况(3),则有 $a=b$,于是$\langle b,c\rangle = \langle a,c\rangle$,因此$\langle a,c\rangle \in R$,从而$\langle a,c\rangle \in R \cup I_A$,即$\langle a,c\rangle \in r(R)$. 若为情况(4),则有 $a=b=c$,于是 $\langle a,b\rangle = \langle a,c\rangle$,故$\langle a,c\rangle \in I_A$,从而$\langle a,c\rangle \in R \cup I_A$,即$\langle a,c\rangle \in r(R)$. 这表明不论何种情况都导致$\langle a,c\rangle \in r(R)$. 由定义 5.1.9 而知 $r(R)$ 是可传的,因已证得$\langle a,b\rangle \in r(R) \& \langle b,c\rangle \in r(R) \Rightarrow \langle a,c\rangle \in r(R)$,总之,我们有 $r(R)[\text{tra}]$. □

本定理中没有 $R[\text{tra}] \Rightarrow s(R)[\text{tra}]$, 事实上, 可举出反例表明 $R[\text{tra}] \Rightarrow s(R)[\text{tra}]$ 不成立,这留给读者去完成,参见本章习题与补充.

如所知,集合 A 上之关系 R 的各种闭包仍然是 A 上的某个关系,因而又可再求这些闭包的闭包,例如,设有 $R \subseteq A \times A$ 的自反闭包 $r(R)$,因为,$r(R) \subseteq A \times A$,我们又可求 $r(R)$ 的对称闭包 $s(r(R))$,以此类推,还可再求 $s(r(R))$ 的可传闭包 $t(s(r(R)))$ 等,也不妨将诸如此类的运算称为闭包的复合运算. 通常都将闭合复合运算中的括号略去,因而诸如 $t(s(r(R)))$ 将被直接记为 $tsr(R)$,也可称之为 A 上二元关系 R 之可传对称自闭包.

下述两个定理的证明都很简单,但在本节最后两个定理的证明中将会用到,尤其是下述定理 5.2.5 是临时安排的.

定理 5.2.5　设 $R \subseteq A \times A$,并且 $n \in \omega$,则

$$(I_A \cup R)^n = I_A \cup R \cup R^2 \cup \cdots \cup R^n = I_A \cup (\bigcup_{i=1}^{n} R^i).$$

证明　我们用归纳法证明本定理.

奠基:当 $n=1$ 时,定理显然成立. 当 $n=2$ 时,也有

$$\begin{aligned}(I_A \cup R)^2 &= (I_A \cup R) \circ (I_A \cup R) \\ &= (I_A \cup R) \circ I_A \cup (I_A \cup R) \circ R \quad \text{定理 5.1.2(1)} \\ &= I_A \circ I_A \cup R \circ I_A \cup I_A \circ R \cup R \circ R \quad \text{定理 5.1.2(2)}\end{aligned}$$

$$= I_A \cup R \cup R^2,$$

这表明 $n = 2$ 时,定理也成立.

归纳:今设有$(I_A \cup R)^{n-1} = I_A \cup (\bigcup_{i=1}^{n-1} R^i)$,则

$$\begin{aligned}(I_A \cup R)^n &= (I_A \cup R)^{n-1} \circ (I_A \cup R) \\ &= [I_A \cup (\bigcup_{i=1}^{n-1} R^i)] \circ (I_A \cup R) && \text{归纳假设} \\ &= I_A \circ (I_A \cup R) \cup (\bigcup_{i=1}^{n-1} R^i) \circ (I_A \cup R) \\ &= I_A \circ I_A \cup I_A \circ R \cup (\bigcup_{i=1}^{n-1} R^i) \circ I_A \cup (\bigcup_{i=1}^{n-1} R^i) \circ R \\ &= I_A \cup R \cup (\bigcup_{i=1}^{n-1} R^i) \cup (\bigcup_{i=1}^{n} R^i) \\ &= I_A \cup (\bigcup_{i=1}^{n} R^i).\end{aligned}$$

□

定理 5.2.6 设 $R_1 \subseteq A \times A, R_2 \subseteq A \times A$,则有

(1) $R_1 \subseteq R_2 \Rightarrow s(R_1) \subseteq s(R_2)$,

(2) $R_1 \subseteq R_2 \Rightarrow t(R_1) \subseteq t(R_2)$,

(3) $R_1 \subseteq R_2 \Rightarrow r(R_1) \subseteq r(R_2)$.

证明 选证(3),其余自行证明.

(3) 今设 $R_1 \subseteq A \times A, R_2 \subseteq A \times A$,并且 $R_1 \subseteq R_2$,因为 $I_A \subseteq I_A$,故 $R_1 \cup I_A \subseteq R_2 \cup I_A$,即 $r(R_1) \subseteq r(R_2)$. □

定理 5.2.7 $R \subseteq A \times A \Rightarrow rs(R) = sr(R)$.

证明 因为 R 是集 A 上之二元关系,故有

$$\begin{aligned}rs(R) &= r(s(R)) \\ &= s(R) \cup I_A && \text{定理 5.2.1(1)} \\ &= (R \cup \breve{R}) \cup I_A && \text{定理 5.2.1(2)} \\ &= R \cup \breve{R} \cup I_A \cup I_A && \text{幂等律} \\ &= (R \cup I_A) \cup (\breve{R} \cup I_A) && \text{交换律等} \\ &= (R \cup I_A) \cup (\breve{R} \cup \breve{I_A}) && I_A = \breve{I_A} \\ &= (R \cup I_A) \cup \breve{(R \cup I_A)} && \text{5.1 节例 7(a)} \\ &= r(R) \cup \breve{r(R)} && \text{定理 5.2.1(1)} \\ &= s(r(R)) && \text{定理 5.2.1(2)}\end{aligned}$$

$= sr(R)$ □

定理 5.2.8　$R \subseteq A \times A \& A[\mathrm{fin}] \Rightarrow rt(R) = tr(R)$.

证明　事实上,我们有

$$\begin{aligned}
tr(R) &= t(I_A \cup R) && \text{定理 5.2.1(1)}\\
&= \bigcup_{i=1}^{n} (I_A \cup R)^i && \text{定理 5.2.3}\\
&= (I_A \cup R) \cup (I_A \cup R)^2 \cup \cdots \cup (I_A \cup R)^n\\
&= (I_A \cup R) \cup (I_A \cup (\bigcup_{i=1}^{2} R^i)) \cup \cdots \cup (I_A \cup (\bigcup_{i=1}^{n} R^i))\\
& && \text{定理 5.2.5}\\
&= I_A \cup R \cup R^2 \cup \cdots \cup R^n && \text{幂等律等}\\
&= I_A \cup (\bigcup_{i=1}^{n} R^i)\\
&= I_A \cup t(R) && \text{定理 5.2.3}\\
&= r(t(R)) && \text{定理 5.2.1(1)}\\
&= rt(R).
\end{aligned}$$

□

注意本定理的前提中要求 $A[\mathrm{fin}]$,实际上去掉这一要求后,结论依然成立.请读者自行证明,并参见本章习题与补充.

定理 5.2.9　$R \subseteq A \times A \Rightarrow st(R) \subseteq ts(R)$.

证明　事实上,由定理 5.2.1 知 $s(R) = R \cup \breve{R}$,而 $R \subseteq R \cup \breve{R}$,故 $R \subseteq s(R)$.于是由定理 5.2.6(2) 可知有 $t(R) \subseteq t(s(R))$,再由定理 5.2.6(1) 而知有

$$st(R) \subseteq sts(R) \qquad (*)$$

但由定义 5.2.2 知必须有 $s(R)[\mathrm{sym}]$,故由定理 5.2.4(2) 知 $ts(R)[\mathrm{sym}]$,由定理 5.2.2(2) 知 $sts(R) = ts(R)$,再由上述(*)便有 $st(R) \subseteq ts(R)$. □

例 1　令 $A = \{1,2,3,4,5,6,7\}$,又在集合 A 上给出二元关系 $R = \{\langle 1,1\rangle, \langle 1,2\rangle, \langle 2,4\rangle, \langle 3,5\rangle, \langle 4,2\rangle\}$,试求 $r(R)$,$s(R)$,$t(R)$,$rs(R)$.

事实上,因有 $I_A = \{\langle 1,1\rangle, \langle 2,2\rangle, \langle 3,3\rangle, \langle 4,4\rangle, \langle 5,5\rangle, \langle 6,6\rangle, \langle 7,7\rangle\}$,于是 $r(R) = R \cup I_A = \{\langle 1,1\rangle, \langle 1,2\rangle, \langle 2,4\rangle, \langle 3,5\rangle, \langle 4,2\rangle, \langle 2,2\rangle, \langle 3,3\rangle, \langle 4,4\rangle, \langle 5,5\rangle, \langle 6,6\rangle, \langle 7,7\rangle\}$.

又 $s(R) = R \cup \breve{R} = \{\langle 1,1\rangle, \langle 1,2\rangle, \langle 2,4\rangle, \langle 3,5\rangle, \langle 4,2\rangle\} \cup \{\langle 1,1\rangle, \langle 2,1\rangle, \langle 4,2\rangle, \langle 5,3\rangle, \langle 2,4\rangle\} = \{\langle 1,1\rangle, \langle 1,2\rangle, \langle 2,4\rangle, \langle 3,5\rangle, \langle 4,2\rangle, \langle 2,1\rangle, \langle 5,3\rangle\}$.

为求 $t(R)$ 而先求

$R^2 = R \circ R = \{\langle 1,1\rangle, \langle 1,2\rangle, \langle 1,4\rangle, \langle 2,2\rangle, \langle 4,4\rangle\}$,

$R^3 = R^2 \circ R = \{\langle 1,1\rangle,\langle 1,2\rangle,\langle 1,4\rangle,\langle 2,4\rangle,\langle 4,2\rangle\}$,

$R^4 = R^3 \circ R = R^2$.

于是有 $R^5 = R^3, R^6 = R^2$ 等等，如此，只要求到 R^3 就可以了，今有 $t(R) = R \cup R^2 \cup R^3 = \{\langle 1,1\rangle,\langle 1,2\rangle,\langle 1,4\rangle,\langle 2,2\rangle,\langle 2,4\rangle,\langle 3,5\rangle,\langle 4,2\rangle,\langle 4,4\rangle\}$.

最后，$rs(R) = s(R) \cup I_A = \{\langle 1,1\rangle,\langle 1,2\rangle,\langle 2,4\rangle,\langle 3,5\rangle,\langle 4,2\rangle,\langle 2,1\rangle,\langle 5,3\rangle,\langle 2,2\rangle,\langle 3,3\rangle,\langle 4,4\rangle,\langle 5,5\rangle,\langle 6,6\rangle,\langle 7,7\rangle\}$.

如所知，定理 5.2.7 告诉我们，$rs(R) = sr(R)$，所以为求 $rs(R)$，也可往求 $sr(R)$ 而得，在这里，$sr(R) = r(R) \cup \overset{\smile}{r(R)} = \{\langle 1,1\rangle,\langle 1,2\rangle,\langle 2,4\rangle,\langle 3,5\rangle,\langle 4,2\rangle,\langle 2,2\rangle,\langle 3,3\rangle,\langle 4,4\rangle,\langle 5,5\rangle,\langle 6,6\rangle,\langle 7,7\rangle\} \cup \{\langle 1,1\rangle,\langle 2,1\rangle,\langle 4,2\rangle,\langle 5,3\rangle,\langle 2,4\rangle,\langle 2,2\rangle,\langle 3,3\rangle,\langle 4,4\rangle,\langle 5,5\rangle,\langle 6,6\rangle,\langle 7,7\rangle\} = \{\langle 1,1\rangle,\langle 1,2\rangle,\langle 2,4\rangle,\langle 3,5\rangle,\langle 4,2\rangle,\langle 2,2\rangle,\langle 3,3\rangle,\langle 4,4\rangle,\langle 5,5\rangle,\langle 6,6\rangle,\langle 7,7\rangle,\langle 2,1\rangle,\langle 5,3\rangle\}$，这与上面所求之 $rs(R)$ 完全一致.

今设 $R \subseteq A[n] \times A[n]$，并将 $t(R)$ 的表示矩阵记为 $\boldsymbol{M}_{t(R)}$，又以 $\boldsymbol{M}_R, \boldsymbol{M}_{R^2}, \cdots, \boldsymbol{M}_{R^n}$ 依次表示 $R, R^2, \cdots, R^n$ 的表示矩阵，由于定理 5.2.3 告诉我们

$$t(R) = R \cup R^2 \cup \cdots \cup R^n.$$

如此，不难看出，诸表示矩阵 $\boldsymbol{M}_R, \boldsymbol{M}_{R^2}, \cdots, \boldsymbol{M}_{R^n}$ 的布尔和便是 $t(R)$ 的表示矩阵 $\boldsymbol{M}_{t(R)}$，即

$$\boldsymbol{M}_{t(R)} = \bigvee_{i=1}^{n} \boldsymbol{M}_{R^i}.$$

例 2 设 $A = \{1,2,3,4\}$，而 A 上有二元关系 $R = \{\langle 1,2\rangle,\langle 2,1\rangle,\langle 2,3\rangle,\langle 3,4\rangle\}$，试求 $t(R)$ 的表示矩阵 $\boldsymbol{M}_{t(R)}$.

为求 $\boldsymbol{M}_{t(R)}$ 而先求 $\boldsymbol{M}_R, \boldsymbol{M}_{R^2}, \boldsymbol{M}_{R^3}, \boldsymbol{M}_{R^4}$ 如下：

$$\boldsymbol{M}_R = \begin{array}{c} \\ 1 \\ 2 \\ 3 \\ 4 \end{array}\begin{array}{c} \begin{array}{cccc} 1 & 2 & 3 & 4 \end{array} \\ \begin{pmatrix} 0 & 1 & 0 & 0 \\ 1 & 0 & 1 & 0 \\ 0 & 0 & 0 & 1 \\ 0 & 0 & 0 & 0 \end{pmatrix} \end{array},$$

$$\boldsymbol{M}_{R^2} = \boldsymbol{M}_R \circ \boldsymbol{M}_R = \begin{pmatrix} 0 & 1 & 0 & 0 \\ 1 & 0 & 1 & 0 \\ 0 & 0 & 0 & 1 \\ 0 & 0 & 0 & 0 \end{pmatrix} \cdot \begin{pmatrix} 0 & 1 & 0 & 0 \\ 1 & 0 & 1 & 0 \\ 0 & 0 & 0 & 1 \\ 0 & 0 & 0 & 0 \end{pmatrix} = \begin{pmatrix} 1 & 0 & 1 & 0 \\ 0 & 1 & 0 & 1 \\ 0 & 0 & 0 & 0 \\ 0 & 0 & 0 & 0 \end{pmatrix},$$

$$M_{R^3}=M_{R^2}\circ M_R=\begin{pmatrix}1&0&1&0\\0&1&0&1\\0&0&0&0\\0&0&0&0\end{pmatrix}\cdot\begin{pmatrix}0&1&0&0\\1&0&1&0\\0&0&0&1\\0&0&0&0\end{pmatrix}=\begin{pmatrix}0&1&0&1\\1&0&1&0\\0&0&0&0\\0&0&0&0\end{pmatrix},$$

$$M_{R^4}=M_{R^3}\circ M_R=\begin{pmatrix}0&1&0&1\\1&0&1&0\\0&0&0&0\\0&0&0&0\end{pmatrix}\cdot\begin{pmatrix}0&1&0&0\\1&0&1&0\\0&0&0&1\\0&0&0&0\end{pmatrix}=\begin{pmatrix}1&0&1&0\\0&1&0&1\\0&0&0&0\\0&0&0&0\end{pmatrix},$$

于是我们有

$$M_{t(R)}=M_R\vee M_{R^2}\vee M_{R^3}\vee M_{R^4}=\begin{pmatrix}1&1&1&1\\1&1&1&1\\0&0&0&1\\0&0&0&0\end{pmatrix}.$$

此处应注意，在计算$\bigvee_{i=1}^{n}M_{R^i}$时，按下表求和：

$\vee$	0	1
0	0	1
1	1	1

5.3　等价关系与相容关系

本节的主要内容是讨论等价关系及其与划分(或者叫作分类)的联系，并在最后略以涉及相容关系的讨论. 等价关系是一种引进新概念的工具，因而是一类重要的关系. 在数学领域中，例如近世代数中所研究的商群、商环、商域等，都要将某个给定集合划分为若干个部分，使得该集的每个元素恰好落在一个部分里，而每个部分又是该集的一个非空子集，然后再研究以这些部分作为元素所构成的集合. 这种在集合上的划分与集合上的一种被称为等价关系的关系，有着深刻而本质的联系，下文将对这一联系加以刻画和揭示. 为此，我们先来建立某集上之等价关系这一概念.

定义 5.3.1　如果集合 A 上之二元关系 R 满足下述条件，则 R 被定义为 A 上之等价关系，并记为$\langle R\rangle$，即

$$\langle R\rangle \Leftrightarrow_{df} R \subseteq A \times A \& R[\text{ref}] \& R[\text{sym}] \& R[\text{tra}].$$

想必符号$\langle R\rangle$不致与单点有序集$\langle x\rangle$相混，只要联系上下文即会区分.

在日常生活中，人与人之间的“同龄”关系，学生与学生之间的“同班同学”关系，都能满足自反、对称和传递（即可传）等要求，因而各为人集合与学生集合上的等价关系.又如直线集合上的平行关系，三角形集合上的相似关系，实数集合中的相等关系，同样都具有自反性、对称性和可传性，因而分别是直线集合、三角形集合与实数集合上的等价关系.

今以代数结构中的同余关系为例而讨论之，这当然是一个典型而重要的例子.通过该例的讨论，不仅可以由此而具体阐明某集上之等价关系的内容，同时也由此而体现出等价关系这一概念在代数结构研究中的重要联系.

例 1 设$A \subseteq I \& k \in \omega$，对任意的$a \in A \& b \in A$，如果存在$n \in I$能使$a-b = n \cdot k$，则称$a$和$b$具有模$k$同余关系，并记为$a \equiv b(\text{mod } k)$.又把任意的整数集合$A \subseteq I$上的模$k$同余关系记为$R(\text{mod } k)$.即，$R(\text{mod } k) = \{\langle a,b\rangle \mid a \in A \& b \in A \& \exists n(n \in I \& a-b = n \cdot k)\}$，显然$R(\text{mod } k) \subseteq A \times A$.可以证明$R(\text{mod } k)$是$A$上的等价关系，即有$\langle R(\text{mod } k)\rangle$，为此，按定义5.3.1只要证$R(\text{mod } k)[\text{ref}] \& R(\text{mod } k)[\text{sym}] \& R(\text{mod } k)[\text{tra}]$.

首先，对于任何$a \in A$，有$0 \in I$而使$a-a = 0 \cdot k$，故$a \equiv a(\text{mod } k)$，即$\forall a(a \in A \Rightarrow \langle a,a\rangle \in R(\text{mod } k))$，故有$R(\text{mod } k)[\text{ref}]$.其次，若对任意的$a \in A \& b \in A$而有$a \equiv b(\text{mod } k)$，这表明有$n \in I$而使$a-b = n \cdot k$，于是我们有$(-n) \in I$而使$b-a = (-n) \cdot k$，即$b \equiv a(\text{mod } k)$，以上讨论表明

$$\forall a \forall b(a \in A \& b \in A \& \langle a,b\rangle \in R(\text{mod } k) \Rightarrow \langle b,a\rangle \in R(\text{mod } k)).$$

从而有$R(\text{mod } k)[\text{sym}]$.最后，若对任意的$a \in A \& b \in A \& c \in A$而有$a \equiv b(\text{mod } k) \& b \equiv c(\text{mod } k)$，这表明存在$n_1 \in I \& n_2 \in I$而使$a-b = n_1 \cdot k \& b-c = n_2 \cdot k$，于是我们有$n_1 + n_2 \in I$而使$(a-b)+(b-c) = a-c = (n_1+n_2) \cdot k$.从而$a \equiv c(\text{mod } k)$，以上讨论表明

$$\forall a \forall b \forall c(a \in A \& b \in A \& c \in A \& \langle a,b\rangle \in R(\text{mod } k) \& \langle b,c\rangle \in R(\text{mod } k) \Rightarrow \langle a,c\rangle \in R(\text{mod } k)),$$

于是 $R(\mathrm{mod}\ k)[\mathrm{tra}]$. 故由定义 5.3.1 知有 $\langle R(\mathrm{mod}\ k)\rangle$.

若设 $A=\{0,1,2,3,5,6,8\}$，则 $R(\mathrm{mod}\ 3)=\{\langle 0,0\rangle,\langle 1,1\rangle,\langle 2,2\rangle,\langle 3,3\rangle,\langle 5,5\rangle,\langle 6,6\rangle,\langle 8,8\rangle,\langle 0,3\rangle,\langle 3,0\rangle,\langle 3,6\rangle,\langle 6,3\rangle,\langle 0,6\rangle,\langle 6,0\rangle,\langle 2,5\rangle,\langle 5,2\rangle,\langle 5,8\rangle,\langle 8,5\rangle,\langle 2,8\rangle,\langle 8,2\rangle\}$. 即使不谈上述模 k 同余关系为等价关系之普遍证明，此处也不难具体验证 $\langle R(\mathrm{mod}\ 3)\rangle$，并且如图 5.3.1 所示，我们给出 $R(\mathrm{mod}\ 3)$ 的关系示意图.

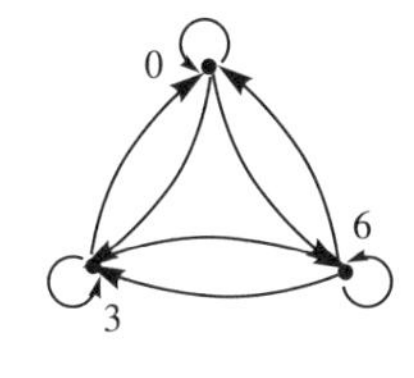

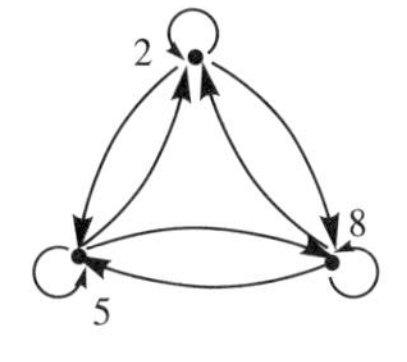

图 5.3.1

本例所讨论之模 k 同余关系 $R(\mathrm{mod}\ k)$ 是一类典型的等价关系. 这种等价关系在代数结构理论中将具有一定地位而被进一步研讨.

定义 5.3.2　设有 $R\subseteq A\times A\ \&\ \langle R\rangle$，则 $a\in A$ 在 A 中关于 $\langle R\rangle$ 的等价类被定义如下，并记为 $[a]_{\langle R\rangle}$，即

$$[a]_{\langle R\rangle}=_{\mathrm{df}}\{x\mid x\in A\ \&\ \langle a,x\rangle\in R\ \&\ \langle R\rangle\}.$$

定义 5.3.2 表明 $[a]_{\langle R\rangle}$ 就是 A 中一切与 a 有等价关系之元素所构成的集合. 所以 $[a]_{\langle R\rangle}\subseteq A$，即 $[a]_{\langle R\rangle}\in\mathscr{P}A$.

例 2　今设 $R(\mathrm{mod}\ 3)\subseteq I\times I$，即于任意整数集 $A\subseteq I$ 之模 k 同余关系中，取 $A=I\ \&\ k=3$. 由前述例 1 知有 $\langle R(\mathrm{mod}\ 3)\rangle$，即

$$R(\mathrm{mod}\ 3)=\{\langle x,y\rangle\mid x\in I\ \&\ y\in I\ \&\ x\equiv y(\mathrm{mod}\ 3)\}.$$

于是由定义 5.3.2 知，由 I 中之元素 0、1、2 所生成之等价类分别为

$$[0]_{\langle R(\mathrm{mod}\ 3)\rangle}=\{\cdots,-6,-3,0,3,6,\cdots\}$$

$$[1]_{\langle R(\mathrm{mod}\ 3)\rangle}=\{\cdots,-5,-2,1,4,7,\cdots\}$$

$$[2]_{\langle R(\mathrm{mod}\ 3)\rangle}=\{\cdots,-4,-1,2,5,8,\cdots\}$$

并且易见有

$$\cdots = [-6]_{\langle R(\mathrm{mod}\ 3)\rangle} = [-3]_{\langle R(\mathrm{mod}\ 3)\rangle} = [0]_{\langle R(\mathrm{mod}\ 3)\rangle}$$
$$= [3]_{\langle R(\mathrm{mod}\ 3)\rangle} = [6]_{\langle R(\mathrm{mod}\ 3)\rangle} = \cdots$$
$$\cdots = [-5]_{\langle R(\mathrm{mod}\ 3)\rangle} = [-2]_{\langle R(\mathrm{mod}\ 3)\rangle} = [1]_{\langle R(\mathrm{mod}\ 3)\rangle}$$
$$= [4]_{\langle R(\mathrm{mod}\ 3)\rangle} = [7]_{\langle R(\mathrm{mod}\ 3)\rangle} = \cdots$$
$$\cdots = [-4]_{\langle R(\mathrm{mod}\ 3)\rangle} = [-1]_{\langle R(\mathrm{mod}\ 3)\rangle} = [2]_{\langle R(\mathrm{mod}\ 3)\rangle}$$
$$= [5]_{\langle R(\mathrm{mod}\ 3)\rangle} = [8]_{\langle R(\mathrm{mod}\ 3)\rangle} = \cdots$$

定理 5.3.1 $R \subseteq A \times A \& \langle R\rangle$,则有

(1) $x \in [a]_{\langle R\rangle} \Leftrightarrow \langle x,a\rangle \in R$,

(2) $a \in A \Rightarrow a \in [a]_{\langle R\rangle}$,

(3) $b \in [a]_{\langle R\rangle} \& c \in [a]_{\langle R\rangle} \Rightarrow \langle b,c\rangle \in R$,

(4) $b \in [a]_{\langle R\rangle} \Rightarrow [b]_{\langle R\rangle} = [a]_{\langle R\rangle}$,

(5) $b \in [a]_{\langle R\rangle} \& \langle x,b\rangle \in R \Rightarrow x \in [a]_{\langle R\rangle}$,

(6) $\langle a,b\rangle \overline{\in} R \Rightarrow [a]_{\langle R\rangle} \cap [b]_{\langle R\rangle} = \varnothing$.

证明 (1) $\Rightarrow$ 设 $x \in [a]_{\langle R\rangle}$,由定义 5.3.2 知有 $\langle a,x\rangle \in R$,但因 $\langle R\rangle[\mathrm{sym}]$,故 $\langle x,a\rangle \in R$.

$\Leftarrow$ 设 $\langle x,a\rangle \in R$,因 $\langle R\rangle[\mathrm{sym}]$,故 $\langle a,x\rangle \in R$,因 $R \subseteq A \times A$,故 $x \in A$,于是 $x \in A \& \langle a,x\rangle \in R$,由定义 5.3.2 知有 $x \in [a]_{\langle R\rangle}$.

(2) 因对任意的 $a \in A$ 而言,由于 $\langle R\rangle[\mathrm{ref}]$,故 $\langle a,a\rangle \in R$,因而 $a \in A \& \langle a,a\rangle \in R$,于是 $a \in [a]_{\langle R\rangle}$.

(3) 设有 $b \in [a]_{\langle R\rangle} \& c \in [a]_{\langle R\rangle}$,由上述(1)而知有 $\langle b,a\rangle \in R \& \langle c,a\rangle \in R$,由于 $\langle R\rangle[\mathrm{sym}]$ 而可有 $\langle b,a\rangle \in R \& \langle a,c\rangle \in R$,再由 $\langle R\rangle[\mathrm{tra}]$ 而得 $\langle b,c\rangle \in R$.

(4) 设 $b \in [a]_{\langle R\rangle}$,则由上述(1)与 $\langle R\rangle[\mathrm{sym}]$ 而有 $\langle b,a\rangle \in R \& \langle a,b\rangle \in R$,再设 $x \in [a]_{\langle R\rangle}$,则可有 $\langle x,a\rangle \in R \& \langle a,b\rangle \in R$,由 $\langle R\rangle[\mathrm{tra}]$ 而知 $\langle x,b\rangle \in R$,由上述(1)而得 $x \in [b]_{\langle R\rangle}$,故 $[a]_{\langle R\rangle} \subseteq [b]_{\langle R\rangle}$. 类似地,设 $x \in [b]_{\langle R\rangle}$,并利用 $\langle b,a\rangle \in R$ 可证 $[b]_{\langle R\rangle} \subseteq [a]_{\langle R\rangle}$,于是 $[a]_{\langle R\rangle} = [b]_{\langle R\rangle}$.

(5) 设 $b \in [a]_{\langle R\rangle} \& \langle x,b\rangle \in R$,由上述(1)而知有 $\langle b,a\rangle \in R$,于是 $\langle x,b\rangle \in R \& \langle b,a\rangle \in R$,由 $\langle R\rangle[\mathrm{tra}]$ 而有 $\langle x,a\rangle \in R$,由上述(1)而有 $x \in [a]_{\langle R\rangle}$.

(6) 设 $\langle a,b\rangle \overline{\in} R$,现反设 $[a]_{\langle R\rangle} \cap [b]_{\langle R\rangle} \neq \varnothing$,则有 $x \in A$ 而使 $x \in [a]_{\langle R\rangle} \& x \in [b]_{\langle R\rangle}$,于是由上述(1)和 $\langle R\rangle[\mathrm{sym}]$ 而得 $\langle a,x\rangle \in R \& \langle x,b\rangle \in R$,由 $\langle R\rangle[\mathrm{tra}]$ 即

得$\langle a,b\rangle \in R$,于是矛盾于前提,这表明在$\langle a,b\rangle \overline{\in} \langle R\rangle$的情况下,必有$[a]_{\langle R\rangle} \cap [b]_{\langle R\rangle} = \varnothing$. □

定义 5.3.3 设$R\subseteq A\times A \& \langle R\rangle$,则$A$对$R$的商集被定义如下,并记为$A/R$,即

$$A/R =_{\mathrm{df}}\{r \mid r = [a]_{\langle R\rangle} \& a \in A\}.$$

例 3 设$A = \{a_1,a_2,a_3,a_4\}$,$R = \{\langle a_1,a_1\rangle, \langle a_1,a_4\rangle, \langle a_4,a_1\rangle, \langle a_4,a_4\rangle, \langle a_2,a_2\rangle, \langle a_2,a_3\rangle, \langle a_3,a_2\rangle, \langle a_3,a_3\rangle\}$. 不难验证$R$是$A$上的等价关系,即有$R\subseteq A\times A \& \langle R\rangle$. 由定义5.3.2知

$$[a_1]_{\langle R\rangle} = [a_4]_{\langle R\rangle} = \{a_1,a_4\},$$
$$[a_2]_{\langle R\rangle} = [a_3]_{\langle R\rangle} = \{a_2,a_3\}.$$

又由定义5.3.3知

$$A/R = \{[a_1]_{\langle R\rangle},[a_2]_{\langle R\rangle}\} = \{[a_4]_{\langle R\rangle},[a_3]_{\langle R\rangle}\}$$
$$= \{\{a_1,a_4\},\{a_2,a_3\}\}$$

定义 5.3.4 任给非空集合A,而A的幂集$\mathscr{P}A$的子集Π如果满足下述条件而被定义为A的一个覆盖,并记为$\Pi\mathrm{cov}A$,即

$$\Pi\mathrm{cov}A \Leftrightarrow_{\mathrm{df}} \varnothing \overline{\in} \Pi \& \Pi \subseteq \mathscr{P}A \& \bigcup_{\mu\in\Pi}\mu = A.$$

定义 5.3.5 任给非空集合A,而且A的幂集$\mathscr{P}A$的子集Π如果满足下述条件而被定义为A的一个划分(或称分类),并记为$\Pi\mathrm{par}A$,即

$$\Pi\mathrm{par}A \Leftrightarrow_{\mathrm{df}} \Pi\mathrm{cov}A \& \forall\alpha\forall\beta(\alpha \in \Pi \& \beta \in \Pi \Rightarrow \alpha = \beta \text{ or } \alpha \cap \beta = \varnothing).$$

注意在定义5.3.5中,由于$\varnothing \overline{\in} \Pi$,故$\alpha = \beta$与$\alpha \cap \beta = \varnothing$只有一个成立,当然定义中也排除了两者皆不成立之可能,故两者中有且只有一个成立. 又由定义5.3.4与定义5.3.5可知,任何非空集合A上的划分必为A上的覆盖,但A上的覆盖未必是A上的划分,即A上的划分乃是A上的一种受划分条件$\forall\alpha\forall\beta(\alpha \in \Pi \& \beta \in \Pi \Rightarrow \alpha = \beta \text{ or } \alpha \cap \beta = \varnothing)$约束的覆盖. 说得通俗一点,如果将集合上之覆盖或划分之元素叫作分块的话,则集上之覆盖是允许分块与分块之间有公共部分的,但划分却要求任何两个分块都没有公共元素.

今设Π是集A的一个划分,如果Π的每个分块都是A之元构成的单元集,则此划分是A上之分块数最多的一个划分,不妨称之为A上的最大划分. 反之,如果

$\Pi=\{A\}$,则此划分为 A 上之分块数最少的一个划分,不妨称之为 A 上的最小划分.显然,一般非空集上之覆盖或划分都不是唯一的,但集上之最大和最小划分都是唯一的.

今设 Π_1 与 Π_2 是非空集合 A 上的两个划分,若对任何 $\alpha\in\Pi_1$ 而言,都有 $\beta\in\Pi_2$ 而使 $\alpha\subseteq\beta$,则称 Π_1 是 Π_2 的加细.如果 Π_1 是 Π_2 的加细,而且 $\Pi_1\neq\Pi_2$,则称 Π_1 是 Π_2 的真加细,显然,非空集合上任何异于最小划分的划分,都是最小划分的真加细.

定理 5.3.2 设 $R\subseteq A\times A\&\langle R\rangle$,则 A 对 R 的商集 A/R 确定了 A 的一个划分,即 A/R par A.

证明 今设 $R\subseteq A\times A\&\langle R\rangle$,再设 $r\in A/R$,由定义 5.3.3 知 $r=[a]_{\langle R\rangle}\&$ $a\in A$,再由定义 5.3.2 知 $r\subseteq A$,故 $r\in\mathscr{P}A$,于是 $A/R\subseteq\mathscr{P}A$.又显然 $\varnothing\,\overline{\in}\,A/R$.

其次,我们要证 $\bigcup\limits_{r\in A/R}r=A$.事实上,设 $x\in\bigcup\limits_{r\in A/R}r$,这表示有某个 $r\in A/R$ 使得 $x\in r$,即有某个 $a\in A$ 使得 $x\in[a]_{\langle R\rangle}$,而 $[a]_{\langle R\rangle}\subseteq A$,故 $x\in A$,故 $\bigcup\limits_{r\in A/R}r\subseteq A$.反之,设 $x\in A$,则由定理 5.3.1(2) 知 $x\in[x]_{\langle R\rangle}$,由定义 5.3.3 知 $[x]_{\langle R\rangle}\in A/R$,于是 $x\in[x]_{\langle R\rangle}\in A/R$,即 $x\in\bigcup\limits_{r\in A/R}r$,故 $A\subseteq\bigcup\limits_{r\in A/R}r$,从而有 $\bigcup\limits_{r\in A/R}r=A$.

最后,让我们来证明

$$\forall\alpha\forall\beta(\alpha\in A/R\&\beta\in A/R\Rightarrow\alpha=\beta\text{ or }\alpha\cap\beta=\varnothing).$$

事实上,对任意的 $\alpha\in A/R\&\beta\in A/R$ 而言,我们有 $a\in A\&b\in A$ 而使得 $\alpha=[a]_{\langle R\rangle}\&\beta=[b]_{\langle R\rangle}$.现在我们设有 $\alpha\cap\beta\neq\varnothing$,即 $[a]_{\langle R\rangle}\cap[b]_{\langle R\rangle}\neq\varnothing$,由定理 5.3.1(6) 知有 $\langle a,b\rangle\in R$,再由 R[sym] 而知有 $\langle b,a\rangle\in R$.今设 $x\in[a]_{\langle R\rangle}$,则由定理 5.3.1(1) 知 $\langle x,a\rangle\in R$,于是我们有 $\langle x,a\rangle\in R\&\langle a,b\rangle\in R$,由 $\langle R\rangle$[tra] 而知 $\langle x,b\rangle\in R$.再由定理 5.3.1(1) 知 $x\in[b]_{\langle R\rangle}$,故 $[a]_{\langle R\rangle}\subseteq[b]_{\langle R\rangle}$.类似地,利用 $\langle b,a\rangle\in R$ 而可证 $[b]_{\langle R\rangle}\subseteq[a]_{\langle R\rangle}$,于是我们有 $[a]_{\langle R\rangle}=[b]_{\langle R\rangle}$,即 $\alpha=\beta$.以上所论表明

$$\alpha\cap\beta\neq\varnothing\Rightarrow\alpha=\beta.$$

故或有 $\alpha=\beta$,或有 $\alpha\cap\beta=\varnothing$,因此,我们证明了

$$\forall\alpha\forall\beta(\alpha\in A/R\&\beta\in A/R\Rightarrow\alpha=\beta\text{ or }\alpha\cap\beta=\varnothing),$$

综上所论并由定义 5.3.5 而知 A/R 确定了集合 A 上的一个划分,A/R par$A$.

定理 5.3.3 设 Π 是集合 A 上的一个划分,则 Π 确定了 A 上的一个等价关系.

证明　今设 Π 是集合 A 上的一个划分,则由定义 5.3.5 而知有

(a) $\varnothing \,\overline{\in}\, \Pi \& \Pi \subseteq \mathscr{P}A$,

(b) $\bigcup\limits_{\mu \in \Pi} \mu = A$,

(c) $\forall \alpha \forall \beta(\alpha \in \Pi \& \beta \in \Pi \Rightarrow \alpha = \beta \text{ or } \alpha \cap \beta = \varnothing)$.

现令

$R(\Pi) = \{\langle a,b\rangle \mid a \in A \& b \in A \& \exists \mu(\mu \in \Pi \& a \in \mu \& b \in \mu)\}$.

显然,$R(\Pi) \subseteq A \times A$,现证 $R(\Pi)$ 是 A 上的一个等价关系,即往证$\langle R(\Pi)\rangle$. 事实上,首先由上述(b) 而知,对任何 $a \in A$,都有 $a \in \bigcup\limits_{\mu \in \Pi} \mu$,因而有某个 $\mu \in \Pi$ 而使 $a \in \mu$,即

$$\forall a(a \in A \& a \in A \& \exists \mu(\mu \in \Pi \& a \in \mu \& a \in \mu)).$$

这表明对任何 $a \in A$,都有$\langle a,a\rangle \in R(\Pi)$,故 $R(\Pi)[\text{ref}]$.

其次,若设$\langle a, b\rangle \in R(\Pi)$,则有

$$a \in A \& b \in A \& \exists \mu(\mu \in \Pi \& a \in \mu \& b \in \mu),$$

而这就是

$$b \in A \& a \in A \& \exists \mu(\mu \in \Pi \& b \in \mu \& a \in \mu),$$

从而$\langle b,a\rangle \in R(\Pi)$,故 $R(\Pi)[\text{sym}]$.

最后,设$\langle a,b\rangle \in R(\Pi) \& \langle b,c\rangle \in R(\Pi)$,从而可有

$$a \in A \& b \in A \& c \in A \;\&\; \exists \alpha(\alpha \in \Pi \& a \in \alpha \& b \in \alpha)$$
$$\& \exists \beta(\beta \in \Pi \& b \in \beta \& c \in \beta),$$

于是 $b \in \alpha \cap \beta$,故 $\alpha \cap \beta \neq \varnothing$,由上述(c) 推知 $\alpha = \beta$,从而可有

$$a \in A \& c \in A \& \exists \alpha(\alpha \in \Pi \& a \in \alpha \& c \in \alpha),$$

这表明$\langle a,c\rangle \in R(\Pi)$,故 $R(\Pi)[\text{tra}]$.

综上所论,并由定义 5.3.1 知有$\langle R(\Pi)\rangle$.　□

定理 5.3.2 表明:由非空集合 A 上的一个等价关系所确定之一切等价类确定了 A 的一个划分,不妨称之为由等价关系$\langle R\rangle$ 所导出的一个划分(或分类). 又定理 5.3.3表明:由非空集合 A 上的一个划分的所有分块上的全关系之并确定了 A 上的一个等价关系,不妨称之为由划分 Π 导出的一个等价关系.

综上可见,定理 5.3.2 和定理 5.3.3 阐明和刻画了集合上之划分与等价关系之间的本质联系.

如所知,任给 $f:A\xrightarrow{\text{Inj}}B$,则可有 $f:A\xrightarrow{\text{Bij}}\text{ran}f\subseteq B$. 这就是说,任给由集 A 到 B 的一个单射 f,则总可在同一个映射 f 之下,确定一个由 A 到值域 $\text{ran}f$ 上的双射. 现在的问题是,任给由集 A 到 B 的一个满射 f,那么,它能确定一个什么样的双射呢?即任给 $f:A\xrightarrow{\text{Surj}}B$,那么,是否能由此映射 f 和集 A 去确定一个由某集 A^* 到 B 的一个双射 f^* 呢?如果回答是肯定的,那么,所说之 $A^*\&f^*$ 与 $A\&f$ 之间又有什么制约关系呢?下文的讨论就在于揭示其中的本质联系.

定义 5.3.6 任给 $R\subseteq A\times A\&\langle R\rangle$,则由 A 到 A/R 的自然映射被定义如下,并记为 φ,即

$$\varphi:A\to A/R\Leftrightarrow_{\text{df}}\forall a(a\in A\Rightarrow\varphi(a)=[a]_{\langle R\rangle}).$$

定理 5.3.4 任给 $f:A\xrightarrow{\text{Surj}}B$,令

$$R=\{\langle a_1,a_2\rangle\mid a_1\in A\&a_2\in A\&f(a_1)=f(a_2)\},$$

则 R 是 A 上的等价关系,即有 $R\subseteq A\times A\&\langle R\rangle$.

证明 现设 $f:A\xrightarrow{\text{Surj}}B$,且令

$$R=\{\langle a_1,a_2\rangle\mid a_1\in A\&a_2\in A\&f(a_1)=f(a_2)\},$$

则显然有 $R\subseteq A\times A$,此外,由 $f(a)=f(a)$ 而知

$$\forall a(a\in A\Rightarrow\langle a,a\rangle\in R),$$

故有 $R[\text{ref}]$,又由 $f(a_1)=f(a_2)\Rightarrow f(a_2)=f(a_1)$ 而可有

$$\langle a_1,a_2\rangle\in R\Rightarrow\langle a_2,a_1\rangle\in R,$$

故有 $R[\text{sym}]$,最后可由 $f(a_1)=f(a_2)\&f(a_2)=f(a_3)\Rightarrow f(a_1)=f(a_3)$ 而得

$$\langle a_1,a_2\rangle\in R\&\langle a_2,a_3\rangle\in R\Rightarrow\langle a_1,a_3\rangle\in R,$$

故有 $R[\text{tra}]$. 因此由定义 5.3.1 而知 $R\subseteq A\times A\&\langle R\rangle$. □

现为在下文中陈述之方便起见,特将定理5.3.6中所述之 $\langle R\rangle$ 叫作 A 上的同值等价关系,并且特别记为 $\langle R_f\rangle$,而 $R_f\subseteq A\times A$. 由 $\langle R_f\rangle$ 之构造而知必有

$$\langle a,b\rangle\in R_f\Leftrightarrow f(a)=f(b). \tag{Δ}$$

定理 5.3.5 任给 $f:A\xrightarrow{\text{Surj}}B$,$\langle R_f\rangle\subseteq A\times A$,以及 A 到 A/R_f 的自然映射 φ:$A\to A/R_f$,则存在唯一的 $f^*:A/R_f\xrightarrow{\text{Surj}}B$ 而使 $f=f^*\circ\varphi$.

证明 我们拟构造由 A/R_f 到 B 的映射

$$f^*:A/R_f\to B,$$

使在此 f^* 之下有 $[a]_{\langle R_f\rangle} \mapsto f(a)$. 即对任意的 $[a]_{\langle R_f\rangle} \in A/R_f$ 而言,如果 $f(a)=b$,则我们令

$$f^*([a]_{<R_f>})=b.$$

首先,我们来证明上述 f^* 确实是一个映射. 为此,设有 $[a]_{\langle R_f\rangle}=[d]_{\langle R_f\rangle}$,如此若有 $c\in[a]_{\langle R_f\rangle}$,则即为 $c\in[d]_{\langle R_f\rangle}$,由定理5.3.1(1)知 $\langle c,a\rangle\in R_f \& \langle c,d\rangle\in R_f$,由 $\langle R_f\rangle$[sym] 而有 $\langle a,c\rangle\in R_f \& \langle c,d\rangle\in R_f$, 于是由 $\langle R_f\rangle$[tra] 而得 $\langle a,d\rangle\in R_f$,于是由前述(Δ),即由 R_f 之构造而知 $f(a)=f(d)$,从而知

$$f^*([a]_{\langle R_f\rangle})=f(a)=f(d)=f^*([d]_{\langle R_f\rangle}).$$

这表明对于 A/R_f 中之任何元素而言,在 f^* 之下有唯一确定的值,故 f^* 是 A/R_f 到 B 的一个映射. 不仅如此,因为 $f:A\xrightarrow{\text{Surj}}B$,故 $\text{ran}f=B$,于是对任何 $b\in B$ 都有 $a\in A$ 而使 $f(a)=b$,从而也就有 $[a]_{\langle R_f\rangle}\in A/R_f$ 而使 $f^*([a]_{\langle R_f\rangle})=b$,故 $\text{ran}f^*=B$,因此 $f^*:A/R_f\xrightarrow{\text{Surj}}B$. 现设 $[a]_{\langle R_f\rangle}\neq[d]_{\langle R_f\rangle}$,由定理 5.3.1(4) 知 $a\ \overline{\in}\ [d]_{\langle R_f\rangle}$,再由定理 5.3.1(1),我们有 $\langle a,d\rangle\ \overline{\in}\ \langle R_f\rangle$,故由 $\langle R_f\rangle$ 的构造而知必有 $f(a)\neq f(d)$,从而此时有

$$f^*([a]_{\langle R_f\rangle})=f(a)\neq f(d)=f^*([d]_{\langle R_f\rangle}),$$

这表明我们有 $f^*:A/R_f\xrightarrow{\text{Inj}}B$,于是 $f^*:A/R_f\xrightarrow{\text{Bij}}B$.

现对任意的 $a\in A$,如果 $f(a)=b$,则如所知,应有 $f^*([a]_{\langle R_f\rangle})=b$. 又由定义5.3.6 知 $\varphi(a)=[a]_{\langle R_f\rangle}$. 因此,$(f^*\circ\varphi)(a)=f^*(\varphi(a))=f^*([a]_{\langle R_f\rangle})=b=f(a)$. 于是,我们有 $f=f^*\circ\varphi \& f^*:A/R_f\xrightarrow{\text{Bij}}B$.

此外,由于 $f:A\xrightarrow{\text{Surj}}B(a\mapsto f(a))$ 与自然映射 $\varphi:A\to A/R_f(a\mapsto[a]_{\langle R_f\rangle})$ 是预先给定且完全确定的,因之,能以满足 $f=f^*\circ\varphi$ 的 $f^*:A/R_f\xrightarrow{\text{Bij}}B([a]_{\langle R_f\rangle}\mapsto f(a))$ 必定是唯一确定的,即在任意给定 f 与 φ 的情况下,有且仅有 $f^*([a]_{\langle R_f\rangle})=f(a)$ 能使 $f=f^*\circ\varphi$. □

上述这个满射分解定理 5.3.5 在近世代数中之群、环的满同态分解定理中起着决定性作用.

定义 5.3.7 集合 A 上的二元关系 R 如果满足下述条件而被定义为 A 上的相容关系,并记为(R),即

$$(R)\Leftrightarrow_{\mathrm{df}}R\subseteq A\times A\&R[\mathrm{ref}]\&R[\mathrm{sym}].$$

由定义 5.3.7 与定义 5.3.1 可知，集合上的等价关系$\langle R\rangle$必为该集上的相容关系，然而反过来却不成立. 因而下文主要讨论集上之不是等价关系的相容关系.

定义 5.3.8 设有$R\subseteq A\times A\&(R)$，则$A$的子集$B$如果满足下述条件而被定义为$A$的自全相容类，并记为$B(\mathrm{LA})$，即

$$B(\mathrm{LA})\Leftrightarrow_{\mathrm{df}}B\subseteq A\&\forall a\forall b(a\in B\&b\in B\Rightarrow\langle a,b\rangle\in R)$$
$$\&\neg\exists c(c\in(A-B)\&\forall a(a\in B\Rightarrow\langle c,a\rangle\in R)).$$

例 4 设有$A=\{a,b,c,d,e\}$，$R=\{\langle a,a\rangle,\langle a,b\rangle,\langle a,d\rangle,\langle b,b\rangle,\langle b,a\rangle,\langle b,c\rangle,\langle b,d\rangle,\langle b,e\rangle,\langle c,c\rangle,\langle c,b\rangle,\langle c,e\rangle,\langle d,d\rangle,\langle d,a\rangle\langle d,b\rangle,\langle d,e\rangle,\langle e,e\rangle,\langle e,b\rangle,\langle e,c\rangle,\langle e,d\rangle\}$.

不难验证上述A上的二元关系R有性质

$$R\subseteq A\times A\&R[\mathrm{ref}]\&R[\mathrm{sym}],$$

但$R[\mathrm{tra}]$不成立. 所以R是A上的相容关系而不是A上的等价关系，故有$R\subseteq A\times A\&(R)$. 另一方面，也不难验证$B=\{a,b,d\}$，$C=\{b,c,e\}$，$D=\{b,d,e\}$都是$A$的自全相容类. 即有$B(\mathrm{LA})$、$C(\mathrm{LA})$和$D(\mathrm{LA})$. 不妨以$B(\mathrm{LA})$而验证之. 首先，$B\subseteq A$；此外，又有$\langle a,b\rangle\in R$，$\langle b,d\rangle\in R$，$\langle a,d\rangle\in R$. 而$A-B=\{c,e\}$，因为$\langle c,a\rangle\overline{\in}R\&\langle e,a\rangle\overline{\in}R$，故由定义 5.3.8 知有$B(\mathrm{LA})$，余类同. 现让我们给出$R\subseteq A\times A$的表示矩阵如下：

$$M_{(R)}=\begin{array}{c}\\a\\b\\c\\d\\e\end{array}\begin{array}{c}\begin{array}{ccccc}a&b&c&d&e\end{array}\\\begin{pmatrix}1&1&0&1&0\\1&1&1&1&1\\0&1&1&0&1\\1&1&0&1&1\\0&1&1&1&1\end{pmatrix}\end{array},$$

易见$M_{(R)}$的主对角线上之元素全为1，而且$M_{(R)}$完全对称于主对角线，因而有时也将$M_{(R)}$简记为

$$\begin{array}{|llll}1&&&\\0&1&&\\1&1&0&\\0&1&1&1\\\hline\end{array}$$

现在，如图 5.3.2 所示，让我们来观察$(R) \subseteq A \times A$ 的关系示意图. 易见图 5.3.2 有两个特点，其一是每个结点都有自环，其二是任意两个结点之间如有弧线，则必然是双向的. 其实这两个特点是由

$$(R)[\mathrm{ref}]\&(R)[\mathrm{sym}]$$

所决定的，因此，任何相容关系的示意图都将具有如上之特点，所以人们往往把图 5.3.2 简化为图 5.3.3.

一般来说，在约定条件下，图 5.3.3 更为简洁而不致引起混淆. 不仅如此，还可从这种简化了的关系示意图中归纳出一种求取自全相容类的方法如下：

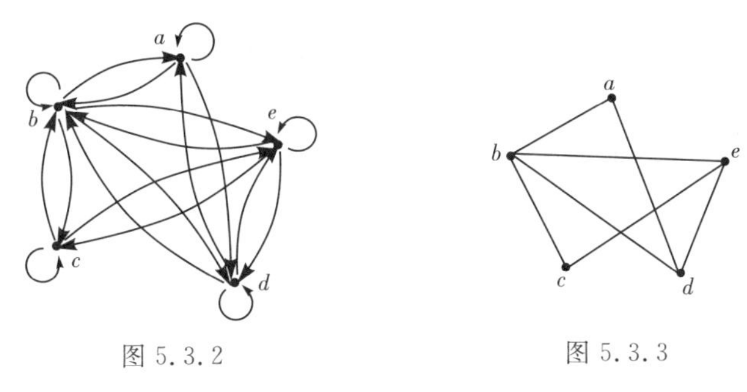

图 5.3.2　　　　图 5.3.3

第一，图中任一完全多边形的结点的集合是一个自全相容类.

第二，每一个孤立的结点也是一个自全相容类.

第三，不在完全多边形上的任一条边的两个端点的集是一个自全相容类.

就本例而言，如图 5.3.3 所示，$\{a,b,d\}$，$\{b,c,e\}$，$\{b,d,e\}$ 都是完全多边形之结点的集合，因而都是 A 上的自全相容类. 而且事实上也就是前述 $B(\mathrm{LA})$、$C(\mathrm{LA})$ 与 $D(\mathrm{LA})$. 又图 5.3.3 中既没有孤立之结点，也没有不在完全多边形上的边，所以 A 的任一自全相容之元素的个数都大于等于 3. 按照自全相容类之定义 5.3.8 和相容关系之定义 5.3.7，易于理解上述求取自全相容类的方法是合理而有据的.

如所知，前述定理 5.3.2 和定理 5.3.3 刻画了集合 A 上的等价关系与划分之间的本质联系. 相应地，集合 A 上的相容关系与覆盖之间的本质联系，将由下述两个定理予以阐明和刻画.

定理 5.3.6　设有 $R \subseteq A \times A\&(R)$，则 A 上的一切自全相容类所构成的集 $\Sigma = \{x \mid x(\mathrm{LA})\}$ 确定 A 的一个覆盖.

证明　设有 $R \subseteq A \times A\&(R)$，$\Sigma = \{x \mid x(\mathrm{LA})\}$，如果 $x \in \Sigma$，则 $x \subseteq A\&x(\mathrm{LA})$，故 $x \in \mathscr{P}A$，于是 $\Sigma \subseteq \mathscr{P}A$.

再设 $x \in \bigcup_{\mu \in \Sigma} \mu$，则有某个 $\mu \in \Sigma$ 而使 $x \in \mu$. 由于 $\mu \subseteq A$，故 $x \in A$，因此 $\bigcup_{\mu \in \Sigma} \mu \subseteq A$. 反之，设 $x \in A$，由于 (R)[ref]，故 $\langle x, x \rangle \in R$，如果

$$\forall a(a \in A \& x \neq a \Rightarrow (a, x) \overline{\in} R),$$

则 $\{x\} \subseteq A$ 是 A 的一个自全相容类. 故 $x \in \bigcup_{\mu \in \Sigma} \mu$，又若

$$\neg \forall a(a \in A \& x \neq a \Rightarrow \langle a, x \rangle \overline{\in} R),$$

即

$$\exists a(a \in A \& x \neq a \& \langle a, x \rangle \in R).$$

此时表明必有某个 $\mu \in \Sigma$ 而使 $x \in \mu$，故 $x \in \bigcup_{\mu \in \Sigma} \mu$. 因而不论哪种情形都有

$$x \in A \Rightarrow x \in \bigcup_{\mu \in \Sigma} \mu,$$

故 $A \subseteq \bigcup_{\mu \in \Sigma} \mu$，因此 $A = \bigcup_{\mu \in \Sigma} \mu$. 由定义 5.3.4 知 $\sum$ 确定了 A 的一个覆盖. □

定理 5.3.7 设 Π 是集 A 上的一个覆盖，则 Π 确定了 A 上的一个相容关系.

证明 设 Π 为集合 A 上的一个覆盖，则令

$$R = \bigcup_{\mu \in \Pi} \mu \times \mu.$$

由于 $\Pi \subseteq \mathscr{P}A$，故任何 $\mu \in \Pi$ 都有 $\mu \subseteq A$，因此 $\mu \times \mu \subseteq A \times A$，由于对任意的 $\langle x, y \rangle \in R$，都有某个 $\mu \in \Pi$，使得 $\langle x, y \rangle \in \mu \times \mu$，于是 $\langle x, y \rangle \in A \times A$，故有 $R \subseteq A \times A$.

今设任意的 $a \in A$，因由定义 5.3.4 知 $A = \bigcup_{\mu \in \Pi} \mu$，所以必有某个 $\mu \in \Pi$ 使得 $a \in \mu$，故 $\langle a, a \rangle \in \mu \times \mu$. 从而 $\langle a, a \rangle \in \bigcup_{\mu \in \Pi} \mu \times \mu$，即 $\langle a, a \rangle \in R$，故有 R[ref].

现再设 $\langle x, y \rangle \in R$，故有某个 $\mu \in \Pi$ 而使 $\langle x, y \rangle \in \mu \times \mu$，因而必有 $\langle y, x \rangle \in \mu \times \mu$，故 $\langle y, x \rangle \in \bigcup_{\mu \in \Pi} \mu \times \mu$，即 $\langle y, x \rangle \in R$，这表示有 R[sym]，由定义 5.3.7 知 R 为 A 上的相容关系，即有 $R \subseteq A \times A \& (R)$. □

5.4 次序关系

在本节之前的各个章节中所论及之集合的种种性质，几乎没有涉及元素与元素之间的次序关系，即除了在有序 n 元组与卡氏积的讨论中，曾略以素朴地提到元素间先后次序外，迄未严格而深入地探索和研究过集合之元素间的次序关系. 然而集合之元素间的次序关系与结构的分析讨论，不仅有其深刻而丰富的内容，且在集

合理论的研究中具有极为重要的地位.本书从本节开始,就进入序结构的探讨.但就本节的内容而言,仅限于围绕关系这一主题建立几个序关系的概念,至于整个序结构理论的展开,必须另辟专章分析讨论.相对于整个序结构的讨论而言,本节内容至多算是一种开场或引子.

如所知,我们前已涉及的许多集合,其元素本来就在一种自然顺序中,即集的任二不同元素,总是一个在前,一个在后,并将在前的元素写在后随元素的左方.例如,英语中的26个字母,总是按其自然顺序写成 $a,b,c,\cdots,x,y,z$;又如自然数全体总是按其数值大小的顺序而写成

$$1,2,3,\cdots,n,n+1,\cdots,$$

当然,我们也可人为地规定某种顺序.例如,我们可将自然数按递减的次序而排列为

$$\cdots,n+1,n,\cdots,3,2,1.$$

甚或可将全体奇数与全体偶数各按递增的次序排列之,然后又将全体奇数置于全体偶数之前而排列为

$$1,3,5,\cdots,2,4,6,\cdots,$$

如此等等.

总的来说,对于某集 A 而言,若能给出一种规则 φ,按照这一规则 φ,能使集 A 的元素处在某种顺序之中,又若在 φ 之下,A 的元 a 在 b 之前,则记为 $a\prec b$ 或 $b\succ a$,有时也记为 $a\leqslant b$ 或 $b\geqslant a$,等等.从而在论及某集的元在某种顺序中时,则应将集合与排序规则一并考虑之,而且抽象地用记号 (A,φ) 表示集合 A 的元在排序规则 φ 之下处在某种顺序中.

现在,我们首先建立集合之偏序概念.

定义 5.4.1　非空集合 A 上的二元关系 R 如果满足下述条件,则被定义为 A 上的偏序关系:

$$R\subseteq A\times A\&R[\mathrm{ref}]\&R[\mathrm{asym}]\&R[\mathrm{tra}].$$

并且常以 $\leqslant$ 表示偏序关系.

注意,如果 $\leqslant$ 是集 A 上的偏序关系,则符号 $(A,\leqslant)$ 表示集合 A 是一个偏序

集,实际上,也是指集 A 上有偏序关系 $\leqslant$. 偏序关系简称为偏序,也叫作半序.

定义 5.4.2　非空集合 A 上的偏序关系 $\leqslant$ 如果满足下述条件,则被定义为 A 上的全序关系:即

$$\leqslant \subseteq A\times A \,\&\, \forall a\forall b(a\in A \,\&\, b\in A \Rightarrow a\leqslant b \text{ or } b\leqslant a).$$

我们常用$\lesdot$表示全序关系.

注意,如果$\lesdot$是集 A 上的全序关系,则符号$(A, \lesdot)$表示集合 A 是一个全序集. 此外,全序关系简称为全序,也叫作单序或线序.

例如,自然数集 ω 上的小于等于关系 $\leqslant$ 是 ω 上的偏序关系,即 $\leqslant\subseteq\omega\times\omega$,并且 $(\omega, \leqslant)$ 是偏序集. 不仅如此, $\leqslant$ 也是 ω 上的全序关系,因为显然有 $\forall m\forall n(m\in\omega \,\&\, n\in\omega\Rightarrow m\leqslant n \text{ or } n\leqslant m)$,因此,又有$(\omega, \leqslant)$ 是全序集.

实际上,由上述定义 5.4.2 与定义 5.4.1 知,任何$(A, \lesdot)$都是$(A, \leqslant)$,但反过来不成立.

例如,正整数集合 I_+ 上的整除关系 $\mid$ 是 I_+ 上的偏序关系,但不是 I_+ 上的全序关系. 在这里,$m\mid n =_{\mathrm{df}} \exists k(k\in I_+ \,\&\, n = k\cdot m)$. 那么,我们可有 $3\mid 9$,$2\mid 16$,$1\mid 3$,等等,但没有 $2\mid 3$,$3\mid 8$,等等,所以不满足全序约束条件. 为了显示 I_+ 上的这个偏序关系是整除关系 $\mid$,也特将该偏序集记为$(I_+, \mid)$.

又如非空集合 A 的幂集 $\mathscr{P}A$ 上的包含关系 $\subseteq$ 是 $\mathscr{P}A$ 上的一个偏序关系,这种偏序关系或偏序集也可特别记为$(\mathscr{P}A, \subseteq)$.

既然偏序关系本身也是一种关系,因而也有它的关系示意图,今举例讨论之. 令 $A=\{a,b\}$,则 $\mathscr{P}A=\{\varnothing,\{a\},\{b\},\{a,b\}\}$,试考虑 $\mathscr{P}A$ 中诸元素之间的包含关系 $\subseteq$. 显然,如前所述我们有

$$\subseteq\subseteq \mathscr{P}A\times\mathscr{P}A \,\&\, (\mathscr{P}A, \subseteq)$$

并且

$$\begin{aligned}\subseteq = \{&\langle\varnothing,\{a\}\rangle,\langle\varnothing,\{b\}\rangle,\langle\varnothing,\{a,b\}\rangle,\langle\{a\},\{a,b\}\rangle,\\ &\langle\{b\},\{a,b\}\rangle,\langle\varnothing,\varnothing\rangle,\langle\{a\},\{a\}\rangle,\langle\{b\},\{b\}\rangle,\langle\{a,b\},\{a,b\}\rangle\}.\end{aligned}$$

因此,图 5 .4.1 便是上述 $\subseteq$ 的关系示意图. 人们往往把图 5.4.1 简化为图 5.4.2.

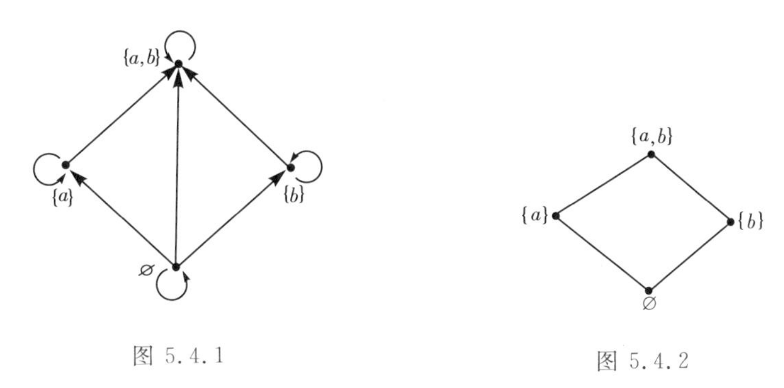

图 5.4.1　　　　图 5.4.2

试问上述这种关系示意图的简化的根据是什么?首先,任给某集上的偏序关系 $\leqslant$,则因有 $\leqslant$[ref],从而每个结点都有自环,从而统一将自环去掉,又因 $\leqslant$[tra],因而也将能由可传关系而得到的弧去掉,最后,不妨人为地将顺序安排为自下而上,从而干脆把所有的箭头也去掉.这里应注意,正因为有 $\leqslant$[asym],所以任何两个相异结点之间的弧线决不会双向,既然如此,上述这种自下而上的人为安排是可行的.

不仅如此,我们还可通过下述定义,而将上述关系示意图的简化手续上升为普遍规则.

定义 5.4.3　设 $a \in A \& b \in A \& \leqslant$ 是 A 上的偏序.则 b 按如下方式而被定义为盖住 a,并记为 $b \,/\!\!\overline{/a}$,即

$$b \,/\!\!\overline{/a} \Leftrightarrow_{\text{df}} a \neq b \& a \leqslant b$$
$$\& \neg \exists c (c \in A \& c \neq a \& c \neq b \& a \leqslant c \leqslant b).$$

例如,在上述 $\mathscr{P}A = \{\varnothing, \{a\}, \{b\}, \{a,b\}\}$ 中,我们有 $\{a\} \,/\!\!\overline{/\varnothing}$,$\{a,b\} \,/\!\!\overline{/\{b\}}$ 等等,但没有 $\{a,b\} \,/\!\!\overline{/\varnothing}$,因为虽有 $\varnothing \subseteq \{a,b\} \& \varnothing \neq \{a,b\}$,然而有 $\{a\}$ 使 $\varnothing \subseteq \{a\} \subseteq \{a,b\}$.

现在,我们利用 $(A, \leqslant)$ 中之 $/\!\!\overline{/}$ 关系给出 $\leqslant$ 示意图的作法规则如下:

第一,用黑点 • 或小圈 ◦ 表示 $(A, \leqslant)$ 之元.

第二,抽象地在平面上任意画一组水平线,自然有上有下,于是当 $a \in (A, \leqslant) \& b \in (A, \leqslant) \& a \leqslant b \& a \neq b$ 时,我们总将 b 置于较上层的水平线上,而相对地将 a 置于 b 所在水平线的较下面的水平线上.

第三，如果 $b\ \overline{/\!/a}$，则以直线段连接 a 和 b.

第四，如果 $a \leqslant b$ 与 $b \leqslant a$ 都不成立，则称 a 和 b 在 $\leqslant$ 下不可比较，即 $a)(b$，此时 a 和 b 的位置不作规定.

不妨对前述 $\mathscr{P}A = \{\varnothing, \{a\}, \{b\}, \{a,b\}\}$，按照上述四个步骤去做出 $\mathscr{P}A$ 的元素间的 $\subseteq$ 关系示意图，易见恰好有前述简化了的 $\subseteq$ 关系示意图 5.4.2.

再考虑一下前述全序集合$(\omega, \lessdot)$ 的那个例子，如果做出$\lessdot$的示意图，易见将是由一条指向上方的半直线所联结的诸自然数. 实际上，在全序关系中. 由于集的任二元素都是可比较的，而且一个盖住一个，由于$\lessdot$[asym]，次序不会循环，所以任何全序的示意图，均可单向地（自下而上地）用半直线或直线将诸元素连接起来，这也是人们将全序另称为单序或线序的背景.

今设 $\leqslant$ 与$\lessdot$分别为集合 A 上的偏序关系和全序关系，人们在习惯上约定

$$\geqslant =_{\mathrm{df}} \breve{\leqslant} \ \& \ \gtrdot =_{\mathrm{df}} \breve{\lessdot},$$

即把偏序关系与全序关系的逆关系分别记为 $\geqslant$ 和$\gtrdot$，从而易见下述定理为真.

定理 5.4.1 设有偏序集$(A, \leqslant)$ 和全序集$(A, \lessdot)$，则

(1) $(A, \leqslant)$ 是偏序集 $\Rightarrow (A, \geqslant)$ 也是偏序集，

(2) $(A, \lessdot)$ 是全序集 $\Rightarrow (A, \gtrdot)$ 也是全序集，

(3) $(A, \leqslant)$ 是偏序集 $\& A_1 \subseteq A \Rightarrow (A_1, \leqslant) \& (A_1, \geqslant)$ 均为偏序集，

(4) $(A, \lessdot)$ 是全序集 $\& A_1 \subseteq A \Rightarrow (A_1, \lessdot) \& (A_1, \gtrdot)$ 均为全序集.

证明 事实上，根据定理 5.1.8(1)(4)(6) 以及定义 5.4.1 易见本定理之(1)和(2) 为真. 至于(3) 和(4)，首先由于 A_1 的一切元都是 A 的元，故在所设前提下显然有$(A_1, \leqslant)$ 为偏序集与$(A_1, \lessdot)$ 为全序集，再由已证之上述(1) 与(2) 即知有$(A_1, \geqslant)$ 为偏序集，并且$(A_1, \gtrdot)$ 为全序集. □

定义 5.4.4 非空集合 A 上的二元关系 R 如果满足下述条件，则被定义为 A 上的严格偏序：

$$R \subseteq A \times A \& R[\mathrm{imasym}] \& R[\mathrm{tra}].$$

我们常用 $<$ 表示严格偏序关系.

定义 5.4.5 非空集合 A 上的严格偏序关系 $<$ 如果满足下述条件，则被定义为 A 上的严格全序：

$$< \subseteq A \times A \& \ \forall a \forall b (a \in A \& b \in A \& a \neq b$$

$$\Rightarrow \langle a,b\rangle \in < \text{ or} \langle b,a\rangle \in <).$$

我们常用$\lessdot$表示严格全序关系.

定理 5.4.2　设$(A,\leqslant)$、$(A,\preccurlyeq)$ 依次为偏序集、全序集,则

(1) $R=(\leqslant - I_A)$ 是 A 上的严格偏序,

(2) $R=(\preccurlyeq - I_A)$ 是 A 上的严格全序.

证明　依次证明(1)(2) 如下:

(1) 设$\leqslant$是A上的偏序关系,而$R=(\leqslant - I_A)$,要证R是A上的严格偏序.按定义 5.4.4,即要证 $R[\text{imasym}]\&R[\text{tra}]$.现为证 $R[\text{imasym}]$,先指出下列几点:

(a) $I_A=\breve{I}_A$,

(b) $\breve{(R_1-R_2)}=\breve{R}_1-\breve{R}_2$,

(c) $\leqslant \cap \breve{\leqslant} \subseteq I_A$.

事实上,因为 $I_A=\{x \mid x=\langle a,a\rangle, a\in A\}$,由定义 5.1.3,易见(a) 为真.至于上述(b),则见 5.1 节之例 7.而上述(c),可由 $\leqslant[\text{asym}]$ 与定理 5.1.6(2) 知其为真.

如此,我们有

$$\begin{aligned}
R\cap \breve{R} &= (\leqslant - I_A)\cap \breve{(\leqslant - I_A)} && \text{假设}\\
&= (\leqslant - I_A)\cap(\breve{\leqslant} - \breve{I}_A) && \text{上述(b)}\\
&= (\leqslant - I_A)\cap(\breve{\leqslant} - I_A) && \text{上述(a)}\\
&= (\leqslant \cap \sim I_A)\cap(\breve{\leqslant}\cap \sim I_A) && \text{定理 2.2.3(12)}\\
&= \leqslant \cap \breve{\leqslant} \cap \sim I_A && \\
&\subseteq I_A \cap \sim I_A && \text{上述(c)}\\
&= \varnothing. && \text{定理 2.2.1(10)}
\end{aligned}$$

故由定理 5.1.6(5) 而知有 $R[\text{imasym}]$.

再证 $R[\text{tra}]$,为之,设有 $aRb\&bRc$,而这就是$\langle a,b\rangle \in (\leqslant - I_A)\&\langle b,c\rangle \in (\leqslant - I_A)$,于是我们得到$\langle a,b\rangle \in \leqslant \& \langle a,b\rangle \overline{\in} I_A \& \langle b,c\rangle \in \leqslant \& \langle b,c\rangle \overline{\in} I_A$,从而有$\langle a,b\rangle \in \leqslant \& a\neq b \& \langle b,c\rangle \in \leqslant \& b\neq c$,因此,首先由$\leqslant[\text{tra}]$而知$\langle a,c\rangle \in \leqslant$.

现证$\langle a,c\rangle \overline{\in} I_A$,否则若设$\langle a,c\rangle \in I_A$,则 $a=c$,于是以 a 取代c 在$\langle a,b\rangle \in \leqslant \& \langle b,c\rangle \in \leqslant$ 中的出现即得$\langle a,b\rangle \in \leqslant \& \langle b,a\rangle \in \leqslant$,于是由$\leqslant[\text{asym}]$而得 $a=b$,

从而矛盾于 $a \neq b$,这表明应有 $\langle a,c\rangle \overline{\in} I_A$.

从而我们有 $\langle a,c\rangle \in \leqslant \& \langle a,c\rangle \overline{\in} I_A$,即 $\langle a,c\rangle \in (\leqslant - I_A)$,故 $\langle a,c\rangle \in R$. 总之,$aRb \& bRc \Rightarrow aRc$,故 $R[\text{tra}]$.

综上所证,并由定义 5.4.4 知 $R = (\leqslant - I_A)$ 是 A 上的严格偏序.

(2) 今设有 $(A, \dot{\leqslant})$ 是全序集 $\& R = (\dot{\leqslant} - I_A)$,要证 R 是 A 上的严格全序. 按定义 5.4.5,首先要证 R 是 A 上的严格偏序. 由于全序是偏序的特殊情况,故有关偏序的结果对全序均成立. 从而由本定理之(1) 中所证结果,即足以说明此处也有 R 是 A 上的严格偏序. 故按定义 5.4.5 只要再证

$$\forall a \forall b(a \in A \& b \in A \& a \neq b \Rightarrow \langle a,b\rangle \in R \text{ or } \langle b,a\rangle \in R).$$

但由定义 5.4.2 知有 $\forall a \forall b(a \in A \& b \in A \& a \neq b \Rightarrow (a \dot{\leqslant} b \text{ or } b \dot{\leqslant} a) \& a \neq b)$,而这就是

$$\forall a \forall b(a \in A \& b \in A \& a \neq b \Rightarrow (a \dot{\leqslant} b \& a \neq b) \text{ or } (b \dot{\leqslant} a \& a \neq b)) \tag{*}$$

此外,既然 $a \neq b$,则必有 $\langle a,b\rangle \overline{\in} I_A \& \langle b,a\rangle \overline{\in} I_A$,因此,表达式 $a \dot{\leqslant} b \& a \neq b$ 就是 $a \dot{\leqslant} b \& \langle a,b\rangle \overline{\in} I_A$,即 $\langle a,b\rangle \in (\dot{\leqslant} - I_A)$,即 $\langle a,b\rangle \in R$. 同理由 $b \dot{\leqslant} a \& a \neq b$ 而可有 $\langle b,a\rangle \in R$. 如此,上述(*) 就是

$$\forall a \forall b(a \in A \& b \in A \& a \neq b \Rightarrow \langle a,b\rangle \in R \text{ or } \langle b,a\rangle \in R).$$

综上所证并由定义 5.4.5 而知 R 是 A 上的严格全序. □

定理 5.4.3 设 $(A, <)$,$(A, \lessdot)$ 为严格偏序集和严格全序集,则有

(1) $R = (< \cup I_A)$ 为 A 上的偏序关系,

(2) $R = (\lessdot \cup I_A)$ 为 A 上的全序关系.

证明 选证(1),仿照(1) 而自行证明(2).

(1) 今设有 $(A, <)$ 为严格偏序集 $\& R = (< \cup I_A)$,要证 R 是 A 上的偏序,据定义 5.4.1,只要证 $R[\text{ref}] \& R[\text{asym}] \& R[\text{tra}]$.

首先,因有 $I_A \subseteq < \cup I_A$,即 $I_A \subseteq R$,由定理 5.1.6(1) 而知有 $R[\text{ref}]$.

其次,为证 $R[\text{asym}]$ 而先指出如下几点:

(a) $I_A = \breve{I_A}$,

(b) $\breve{(R_1 \cup R_2)} = \breve{R_1} \cup \breve{R_2}$,

(c) $< \cap \breve{<} = \varnothing$,

(d) $< \cap I_A = \varnothing$,

(e) $\breve{<} \cap I_A = \varnothing$.

(a) 应算是熟知的,(b) 是 5.1 节例 7 之(a),又由 $<$[imasym] 和定理5.1.6(5) 而知(c) 为真.对于(d),首先由 $<$[imasym] 与定理 5.1.7(2) 知有 $<$[irref],如此再由定理 5.1.6(2) 而知 $< \cap I_A = \varnothing$.至于(e),首先由 $<$[irref] 与定理 5.1.8(2) 而有 $\breve{<}$[irref],于是由定理 5.1.6(2) 而有 $\breve{<} \cap I_A = \varnothing$.

如此,我们即有

$$
\begin{aligned}
R \cap \breve{R} &= (< \cup I_A) \cap \breve{(< \cup I_A)} && \text{假设} \\
&= (< \cup I_A) \cap (\breve{<} \cup I_A) && \text{上述(b)、(a)} \\
&= [(< \cup I_A) \cap \breve{<}] \cup [(< \cup I_A) \cap I_A] \\
&= (< \cap \breve{<}) \cup (I_A \cap \breve{<}) \cup (< \cup I_A) \cup (I_A \cap I_A) \\
&= \varnothing \cup \varnothing \cup \varnothing \cup I_A && \text{上述(c)、(d)、(e)} \\
&\subseteq I_A,
\end{aligned}
$$

于是由定理 5.1.6(4) 而知有 R[asym].

最后,为证 R[tra] 而先指出三点:

(a′) $R \circ I_A = I_A \circ R = R$,

(b′) $< \circ < \subseteq <$,

(c′) $I_A \circ I_A = I_A$.

事实上,(a′) 与(c′) 是显然的,至于(b′),先设 $\langle a,c \rangle \in < \circ <$,则有 b 使得 $\langle a,b \rangle \in < \ \& \ \langle b,c \rangle \in <$,又因 $<$[tra] 而知 $\langle a,c \rangle \in <$, 于是 $< \circ < \subseteq <$.

如此,我们有

$$
\begin{aligned}
R^2 = R \circ R &= (< \cup I_A) \circ (< \cup I_A) && \text{假设} \\
&= (< \cup I_A) \circ < \cup (< \cup I_A) \circ I_A && \text{定理 5.1.2(1)} \\
&= (< \circ <) \cup (I_A \circ <) \cup (< \circ I_A) \cup (I_A \circ I_A) && \text{定理 5.1.2(2)} \\
&\subseteq < \cup < \cup < \cup I_A && \text{上述}(a),(b),(c) \\
&= < \cup I_A \\
&= R. && \text{假设}
\end{aligned}
$$

根据定理 5.1.6(6) 而知 R[tra].

综上所证并由定义 5.4.1 而知 $R = (< \cup I_A)$ 是 A 上的偏序关系. □

下文讨论偏序集中的一些特殊元素,即所谓最大元,最小元,极大元和极小元,等等.为之,先让我们给出这些特殊元素的定义.

定义 5.4.6 设有$(A,\leqslant)$是偏序集 $\& B\subseteq A\& b\in B$,如果 b 满足条件 $\forall x(x\in B\Rightarrow b\leqslant x)$,则称 b 为 B 的最小元素,并记为 $\mathrm{l}_B(b)$.

定义 5.4.7 设有$(A,\leqslant)$是偏序集 $\& B\subseteq A\& b\in B$,如果 b 满足条件 $\forall x(x\in B\Rightarrow x\leqslant b)$,则称 b 为 B 的最大元素,并记为 $\mathrm{g}_B(b)$.

定义 5.4.8 设有$(A,\leqslant)$是偏序集 $\& B\subseteq A\& b\in B$,如果 b 满足条件 $\forall x(x\in B\& x\leqslant b\Rightarrow x=b)$,则称 b 为 B 的极小元素,并记为 $\mathrm{mi}_B(b)$.

定义 5.4.9 设有$(A,\leqslant)$是偏序集 $\& B\subseteq A\& b\in B$,如果 b 满足条件 $\forall x(x\in B\& b\leqslant x\Rightarrow x=b)$,则称 b 为 B 的极大元素,并记为 $\mathrm{ma}_B(b)$.

直观而粗糙地说,若称 $a\leqslant b$ 为"a 小于 b"或"b 大于 a",则"比 B 中一切元都小"的元叫作 B 的最小元,"比 B 中一切元都大"的元叫作 B 的最大元."除本身外,没有 B 中之元素比它更小"的元叫作 B 的极小元,"除本身外,没有 B 中之元素比它更大"的元叫作 B 的极大元.

例 1 设 $A=\{a,b\}$,考虑偏序集$(\mathscr{P}A,\subseteq)$,则

(a) 若 $B=\{\{a\}\}$,则有 $\mathrm{l}_B(\{a\})\&\mathrm{g}_B(\{a\})$.

(b) 若 $B=\{\{a\},\varnothing\}$,则 $\mathrm{g}_B(\{a\})\&\mathrm{l}_B(\varnothing)$.

(c) 若 $B=\{\{a\},\{b\}\}$,则 B 中既无最大元,也无最小元,因在 $\subseteq$ 之下,$\{a\})(\{b\}$.

(d) 若 $B=\{\varnothing,\{a\},\{b\}\}$,则 $\mathrm{l}_B(\varnothing)$,但 B 中无最大元.

(e) 若 $B=\{\{a\},\{b\},\{a,b\}\}$,则 $\mathrm{g}_B(\{a,b\})$,但 B 中无最小元.

再据定义 5.4.8 与定义 5.4.9,让我们再考虑,

(f) 若 $B=\{\{a\}\}$,则有 $\mathrm{mi}_B(\{a\})\&\mathrm{ma}_B(\{a\})$.

(g) 若 $B=\{\{a\},\{b\}\}$,则 $\mathrm{mi}_B(\{a\})\&\mathrm{ma}_B(\{a\})$,而且 $\mathrm{mi}_B(\{b\})\&\mathrm{ma}_B(\{b\})$.

例 2 试考虑偏序集$(R,\leqslant)$,其中 R 为实数集,$\leqslant$ 为通常的小于等于符号,令

$$B=(0,1)=\{x\mid x\in R\& 0<x<1\},$$

则 B 中既无极小元,也无极大元,更无最小元和最大元.

试比较上述例 1 中之(c)与(g),可以具体理解到最大元与极大元,以及最小元与极小元之间的不同含义.由例 1 之(b)与(c)可知,偏序集的子集既可以存在最大元或最小元,也可以没有最大元与最小元.由例 1 之(g)与例 2 可知,偏序集之子集既可以有极大元或极小元,也可以不包含极大元或极小元.由例 1 之(g)可知,偏序

集之子集中的极大元或极小元不唯一.又若偏序集之子集中存在最大元或最小元，试问是否唯一存在?下面的定理对此做出肯定的回答.

定理 5.4.4　设有$(A, \leqslant)$是偏序集$\& B \subseteq A$,且以$g_i(i=1,2)$与$l_i(i=1,2)$分别表示B中之最大元与最小元,则有

(1)$g_1 = g_2$,

(2)$l_1 = l_2$.

证明　选证(1),自行证明(2).

(1)设有$(A, \leqslant) \& B \subseteq A \& g_1 \in B \& g_2 \in B$,这里$g_1$与$g_2$都是$B$的最大元素.由定义5.4.7而知,对任意的$x \in B$,应有$x \leqslant g_1$,此时因$g_2 \in B$而不能例外,故应有$g_2 \leqslant g_1$,另一方面,对任意的$x \in B$,又应有$x \leqslant g_2$,此时又因$g_1 \in B$而不能例外,因此又有$g_1 \leqslant g_2$.总之,我们有$g_1 \leqslant g_2 \& g_2 \leqslant g_1$,由于$\leqslant$[asym],故由定义5.1.7而有$g_1 = g_2$.　□

定理 5.4.5　设有$(A, \leqslant)$是偏序集$\& B \subseteq A$,则

(1)$\mathrm{l}_B(b) \Rightarrow \mathrm{mi}_B(b)$,

(2)$\mathrm{g}_B(b) \Rightarrow \mathrm{ma}_B(b)$.

证明　选证(2),自行证明(1).

(2)设有$(A, \leqslant) \& B \subseteq A \& \mathrm{g}_B(b)$,现反设$b$不是$B$的极大元,则由定义5.4.9知$\exists b'(b' \in B \& b \leqslant b' \& b' \neq b)$,于是由定义5.4.7可知$b$不是$B$的最大元素,这就矛盾于我们的前提$\mathrm{g}_B(b)$,这表明$b$必为$B$之极大元,即此时必有$\mathrm{ma}_B(b)$.　□

注意前述例1中之(c)与(g),虽有

$$\mathrm{mi}_B(\{a\}) \& \mathrm{ma}_B(\{a\}),$$

但B中既无最大元,也无最小元.所以上述定理5.4.5之逆不成立

定义 5.4.10　设有$(A, \leqslant)$是偏序集$\& B \subseteq A \& a \in A$,如果$a$满足条件$\forall x(x \in B \Rightarrow x \leqslant a)$,则称$a$为$B$的上界,并记为$\mathrm{ub}_B(a)$,

定义 5.4.11　设有$(A, \leqslant)$是偏序集$\& B \subseteq A \& a \in A$,如果$a$满足条件$\forall x(x \in B \Rightarrow a \leqslant x)$,则称$a$为$B$的下界,并记为$\mathrm{lb}_B(a)$.

注意B的上、下界不一定在子集B之中,这是上、下界与最大、最小元的区别所在.

定义 5.4.12　设有$(A, \leqslant)$是偏序集$\& B \subseteq A \& a \in A$,如果$a$满足条件

$\mathrm{ub}_B(a) \& \forall x(x \in A \& \mathrm{ub}_B(x) \Rightarrow a \leqslant x)$，则称 a 为 B 的最小上界，并记为 $\mathrm{lub}_B(a)$.

定义 5.4.13 设有 $(A, \leqslant)$ 是偏序集 $\& B \subseteq A \& a \in A$，如果 a 满足条件 $\mathrm{lb}_B(a) \& \forall x(x \in A \& \mathrm{lb}_B(x) \Rightarrow x \leqslant a)$，则称 a 为 B 的最大下界，并记为 $\mathrm{glb}_B(a)$.

例 3 设 $A = \{a, b\}$，考虑偏序集 $(\mathscr{P}A, \subseteq)$，则

(a) 若 $B = \{\{a\}\}$，则 $\mathrm{ub}_B(\{a\}) \& \mathrm{ub}_B(\{a,b\})$，而且 $\mathrm{lub}_B(\{a\})$，又 $\mathrm{lb}_B(\{a\}) \& \mathrm{lb}_B(\varnothing)$，而且 $\mathrm{glb}_B(\{a\})$.

(b) 若 $B = \{\{a\},\{b\}\}$，则 $\mathrm{ub}_B(\{a,b\}) \& \mathrm{lub}_B(\{a,b\})$，又 $\mathrm{lb}_B(\varnothing) \& \mathrm{glb}_B(\varnothing)$.

例 4 考虑偏序集 $(R, \leqslant)$，其中 R 为实数集，$\leqslant$ 为通常的小于等于号，令

$$B = [0,1) = \{x \mid x \in R \& 0 \leqslant x < 1\},$$

则集合 $A = \{x \mid x \in R \& x \geqslant 1\}$ 中任一元都是 B 的上界，并且 $\mathrm{lub}_B(1)$. 又 $C = \{x \mid x \in R \& x \leqslant 0\}$ 中任一元都是 B 的下界，并且 $\mathrm{glb}_B(0)$.

定理 5.4.6 设有 $(A, \leqslant)$ 是偏序集 $\& B \subseteq A$，则

(1) $\mathrm{g}_B(b) \Rightarrow \mathrm{lub}_B(b)$，

(2) $\mathrm{ub}_B(b) \& b \in B \Rightarrow \mathrm{g}_B(b)$.

证明 依次证明(1)与(2).

(1) 设有 $(A, \leqslant)$ 是偏序集 $\& B \subseteq A \& \mathrm{g}_B(b)$，则由定义 5.4.7 知对任意的 $b' \in B$ 都有 $b' \leqslant b$，故由定义 5.4.10 知 $\mathrm{ub}_B(b)$，若另设 $\mathrm{ub}_B(b^*)$，则由定义 5.4.10 知 $\forall x(x \in B \Rightarrow x \leqslant b^*)$，因 $b \in B$ 而不得例外，故 $b \leqslant b^*$，这表明我们有

$$\mathrm{ub}_B(b) \& \forall x(x \in A \& \mathrm{ub}_B(x) \Rightarrow b \leqslant x).$$

按定义 5.4.12 知 $\mathrm{lub}_B(b)$.

(2) 设有 $(A, \leqslant)$ 是偏序集 $\& B \subseteq A \& b \in B \& \mathrm{ub}_B(b)$，则根据定义5.4.10 知 $\forall x(x \in B \Rightarrow x \leqslant b)$，这表明我们有

$$b \in B \& \forall x(x \in B \Rightarrow x \leqslant b),$$

故由定义 5.4.7 知 $\mathrm{g}_B(b)$.

易见下述定理为真，自行证明之.

定理 5.4.7 设有 $(A, \leqslant)$ 是偏序集 $\& B \subseteq A$. 则

(1) $\mathrm{lub}_B(b_1) \& \mathrm{lub}_B(b_2) \Rightarrow b_1 = b_2$，

(2) $\mathrm{glb}_B(b_1) \& \mathrm{glb}_B(b_2) \Rightarrow b_1 = b_2$. □

习题与补充 5

1. 设 $A=\{a_1,a_2,a_3,a_4\}$，$R_1=\{\langle a_1,a_3\rangle,\langle a_2,a_3\rangle\}$，$R_2=\{\langle a_1,a_2\rangle,\langle a_2,a_1\rangle,\langle a_3,a_4\rangle\langle a_4,a_3\rangle\}$，试求 $R_1\circ R_2$，$R_2\circ R_1$. 并在"$a_1R_1a_3$ 表示 a_1 是 a_3 之 子"和"$a_1R_2a_2$ 表示 a_1 是 a_2 之兄弟"的含义下，解释 $R_1\circ R_2$，$R_2\circ R_1$.

2. 设 $R=\{\langle x,y\rangle\mid x$ 是 y 的子女$\}$，$D=\{\langle x,y\rangle\mid x$ 是 y 的后代$\}$，$B=\{\langle x,y\rangle\mid x$ 有一个祖先也是 y 的祖先$\}$. 试用 R 表示出 D 与 B. 并讨论 R、D、B 的自反性、反自反性、对称性、反对称性、拟反对称性和可传性.

3. 设 R 是论域 $A=\{1,2,3,4\}$ 上的关系，并由如下关系矩阵给出：

$$\boldsymbol{M}_R=\begin{pmatrix}0&1&0&1\\0&1&1&0\\1&0&1&1\\0&0&1&0\end{pmatrix},$$

试求 R 的自反闭包 $r(R)$、对称闭包 $s(R)$ 与可传闭包 $t(R)$.

4. 试证明对任何 $R_1\subseteq A\times B$、$R_2\subseteq B\times C$、$R_3\subseteq B\times C$ 有：

(1)$R_1\circ(R_2\cap R_3)\subseteq(R_1\circ R_2)\cap(R_1\circ R_3)$，

(2)$R_1\circ(R_2-R_3)\supseteq(R_1\circ R_2)-(R_1\circ R_3)$.

再分别举出反例说明以上(1)、(2) 两式的反包含关系不成立.

5. 证明对任何关系 $R\subseteq A\times A$，总有

$$R\cap I_A=\breve{R}\cap I_A\subseteq R\cap\breve{R}.$$

6. 试由自反闭包的定义，直接证明任何关系 $R\subseteq A\times A$ 的自反闭包的存在性与唯一性.

(提示：参见 5.2 节定义 5.2.1 之后的说明.)

7. 利用定理 5.1.6 与定理 5.2.1 直接证明定理 5.2.2.

8. 试问 $R[\text{tra}]\Rightarrow s(R)[\text{tra}]$ 是否成立?说明理由或举出反例.

9. 证明对任何关系 R 总有 $rt(R)=tr(R)$.

10. 试举出反例说明 $ts(R)\subseteq st(R)$ 并不普遍成立，从而 $st(R)=ts(R)$ 并不普遍成立.

11. 定义平面上两点(x_0, y_0)与(x_1, y_1)当且仅当$y_0 - x_o^2 = y_1 - x_1^2$时为等价,试验证这是一个等价关系,并给出它所决定的等价类.

12. 有人认为等价关系定义中的自反性要求可以去掉,因为R有对称性,故由aRb可得出bRa,又由R的可传性即得aRa,从而a有自反性.这表明自反性可由对称性与可传性导出,故自反性要求是多余的.试问这一推理过程是否正确?为什么?

13. 设关系$R \subseteq A \times A$非空,并且R是可传的和对称的,求证有$A_0 \subseteq A$使得R在A_0上的"限制关系"$R \cap (A_0 \times A_0)$是等价关系.

14. 试对映射$f: R^{(1)} - \{\frac{\pi}{2} + k\pi : k = 0, \pm 1, \pm 2, \cdots\} \to R^{(1)}, f: x \mapsto \tan x$求出定理5.3.5中所指出的自然映射$\varphi$及使$f = f^* \circ \varphi$的映射$f^*$.

15. 设$S = \{\langle x, y\rangle \mid y - x$是一整数$\}$,试证明$S$是实直线上的一个等价关系,并给出$S$的等价类和由$S$生成的划分.

16. 下图为一个相容关系的简化图,试求出其上所有的自全相容类.

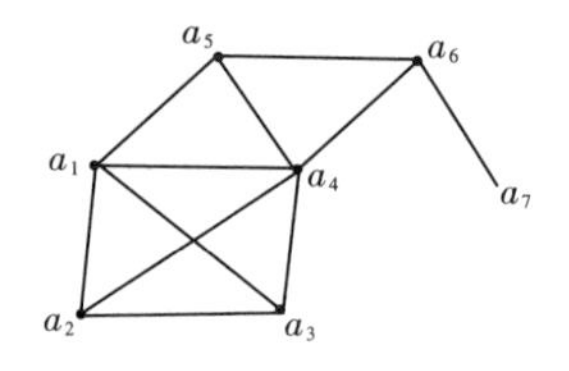

17. 证明定理5.4.3之(2),即设$(A, \lessdot)$为严格全序集,则$R = \lessdot \cup I_A$是A上的全序关系.

18. 设$(A, \leqslant)$是偏序集,又$B \subseteq A$,试证B中的最小元一定是B中的极小元.亦则必有

$$\mathrm{l}_B(b) \Rightarrow \mathrm{mi}_B(b).$$

19. 试证明定理5.4.7,即任一偏序集$(A, \leqslant)$的子集B中的最小上界及最大下界都是唯一的.

20. 现定义平面上的一个关系如下:当$y_0 - x_0^2 < y_1 - x_1^2$,或当$y_0 - x_0^2 = y_1 - x_1^2$且$x_0 < x_1$时,有$(x_0, y_0) < (x_1, y_1)$.试证明这是平面上的一个严格的全序关系,再给出其几何解释.

21. 设集合A上的偏序集如下图所示,试分别求出$\{2,4,6\}$,$\{3,5,9\}$,$\{2,4,6,12\}$,$\{2,4,8,16,\cdots\}$,$\{2,3,6,9\}$的最小元、最大元、极小元、极大元,或者指

明其中某种元在上述某子集中不存在.

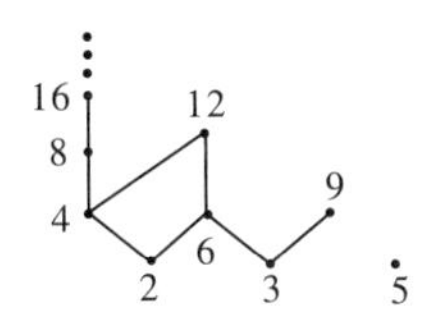

22. 试在全序关系下证明:

(1)$b_1\ \overline{/\!/a}\ \&\ b_2\ \overline{/\!/a} \Rightarrow b_1 = b_2$.

(2)$b\ \overline{/\!/a_1}\ \&\ b\ \overline{/\!/a_2} \Rightarrow a_1 = a_2$.

即在全序关系下,任何一个元素至多只有一个元盖住它,也至多只能盖住一个元.

23. 设 A、B 是分别具有严格全序关系 $<_A$、$<_B$ 的两个集合,而 $A \times B$ 上的关系 $<$ 被定义为:当 $a_1 <_A a_2$,或者当 $a_1 = a_2$ 且 $b_1 <_B b_2$ 时有 $\langle a_1, b_1 \rangle < \langle a_2, b_2 \rangle$,如此定义的关系 $<$ 叫作 $A \times B$ 上的字典次序,试证明字典次序是严格全序关系.

第 6 章　超限数与超滤集

6.1　有序集与序型

如所知，偏序、全序、严格偏序与严格全序的一个共同之处是可传. 而严格偏序 $<$ 与偏序 $\leqslant$ 的区别在于 $<$[imasym] 与 $\leqslant$[asym]& $\leqslant$[ref]，还应注意定理5.1.7(2) 指出：R[imasym]$\Rightarrow$$R$[irref]. 最后，严格全序区别于严格偏序的关键，又在于严格全序集中，不存在对于严格偏序关系的不可比较的元素. 它的关系示意图呈线状. 从现在起，我们正式规定，将特严格全序集叫作有序集. 说得更通俗而明确一点，任给非空集合 A，若在排序规则 φ 之下而被排成一有序集，则其特点之一是 A 的元在 φ 之下具有可传性，特点之二是 A 中任二不同元在 φ 之下，总有一个在前，一个在后，特点之三是对 A 中任二不同元素 a 和 b 在 φ 之下，如果 a 在 b 之前，那么 b 必不在 a 之前.

另外，对于某集合之子集的概念是为我们所熟知的，但在5.4节中，除了非正式地使用过$(A, \lessdot)$&$B \subseteq A$ 一类符号，并暗示着在 B 中保持着 A 上的序关系之外，迄未对有序集的子集概念正式地作过任何特殊约定，或者说，迄未正式地去区分过有序集的子集与一般意义下的子集概念. 但从现在起，我们要正式建立有序集之子集概念，并有别于通常意义下的子集概念.

定义 6.1.1　任给有序集$(A, \lessdot)$，如果集合 B 满足下述条件：

(1) $\forall b(b \in B \Rightarrow b \in A)$.

(2) 对任意的 $a \in B$&$b \in B$，当 a, b 在 A 中有 $a \lessdot b$ 时，则 a, b 在 B 中仍保持有 $a \lessdot b$.

那么，称集合 B 为有序集$(A, \lessdot)$ 的子集，并记为$(B, \lessdot) \subseteq (A, \lessdot)$.

定义 6.1.1 表明，作为有序集 A 的子集 B 而言，除了 B 的元素都是 A 的元素这一点之外，还要强调 B 是一个有序集，并在 B 中一切元之间保持着它们在 A 中时的序. 正是为了强调在子集 B 上必须保持母集 A 上的序，因而有时也特称有序集的子集为有序子集.

例如，设 $A=\{1,2,3,4,5,6\}$，R 是其上的大小顺序关系，$B=\{1,3,5\}$，则有 $(B,R\upharpoonright B)\subseteq(A,R)$，但若令 $R_1=\{\langle 5,3\rangle,\langle 5,1\rangle,\langle 3,1\rangle\}$，则有序集 (B,R_1) 就不再是 (A,R) 的子集. 当然，不考虑 A 上的序时，总有 $B\subset A$. 即虽然 $(B,R_1)\not\trianglelefteq(A,R)$，但仍有 $B\subset A$.

现任给一有序集 $(A,\lessdot)$，并且 $a\in A$. 如果在 a 之前没有 A 的其他元素，则称 a 是 A 的首元. 如果没有 A 的任何元在 a 之后，则称 a 是 A 的末元. 现正式定义之.

定义 6.1.2　任给有序集 $(A,\lessdot)\&a\in A$，如果 a 满足下述条件，则被定义为 A 的首元，并记为 $\mathrm{fi}_A(a)$，即

$$\mathrm{fi}_A(a)\Leftrightarrow_{\mathrm{df}}(A,\lessdot)\text{ 是有序集 }\&a\in A\&\forall x(x\in A\&x\neq a\Rightarrow a\lessdot x).$$

定义 6.1.3　任给有序集 $(A,\lessdot)\&a\in A$，如果 a 满足下述条件，则被定义为 A 的末元，并记为 $\mathrm{la}_A(a)$，即

$$\mathrm{la}_A(a)\Leftrightarrow_{\mathrm{df}}(A,\lessdot)\text{ 是有序集 }\&a\in A\&\forall x(x\in A\&x\neq a\Rightarrow x\lessdot a).$$

我们熟悉二集之间的对等概念. 现任给二有序集 A 和 B，如果存在 $f:A\xrightarrow{\mathrm{Bij}}B$，则 $A\sim B$. 现若 A 的元和 B 的元在双射 f 之下保序的话，则称 A 和 B 相似. 让我们正式定义之.

定义 6.1.4　设有二有序集 $(A,\lessdot)$ 与 $(B,\lessdot)$，则按如下方式定义 A 和 B 相似，并记为 $A\simeq B$，即

$$\begin{aligned}A\simeq B=_{\mathrm{df}}\ &\exists f(f:A\xrightarrow{\mathrm{Bij}}B)\\&\&\forall a\forall b(a\in A\&b\in A\&a\lessdot b\Rightarrow f(a)\lessdot f(b)).\end{aligned}$$

注意 $a\lessdot b$ 与 $f(a)\lessdot f(b)$ 中的两个序分别是 A 中之序和 B 中之序，两者通常不等，但在不致混淆的情况下，就用同一个符号表示之.

我们曾在 4.4 节中，利用两集之对等概念建立了集合之势或基数的概念. 现对有序集而言，我们也将利用二有序集之相似概念去建立有序集之序型的概念. 即如下述定义所示.

定义 6.1.5　对于每个有序集 $(A,\lessdot)$，相应地有一个符号 $\langle A|$，被称为有序集

A 的序型或序相. 它由如下的一条性质(*)来确定,即

(*)对于任意的有序集合 A 和 B:

$$\langle A| = \langle B| \Leftrightarrow A \simeq B.$$

定义 6.1.5 实际上是对一切有序集去做如下的分类,即认为任何相似的二有序集属于同一类,互不相似的有序集不属于同一类. 而对每一类的有序集有一个相应的符号,用以表示该类中任一有序集的序型或序相. 注意如在同一集合上定义不同之严格全序后,其序型可能会不同,详见下文有关各例.

根据定义 3.4.1、定义 4.1.1、定义 6.1.4 和定义 6.1.5,易见下述定理为真.

定理 6.1.1 $\langle A| = \langle B| \Rightarrow |A| = |B|$.

根据定理 6.1.1 可知,凡与某一有序集有相同序型之一切有序集都有相同的势. 但定理 6.1.1 之逆不成立,即两个等势的有序集的序型可能不同.

在许多有关著作中,人们也习惯于将一有序集 A 的序型$\langle A|$记为 $\overline{A}$,而将一集 A 之势 $|A|$ 记为 $\overline{\overline{A}}$,也有这样的说法,即认为基数概念的抽象相对于序型概念的抽象而言,则是更高一层的第二层次的抽象,即在基数概念的抽象中进一步舍弃了集合之元素间的次序性质,并以此作为上述序型 $\overline{A}$ 和基数 $\overline{\overline{A}}$ 的这一记法的背景. 另外,人们也往往采用一些特别的记号,诸如 $\alpha,\beta,\gamma,\cdots$ 去表示有序集的序型. 如此,由于凡有同一序型 α 的集都有相同的势,因而在习惯上又以 $\overline{\alpha}$ 去表示每个具有序型 α 的集的势. 即当 $\overline{A} = \langle A| = \alpha$ 时,即有 $\overline{\overline{A}} = |A| = \overline{\alpha}$ 一类的记法. 因此,对于序型 α, β 而言,应有

$$\alpha = \beta \Rightarrow \overline{\alpha} = \overline{\beta}.$$

但其逆不成立.

对于我们常见的一些有序集,诸如在自然顺序中的自然数集、有理数集和实数集等,习惯上各有一个特殊的记号表示它们的序型,分述如下:

(1) 凡由 n 个元素组成的有穷有序集的序型记为 n. 即 $A[\mathrm{fin}] \& A \simeq \{0,1,\cdots,n-1\} \Rightarrow \langle A| = n$,而且 $\varnothing$ 被视为有序集时,有$\langle \varnothing| = 0$. 如此,n 既是 A 的势又是 A 的序型,0 既是 $\varnothing$ 的势又是 $\varnothing$ 的序型. 这两个记号的双重性已成习惯,却也未见有多大的不方便. 注意其中 A 的严格全序究竟如何,我们并未考虑,实际上,A 为有限集时,在任何一个严格全序下都有$\langle A| = n$.

(2) 在自然顺序中的自然数集

$$\omega = \{0,1,2,3,\cdots,n,n+1,\cdots\}$$

的序型记为 ω，于是$\langle \omega | = \overline{\omega} = \omega$. 在这里将会引出一件麻烦事，其麻烦之处倒不是作为自然数集的 ω 与作为其序型的 ω 相混淆. 真正的麻烦之处，则在于 $\overline{\omega}$ 究竟是自然数集之势还是序型?因为当 ω 表示自然数集时，$\overline{\omega}$ 便是 ω 的序型，而当 ω 表示自然数集之序型时，则 $\overline{\omega}$ 将是自然数集之势了. 消除这一麻烦的办法有二，其一是在必要的场合用文字指明 ω 的身份，这是下策，因为这种必要的场合可能很多；其二是从现在起，规定以 N 表示按自然数之大小为序排列而成的自然数集，ω 表示自然顺序中之自然数集的序型. 这是上策，可以一次性地扫除麻烦之处. 如此便有 $| N | = \overline{\overline{N}} = \overline{\omega}$, 又$\langle N | = \overline{N} = \omega$.

(3) 任给一有序集 $A = (A, \prec)$，则将有序集 A 的逆序集$(A, \breve{\prec}) = (A, \succ)$记为 A^*. 而且若$\langle A | = \alpha$，则$\langle A^* |$ 记为 α^*. 特别是自然顺序中之自然数集 $N = (N, \prec)$ 的逆序集 $N^* = (N, \succ)$，即有序集

$$N^* = \{\cdots,n+1,n,\cdots,3,2,1\}^{①}$$

的序型记为 ω^*. 即$\langle N^* | = \overline{N^*} = \omega^*$.

显然，$\overline{\omega} = \overline{\omega^*} = \aleph_0$，但是 $\omega \neq \omega^*$.

(4) 自然顺序中的整数集

$$I = \{\cdots,-3,-2,-1,0,1,2,3,\cdots\}$$

的序型记为 π，即$\langle I | = \overline{I} = \pi$. 显然应有 $\pi = \pi^*$.

(5) 自然顺序中之有理数集 Q 的序型记为 η，即$\langle Q | = \overline{Q} = \eta$，显然有 $\eta = \eta^*$.

(6) 自然顺序中之实数集 R 的序型记为 λ，即$\langle R | = \overline{R} = \lambda$，显然有 $\lambda = \lambda^*$.

定义 6.1.6　任给二互不相交的有序集 A 和 B，即设有$(A, \prec_1)$ & $(B, \prec_2)$ 都是有序集 & $A \cap B = \varnothing$，则 A 与 B 有序并集记为 $A \overset{<}{\cup} B$，并由下列条件确定：

(1) $x \in A \overset{<}{\cup} B \Leftrightarrow x \in A$ or $x \in B$.

(2) 对任意的 $a \in A \overset{<}{\cup} B$ & $b \in A \overset{<}{\cup} B$ 而言，

(a) 如果 $a \in A$ & $b \in B$，则在 $A \overset{<}{\cup} B$ 中有 $a \prec b$.

(b) 如果 $a \in A$ & $b \in A$，并在 A 中有 $a \prec_1 b$，或者 $a \in B$ & $b \in B$，并在 B 中有 $a \prec_2 b$

① 这是通常采用之意义自明而不很严格的写法，现姑且采用之.

时，则在 $A \overset{<}{\cup} B$ 中有 $a \lessdot b$.

由定义 6.1.6 可知，二有序集的有序并是不可交换的，因为 $A \overset{<}{\cup} B$ 与 $B \overset{<}{\cup} A$ 在许多情况下不相似，即使相似，依然无济于事. 例如，令

$$A_1 = \{1,2\}, B_1 = \{3,4,5,\cdots\},$$

则

$$A_1 \overset{<}{\cup} B_1 = \{1,2,3,4,5,\cdots\},$$

$$B_1 \overset{<}{\cup} A_1 = \{3,4,5,\cdots,1,2\}.$$

又若令

$$A_2 = \{1,3,5,\cdots\}, B_2 = \{2,4,6,\cdots\},$$

则

$$A_2 \overset{<}{\cup} B_2 = \{1,3,5,\cdots,2,4,6,\cdots\},$$

$$B_2 \overset{<}{\cup} A_2 = \{2,4,6,\cdots,1,3,5,\cdots\}.$$

所以不论哪种情况都表明有序并不可交换.

今设 $A \simeq A_1 \& B \simeq B_1 \& A \cap B = \varnothing \& A_1 \cap B_1 = \varnothing$，则易证 $A_1 \overset{<}{\cup} B_1 \simeq A \overset{<}{\cup} B$. 由此启发我们按如下方式去定义序型之和.

定义 6.1.7 设 $(A, \lessdot) \& (B, \lessdot)$ 都是有序集 $\& A \cap B = \varnothing$，则序型 $\langle A \mid$ 与 $\langle B \mid$ 之和被定义如下，并记为 $\langle A \mid + \langle B \mid$，即

$$\langle A \mid + \langle B \mid =_{\mathrm{df}} \langle A \overset{<}{\cup} B \mid.$$

又若 $A \cap B \neq \varnothing$，则令 $C = \{\langle x,1\rangle \mid x \in A\}, D = \{\langle y,2\rangle \mid y \in B\}$，并对任意的 $\langle a,1\rangle \in C \& \langle b,1\rangle \in C$，并在 A 中有 $a \lessdot b$ 时，则在 C 中有 $\langle a,1\rangle \lessdot \langle b,1\rangle$. 类似地规定 D 上的序，此时定义 $\langle A \mid + \langle B \mid =_{\mathrm{df}} \langle C \mid + \langle D \mid$.

注意在定义 6.1.7 中之 C 和 D. 显然有

$$(C \simeq A) \& (D \simeq B) \& C \cap D = \varnothing.$$

定义 6.1.8 设 $M = \{\cdots, m, \cdots, n, \cdots, p, \cdots\}$ 为一有序集，对于 M 中之每一元 m 有一有序集 A_m 与之相应，则诸 A_m 之有序并集由下列条件确定，并记为

$$\overset{<}{\bigcup_{m \in M}} A_m = \cdots \overset{<}{\cup} A_m \overset{<}{\cup} \cdots \overset{<}{\cup} A_n \overset{<}{\cup} \cdots \overset{<}{\cup} A_p \overset{<}{\cup} \cdots$$

(1) $x \in \overset{<}{\bigcup\limits_{m \in M}} A_m \Leftrightarrow \exists m(m \in M \& x \in A_m)$,

(2) 对任意的 $a \in \overset{<}{\bigcup\limits_{m \in M}} A_m \& b \in \overset{<}{\bigcup\limits_{m \in M}} A_m$ 而言:

(a) 如果 $a \in A_m \& b \in A_n \& m \neq n$,并在 M 中有 $m \lessdot n$ 时,则在 $\overset{<}{\bigcup\limits_{m \in M}} A_m$ 中有 $a \lessdot b$.

(b) 如果 $a \in A_m \& b \in A_n \& m = n$,并在 A_m 中有 $a \lessdot b$ 时,则在 $\overset{<}{\bigcup\limits_{m \in M}} A_m$ 中有 $a \lessdot b$.

定义6.1.9　设 $M = \{\cdots, m, \cdots, n, \cdots, p, \cdots\}$ 为一有序集,对于 M 的每一元 m,各有一有序集 A_m 与之对应,并且诸 A_m 两两不相交①,则对应于各个 A_m 之序型 $\langle A_m \mid$ 之和被定义如下,并记为 $\sum\limits_{m \in M} \langle A_m \mid$,即

$$\sum_{m \in M} \langle A_m \mid =_{\mathrm{df}} \langle \overset{<}{\bigcup_{m \in M}} A_m \mid .$$

对于序型的和,一般性的结合律是满足的,即若设 α、β、γ 均为序型,则易见有:

$$(\alpha + \beta) + \gamma = \alpha + (\beta + \gamma) = \alpha + \beta + \gamma.$$

例1　对于有限多个有限集之序型的求和,实与通常关于自然数的加法运算无异.例如当有 $\overline{A} = 3 \& \overline{B} = 4$ 时,则 $\overline{A \overset{<}{\cup} B} = 7$ 正好与 $3 + 4 = 7$ 相一致.事实上,若令 $A = \{1,2,3\}$, $B = \{4,5,6,7\}$,则 $A \overset{<}{\cup} B = \{1,2,3\} \overset{<}{\cup} \{4,5,6,7\} = \{1,2,3,4,5,6,7\}$.

定理6.1.2　$A[\mathrm{fin}] \& B[\mathrm{fin}] \& \overline{\overline{A}} = \overline{\overline{B}} = n \Rightarrow A \simeq B$.

证明　首先,任何 $A[\mathrm{fin}]$ 都有首元素,因为任取 $a \in A$,若有 $\mathrm{fi}_A(a)$,则结论成立.否则必有 $b \in A \& b \lessdot a$,此时若有 $\mathrm{fi}_A(b)$,则结论已成立.否则必有 $c \in A \& c \lessdot b \lessdot a$,此时若有 $\mathrm{fi}_A(c)$,则结论已成立.否则,再继续下去,由于 $A[\mathrm{fin}]$,故经有限次如上手续后必得 A 的首元.

于是,令 $a_1 = \mathrm{fi}_A(a_1)$, $a_2 = \mathrm{fi}_{A-\{a_1\}}(a_2)$,以此类推,由于 A 中一共只有 n 个元素,故 A 中全部元可按如上编号排列为

$$a_1 \lessdot a_2 \lessdot \cdots \lessdot a_n,$$

① 如遇有 $A_m \cap A_n \neq \varnothing$ 的情形,则均按定义6.1.7中 $A \cap B \neq \varnothing$ 的情形处理.

同样的办法可使 B 中全部元编号列为

$$b_1 \lessdot b_2 \lessdot \cdots \lessdot b_n.$$

令 $f(a_i)=b_i(i=1,2,\cdots,n)$，显然，当 $i<j\&1\leqslant i,j\leqslant n$ 时，应有 $a_i \lessdot a_j$，并且必有 $f(a_i)\lessdot f(a_j)$，故 $A\simeq B$. □

由定理 6.1.2 可知，任一由 n 个元素组成的有限集，虽可用 $n!$ 种方法编序(排列)，但所形成之有序集均与集 $\{1,2,\cdots,n\}$ 相似，因而均以 n 为其序型.

例 2 令 $A=\{a_1,a_2,\cdots,a_n\}$，$B=\{b_1,b_2,\cdots,b_n,\cdots\}$，则 $A\overset{<}{\bigcup}B=\{a_1,a_2,\cdots,a_n,b_1,b_2,\cdots,b_n,\cdots\}$，显然 $\overline{A}=n$，$\overline{B}=\omega$，$\langle A\overset{<}{\bigcup}B|=\omega$. 因此 $n+\omega=\omega$. 另一方面，

$$B\overset{<}{\bigcup}A=\{b_1,b_2,\cdots,b_n,\cdots,a_1,a_2,\cdots,a_n\},$$

于是 $\mathrm{la}_{B\overset{<}{\cup}A}(a_n)$，故 $\langle B\overset{<}{\bigcup}A|\neq\omega$，而 $\langle B\overset{<}{\bigcup}A|=\omega+n$. 可见 $n+\omega\neq\omega+n$.

例 3 因为我们有

$$N\overset{<}{\bigcup}N^*=\{1,2,\cdots,n,\cdots,\cdots,n,\cdots,2,1\},$$

$$N^*\overset{<}{\bigcup}N=\{\cdots,n,\cdots,2,1,1,2,\cdots,n,\cdots\}.$$

所以 $\omega+\omega^*\neq\omega^*+\omega$. 易见 $(N^*\overset{<}{\bigcup}N)\simeq I$，故有 $\omega^*+\omega=\pi$.

例 4 设 $A=\{x\mid a<x<b\}=(a,b)$ 为实数轴上任意的开区间，并在实数的自然顺序中有 $a\lessdot b$，而 $R_y=\{x\mid -\infty<x<+\infty\}$ 为实数纵轴，现令

$$f:A\rightarrow R_y\&x\mapsto f(x)=\tan\frac{(2x-a-b)\pi}{2(b-a)}.$$

容易验证 $A\simeq R_y$. 这表明实数轴上任意的开区间都有序型 λ，即 $\langle(a,b)|=\langle R_y|=\lambda$. 而任何单元集的序型是 1，故 $\overline{\{a\}}=\overline{\{b\}}=1$，由于

$$[a,b)=\{a\}\overset{<}{\bigcup}(a,b),$$

$$(a,b]=(a,b)\overset{<}{\bigcup}\{b\},$$

$$[a,b]=\{a\}\overset{<}{\bigcup}(a,b)\overset{<}{\bigcup}\{b\}.$$

故由定义 6.1.7 与定义 6.1.9 而有 $\overline{[a,b)}=1+\lambda$，$\overline{(a,b]}=\lambda+1$，$\overline{[a,b]}=1+\lambda+1$.

定义 6.1.10 设有有序集 $(A,\lessdot)\&(B,\lessdot)$，则由 A,B 生成的首差序序偶集由下列条件确定，并记为《A,B》，即

(1)《A,B》$=\{\langle a,b\rangle\mid\langle a,b\rangle\in A\times B\}$，

(2) 任何$\langle a_1,b_1\rangle\in《A,B》\&\langle a_2,b_2\rangle\in《A,B》$,则

(a) 若在A中有$a_1\lessdot a_2$,则在$《A,B》$之中有$\langle a_1,b_1\rangle\lessdot\langle a_2,b_2\rangle$,

(b) 若在A中有$a_1=a_2$,而在B中有$b_1\lessdot b_2$,则在$《A,B》$中有$\langle a_1,b_1\rangle\lessdot\langle a_2,b_2\rangle$.

注意定义6.1.10中所定义的$《A,B》$上的首差序关系,实际上就是通常的字典序关系,因此$《A,B》$又叫作字典序序偶集.

定义6.1.11　任给有序集$(A,\lessdot)\&(B,\lessdot)$以及由$A,B$生成之字典序序偶集$《A,B》$,则序型$\langle A|$与$\langle B|$之积被定义如下,并记为$\langle B|\cdot\langle A|$,即

$$\langle B|\cdot\langle A|=_{\mathrm{df}}\langle《A,B》|.$$

注意定义6.1.11中对于序型之积的记法很不自然,理应记为$\langle A|\cdot\langle B|$较为自然.但$\langle B|\cdot\langle A|$的记法已成历史习惯,此处也只能沿用之.

此外,应注意,虽有$\overline{\overline{《A,B》}}=\overline{\overline{《B,A》}}$,但$\overline{《A,B》}\neq\overline{《B,A》}$.

例5　设$A=\{1,2\}\&B=\{1,2,3,\cdots,n,\cdots\}$,于是$\overline{A}=\alpha=2,\overline{B}=\beta=\omega$,并且

$$《A,B》=\{\langle 1,1\rangle,\langle 1,2\rangle,\langle 1,3\rangle,\cdots,\langle 2,1\rangle,\langle 2,2\rangle,\langle 2,3\rangle,\cdots\},$$

故$\overline{《A,B》}=\omega+\omega$,于是$\beta\cdot\alpha=\omega\cdot 2=\omega+\omega$.然而

$$《B,A》=\{\langle 1,1\rangle,\langle 1,2\rangle,\langle 2,1\rangle,\langle 2,2\rangle,\langle 3,1\rangle,\langle 3,2\rangle,\cdots\},$$

故$\overline{《B,A》}=\omega$,因此,$\alpha\cdot\beta=2\cdot\omega=\omega$.

定理6.1.3　设有有序集$(M,\lessdot)\&\overline{M}=\mu$,而对于

$$M=\{\cdots,m,\cdots,n,\cdots,p,\cdots\}$$

的每一元m,都对应于同一个序型α,则有

$$\sum_{m\in M}\alpha=\alpha\cdot\mu.$$

证明　现将有序集$(M,\lessdot)$的序型记为μ,而对于$M=\{\cdots,m,\cdots,n,\cdots,p,\cdots\}$的每一元,都对应着同一个以$\alpha$为序型的有序集$(A,\lessdot)$,则由定义6.1.11知$\overline{\alpha\cdot\mu=《M,A》}$,而$《M,A》$是一个字典序序偶集

$$\{\langle m,a\rangle\mid m\in M\&a\in A\}.$$

现固定m而令$A_m=\{\langle m,a\rangle\mid a\in A\}$,并在$A$中有$a_1\lessdot a_2$时,规定$\langle m,a_1\rangle\lessdot\langle m,a_2\rangle$,则显然有$A\simeq A_m$,因此$\overline{A_m}=\overline{A}=\alpha$.如此,$《M,A》=\overset{<}{\bigcup\limits_{m\in M}}A_m\&\overline{《M,A》}=\langle\overset{<}{\bigcup\limits_{m\in M}}A_m|$.又由定义6.1.9而知$\langle\overset{<}{\bigcup\limits_{m\in M}}A_m|=\sum\limits_{m\in M}\overline{A_m}=\sum\limits_{m\in M}\alpha$,于是联合上面的结果$\alpha$

$\cdot\ \mu = \overline{《M,A》}$ 而得 $\sum_{m \in M} \alpha = \alpha \cdot \mu$. □

定理 6.1.4 设有有序集 $(M, \lessdot)$，并对 $\forall m(m \in M)$，而 α_m 是序型，β 也是序型，则

$$\beta \cdot \sum_{m \in M} \alpha_m = \sum_{m \in M} \beta \cdot \alpha_m.$$

证明 现设对有序集 $M = \{\cdots, m, \cdots, n, \cdots, p, \cdots\}$ 的每一元 m 都对应着一个以 α_m 为序型的有序集 A_m，而有序集 $(B, \lessdot)$ 的序型记为 β. 现先证下述：

(Δ) $《\overset{<}{\bigcup_{m \in M}} A_m, B》 = \overset{<}{\bigcup_{m \in M}} 《A_m, B》$.

为证上述(Δ)，即要证如下两点：

(A) $\langle a_m, b\rangle \in 《\overset{<}{\bigcup_{m \in M}} A_m, B》 \Leftrightarrow \langle a_m, b\rangle \in \overset{<}{\bigcup_{m \in M}} 《A_m, B》$,

(B) 在 $《\overset{<}{\bigcup_{m \in M}} A_m, B》$ 中之二元有 $\langle a_{m_1}, b_1\rangle \lessdot \langle a_{n_1}, b_2\rangle$，当且仅当该二元在 $\overset{<}{\bigcup_{m \in M}} 《A_m, B》$ 中有 $\langle a_{m_1}, b_1\rangle \lessdot \langle a_{n_1}, b_2\rangle$.

现先证(A) 如下：

$$\begin{aligned}
&\langle a_m, b\rangle \in 《\overset{<}{\bigcup_{m \in M}} A_m, B》 \\
&\Leftrightarrow \langle a_m, b\rangle \in (\overset{<}{\bigcup_{m \in M}} A_m) \times B \qquad [\text{定义 } 6.1.10(1)] \\
&\Leftrightarrow a_m \in \overset{<}{\bigcup_{m \in M}} A_m \,\&\, b \in B \qquad (\text{定义 } 3.1.5) \\
&\Leftrightarrow \exists m(a_m \in A_m) \,\&\, b \in B \qquad (\text{定义 } 2.3.1) \\
&\Leftrightarrow \exists m(a_m \in A_m \,\&\, b \in B) \\
&\Leftrightarrow \exists m(\langle a_m, b\rangle \in A_m \times B) \qquad (\text{定义 } 3.1.5) \\
&\Leftrightarrow \exists m(\langle a_m, b\rangle \in 《A_m, B》) \qquad [\text{定义 } 6.1.10(1)] \\
&\Leftrightarrow \langle a_m, b\rangle \in \overset{<}{\bigcup_{m \in M}} 《A_m, B》. \qquad (\text{定义 } 2.3.1)
\end{aligned}$$

再证(B) 如下：

今设 $\langle a_{m_1}, b_1\rangle \in 《\overset{<}{\bigcup_{m \in M}} A_m, B》 \,\&\, \langle a_{n_1}, b_2\rangle \in 《\overset{<}{\bigcup_{m \in M}} A_m, B》$，则由(A)知有 $\langle a_{m_1}, b_1\rangle \in \overset{<}{\bigcup_{m \in M}} 《A_m, B》 \,\&\, \langle a_{n_1}, b_2\rangle \in \overset{<}{\bigcup_{m \in M}} 《A_m, B》$. 另一方面，不论在 $《\overset{<}{\bigcup_{m \in M}} A_m, B》$ 还是在 $\overset{<}{\bigcup_{m \in M}} 《A_m, B》$ 中，均可按下述首差序方式对它们的元进行编序：

(a) 如果 $a_{m_1} \in A_m \& a_{n_1} \in A_n \& m \neq n$，又在 M 中有 $m \lessdot n$，则 $\langle a_{m_1}, b_1 \rangle \lessdot \langle a_{n_1}, b_2 \rangle$，

(b) 如果 $a_{m_1} \in A_m \& a_{n_1} \in A_n \& m = n$，而在 A_m 中有 $a_{m_1} \lessdot a_{n_1}$，则 $\langle a_{m_1}, b_1 \rangle \lessdot \langle a_{n_1}, b_2 \rangle$，

(c) 如果 $a_{m_1} \in A_m \& a_{n_1} \in A_n \& m = n$，而在 A_m 中有 $a_{m_1} = a_{n_1}$，但在 B 中有 $b_1 \lessdot b_2$，则 $\langle a_{m_1}, b_1 \rangle \lessdot \langle a_{n_1}, b_2 \rangle$.

这表明在《$\overset{<}{\bigcup\limits_{m \in M}} A_m, B$》中有 $\langle a_{m_1}, b_1 \rangle \lessdot \langle a_{n_1}, b_2 \rangle$，当且仅当在 $\overset{<}{\bigcup\limits_{m \in M}}$《$A_m, B$》中有 $\langle a_{m_1}, b_1 \rangle \lessdot \langle a_{n_1}, b_2 \rangle$.

由以上所证(A)、(B) 而知上述(Δ) 成立. 另一方面，我们又有

$$\overline{《\overset{<}{\bigcup_{m \in M}} A_m, B》} = \beta \cdot \overline{\overset{<}{\bigcup_{m \in M}} A_m} \qquad (定义 6.1.11)$$

$$= \beta \cdot \sum_{m \in M} \alpha_m, \qquad (定义 6.1.9)$$

$$\overline{\overset{<}{\bigcup_{m \in M}} 《A_m, B》} = \sum_{m \in M} \overline{《A_m, B》} \qquad (定义 6.1.9)$$

$$= \sum_{m \in M} \beta \cdot \alpha_m, \qquad (定义 6.1.11)$$

于是由上述(Δ) 即知 $\beta \cdot \sum\limits_{m \in M} \alpha_m = \sum\limits_{m \in M} \beta \cdot \alpha_m$. □

定理6.1.4表明分配律对于β在左边是成立的，但当β在右边时，却并不普遍成立. 特殊地，若设 α、β、γ 均为序型，则由定理 6.1.4，应有 $\gamma \cdot (\alpha + \beta) = \gamma \cdot \alpha + \gamma \cdot \beta$，但未必有$(\alpha + \beta) \cdot \gamma = \alpha \cdot \gamma + \beta \cdot \gamma$. 对此，请注意下述例 6.

例 6　首先由相同加项相加仍导致相乘的定理 6.1.3 可有

(1)$\omega + \omega + \omega = \omega \cdot 3$，

(2)$3 + 3 + 3 + \cdots = 3 \cdot \omega = \omega$，

普遍地，可有

(3)$\omega + \omega + \cdots + \omega = \omega \cdot n$

(4)$n + n + n + \cdots = n \cdot \omega = \omega$.

其次，由定理 6.1.4，仅就特殊情形 $\gamma \cdot (\alpha + \beta) = \gamma \cdot \alpha + \gamma \cdot \beta$ 而言，可有

(5)$2 \cdot (\omega + 1) = 2 \cdot \omega + 2 \cdot 1 = \omega + 2$.

然而，对$(\omega + 1) \cdot 2$ 而言，却有$(\omega + 1) \cdot 2 \neq \omega \cdot 2 + 1 \cdot 2$，因为

$$(\omega + 1) \cdot 2 = (\omega + 1) + (\omega + 1) = \omega + (1 + \omega) + 1 = \omega + \omega + 1$$

$$= \omega \cdot 2 + 1 \neq \omega \cdot 2 + 2 = \omega \cdot 2 + 1 \cdot 2.$$

这表明$(\alpha+\beta)\cdot\gamma=\alpha\cdot\gamma+\beta\cdot\gamma$并不普遍成立.

关于序型的乘法,从两个因子推广到三个或多个因子是简单易行的,现仅非正规地描述如下,有兴趣的读者不妨自行正规地用定义的方式写出. 今设有序集A、B、C的序型依次为α、β、γ,而《A,B,C》为字典序有序三元组$\langle a,b,c\rangle$的集,即$a\in A\&b\in B\&c\in C$,而对于$a_1\in A\&b_1\in B\&c_1\in C$,且$\langle a,b,c\rangle \lessdot \langle a_1,b_1,c_1\rangle$是当$a\lessdot a_1$,或当$a=a_1$而$b\lessdot b_1$,或当$a=a_1\&b=b_1$而$c\lessdot c_1$时. 而此有序积《$A,B,C$》的序型为$\gamma\cdot\beta\cdot\alpha$. 即

$$\overline{C}\cdot\overline{B}\cdot\overline{A}=\overline{《A,B,C》}.$$

对于任意有限多个因子也仿此进行,即若

$$M=\{1,2,3,\cdots\},$$

而对于M中之每一元m有一序型为α_m的有序集A_m与之对应,则诸元复合(序列)

$$p=\langle a_1,a_2,a_3,\cdots\rangle \quad (a_m\in A_m)$$

亦可做字典式编序,因对另一元复合

$$q=\langle b_1,b_2,b_3,\cdots\rangle \quad (b_m\in A_m)$$

而言,如果$p\neq q$,则必有一首差位,例如,

$$a_1=b_1\&a_2=b_2\&\cdots\&a_{m-1}=b_{m-1}\&a_m\neq b_m,$$

但在A_m中有$a_m\lessdot b_m$,则可定义$p\lessdot q$. 如此编序后的字典序有序元复合的集

$$《A_1,A_2,\cdots,A_m,\cdots》$$

的序型为$\cdots\alpha_3\cdot\alpha_2\cdot\alpha_1$. 即

$$\overline{《A_1,A_2,\cdots,A_m,\cdots》}=\cdots\overline{A_3}\cdot\overline{A_2}\cdot\overline{A_1}.$$

定义 6.1.12 一有序集合$(A,\lessdot)$如果满足下述条件,则被定义为无边界集合,并记为$A[\text{unb}]$,即

$$A[\text{unb}]\Leftrightarrow_{\text{df}}A[\text{inf}]\&\neg\exists a(\text{fi}_A(a))\&\neg\exists b(\text{la}_A(b)).$$

定义 6.1.13 一有序集合$(A,\lessdot)$如果满足下述条件,则被定义为稠密集合,并记为$A[\text{den}]$,即

$$A[\text{den}]\Leftrightarrow_{\text{df}}\forall a\forall b(a\in A\&b\in A\&a\lessdot b$$
$$\Rightarrow\exists c(c\in A\&a\lessdot c\lessdot b)).$$

定理 6.1.5 $A[\omega]\&B[\text{unb}]\&B[\text{den}]\Rightarrow\exists B_1(B_1\subseteq B\&A\simeq B_1)$.

证明　今设有 $A[\omega]\&B[\mathrm{unb}]\&B[\mathrm{den}]$，现将 A 的一切元进行编号而使 $A=\{a_1,a_2,\cdots\}$，但应特别指出的是此处仅仅是为行文之便而对 A 的一切元加以编号，而 $\{a_1,a_2,\cdots\}$ 中之元自左至右的排列并不是 A 中一切元的序，即按 A 中之元的序，可能有 $a_2 \prec a_4 \prec a_3$，也可能是 $a_4 \prec a_1$，也可能是 $a_{100} \prec a_4$ 等等. 现令

$$f: A \to B$$

是一个满足下述要求的由 A 到 B（的一个子集上）的映射. 首先，任意指定一个 $b_1 \in B$，使 $b_1 = f(a_1)$. 其次，归纳地认为 $A_n = \{a_1,a_2,\cdots,a_n\}$ 的诸元已按保序方式各有 $b_1 = f(a_1), b_2 = f(a_2), \cdots, b_n = f(a_n)$，并且 $B_n = \{b_1,b_2,\cdots,b_n\}$，再次提醒 A_n 中诸元自左至右的排列并不表示它们在 A 中的序，同样 B_n 中诸元自左至右的排列也不表示它们在 B 中的序. 但在 $a_i \mapsto b_i = f(a_i)\ (i=1,2,\cdots,n)$ 的对应中却是保序的，现考虑 a_{n+1} 按 A 的序与 A_n 中诸元的关系共有如下三种情况：

(a) a_{n+1} 在 A_n 之某二元之间，

(b) $a_{n+1} \prec a \,\&\, \mathrm{fi}_{A_n}(a)$，

(c) $\mathrm{la}_{A_n}(b) \,\&\, b \prec a_{n+1}$.

若为情况(a)，则要在 B 中找出一个在 B_n 之某二元之间的元素 b_{n+1} 使 $b_{n+1} = f(a_{n+1})$. 若为情况(b)，则要在 B 中找到一元 b_{n+1} 而使

$$b_{n+1} \prec b \,\&\, \mathrm{fi}_{B_n}(b) \,\&\, b_{n+1} = f(a_{n+1}).$$

若为情况(c)，则要在 B 中找到一元 b_{n+1} 而使

$$\mathrm{la}_{B_n}(b) \,\&\, b \prec b_{n+1} \,\&\, b_{n+1} = f(a_{n+1}).$$

正因为我们有 $B[\mathrm{unb}]\&B[\mathrm{den}]$，故按定义 6.1.12 及定义 6.1.13 可知，不论是情况(a)，或(b)，或(c)，则能以满足上述相应要求之 $b_{n+1} \in B$ 必定存在. 即总有 $b_{n+1} \in B$ 在保序的意义下使 $b_{n+1} = f(a_{n+1})$，从而对 A 中之一切 a_n 而言，总有 $b_n \in B$ 在保序意义下使 $a_n \mapsto f(a_n) = b_n$. 令 $\mathrm{ran} f = B_1$，则 $B_1 \subseteq B$，并且

$$f: A \xrightarrow{\mathrm{Bij}} B_1 \,\&\, \forall a \forall b (a \in A \,\&\, b \in A \,\&\, a \prec b \Rightarrow f(a) \prec f(b)).$$

这表明 $\exists B_1 (B_1 \subseteq B \,\&\, A \simeq B_1)$. □

此处要特别指出，定理 6.1.5 中的可数无穷集合 A 的序型可以是任意的，比如说，在一个稠密无界集合中，可以取出子集使之在原来的顺序下具有序型 ω，或序型 $\omega \cdot 2$，或序型 $\omega \cdot \omega$，等等. 详见本章习题与补充.

根据定义 6.1.12 及定义 6.1.13，易见在自然顺序中的有理数集 Q 及在自然顺

序中的实数集 R 都是无边界且稠密的集合. 即有 $Q[\mathrm{unb}]\&Q[\mathrm{den}]$ 以及 $R[\mathrm{unb}]\&R[\mathrm{den}]$. 因而由定理 6.1.5 可知,对任意的 $A[\omega]$ 而言,不管它的序型如何,在自然顺序下的有理数集 Q 或实数集 R 中,均可选出有序子集 $Q_0 \subseteq Q$ 与 $R_0 \subseteq R$,而使 $A \simeq Q_0$ 与 $A \simeq R_0$.

定义 6.1.14 设有有序集$(A, \lessdot)\&a \in A$,则由 a 截 A 的节被定义如下,并记为 A_a,即

$$A_a =_{\mathrm{df}} \{x \mid x \in A \& x \lessdot a\}.$$

注意在定义 6.1.14 中,易见 $a \overline{\in} A_a$,并且易见有 $\mathrm{fi}_A(a) \Rightarrow A_a = \varnothing$. 不仅如此,若 $a \in A \& a' \in A \& a' \lessdot a$,则应有 $A_{a'} = (A_a)_{a'}$,即此时 a' 截 A 的节与 a' 截 A_a 的节完全相同.

定理 6.1.6 设有有序集$(A, \lessdot)$ 且令 $H = \{A_a \mid a \in A\}$,则有$(A, \lessdot) \simeq (H, \subset)$.

证明 设有有序集$(A, \lessdot)$,令 $H = \{A_a \mid a \in A\}$. 则对任意的 $a \in A \& a' \in A$ 而言,必有

$$a \lessdot a' \Leftrightarrow A_a \subset A_{a'}.$$

令对 H 的一切元按 $\subset$ 关系排序,即得有序集$(H, \subset)$.

现令 $f: A \to H$ 并且 $a \mapsto A_a$. 即对任意的 $a \in A$,有 $f(a) = A_a \in H$. 不难验证下述事实:

$$f: A \xrightarrow{\mathrm{Bij}} H \& \forall a \forall a'(a \in A \& a' \in A \& a \lessdot a' \Rightarrow A_a \subset A_{a'}).$$

故有$(A, \lessdot) \simeq (H, \subset)$. □

例如,$A = \{1,2,3\}$,则 $H = \{\varnothing, \{1\}, \{1,2\}\}$,且 $\overline{\overline{A}} = \overline{\overline{H}} = 3$.

6.2 良序集及其序型

本节将讨论一类特殊而重要的有序集,通常特称这一类有序集为良序集或正序集. 此外,还将基于良序集的序型概念而直接导致序数和超限数概念的建立.

定义 6.2.1 一集合 A,如果满足下述条件,则被定义为良序集,并记为 $A[\mathrm{WOS}]$,即

$$A[\mathrm{WOS}] \Leftrightarrow_{\mathrm{df}} A = \varnothing \text{ or } [(A, \lessdot) \text{ 是有序集}$$

$\& \forall A_1(A_1 \subseteq A \& A_1 \neq \varnothing \Rightarrow \exists a(\mathrm{fi}_{A_1}(a)))]$.

定理 6.2.1　根据良序集的定义，易证下列命题为真：

(1) $A[\mathrm{fin}] \Rightarrow A[\mathrm{WOS}]$，其中 A 上的严格全序是任意的.

(2) $N = \{1,2,3,\cdots\} \Rightarrow N[\mathrm{WOS}]$，其中的序是按大小排列的自然顺序.

(3) $A[\mathrm{WOS}] \& A_1 \subseteq A \Rightarrow A_1[\mathrm{WOS}]$；

(4) $A[\mathrm{WOS}] \& A \neq \varnothing \Rightarrow \exists a(\mathrm{fi}_A(a))$；

(5) $A \simeq B \& A[\mathrm{WOS}] \Rightarrow B[\mathrm{WOS}]$；

(6) $(A, \lessdot) \& A[\mathrm{WOS}] \Rightarrow \forall a(a \in A \& \neg \mathrm{la}_A(a) \Rightarrow \exists b(b \in A \& a \lessdot b \& \neg \exists c(c \in A \& a \lessdot c \lessdot b)))$；

(7) 如有 $(A, \lessdot) \& A[\mathrm{WOS}]$，则 A 不含有无限递降之元素列 $\cdots \lessdot a_3 \lessdot a_2 \lessdot a_1$.

证明　依次证明(1)至(7)如下：

(1) 设有 $A[\mathrm{fin}]$，我们曾在 6.1 节中定理 6.1.2 的证明过程中指出，不论在怎样的严格全序关系下，任何有限集都有首元，而有限集的任何非空子集都是有限集，从而都有首元，既然 $A[\mathrm{fin}]$，故 A 之任何非空子集均有首元，据定义 6.2.1 知有 $A[\mathrm{WOS}]$.

(2) 设有 $N = \{1,2,3,\cdots\}$，再设 N_1 为 N 的任意非空有序子集，今任取 $n \in N_1$，若 $\mathrm{fi}_{N_1}(n)$，则 N_1 的首元已经找到. 如果 n 不是 N_1 的首元，则因 $N_n[\mathrm{fin}]$，故 $(N_1 \cap N_n)[\mathrm{fin}]$，于是由上已证之(1)知 $\exists a(\mathrm{fi}_{N_1 \cap N_n}(a))$，显然，$\mathrm{fi}_{N_1 \cap N_n}(a) \Leftrightarrow \mathrm{fi}_{N_1}(a)$，这表明对 N 的任何非空子集 N_1 都 $\exists a(\mathrm{fi}_{N_1}(a))$，由定义 6.2.1 知有 $N[\mathrm{WOS}]$.

(3) 设有 $A[\mathrm{WOS}] \& A_1 \subseteq A$，再设 $A'_1 \subseteq A_1$ 为 A_1 的任意的非空子集，显然，$A'_1 \subseteq A$，故由 $A[\mathrm{WOS}]$ 与定义 6.2.1 知 $\exists a(\mathrm{fi}A'_1(a))$，即 A_1 的任意非空子集均有首元，故由定义 6.2.1 知有 $A_1[\mathrm{WOS}]$.

(4) 设有 $A[\mathrm{WOS}] \& A \neq \varnothing$，显然 $A \subseteq A \& A \neq \varnothing$，故由定义 6.2.1 知 $\exists a(\mathrm{fi}_A(a))$.

(5) 设有 $A \simeq B \& A[\mathrm{WOS}]$，再设 $B_1 \subseteq B \& B_1 \neq \varnothing$，因为 $A \simeq B$，故由定义 6.1.4 知有 $f: A \xrightarrow{\mathrm{Bij}} B$，又由 3.3 节之定理 3.3.2 及定义 3.3.5 知有 $f^{-1}: B \xrightarrow{\mathrm{Bij}} A$，现令 $\mathrm{ran} f^{-1} \upharpoonright B_1 = A_1$，显然 $A_1 \subseteq A \& A_1 \neq \varnothing \& \mathrm{ran} f \upharpoonright A_1 = B_1 \& A_1 \simeq B_1$，如此，因有 $A[\mathrm{WOS}]$，故 $\exists a(\mathrm{fi}_{A_1}(a))$，由于 $A_1 \simeq B_1$，故由定义 6.1.4 知 $f \upharpoonright A_1(a) \in B_1 \& \mathrm{fi}_{B_1}(f \upharpoonright A_1(a))$，这表明 B 的任意非空子集均有首元，即有 $B[\mathrm{WOS}]$.

(6) 设有$(A, \lessdot)$&A[WOS]，再设 $a \in A$& $\neg$ $\mathrm{la}_A(a)$，现令 $A_1 = \{x \mid x \in A \& a \lessdot x\}$，显然 $A_1 \subseteq A \& A_1 \neq \varnothing$，因 A[WOS]，故由定义 6.2.1 知 $\exists b(\mathrm{fi}_{A_1}(b))$，因 $b \in A_1$，故由 A_1 的构造知 $a \lessdot b$，现反设 $\exists c(c \in A \& a \lessdot c \lessdot b)$，则由 A_1 的构造知 $c \in A_1$，于是 $c \in A_1 \& c \lessdot b$，这矛盾于 $\mathrm{fi}_{A_1}(b)$. 故$\neg \exists c(c \in A \& a \lessdot c \lessdot b)$，这表明任意的良序集 A，除了 A 的末元之外(若 A 有末元的话)，则 A 的任何其他元必有 A 的另一元紧随其后.

(7) 设有$(A, \lessdot)$&A[WOS]，现反设 A 含有无限递降元素列

$$\cdots \lessdot a_{i+1} \lessdot a_i \lessdot \cdots \lessdot a_3 \lessdot a_2 \lessdot a_1. \qquad (*)$$

现令 $A_1 = \{x \mid x = a_i(i = 1,2,3,\cdots)\}$，显然，$A_1 \subseteq A \& A_1 \neq \varnothing$，因此，一方面由于 A[WOS] 而知 A 有首元，另一方面，却由(*)知对任何 $a_n \in A_1$ 均有 $a_{n+1} \in A_1$ 而使 $a_{n+1} \lessdot a_n$，这表明 A_1 没有首元，故矛盾. 这矛盾说明 A 不得含有无限递降元素列(*). □

注意关于二有序集 A 与 B 相似的定义 6.1.4，通常以 $A \overset{f}{\simeq} B$ 简洁地表示由 A 到 B 的双射 f 在保序对应的情况下能使 $A \simeq B$. 此外，顺便提醒或者明确一下，下述事实是十分容易验证的，即当 A、B、C 均为有序集时，则

(a)$A \simeq B \Leftrightarrow B \simeq A$.

(b)$A \simeq B \& B \simeq C \Rightarrow A \simeq C$.

事实上，若有 $A \simeq B$，这表示 $\exists f(A \overset{f}{\simeq} B)$，从而显然 $\exists f^{-1}(B \overset{f^{-1}}{\simeq} A)$，故 $B \simeq A$，反之亦然. 故(a) 成立. 至于(b)，设有 $A \simeq B \& B \simeq C$，即 $\exists f \exists g(A \overset{f}{\simeq} B \& B \overset{g}{\simeq} C)$，因此 $\exists g \circ f(A \overset{g \circ f}{\simeq} C)$，即 $A \simeq C$，故(b) 成立.

对于以上所提醒之(a) 和(b)，下文中将作为熟知的常识而不加说明地被使用.

定理 6.2.2 A[WOS]&$A_1 \subseteq A \Rightarrow \forall f \forall a(A \overset{f}{\simeq} A_1 \& a \in A \Rightarrow a \lessdot f(a) \text{ or } a = f(a))$.

证明 设有 A[WOS]&$A_1 \subseteq A$，今反设

$$\exists \varphi \exists a(A \overset{\varphi}{\simeq} A_1 \& a \in A \& \varphi(a) \lessdot a).$$

令 $H = \{x \mid x \in A \& \varphi(x) \lessdot x\}$，因至少 $a \in H$，故 $H \subseteq A \& H \neq \varnothing$，因而 $\exists h(\mathrm{fi}_H(h))$，因 $h \in H$，故

$$\varphi(h) \lessdot h, \tag{$*$}$$

又因 $\varphi(h) \in A$，并且由 A 到 A_1 的双射 φ 是保序的，故由($*$)知在 A_1 中(也在 A 中)应有

$$\varphi(\varphi(h)) \lessdot \varphi(h).$$

如此，由 H 的构造知 $\varphi(h) \in H$，于是 $\mathrm{fi}_H(h)$ 与($*$)互相矛盾，这表明 $\neg \exists \varphi \exists a(A \overset{\varphi}{\simeq} A_1 \& a \in A \& \varphi(a) \lessdot a)$，即 $\forall f \forall a(A \overset{f}{\simeq} A_1 \& a \in A \Rightarrow a \lessdot f(a))$.

定理 6.2.3　设有 $A[\mathrm{WOS}]$，则

(1) $\forall a(a \in A \Rightarrow \neg \exists f(A \overset{f}{\simeq} A_a))$.

(2) $\forall a \forall b(a \in A \& b \in A \& a \neq b \Rightarrow \neg \exists f(A_a \overset{f}{\simeq} A_b))$.

(3) $\forall a' \forall A'(a' \in A' \& A' \subseteq A \Rightarrow \neg \exists f(A \overset{f}{\simeq} A'_{a'}))$.

证明　选证(1)而自行证明(2)与(3).

(1) 设有 $A[\mathrm{WOS}]$，现反设 $\exists g \exists a(a \in A \& A \overset{g}{\simeq} A_a)$，则由定理 6.2.2 知 $a \lessdot g(a)$ 或 $a = g(a)$，而 $g(a) \in A_a$，从而矛盾于定义 6.1.14，这表明不存在任何由 A 到 A_a 的双射能在保序对应之下使 $A \simeq A_a$. □

定理 6.2.4　$A[\mathrm{WOS}] \& B[\mathrm{WOS}] \& A \simeq B \Rightarrow \exists ! f(A \overset{f}{\simeq} B)$.

证明　设有 $A[\mathrm{WOS}] \& B[\mathrm{WOS}] \& A \simeq B$，现反设有两个不同的由 A 到 B 的双射 φ 与 ψ 在保序对应下均使 $A \simeq B$. 于是 A 中至少有一元素 a 使

(a) $a \mapsto \varphi(a) = b' \in B$,

(b) $a \mapsto \psi(a) = b'' \in B$,

(c) $b' \neq b''$.

但由于 $A \overset{\varphi}{\simeq} B \& A \overset{\psi}{\simeq} B$，故有 $A_a \overset{\varphi \restriction A_a}{\simeq} B_{b'} \& A_a \overset{\psi \restriction A_a}{\simeq} B_{b''}$，即 $A_a \simeq B_{b'} \& A_a \simeq B_{b''}$，故 $B_{b'} \simeq A_a \& A_a \simeq B_{b''}$，因此有 $B_{b'} \simeq B_{b''} \& b' \neq b''$，于是矛盾于定理6.2.3(2)，这表明必须有 $\varphi = \psi$，即 $\exists ! f(A \overset{f}{\simeq} B)$. □

定义 6.2.2　任给 $A[\mathrm{WOS}] \& B[\mathrm{WOS}]$，如果 A 的元素 a 满足下述条件，则被定义为 A 相对于 B 的正规元，并记为 $\mathrm{Nor}_A^B(a)$，即

$$\mathrm{Nor}_A^B(a) \Leftrightarrow_{\mathrm{df}} A[\mathrm{WOS}] \& B[\mathrm{WOS}] \& a \in A \& \exists b(b \in B \& A_a \simeq B_b).$$

根据定义 6.2.2，任给 $A[\mathrm{WOS}] \& B[\mathrm{WOS}]$，则显然有

$$B \neq \varnothing \& \mathrm{fi}_A(a) \Rightarrow \mathrm{Nor}_A^B(a).$$

定理 6.2.5 $A[\mathrm{WOS}] \& B[\mathrm{WOS}] \& M = \{x \mid x \in A \& \mathrm{Nor}_A^B(x)\} \Rightarrow M = A$ or $\exists m(m \in A \& M = A_m)$.

证明 设有 $A[\mathrm{WOS}] \& B[\mathrm{WOS}] \& M = \{x \mid x \in A \& \mathrm{Nor}_A^B(x)\}$，如果 $M = A$，则定理已经成立. 现若 $M \neq A$，则显然 $(A - M) \subseteq A \& (A - M) \neq \varnothing$，由于 $A[\mathrm{WOS}]$，故 $\exists m(\mathrm{fi}_{(A-M)}(m))$，可证此时必有 $M = A_m$. 事实上，若 $a \in M$，则 $a \neq m$，并且必有 $a \lessdot m$，否则反设 $m \lessdot a$，则 $A_m = (A_a)_m$，又因 $a \in M$ 而有 $\mathrm{Nor}_A^B(a)$，据定义 6.2.2 知有

$$\exists b(b \in B \& A_a \simeq B_b),$$

既然 $A_a \simeq B_b$，则 $\exists n(n \in B_b \& (A_a)_m \simeq (B_b)_n)$，然而 $(B_b)_n = B_n$，因此 $A_m \simeq B_n$，这表示 $\mathrm{Nor}_A^B(m)$，由 M 的构造知 $m \in M$，从而矛盾于 $m \in A - M$. 这表明 $m \lessdot a$ 不得成立. 故必有 $a \lessdot m$，故 $a \in A_m$. 上面的讨论说明 $a \in M \Rightarrow a \in A_m$，故 $M \subseteq A_m$. 再设 $a \in A_m$，$a \lessdot m$，故 $a \overline{\in} (A - M)$，即 $a \in M$，故 $A_m \subseteq M$，因此 $A_m = M$. □

定理 6.2.6 $A[\mathrm{WOS}] \& B[\mathrm{WOS}] \& M = \{x \mid x \in A \& \mathrm{Nor}_A^B(x)\} \& N = \{x \mid x \in B \& \mathrm{Nor}_B^A(x)\} \Rightarrow M \simeq N$.

证明 设有 $A[\mathrm{WOS}] \& B[\mathrm{WOS}] \& M = \{x \mid x \in A \& \mathrm{Nor}_A^B(x)\} \& N = \{x \mid x \in B \& \mathrm{Nor}_B^A(x)\}$，为证 $M \simeq N$，先证 $\exists f(f: M \xrightarrow{\mathrm{Bij}} N)$. 为此，对任意的 $a \in M$，则由 M 的构造知 $\mathrm{Nor}_A^B(a)$，由定义6.2.2知 $\exists b(b \in B \& A_a \simeq B_b)$，对于这个 b，也可认为有 $\exists a(a \in A \& B_b \simeq A_a)$，由 N 的构造知 $b \in N$. 现令 $f(a) = b$，即

$$f: M \to N \& a \mapsto f(a) = b.$$

首先，对任何的 $b \in N$，据 N 的构造而知有 $\mathrm{Nor}_B^A(b)$，故 $\exists a(a \in A \& B_b \simeq A_a)$，对于这个 a，也可认为它满足 $\exists b(b \in B \& A_a \simeq B_b)$，故 $a \in M \& f(a) = b$，这表明对任何的 $b \in N$，都有 $a \in M$ 使得 $f(a) = b$，故有 $f: M \xrightarrow{\mathrm{Surj}} N$. 现再设 $a \in M \& a' \in M \& a \neq a'$，则 $\mathrm{Nor}_A^B(a) \& \mathrm{Nor}_A^B(a')$，由定义 6.2.2 知

$$\exists b(b \in B \& A_a \simeq B_b) \& \exists b'(b' \in B \& A_{a'} \simeq B_{b'}).$$

如果 $b = b'$，则有 $A_a \simeq B_b \& B_b \simeq A_{a'}$，于是 $A_a \overset{f}{\simeq} A_{a'} \& a \neq a'$，这矛盾于定理 6.2.3(2)，因此，必须有 $b \neq b'$，这表明我们有 $f: M \xrightarrow{\mathrm{Inj}} N$. 于是 $f: M \xrightarrow{\mathrm{Bij}} N$，故 $M \overset{f}{\sim} N$.

现设 $a \in M \& a' \in M \& a \lessdot a'$，且令 $f(a) = b \& f(a') = b'$. 于是 $A_a \simeq B_b \& A_{a'} \simeq B_{b'}$，既然 $A_{a'} \simeq B_{b'}$，故应有 $\exists b^*(b^* \in B \& (A_{a'})_a \simeq (B_{b'})_{b^*})$，但 $A_a = (A_{a'})_a \& B_b^* = (B_{b'})_{b^*}$，于是 $A_a \simeq B_{b^*}$，但已知 $A_a \simeq B_b$，故 $B_b \simeq B_b^*$，此时必须 $b = b^*$，因若设 $b \neq b^*$，则将矛盾于定理6.2.3(2). 既然 $b = b^*$，又因 $b^* \in B_{b'}$，故 $b^* \lessdot b'$，于是 $b \lessdot b'$，以上讨论表明 $a \lessdot a' \Rightarrow f(a) \lessdot f(a')$，故 $M \overset{f}{\simeq} N$.

定理 6.2.7　设 A, B 均为良序集，则 $A \simeq B$，$\exists n(n \in B \& A \simeq B_n)$，$\exists m(m \in A \& B \simeq A_m)$ 三种关系中有且只有一种关系成立.

证明　设有 $A[\mathrm{WOS}] \& B[\mathrm{WOS}]$，令 $M = \{x \mid x \in A \& \mathrm{Nor}_A^B(x)\}$，$N = \{x \mid x \in B \& \mathrm{Nor}_B^A(x)\}$，$\mathrm{fi}_{(A-M)}(m)$，$\mathrm{fi}_{(B-N)}(n)$. 则由定理 6.2.5 知可能出现的情形至多只有如下 4 种：

(a)$M = A \& N = B$，

(b)$M = A_m \& N = B$，

(c)$M = A \& N = B_n$，

(d)$M = A_m \& N = B_n$.

定理 6.2.5 也告诉我们，上述 4 种情形至少有一种出现. 但可证(d) 一定不出现. 否则由定理 6.2.6 知有 $M \simeq N$，故 $A_m \simeq B_n$，即 $\exists n(n \in B \& A_m \simeq B_n)$，故 $m \in M$，这与 $m \in (A - M)$ 相矛盾，故(d) 不得出现. 于是由 $M \simeq N$ 推知，若为(a)，则有 $A \simeq B$；若为(b)，则有 $B \simeq A_m$；若为(c)，则有 $A \simeq B_n$. 又由相似关系的传递性及定理 6.2.3(1) 知在(a)、(b)、(c) 中至多有一种成立. □

定义 6.2.3　良序集 A 短于良序集 B 按如下方式定义之，并记为$A \lessdot B$，即

$$A \lessdot B =_{\mathrm{df}} A[\mathrm{WOS}] \& B[\mathrm{WOS}] \& \exists b(b \in B \& A \simeq B_b).$$

现可看出，定理6.2.7实际上断言了良序集之间的三分律：$A \simeq B$ or $A \lessdot B$ or $B \lessdot A$.

定理 6.2.8　设 A, B, C 均为良序集，则有

(1)$A \lessdot B \& B \lessdot C \Rightarrow A \lessdot C$，

(2)$A \lessdot B \& B \simeq C \Rightarrow A \lessdot C$，

(3)$A \lessdot B \& A \simeq C \Rightarrow C \lessdot B$，

(4)$\forall a(a \in A \Rightarrow A_a \lessdot A)$，

(5)$a \in A \& a' \in A \& a \lessdot a' \Rightarrow A_a \lessdot A_{a'}$，

(6) $\neg\exists f(A \overset{f}{\simeq} B) \Rightarrow A \lessdot B$ or $B \lessdot A$.

证明 依次证明(1) ~ (6) 如下:

(1) 设有 A[WOS]&B[WOS]&C[WOS],再设 $A \lessdot B \& B \lessdot C$,则由定义6.2.3知 $\exists b(b \in B \& A \simeq B_b) \& \exists c(c \in C \& B \simeq C_c)$,既然 $B \simeq C_c$,则 $\exists c'(c' \in C_c \& B_b \simeq (C_c)_{c'})$,但是$(C_c)_{c'} = C_{c'}$,于是 $A \simeq B_b \& B_b \simeq C_{c'}$,故 $\exists c'(c' \in C \& A \simeq C_{c'})$,由定义 6.2.3 知 $A \lessdot C$.

(2) 设有 A[WOS]&B[WOS]&C[WOS],再设 $A \lessdot B \& B \simeq C$,于是 $\exists b(b \in B \& A \simeq B_b)$,又既然 $B \simeq C$,则 $\exists c(c \in C \& B_b \simeq C_c)$,故有 $A \simeq B_b \& B_b \simeq C_c$,于是 $\exists c(c \in C \& A \simeq C_c)$,由定义 6.2.3 知 $A \lessdot C$.

(3) 设有 A[WOS]&B[WOS]&C[WOS],再设 $A \lessdot B \& A \simeq C$,于是 $\exists b(b \in B \& A \simeq B_b)$,故 $B_b \simeq A \& A \simeq C$,这表明有 $B_b \simeq C$,即 $\exists b(b \in B \& C \simeq B_b)$,故 $C \lessdot B$.

(4) 设 A[WOS]&$a \in A$,因 $A_a \simeq A_a$,即 $\exists a(a \in A \& A_a \simeq A_a)$,这表示 $A_a \lessdot A$.

(5) 设 A[WOS]&$a \in A \& a' \in A \& a \prec a'$,于是 $a \in A_{a'}$,又 $A_a \simeq A_a$,故 $\exists a(a \in A_{a'} \& A_a \simeq A_a)$,但 $A_a = (A_{a'})_a$,故 $\exists a(a \in A_{a'} \& A_a \simeq (A_{a'})_a)$. 即 $A_a \lessdot A_{a'}$.

(6) 设有 A[WOS]&B[WOS]&$\neg\exists f(A \overset{f}{\simeq} B)$,于是由定理 6.2.7 知,或有 $\exists n(n \in B \& A \simeq B_n)$,或有 $\exists m(m \in A \& B \simeq A_m)$,即或有$A \lessdot B$,或有 $B \lessdot A$.

□

定理 6.2.9 设 S 为由良序集所组成的集,并且 $A \in S \& B \in S \& A \neq B \Rightarrow \neg\exists f(A \overset{f}{\simeq} B)$,则 $\exists A^*(A^* \in S \& \forall B(B \in S \& B \neq A^* \Rightarrow A^* \lessdot B))$.

证明 现令 S 为一个两两不相似之良序集的集,即$S = \{A[\mathrm{WOS}] \mid A \neq B \Rightarrow \neg\exists f(A \overset{f}{\simeq} B)\}$. 再设 $A \in S$,如果 A 是S 中最短的良序集,即对任何 $B \in S \& B \neq A$ 都有 $A \lessdot B$,则定理已成立. 若不然,则在 S 中至少有一 B 使 $B \lessdot A$,于是 $\exists a(a \in A \& B \simeq A_a)$,令 T 为 A 中所有这种 a 的集,即令

$$T = \{a \mid a \in A \& \exists B(B \in S \& B \simeq A_a)\}$$

由于已知 $a \in T$,故 $T \subseteq A \& T \neq \varnothing$,于是 $\exists a^*(\mathrm{fi}_T(a^*))$. 既然 $a^* \in T$,故由 T 的

构造知 $\exists A^*(A^* \in S \& A^* \simeq A_{a^*})$，现证 A^* 是 S 中最短的良序集.

首先，由定理6.2.8(4)与(3)知 $A^* \lessdot A$，其次，设任意的 $B \in S \& B \neq A^*$，若 $B = A$，则 $A^* \lessdot B$，如果 $B \neq A$，则由 S 的构造与定理6.2.8(6)知，要么 $A \lessdot B$，要么 $B \lessdot A$. 若为 $A \lessdot B$，则由定理6.2.8(1)知 $A^* \lessdot B$；若为 $B \lessdot A$，则 $\exists a(a \in A \& B \simeq A_a)$，对于这个 a，又可有 $a \in A \& \exists B(B \in S \& B \simeq A_a)$，故 $a \in T$，但因 $\mathrm{fi}_T(a^*)$，故 $a^* \lessdot a$，于是由定理6.2.8(5)知 $A_{a^*} \lessdot A_a$，故由定理6.2.8(2)知 $A_{a^*} \lessdot B$，但 $A^* \simeq A_{a^*}$，于是由定理6.2.8(3)知 $A^* \lessdot B$. 这表明对 S 中之任何元 $B \neq A^*$，不论如何总有 $A^* \lessdot B$. 于是

$$\exists A^*(A^* \in S \& \forall B(B \in S \& B \neq A^* \Rightarrow A^* \lessdot B)). \qquad \square$$

定理6.2.10　设 $L = \{\cdots,\lambda,\cdots,\mu,\cdots,\nu,\cdots\}$ 为一良序集，对于 L 的每一元 λ 有一良序集 A_λ 与之对应，则有 $(\overset{<}{\bigcup\limits_{\lambda \in L}} A_\lambda)[\mathrm{WOS}]$.

证明　设有 $L[\mathrm{WOS}] \& L = \{\cdots,\lambda,\cdots,\mu,\cdots,\nu,\cdots\}$，并对 L 的每一元 λ 有一 $A_\lambda[\mathrm{WOS}]$ 与之对应. 首先，由定义6.1.8知 $\overset{<}{\bigcup\limits_{\lambda \in L}} A_\lambda$ 为一有序集. 其次，让我们令 $S \subseteq \overset{<}{\bigcup\limits_{\lambda \in L}} A_\lambda \& S \neq \varnothing$，我们来证明 $\exists a_0(\mathrm{fi}_S(a_0))$，为此，令 $L_0 = \{\lambda \mid \lambda \in L \& A_\lambda \cap S \neq \varnothing\}$，显然 $L_0 \subseteq L \& L_0 \neq \varnothing$，因 $L[\mathrm{WOS}]$，故 $\exists \lambda_0(\mathrm{fi}_{L_0}(\lambda_0))$，然而，我们有

$$(A_{\lambda_0} \cap S) \subseteq A_{\lambda_0} \& (A_{\lambda_0} \cap S) \neq \varnothing,$$

因 $A_{\lambda_0}[\mathrm{WOS}]$，故 $\exists a_0(\mathrm{fi}_{(A_{\lambda_0} \cap S)}(a_0))$. 故 $a_0 \in S$，现令 $a \in S \& a \neq a_0$，故 $a \in \overset{<}{\bigcup\limits_{\lambda \in L}} A_\lambda$，因此，有某一 A_λ 使得 $a \in A_\lambda$，从而 $a \in A_\lambda \cap S$，这表示 $\lambda \in L \& A_\lambda \cap S \neq \varnothing$，由 L_0 的构造知 $\lambda \in L_0$，因 $\mathrm{fi}_{L_0}(\lambda_0)$，故 $\lambda_0 = \lambda$ 或 $\lambda_0 \lessdot \lambda$. 若 $\lambda_0 = \lambda$，则因 $a \in A_{\lambda_0} \cap S$，$a_0 \in A_{\lambda_0} \cap S$，而且 $\mathrm{fi}_{(A_{\lambda_0} \cap S)}(a_0)$，故 $a_0 \lessdot a$；又若 $\lambda_0 \lessdot \lambda$，于是由定义6.1.8知 $a_0 \lessdot a$，这表明不论如何，a_0 是 S 的首元，即 $\mathrm{fi}_S(a_0)$，由定义6.2.1知 $(\overset{<}{\bigcup\limits_{\lambda \in L}} A_\lambda)[\mathrm{WOS}]$. $\square$

定义6.2.4　对任意的序型 $\alpha = \overline{A}$，如果 $A[\mathrm{WOS}]$，则称 α 为序数，又若对序数 α 而言，$\overline{\alpha} = \overline{\overline{A}}$ 为无限势，则称 α 为超限数.

由定义6.2.4，因有 $\varnothing[\mathrm{WOS}]$，故 $\overline{\varnothing} = 0$ 为序数，又因任意的 $A[\mathrm{fin}]$ 均为良序集，故对任何 $n \in N$ 而言，n 为一序数，但 $\overline{0}$ 或 $\overline{n}$ 都不是无限势，故 0 或 n 均不为超限数. 由于 $N[\mathrm{WOS}]$，并且 $\overline{\overline{N}}$ 为无限势，故 $\overline{N} = \omega$ 为超限数，然而6.1节中所论及之序型 $\omega^*,\pi,\eta,\lambda$ 等，由于它们均不为良序集的序型，从而 $\omega^*,\pi,\eta,\lambda$ 都不是序数或超

限数.

定义 6.2.5 序数 α 按如下方式而被定义为小于序数 β,并记为 $\alpha<\beta$,即

$$\alpha<\beta=_{\mathrm{df}}\exists A\exists B(A[\mathrm{WOS}]\&B[\mathrm{WOS}]\&\alpha=\overline{A}\&\beta=\overline{B}\&A\lessdot B).$$

由定义 6.2.5 所定义之序数 α 小于序数 β,也被称为序数 β 大于序数 α,相应地记为 $\beta>\alpha$. 显然,按 $\alpha<\beta$ 或 $\beta>\alpha$ 的定义方式而言,仅与序数 α,β 有关,而与良序集 A,B 的取法无关. 又按定义 6.2.5,对于任意的有限序数的大小关系而言,其含义正好与自然数之间的大小关系相一致,即对于自然数列而言,我们有

$$0<1<2<\cdots<n<n+1<\cdots,$$

同样对于有限序数而言,也有

$$0<1<2<\cdots<n<n+1<\cdots.$$

今设 $A[\mathrm{fin}]$,则 $A[\mathrm{WOS}]$,显然 $A\lessdot N$,故对任意的有限序数 n 而言,总有 $n<\omega$.

定义 6.2.6 序数 α 按如下方式而被定义为等于序数 β,并记为 $\alpha=\beta$,即

$$\alpha=\beta=_{\mathrm{df}}\exists A\exists B(A[\mathrm{WOS}]\&B[\mathrm{WOS}]\&\overline{A}=\alpha\&\overline{B}=\beta\&A\simeq B).$$

定理 6.2.11 设 α 与 β 为二序数,则 $\alpha=\beta,\alpha<\beta,\alpha>\beta$ 三种关系有且仅有一种成立.

证明 设有 $A[\mathrm{WOS}]\&B[\mathrm{WOS}]\&\alpha=\overline{A}\&\beta=\overline{B}$,则由定理 6.2.7 知,$A\simeq B$,$\exists n(n\in B\&A\simeq B_n)$,$\exists m(m\in A\&B\simeq A_m)$ 三种关系中有且仅有一种成立. 故由定义 6.2.3、定义 6.2.5、定义 6.2.6 直接推知 $\alpha=\beta,\alpha<\beta,\alpha>\beta$ 三关系中有且仅有一种成立. □

定理 6.2.12 $A[\mathrm{WOS}]\&B\subseteq A\Rightarrow\overline{B}\leqslant\overline{A}$.

证明 设有 $A[\mathrm{WOS}]\&B\subseteq A$,由定理 6.2.1(3) 知有 $B[\mathrm{WOS}]$,又由定理 6.2.3(3) 知 $\neg\exists f(A\overset{f}{\simeq}B_b)$,因此不能出现 $A\lessdot B$ 的情形,即 $\overline{A}<\overline{B}$ 不会出现. 故按定理 6.2.11 知,可能出现的情形至多只有 $\overline{B}<\overline{A}$ 与 $\overline{B}=\overline{A}$ 两种. 实际上,当 $B=A$ 时,有 $\overline{A}=\overline{B}$. 而当 $B\subset A$ 时,则有 $\overline{B}<\overline{A}$. □

在这里,我们要预先说明一件事,即按 Cantor 的造集原则,拟应承认由一切序数汇集起来而构成的总体

$$W=\{x\mid x\text{ 为一序数}\}$$

为一集合. 然而遗憾的是一旦承认上述 W 为一集,则就将导致矛盾. 这矛盾也就是

我们早在本书1.3节中所已提及的Burali-Forti悖论. 当然,有关Burali-Forti悖论的具体内容与解释方法,只能在《数学基础概论》一书中去详细讨论. 然而现在的问题却在于我们即将要研究一些由序数组成之集合的性质,为了不使我们立即陷入矛盾之中,特规定对于下文中所讨论之序数集S而言,都存在序数α使$\forall\beta(\beta\in S\Rightarrow\beta<\alpha)$. 即$S$中的序数不能无限制地越来越大. 为此,有时特别标明$\sigma[\neq W]$,借以表示σ为一序数集,但存在序数α,并使$\forall\beta(\beta\in\sigma\Rightarrow\beta<\alpha)$. 当然,有时在上、下文清楚而不致误解的情况下,我们也可将$[\neq W]$省略.

定理 6.2.13　设S为一些两两相异之序数所构成的集合,则S中必有一最小的序数.

证明　设S为一些序数所组成的集,并且S中之序数两两互异. 对于S中之每一序数α,对应着一个良序集A_α,令

$$S^*=\{A_\alpha[\text{WOS}]\mid\alpha\in S\},$$

由定理6.2.9知

$$\exists A^*(A^*\in S^*\&\forall B(B\in S^*\&B\neq A^*\Rightarrow A^*\lessdot B)).$$

再令$\overline{A^*}=\mu$,显然$\mu\in S$,并由定义6.2.5知μ小于S中任一其他序数,即μ为S中最小的序数. □

定理 6.2.14　按序数之大小为顺序的序数集是良序集.

证明　设S为一按序数之大小为顺序的序数集,当然$S[\neq W]$. 为证$S[\text{WOS}]$,令S_0为S的任一非空子集. 即$S_0\subseteq S\&S_0\neq\varnothing$,显然,$S_0$也是一个由一些序数所构成的集合. 又$S$中之序数既然按序数之大小为序,当然是两两互异的. 因此由定理6.2.13知S_0中有一个最小的序数,记为μ. 则在序数之大小为序的顺序中,显然μ为S_0的首元,即有$\text{fi}_{S_0}(\mu)$,由定义6.2.1知$S[\text{WOS}]$. □

定义 6.2.7　设α为一序数,则由一切小于α的序数所组成的序数集,记为W_α,即

$$W_\alpha=_{\text{df}}\{\text{序数}\ \beta\mid\beta<\alpha\}.$$

定理 6.2.15　设α为一序数,则$W_\alpha[\text{WOS}]$.

证明　设W_α为由一切小于序数α的序数所构成的集合,而定理6.2.14告诉我们,按序数之大小为顺序的序数集是良序集,现对序数集W_α而言,我们就按序数之大小为顺序排列W_α的一切元,则W_α即被排为良序集. □

定理 6.2.16 设 α 为一序数,则 $\overline{W_\alpha} = \alpha$.

证明 设 α 为一序数,且 $W_\alpha = \{$序数 $\beta \mid \beta < \alpha\}$,再设 $A[\mathrm{WOS}] \& \overline{A} = \alpha$,令 $H = \{A_a \mid a \in A\}$,由定理 6.1.5 知 $A \simeq H$,因此 $\overline{H} = \alpha$,现往证 $H \simeq W_\alpha$.

为之,设 $A_a \in H$,故 $\overline{A_a} < \overline{A} = \alpha$,于是 $\overline{A_a} \in W_\alpha$. 这表明对 H 中之任一元,都有一相应的序数属于 W_α. 如此,我们令 $f(A_a) = \overline{A_a} \in W_\alpha$,即

$$f: H \to W_\alpha \& A_a \mapsto \overline{A_a}.$$

现任取 $\beta \in W_\alpha$,则 $\beta < \alpha = \overline{A}$,令 $B[\mathrm{WOS}] \& \overline{B} = \beta$,由定理 6.2.7 与 $\overline{B} < \overline{A}$ 可断言 $\exists a'(a' \in A \& B \simeq A_{a'})$. 否则将有 $\alpha = \beta$ 或 $\alpha < \beta$,于是由定理6.2.11 而矛盾于 $\beta < \alpha$. 既然有 $B \simeq A_{a'}$,故 $\overline{A_{a'}} = \overline{B} = \beta$. 这表明对任意的 $\beta \in W_\alpha$,在 H 中都有确定的 $A_{a'}$,使 $f(A_{a'}) = \overline{A_{a'}} = \beta$. 至此我们证明了 $f: H \xrightarrow{\mathrm{Surj}} W_\alpha$. 再设 $A_a \in H \& A_{a'} \in H \& A_a \neq A_{a'}$,则显然有 $f(A_a) = \overline{A_a} \neq \overline{A_{a'}} = f(A_{a'})$,否则,若 $\overline{A_a} = \overline{A_{a'}}$,则将出现 $\exists f(A_a \overset{f}{\simeq} A_{a'}) \& A_a \neq A_{a'}$,从而矛盾于定理 6.2.3(2). 这表明我们又有 $f: H \xrightarrow{\mathrm{Inj}} W_\alpha$,因此,$f: H \xrightarrow{\mathrm{Bij}} W_\alpha$. 今设 $A_a \in H \& A_{a'} \in H \& A_a \subset A_{a'}$,则因 $A_a \subset A_{a'} \Leftrightarrow a \lessdot a'$,故由定理 6.2.8(5) 推知 $A_a \simeq A_{a'}$,故由定义 6.2.5 可知 $\overline{A_a} < \overline{A_{a'}}$,这表明 $A_a \subset A_{a'} \Rightarrow f(A_a) \lessdot f(A_{a'})$,因而双射 f 是保序对应的,故有 $H \overset{f}{\simeq} W_\alpha$,从而获证 $\overline{W_\alpha} = \overline{H} = \alpha$. □

定理 6.2.17 设有 $A[\mathrm{WOS}] \& \overline{A} = \alpha$,则 A 中一切元可用小于 α 的序数予以编号.

证明 设 $A[\mathrm{WOS}] \& \overline{A} = \alpha$,而由定理 6.2.16 知 $\overline{W_\alpha} = \alpha$,于是 $\overline{A} = \overline{W_\alpha}$,故 $\exists f(A \overset{f}{\simeq} W_\alpha)$. 这表明对任何 $a \in A$,都有确定的 $f(a) = \beta \in W_\alpha$ 与之对应. 即 $a \mapsto f(a) \in W_\alpha$. 我们规定以 $f(a)$ 作为 a 的编号,由于 $0 \in W_\alpha$,并且 $\mathrm{fi}_{W_\alpha}(0)$,因而 0 是 A 的首元的编号,即 $\mathrm{fi}_A(a_0)$. 于是可有:

$$A = \{a_0, a_1, a_2, \cdots, a_\alpha, \cdots, a_\beta, \cdots\} (\beta < \alpha),$$

此外,还应指出,由于 $A[\mathrm{WOS}]$,则对 A 中诸元之顺序完全确定后,则由于 W_α 中诸元依序数大小为序也是完全确定的,从而由 A 到 W_α 的相似对应也完全确定,即上述编号方法完全确定. □

定理 6.2.18 设 S 为一序数集,并且 $S[\mathrm{WOS}]$,当然 $S[\neq W]$,则 $\sum\limits_{\alpha \in S} \alpha$ 为一序

数.①

证明　设 $S=\{\cdots,\alpha,\cdots,\beta,\cdots,\gamma,\cdots\}$ 为由一些序数所组成的良序集，令 S 中每一序数 α 有一相应的 A_α[WOS] 与之对应，且 $\overline{A_\alpha}=\alpha$，由定理 6.2.10 知 $(\overset{<}{\bigcup\limits_{\alpha\in S}}A_\alpha)$[WOS]，于是 $\overline{\overset{<}{\bigcup\limits_{\alpha\in S}}A_\alpha}$ 为一序数. 另一方面，由定义 6.1.9 可知 $\sum\limits_{\alpha\in S}\overline{A_\alpha}=\overline{\overset{<}{\bigcup\limits_{\alpha\in S}}A_\alpha}$，而 $\overline{A_\alpha}=\alpha$，故 $\sum\limits_{\alpha\in S}\overline{A_\alpha}=\sum\limits_{\alpha\in S}\alpha=\overline{\overset{<}{\bigcup\limits_{\alpha\in S}}A_\alpha}$，既然 $\overline{\overset{<}{\bigcup\limits_{\alpha\in S}}A_\alpha}$ 为一序数，故 $\sum\limits_{\alpha\in S}\alpha$ 亦为一序数. □

定理 6.2.19　设 $S[\neq W]$ 为由一些序数所组成的集，则必有一序数 σ 存在，使对 $\forall\alpha(\alpha\in S\Rightarrow\sigma>\alpha)$.

证明　设 $S=\{\cdots,\alpha,\cdots,\beta,\cdots,\gamma,\cdots\}$ 为由一些序数所组成的集，并且 $S[\neq W]$. 现分两种情况讨论之，其一是当 S 中有最大序数 β 时，即当

$$\exists\beta(\beta\in S\,\&\,\forall\alpha(\alpha\in S\,\&\,\alpha\neq\beta\Rightarrow\alpha<\beta))$$

时，有序数 $\beta+1>\beta$，故 $\forall\alpha(\alpha\in S\Rightarrow\beta+1>\alpha)$；其二是当 S 中不存在最大序数时，因对 S 之元按序数之大小为序的话，即有 S[WOS]. 故由定理 6.2.18 知 $\sigma=\sum\limits_{\alpha\in S}\alpha$ 为一序数. 现对 S 中之每一元 α，令一 A_α[WOS] 与之对应，并且 $\overline{A_\alpha}=\alpha$，由定理 6.2.10 知 $B=\overset{<}{\bigcup\limits_{\alpha\in S}}A_\alpha$ 为一良序集，即有 B[WOS]，由定义 6.1.9 可知 $\sigma=\overline{B}$. 现对任一 A_α 而言，因在 S 中有 $\alpha'>\alpha$，令 b 为 $A_{\alpha'}$ 之首元，即 $\mathrm{fi}_{A_{\alpha'}}(b)$，于是 $b\in B\,\&\,A_\alpha\subseteq B_b$，从而 $A_\alpha\subseteq B$，如此可证 $\neg\exists f(B\overset{f}{\simeq}A_\alpha)$，因为否则，若设 $\exists f(B\overset{f}{\simeq}A_\alpha)$，则由定理 6.2.2 知 $b\lessdot f(b)$ 或 $b=f(b)$，但是 $f(b)\in A_\alpha$，于是 $f(b)\in B_b$，故 $f(b)\lessdot b$，矛盾. 所以必须 $\neg\exists f(B\overset{f}{\simeq}A_\alpha)$，这表明 $\overline{B}=\overline{A_\alpha}$ 不得成立. 又由定理 6.2.3(3) 知对任意 $\beta<\alpha$ 有 $\neg\exists f(B_b\overset{f}{\simeq}(A_\alpha)_\beta)$，因此 $\overline{B_b}<\overline{A_\alpha}$ 不可能成立，又因 $B_b\subseteq B$，故由定理 6.2.12 知 $\overline{B_b}\leqslant\overline{B}$，从而 $\overline{B}<\overline{A_\alpha}$ 就更不能成立了. 但由定理 6.2.11 知在 $\overline{B}=\overline{A_\alpha}$，$\overline{B}<\overline{A_\alpha}$，$\overline{A_\alpha}<\overline{B}$ 三关系中有且仅有一种成立. 既然上面已证 $\overline{B}=\overline{A_\alpha}$ 与 $\overline{B}<\overline{A_\alpha}$ 都不得成立，从而必有 $\overline{A_\alpha}<\overline{B}$ 成立，即有 $\alpha<\sigma$. 由于 α 为 S 中任取的一元，故 $\forall\alpha(\alpha\in S\Rightarrow\sigma>\alpha)$.

① 前文已定义过序型的加法，而序数即为良序集的序型，因而无须另行定义序数的加法.

综上所述,不论哪种情况,总存在着大于 S 中任何序数的序数. □

定义 6.2.8 设 α,β 为二序数,且有 $\alpha<\beta$,如果不存在任何其他序数 μ 能使 $\alpha<\mu<\beta$,则称 α 为直次 β 之前的序数,而称 β 为直次 α 之后的序数.

定理 6.2.20 序数 $\alpha+1$ 是直次 α 之后的序数.

证明 设直次于 α 之后的序数为 β,则有 $W_\beta=W_\alpha \overset{<}{\cup} \{\alpha\}$,于是 $\beta=\overline{W_\beta}=\overline{W_\alpha}+\overline{\{\alpha\}}=\alpha+1$. □

由上述定理 6.2.20 可知,对任何序数 α,总有一个直次 α 之后的序数,因对任何 α,总有 $\alpha+1$ 存在. 然而,对于任一序数 α,却未必总有直次其前的序数存在. 例如,不存在直次于 ω 之前的序数.

定义 6.2.9 凡有直次其前的序数的序数叫作第一种序数. 凡是没有直次其前之序数的序数叫作第二种序数.

由上述定义 6.2.9 可知,0 是第二种序数,因为 0 是最小的序数,所以没有在 0 之前的序数可言. 又 ω 也是第二种序数,除 0 之外的任何有限序数都是第一种序数. 所以形如 $\alpha+1$ 的序数都是第一种序数,因为 α 直次于 $\alpha+1$ 之前.

6.3 超限归纳与第二数类

如所知,完全归纳法在数学上是一种重要的方法,我们已在 4.1 节中有所论及,即定理 4.1.4 所示. 现基于自然数集 N 为良序集的事实,可对定理 4.1.4 重新证明如下:

定理 4.1.4(6.3) 任给谓词或性质 P,如果

(i) $P(0)$,

(ii) 对任何 $n\in N$,都有 $P(n)\Rightarrow P(n+1)$,

则 $\forall n(n\in N\Rightarrow P(n))$.

证明 现于所设前提(i) 与(ii) 之下,反设有自然数 m 使 $\neg P(m)$,令 $T=\{m \mid m\in N \& \neg P(m)\}$,在反设之下,应有 $T\neq\varnothing$,于是 $T\subseteq N \& T\neq\varnothing$,因为 N[WOS],故有 n^* 使 $\mathrm{fi}_T(n^*)$,即 $n^*\in T$ 为使 $\neg P$ 之最小元,于是由(i) 知 $n^*>0$,并且有 $P(n^*-1)$,但由(ii) 应有 $P(n^*-1+1)=P(n^*)$,于是 $n^*\overline{\in} T$,矛盾. 这矛盾说明反设不能成立,故 $\forall n(n\in N\Rightarrow P(n))$. □

上述定理 4.1.4(6.3) 表明，基于 $N[\text{WOS}]$ 的事实能阐明数学归纳法的合理性. 那么，基于序数集为良序集的事实，我们将能证明下述超限归纳法的合理性.

定理 6.3.1　设 S 为一序数集，并且 $N[\neq \text{W}]$，而 S 之元按序数大小为序时有 $S[\text{WOS}]$，且 $\text{fi}_S(\lambda)$. P 为任一谓词或性质，如果

(i) $P(\lambda)$，

(ii) $\forall \beta[\beta \in S \Rightarrow (\forall \alpha(\alpha \in S \& \alpha < \beta \Rightarrow P(\alpha)) \Rightarrow P(\beta))]$，

则 $\forall \mu(\mu \in S \Rightarrow P(\mu))$.

证明　在所设前提(i)，(ii) 之下，我们反设 S 中有 ζ 使 $\neg P(\zeta)$，且令 $T = \{\zeta \mid \zeta \in S \& \neg P(\zeta)\}$，显然，在反设前提下有 $T \neq \varnothing$，故有 $T \subseteq S \& T \neq \varnothing$，因为 $S[\text{WOS}]$，故有 ξ 使 $\text{fi}_T(\xi)$，即 $\xi \in T$ 为使 $\neg P$ 的最小元，于是对任何 $\alpha \in S \& \alpha < \xi$，有 $P(\alpha)$，即我们有

$$\forall \alpha(\alpha \in S \& \alpha < \xi \Rightarrow P(\alpha)).$$

故由(ii) 应有 $P(\xi)$，于是 $\xi \overline{\in} T$，故矛盾. 这表明反设不能成立，故 $\forall \mu(\mu \in S \Rightarrow P(\mu))$. □

人们在习惯上把全体有限序数所组成的集叫作第一数类. 因此，第一数类就是自然数集

$$N = \{0, 1, 2, 3, \cdots, n, \cdots\}.$$

人们又把全体可数良序集的序数所构成的集称为第二数类，并记为 K_0，因此，

$$K_0 = \{\alpha \mid \alpha = \overline{A_1} \& A_1[\text{WOS}] \& A_1[\omega]\}.$$

如所知，自然顺序中的全体有理数的集 Q，历来被认为是合理而自然的. 因而 Q 的幂集 $\mathscr{P}Q$ 也被认为是合理而自然的. 现将 $\mathscr{P}Q$ 中一切是可数良序集的元汇集起来组成一集 K，即

$$K = \{A \mid A \in \mathscr{P}Q \& A[\omega] \& A[\text{WOS}]\}.$$

由于 $Q[\text{unb}] \& Q[\text{den}]$，故由定理 6.1.5 知对任何 $A[\omega]$，都有 $Q_0 \subseteq Q$ 使 $A \simeq Q_0$，于是 $\overline{A} = \overline{Q_0}$，显然，对于任何 $A_1[\omega] \& A_1[\text{WOS}]$ 而言，由于 $A_1[\omega]$ 而不例外地也总有 $Q_1 \subseteq Q$ 使 $A_1 \simeq Q_1$，因此，我们断言

$$K_0 = \{\alpha \mid \alpha = \overline{A} \& A \in K\}.$$

定理 6.3.2　ω 是最小的超限数，即 $\text{fi}_{K_0}(\omega)$.

证明　因为 $\omega = \overline{N}$，而 N 的任何节 N_n 都是有限集，于是 $\overline{N_n} = n \in N$，这表明

任何小于 ω 的序数都是有限序数,即不存在任何超限数 α 能使 $\alpha<\omega$,故 $\forall\alpha(\alpha\in K_0\Rightarrow\alpha\geqslant\omega)$,于是 $\mathrm{fi}_{K_0}(\omega)$. □

定理 6.3.3 $\alpha\in K_0\Rightarrow\alpha+1\in K_0$.

证明 因为 $\alpha\in K_0$,故 $W_\alpha[\omega]\&W_\alpha[\mathrm{WOS}]$,从而有 $(W_\alpha\cup\{\alpha\})[\omega]\&(W_\alpha\cup\{\alpha\})[\mathrm{WOS}]$,而 $\overline{W_\alpha\cup\{\alpha\}}=\overline{W_\alpha}+\overline{\{\alpha\}}=\alpha+1$,所以 $\alpha+1\in K_0$.

定理 6.3.4 若设有 $S\subseteq K_0\&S[\omega]$,并且 $K^*=\{\mu\mid\mu$ 为序数 $\&\ \forall\alpha(\alpha\in S\Rightarrow\mu>\alpha)\}\&\mathrm{fi}_{K^*}(\mu^*)$,则必有 $\mu^*\in K_0$.①

证明 今设 S 为由 K_0 中之序数所组成的可数集,并且 μ^* 为所有大于 S 之一切元的序数中最小的一个.现分两种情况讨论.

其一是当 S 中有最大序数 β 时,则易见有 $\mathrm{fi}_{K^*}(\beta+1)$,即 $\mu^*=\beta+1$,因为 $\beta\in K_0$,故由定理 6.3.3 知 $\beta+1\in K_0$,故 $\mu^*\in K_0$.

其二是当 S 中没有最大序数时,则可证

$$W_{\mu^*}=\overset{<}{\bigcup_{\alpha\in S}}W_\alpha.$$

事实上,设 $\lambda\in\overset{<}{\bigcup_{\alpha\in S}}W_\alpha$,则有某个 $\alpha\in S$ 使得 $\lambda\in W_\alpha$,故 $\lambda<\alpha$.因 $\alpha\in S$,由假设知 $\alpha<\mu^*$,从而 $\lambda<\mu^*$,故 $\lambda\in W_{\mu^*}$,这表明 $\overset{<}{\bigcup_{\alpha\in S}}W_\alpha\subseteq W_{\mu^*}$.再设 $\lambda\in W_{\mu^*}$,则 $\lambda<\mu^*$.由于 $\mathrm{fi}_{K^*}(\mu^*)$,故有 $\sigma\in S\&\lambda\leqslant\sigma$.又由于 S 没有最大序数,故有 $\beta\in S\&\beta>\sigma$,即 $\sigma\in W_\beta\&\beta\in S$,于是 $\lambda\in W_\beta$,故 $\lambda\in\overset{<}{\bigcup_{\alpha\in S}}W_\alpha$,这表明 $W_{\mu^*}\subseteq\overset{<}{\bigcup_{\alpha\in S}}W_\alpha$.因此,$W_{\mu^*}=\overset{<}{\bigcup_{\alpha\in S}}W_\alpha$.由于 $S[\omega]$,故 $(\overset{<}{\bigcup_{\alpha\in S}}W_\alpha)[\omega]$,因而有 $W_{\mu^*}[\omega]$,即 $\overline{W_{\mu^*}}$ 为一可数集的序型,由于 $\overline{W_{\mu^*}}=\mu^*$,故 $\mu^*\in K_0$. □

定理 6.3.5 K_0 为不可数集合.

证明 现反设 $K_0[\omega]$,因有 $K_0\subseteq K_0$,再设

$$K^*=\{\mu\mid\mu\text{ 为序数 }\&\ \forall\alpha(\alpha\in K_0\Rightarrow\mu>\alpha)\},$$

并且 $\mathrm{fi}_{K^*}(\mu^*)$,因此 $\mu^*\,\overline{\in}\,K_0$,但由定理 6.3.4 应有 $\mu^*\in K_0$,故矛盾.这表明 $K_0[\omega]$ 为不可能. □

① 注意此处序数集 K^* 不满足 $K^*[\neq W]$,对此,在近代公理集合论中,自有严格而不致陷入矛盾的处理方法,将在《数学基础概论》一书中讨论之.

今后特将 K_0 之势 $\overline{\overline{K_0}}$ 记为 $\aleph_1$，并将大于 K_0 之一切元的序数中最小的一个记为 Ω，即设

$$K^* = \{\mu \mid \mu \text{ 为序数} \,\&\, \forall\alpha(\alpha \in K_0 \Rightarrow \mu < \alpha)\},$$

并且 $\mathrm{fi}_{K^*}(\Omega)$.

定理 6.3.6　不存在任何势 γ，能使 $\aleph_0 < \gamma < \aleph_1$，即 $\aleph_1$ 是直次可数势 $\aleph_0$ 之后的不可数势.

证明　因为 $W_\Omega = N \cup K_0$，由 4.5 节例 3 知对任何无限势 λ 都有 $\aleph_0 + \lambda = \lambda$，因此，我们有

$$\overline{\overline{W_\Omega}} = \overline{\overline{N \cup K_0}} = \aleph_0 + \overline{\overline{K_0}} = \overline{\overline{K_0}} = \aleph_1.$$

现反设有势 γ 使 $\aleph_0 < \gamma < \aleph_1$，则在 W_Ω 中可选出一子集 S，使得 $\overline{\overline{S}} = \gamma$，由于 $\gamma \neq \aleph_1$，故 $\overline{\overline{S}} \neq \overline{\overline{W_\Omega}}$，这表明 $\neg\ \exists f(f: S \xrightarrow{\text{Bij}} W_\Omega)$，因而 $\neg\ \exists f(S \overset{f}{\simeq} W_\Omega)$，这说明 $\exists f \exists \xi(\xi \in W_\Omega \& S \overset{f}{\simeq} (W_\Omega)_\xi)$. 而 $\xi \in W_\Omega$ 表示，$\xi \in N$，或 $\xi \in K_0$，因此，或有 $(W_\Omega)_\xi[\text{fin}]$，或有 $(W_\Omega)_\xi[\omega]$，即或有 $\overline{\overline{(W_\Omega)_\xi}} = \overline{\overline{S}} = \gamma = n < \aleph_0$，或有 $\overline{\overline{(W_\Omega)_\xi}} = \overline{\overline{S}} = \gamma = \aleph_0$，从而矛盾于原设 $\gamma > \aleph_0$，这表明所设使 $\aleph_0 < \gamma < \aleph_1$ 之势 γ 不存在.

□

定理 6.3.7　设 $\alpha \in K_0$，并且 α 是一个第二种序数，则必存在如下的单调递增序数列：

$$\{\beta_n\}: \beta_1 < \beta_2 < \beta_3 < \cdots < \beta_n < \beta_{n+1} < \cdots,$$

使得 α 是所有大于 $\{\beta_n\}$ 之一切元的序数中最小的一个.

证明　设 $\alpha \in K_0$，故 $W_\alpha[\omega]$，故 W_α 之一切元可编号为

$$\{\alpha_k\}: \alpha_1, \alpha_2, \alpha_3, \cdots, \alpha_k, \cdots,$$

注意此时不是按序数之大小顺序编号的. 若 α 为第二种序数，则 $\{\alpha_k\}$ 必没有最大序数，现取 $n_1 = 1$，而 n_2 为满足 $\alpha_n > \alpha_{n_1}$ 之最小的自然数，又取 n_3 是满足 $\alpha_n > \alpha_{n_2}$ 之最小的自然数，以此类推，则可获如下的单调递增序数列

$$\{\alpha_{n_k}\}: \alpha_{n_1} < \alpha_{n_2} < \cdots < \alpha_{n_k} < \alpha_{n_{k+1}} < \cdots,$$

并在此处 $n_1 < n_2 < n_3 < \cdots$.

可证上述 $\{\alpha_{n_k}\}$ 就是一个满足定理要求的序数列. 因为 α 大于 $\{\alpha_{n_k}\}$ 之一切元是显然的. 现设任意的 $\xi < \alpha$，则 $\xi \in W_\alpha$，因此 $\xi = \alpha_m$. 如此，要么 m 与某个 n_k 一致，则 $\xi \in \{\alpha_{n_k}\}$，于是 ξ 不能大于 $\{\alpha_{n_k}\}$ 的一切元. 此外，要么有 $n_k < m < n_{k+1}$，那么，按照

n_{k+1} 的取法，n_{k+1} 为满足 $\alpha_n > \alpha_{n_k}$ 的最小的自然数，这表明必须 $\xi < \alpha_{n_{k+1}}$，故此时 ξ 也不能大于 $\{\alpha_{n_k}\}$ 的一切元. 以上所论表示小于 α 而又大于 $\{\alpha_{n_k}\}$ 之一切元的序数不存在. 即 α 是所有大于 $\{\alpha_{n_k}\}$ 之一切元的序数中最小的一个. □

如所知，ω 是 K_0 的首元，直次 ω 之后的序数是 $\omega+1$，后续之序数依次为

$$\omega+2,\omega+3,\cdots,\omega+n,\cdots \tag{A}$$

大于(A) 中一切序数的序数中最小的一个是 $\omega+\omega$，并记为 $\omega\cdot 2$，后续之序数依次为

$$\omega\cdot 2+1,\omega\cdot 2+2,\cdots,\omega\cdot 2+n,\cdots \tag{B}$$

大于(B) 中一切序数的序数中最小的一个是 $\omega\cdot 2+\omega$，并记为 $\omega\cdot 3$，如此继续下去，可定义形如

$$\omega\cdot n+m$$

诸序数，而把大于一切形如 $\omega\cdot n+m$ 之序数的序数中最小的一个记为 ω^2，则后续之序数依次为

$$\omega^2+1,\omega^2+2,\cdots,\omega^2+n,\cdots,$$

如此类推，又有后续之序数

$$\omega^2+\omega+1,\omega^2+\omega+2,\cdots,\omega^2+\omega+n,\cdots,$$

然后又有后续序数之首元为 $\omega^2+\omega\cdot 2$，然后又有后续之形如 $\omega^2+\omega\cdot 2+n$ 的序数列，而又将大于该序数列中一切序数的序数中最小的一个记为 $\omega^2+\omega\cdot 3$，如此继续下去，又可定义形如

$$\omega^2+\omega\cdot n+m$$

诸序数，而后续这一切数之后的首数记为 $\omega^2\cdot 2$，如此继续下去，又可定义形如

$$\omega^2\cdot n+\omega\cdot m+l$$

诸序数，而后续这一切数之首数记为 ω^3，依次类推，定义后续之形如

$$\omega^3+\omega^2\cdot n+\omega\cdot m+l$$

诸序数，而后续这一切数之首数记为 $\omega^3\cdot 2$.

继续如上之后续序数之记法，可定义 $\omega^4,\omega^5,\omega^6,\cdots$，并定义所有形如

$$\omega^k\cdot n+\omega^{k-1}\cdot n_1+\cdots+\omega\cdot n_{k-1}+n_k \tag{C}$$

诸序数. 大于一切形如(C) 之序数中最小的一个记为 ω^ω. 而直次 ω^ω 之后的序数为 $\omega^\omega+1$，依次类推，又得后续序数 $\omega^\omega\cdot 2$. 再继续下去，将有 $\omega^\omega\cdot 3$, $\omega^\omega\cdot 4$，等等. 在所有形如 $\omega^\omega\cdot n$ 之后的首数又是 $\omega^{\omega+1}$. 再施行以上手续与记法又得 $\omega^{\omega+1}\cdot 2$, $\omega^{\omega+1}\cdot 3$,

等等. 后续于一切形如 $\omega^{\omega+1}\cdot n$ 之首数记为 $\omega^{\omega+2}$.

然后又有 $\omega^{\omega+n}$,直至 $\omega^{\omega\cdot 2}$ 的出现. 以及如 $\omega^{\omega\cdot 2}+1,\omega^{\omega\cdot 2}+2,\cdots$ 的出现. 继而又有 $\omega^{\omega\cdot 2}\cdot 2$ 以及 $\omega^{\omega\cdot 2}\cdot n$ 的出现.

后续一切形如 $\omega^{\omega\cdot 2}\cdot n$ 之后的首数是 $\omega^{\omega\cdot 2+1}$,由此而有如下种种序数的出现:

$$\omega^{\omega\cdot 2+n},\omega^{\omega\cdot 3},\omega^{\omega\cdot 3+n},\omega^{\omega\cdot 4},\cdots,\omega^{\omega\cdot n},\cdots,$$

后续于如上一切序数之首数记为 ω^{ω^2}. 再继续下去将有

$$\omega^{\omega^3},\omega^{\omega^4},\cdots,\omega^{\omega^\omega},\cdots,$$

以及后续于如上一切序数之首数

$$\omega^{\omega^{\omega^{\cdot^{\cdot^{\cdot}}}}}$$

的出现,并将此序数记为 ε,则又有 $\varepsilon+1,\varepsilon+2,\cdots$ 的出现,然而不论如何,上述所写出之序数皆为 K_0 之元,由于 $\overline{\overline{K_0}}>\aleph_0$,故欲给出 K_0 一切元之记法是办不到的.

6.4　阿列夫

习惯上,对于良序集的势,有一特殊的称谓,但也有两种说法,其一是特称良序集的势为阿列夫,如此,每一自然数当作有限集的势来看,都是阿列夫. 因而又把无限良序集的势称为超限阿列夫,当然,超限阿列夫也是阿列夫,所以通常说阿列夫时,既可为有限良序集之势,也可为无限良序集之势.[59] 其二是规定只有无限良序集之势才被称为阿列夫.[4] 本书采用前一种说法. 至于符号 $\aleph_0,\aleph_1,\aleph$ 等,则早在前文中多次使用过了,它们分别被读为阿列夫零、阿列夫壹与阿列夫. 如所知,符号 $\aleph$ 是希伯来文的第一个字母,下文将继续采用这类符号来表示一类有特定含义的集合之势.

定理 6.4.1　设有 $A[\mathrm{WOS}]\&B[\mathrm{WOS}]\&\overline{A}<\overline{B}$,则 $\overline{\overline{A}}\leqslant\overline{\overline{B}}$.

证明　今设 $A[\mathrm{WOS}]\&B[\mathrm{WOS}]$,并且 $\overline{A}<\overline{B}$,则由定义 6.2.5 知 $A\ll B$,于

是由定义 6.2.3 知 $\exists b(b \in B \& A \simeq B_b)$，这表明 $\exists B_b(B_b \subset B \& A \sim B_b)$，故由定义 4.4.2 而知有 $\overline{\overline{A}} \leqslant \overline{\overline{B}}$. □

注意在上述定理 6.4.1 中，$\overline{\overline{A}} \leqslant \overline{\overline{B}}$ 的等号在一般情况下不能去掉，例如 $\omega < \omega + 1$，但 $\overline{\omega} = \overline{\omega + 1}$.

定理 6.4.2 设 a, b 为任给的两个阿列夫，则在 $a = b, a < b, b < a$ 三关系中，至少有一种成立.

证明 现任给二阿列夫 a 与 b，则我们可有 $A[\mathrm{WOS}] \& B[\mathrm{WOS}]$ 而使 $\overline{\overline{A}} = a \& \overline{\overline{B}} = b$. 而对于序数 $\overline{A}$ 与 $\overline{B}$ 而言，由定理 6.2.11 知在 $\overline{A} = \overline{B}, \overline{A} < \overline{B}, \overline{A} > \overline{B}$ 三关系中，至少有一个成立. 如果 $\overline{A} = \overline{B}$，则表示 $\exists f(A \overset{f}{\simeq} B)$，即有 $\exists f(A \overset{f}{\sim} B)$，由定义 4.4.1 知 $\overline{\overline{A}} = \overline{\overline{B}}$，即 $a = b$. 如果 $\overline{A} < \overline{B}$，则由定理 6.4.1 知 $\overline{\overline{A}} \leqslant \overline{\overline{B}}$，即 $a < b$ 或 $a = b$. 如果 $\overline{B} < \overline{A}$，则同理有 $b < a$ 或 $b = a$. 不论哪种情况，都表明在 $a = b, a < b, b < a$ 三关系中至少有一种成立. □

现为在下文中行文之便，临时将下述结论列为定理.

定理 6.4.3 任给二基数 a 与 b，则 $a \leqslant b$ 与 $a > b$ 不得同时成立.

证明 设有二势 a 与 b，再设 $\overline{\overline{A}} = a \& \overline{\overline{B}} = b$. 如果 $a \leqslant b$，即 $\overline{\overline{A}} \leqslant \overline{\overline{B}}$，则由定义 4.4.2 知 $\exists B_1(B_1 \subseteq B \& A \sim B_1)$. 又若 $a > b$，即有 $\overline{\overline{B}} < \overline{\overline{A}}$，如此，由定义 4.4.3 知 $\exists A_1(A_1 \subseteq A \& B \sim A_1) \& \neg \exists B_1(B_1 \subseteq B \& A \sim B_1)$，显然，$\exists B_1(B_1 \subseteq B \& A \sim B_1)$ 与 $\neg \exists B_1(B_1 \subseteq B \& A \sim B_1)$ 为互相矛盾而不得并列，这表明 $a \leqslant b$ 与 $a > b$ 也互相矛盾而不得并列. □

定理 6.4.4 设 $\overline{\alpha}$ 与 $\overline{\beta}$ 依次为序数 α 与 β 的阿列夫；并且 $\overline{\alpha} < \overline{\beta}$，则 $\alpha < \beta$.

证明 设 α 与 β 为任给的序数，$\overline{\alpha}$ 与 $\overline{\beta}$ 依次为 α 与 β 的阿列夫，则当有 $A[\mathrm{WOS}] \& B[\mathrm{WOS}]$ 而使 $\overline{A} = \alpha \& \overline{B} = \beta \& \overline{\overline{A}} = \overline{\alpha} \& \overline{\overline{B}} = \overline{\beta}$. 现再设 $\overline{\alpha} < \overline{\beta}$，即 $\overline{\overline{A}} < \overline{\overline{B}}$，即 $\neg \exists f(A \overset{f}{\sim} B)$，故 $\neg \exists g(A \overset{g}{\simeq} B)$，因此 $\alpha = \beta$ 不得成立. 现证 $\beta < \alpha$ 也不得成立，否则，若设有 $\beta < \alpha$，即 $\overline{B} < \overline{A}$，则由定理6.4.1 知 $\overline{\overline{B}} \leqslant \overline{\overline{A}}$，但由定理 6.4.3 又知此矛盾于原有前提 $\overline{\overline{A}} < \overline{\overline{B}}$. 这表明 $\beta < \alpha$ 不得成立. 而定理 6.2.11 告诉我们，对序数 α, β 而言，在 $\alpha = \beta, \alpha < \beta, \beta < \alpha$ 三关系中至少有一个成立，故此处必有 $\alpha < \beta$ 成立. □

如所知，我们曾在 6.2 节中指出，如果承认 $W = \{x \mid x \text{为一序数}\}$ 为一集合，则将导致矛盾. 在这里，又将指出，如果承认

$$\mathfrak{S} = \{x \mid x \text{ 为一阿列夫}\}$$

是一集合，则也必将导致矛盾. 对于这一矛盾的研究和处理，与前文所论及之种种遗留问题一样，都将留为《数学基础概论》一书中的内容. 而在此处暂且搁置一边. 但为在下文中能以研究一些由部分阿列夫所组成之集的性质，而同时又不致立即陷入矛盾. 在此也特规定下文所讨论之由阿列夫所组成的集都不是那种能导致矛盾的阿列夫集. 必要时也以 $S[\neq \mathfrak{S}]$ 表示 S 为由阿列夫所组成的集，但 S 又不是那种能陷入矛盾的阿列夫集.

定理 6.4.5　$A[\mathrm{WOS}]\&B[\mathrm{WOS}]\&A \lessdot B \Rightarrow \overline{\overline{A}} \leqslant \overline{\overline{B}}$.

证明　设有 $A[\mathrm{WOS}]\&B[\mathrm{WOS}]\&A \lessdot B$，则由定义 6.2.5 知有 $\overline{A} < \overline{B}$，于是由定理 6.4.1 而知 $\overline{\overline{A}} \leqslant \overline{\overline{B}}$. □

定理 6.4.6　设 $S = \{\cdots, a, \cdots, b, \cdots, c, \cdots\}$ 是由一部分两两互异的阿列夫所组成的集，则 S 中必有一最小的阿列夫 a^*.

证明　设 $S = \{\cdots, a, \cdots, b, \cdots, c, \cdots\}$ 为由两两互异之阿列夫所组成之集，并且 $S[\neq \mathfrak{S}]$. 现令 S 中之每一元 a 有一 $A_a[\mathrm{WOS}]$ 与之对应，并且 $\overline{\overline{A_a}} = a$，令

$$S^* = \{A_a[\mathrm{WOS}] \mid a \in S\}.$$

显然，对 S 中任二不同元 $a \neq b$ 而言，对于它们各自对应之 A_a 与 A_b 也不相同，而且 $\neg \exists f(A_a \overset{f}{\simeq} A_b)$，否则，若有 f 使 $A_a \overset{f}{\simeq} A_b$，则 $\exists f(A_a \overset{f}{\sim} A_b)$，于是 $\overline{\overline{A_a}} = \overline{\overline{A_b}}$，即 $a = b$，矛盾. 这表明

$$A_a \neq A_b \Rightarrow \neg \exists f(A_a \overset{f}{\simeq} A_b).$$

如此，由定理 6.2.9 可知，在 S^* 中必有一元 A_{a^*}，使对 S^* 中任何异于 A_{a^*} 之元 A_b 而言，总有 $A_{a^*} \lessdot A_b$. 令 $\overline{\overline{A_{a^*}}} = a^*$，则 $a^* \in S$；$\overline{\overline{A_b}} = b$，则 $b \in S$. 从而由定理6.4.5 而知，对 S 中任何不是 a^* 的阿列夫 b 而言，总有 $a^* \leqslant b$. 又因原设 S 中任二元皆相异，既然 b 不是 a^*，故不得有 $a^* = b$. 这表明对 S 中任何不是 a^* 的元 b 而言，总有 $a^* < b$. 即 a^* 是 S 中最小的阿列夫. □

定理 6.4.7　设 S 为由阿列夫所组成之集，并且 $S[\neq \mathfrak{S}]$，则 S 按阿列夫之大小为序可排成良序集.

证明　设 S 为由阿列夫组成的集，并且 $S[\neq \mathfrak{S}]$. 现令 S_1 为 S 的任意子集，则 S_1 仍为由阿列夫组成的集，并且 $S_1[\neq \mathfrak{S}]$，故由定理 6.4.6 知 S_1 中有一最小的阿列夫 a^*，即 $\mathrm{fi}_{S_1}(a^*)$. 故 $S[\mathrm{WOS}]$. □

现为继续讨论有关阿列夫及其集的一些性质，让我们先素朴地定义所谓型类与数类的概念. 如所知，对于每一序型 μ，都有一确定的势 m 与之对应，而对应于势 m 的一切不同的序型 μ 所构成的集称为关于势 m 的一个型类，记为 $T(m)$. 要获得 $T(m)$，只要将具有势 m 的一集 M 用一切方式加以编序即可，当然应注意，不同的序并不一定提供不同的序型. 例如，有限势 n 的型类 $T(n)=\{n\}$，但 $T(\aleph_0)$ 就包含有无限多个序型，诸如 $\omega,\omega+1,\omega+\omega,\omega^*,\eta$ 等等. 此外，对于任一序数 α 而言，同样也有一确定的阿列夫 a，而对应于阿列夫 a 的所有不同的序数 α 所组成的集叫作关于阿列夫 a 的数类，记为 $Z(a)$. 要想获得 $Z(a)$，只要将满足 $A[\mathrm{WOS}]\&\overline{\overline{A}}=a$ 的 A，用一切方式对 A 的元加以编序，并使之成为良序集，所有这些良序集的序数的全体就是 $Z(a)$. 它是相应的 a 的型类 $T(a)$ 的子集. 例如，对于有限序数 n 而言，$Z(n)=\{n\}=T(n)$，但对于 $Z(\aleph_0)$ 而言，我们早已熟悉其中之无限多个元，诸如，$\omega,\omega+1,\omega+2,\omega\cdot 3,\omega^{\omega}$，等等，但 $\omega^*\in T(\aleph_0)$，而 $\omega^*\,\overline{\in}\,Z(\aleph_0)$.

定理 6.4.8 任给一阿列夫 a，则必有阿列夫 b，使 $b>a$.

证明 设 a 为任给的一个阿列夫，则当有一 $A[\mathrm{WOS}]\&\overline{\overline{A}}=a$，现对 A 的元用一切方式进行编序，并使之为良序集，则所有这些良序集的序数的集构成关于阿列夫 a 的数类 $Z(a)$，再设 β 为一序数，并使 $\forall\mu(\mu\in Z(a)\Rightarrow\beta>\mu)$，故 $\beta\,\overline{\in}\,Z(a)$. 令 $\bar{\beta}=b$，故 b 为一阿列夫，我们来证明 $b>a$.

事实上，若令 $\overline{A}=\alpha$，则 $\bar{\alpha}=\overline{\overline{A}}=a$，且 $\alpha\in Z(a)$，故 $\alpha<\beta$，由定理6.4.1 知有 $\bar{\alpha}\leqslant\bar{\beta}$，即 $a\leqslant b$. 现证 $a=b$ 不得成立. 否则，设有 $a=b$，则由定理 6.2.16 知 $\overline{W_\beta}=\beta$，故 $\overline{\overline{W_\beta}}=\bar{\beta}=b$，于是 $a=\overline{\overline{W_\beta}}$，从而应有 $\exists\varphi(\varphi:A\xrightarrow{\mathrm{Bij}}W_\beta)$. 现对任意的 $a_1\in A\&a_2\in A$ 而言，当有 $a_1\mapsto\varphi(a_1)\in W_\beta\&a_2\mapsto\varphi(a_2)\in W_\beta$，我们令 a_1 与 a_2 有 $a_1\lessdot a_2$，当且仅当 $\varphi(a_1)$ 与 $\varphi(a_2)$ 在 W_β 中有 $\varphi(a_1)<\varphi(a_2)$. 现将 A 之一切元按上面所令编序后所成之良序集记为 A_0，显然 $\overline{\overline{A_0}}=a\&\overline{A_0}\in Z(a)$. 然而由于在 φ 之下，并按上面所令即有 $A_0\simeq W_\beta$，于是 $\overline{A_0}=\overline{W_\beta}=\beta$，这表明 $\beta\in Z(a)$，矛盾. 此矛盾说明 $a=b$ 不得成立，故唯有 $b>a$. □

定理 6.4.9 设 S 为由两两互异之阿列夫所组成的集，并且 $S[\neq\mathfrak{S}]$. 则有阿列夫 σ 使

$$\forall a(a\in S\Rightarrow\sigma>a).$$

证明 设 S 为阿列夫组成的集，当然 $S\neq\mathfrak{S}$，并且 S 之元两两互异. 分两种情

况讨论.

若设 S 中有最大的阿列夫 a',则由定理 6.4.8 知有阿列夫 σ 使 $\sigma > a'$,从而 $\forall a(a \in S \Rightarrow \sigma > a)$. 故定理成立.

今设 S 中没有最大的阿列夫,则由定理 6.4.7 知按 S 中阿列夫大小为序可使之为 S[WOS]. 今对 S 中每一元 a,令满足条件 A_a[WOS]& $\overline{\overline{A_a}} = a$ 的 A_a 与之对应,则由定理 6.2.10 知有 $(\overset{<}{\bigcup\limits_{a\in S}} A_a)$[WOS],为之令 $\overline{\overline{\overset{<}{\bigcup\limits_{a\in S}} A_a}} = \sigma$ 时,σ 亦为一阿列夫. 我们可证对于阿列夫 σ 而言,总有 $\forall a(a \in S \Rightarrow \sigma > a)$.

事实上,S 中之任一阿列夫 b,都是 $\overset{<}{\bigcup\limits_{a\in S}} A_a$ 的一子集 A_b 的势,故有 $b \leqslant \sigma$. 但对任何 $b \in S$,都不能有 $b = \sigma$,否则反设有 $b \in S \& b = \sigma$,则对任何 $a \in S$,只要 a 不是 b,都将有 $b \geqslant a$,而 S 之元两两互相不同,既然 a 不是 b,就不会有 $b = a$,于是总有 $b > a$,于是 b 成为 S 之最大的阿列夫,这与原设 S 无最大阿列夫矛盾,这表明对任何 $b \in S$,都不能有 $\sigma = b$. 从而我们有 $\forall a(a \in S \Rightarrow \sigma > a)$. □

定理 6.4.10 任给一阿列夫 a,则必有一阿列夫 σ,使 $\sigma > a$,并且 σ 直次于 a 之后.

证明 设 a 为一阿列夫,则由定理 6.4.8 知必有一阿列夫 b,使 $b > a$,如果 b 已为直次于 a 之后的阿列夫,则定理无须再证. 否则,令

$$\{A = m \mid m \text{ 为阿列夫,且 } a < m < b\}.$$

由定理 6.4.6 知 A 中有一个最小的阿列夫 σ,则显然 $\sigma > a$,并且再不存在任何其他阿列夫 m,能使 $a < m < \sigma$,故 σ 直次于 a 之后. □

我们把 $\aleph_0$ 作为可数良序集的势,则 $\aleph_0$ 是一个阿列夫. 由上述定理 6.4.10 知,必有阿列夫大于 $\aleph_0$,并且直次于 $\aleph_0$ 之后,我们把这样的阿列夫记为 $\aleph_1$,又把大于 $\aleph_1$ 而又直次于 $\aleph_1$ 的阿列夫记为 $\aleph_2$,以此类推而使

$$\aleph_0, \aleph_1, \aleph_2, \cdots, \aleph_n, \aleph_{n+1}, \cdots,$$

继之,又将大于所有 $\aleph_n (n = 0,1,2,\cdots)$ 的第一个阿列夫记为 $\aleph_\omega$,然后又有如 $\aleph_{\omega+1}, \aleph_{\omega+2}, \cdots$,普遍地说,试看如下的论述.

设 h 为任一阿列夫,令

$$T = \{a \mid a \text{ 是阿列夫,且 } a < h\}.$$

由定理 6.4.7 可知,按 T 中阿列夫大小为序,可使 T[WOS],令 $\overline{T} = \alpha$,又如所知 $\overline{W_\alpha}$

$=\alpha$,因而有 $\overline{T}=\overline{W_\alpha}$,故 $\exists f(T\overset{f}{\simeq}W_\alpha)$. 这表明对于 T 中之每一阿列夫 a,都有一小于 α 的序数 μ 与之对应,因而可将 a 记为 $\aleph_\mu$,特别是以 $\aleph_\alpha$ 来表示阿列夫 h.

基于如上有关 $\aleph_\alpha$ 的记法与论述,首先,由于 $\alpha+1$ 是直次于序数 α 之后的序数,因而相应地,$\aleph_{\alpha+1}$ 是直次于阿列夫 $\aleph_\alpha$ 之后的阿列夫. 其次,如果 β 是所有大于序数集 S 中一切序数的序数中最小的一个,则相应地,$\aleph_\beta$ 便是所有大于阿列夫集 $T=\{\aleph_\alpha \mid \alpha\in S\&\alpha<\beta\}$ 中一切阿列夫的阿列夫中最小的一个.

习惯上,又将关于势 $\aleph_\alpha$ 的数类 $Z(\aleph_\alpha)$ 记为 K_α,称为一个数类. 特殊地,当 α 为 0 时,则应有 $Z(\aleph_0)=K_0$,即关于 $\aleph_0$ 的数类 $Z(\aleph_0)$ 便是我们在 6.3 节中引进之第二数类 K_0. 此外,数类 $K_\alpha=Z(\aleph_\alpha)$ 中的最小序数被记为 Ω_α,特殊地,如所知 K_0 中最小的序数是 ω,即我们有 $\Omega_0=\omega$. 人们把 $K_1=Z(\aleph_1)$ 称为第三数类,并且 $\Omega_1=\Omega$.

6.5 选择公理与 Zorn 引理

良序定理指任何集合都可被编为良序集. 但要证明这一结论,却要依赖于一个假定,即 Zermelo 公理,现在普遍称之为选择公理,并简记为 AC. 但在下文中即可看到,AC 与良序定理在实际上是互相等价的. 而且 AC 有各种各样的等价形式,其中如良序定理与 Zorn 引理等,都被认为是 AC 的一些重要的等价形式. 本节将给出和讨论 AC 的一系列等价形式. 至于 AC 的可接受性,数学家的态度并不一致,数学史上有过激烈的争论. 现在,多数数学家主张接受选择公理,因为由此而能获得成批的有益结果.

定义 6.5.1 设 F 是由非空集合所组成的集,如果函数 f 满足条件:(a) $\mathrm{dom}f=F$,(b) 对于 F 的任意元素 $S\in F$,都有 $f(S)\in S$,则称 f 为 F 的选择函数.

选择公理 AC:对于任何由非空集合所组成的集而言,都存有其选择函数.

现在,先让我们给出 AC 的两个等价形式.

定理 6.5.1 下述三个命题是互相等价的:

(1) AC:对于任何由非空集合所组成的集 F 而言,总有 F 的选择函数 f 存在.

(2) AC_1:设 F 是由两两互不相交的非空集合所组成的集,则有一集合 C 使 $C\subset\bigcup\limits_{M\in F}M$,并对任意的 $M\in F$,都使得 $M\cap C$ 为单元集.

(3) AC_2:任给一二元关系 $R\subseteq A\times B$,均有函数 f,使得 $f\subseteq R\&\mathrm{dom}f=$

$\mathrm{dom}R$.

证明　为证(1)(2)(3)互相等价，我们依次证明 $AC \Rightarrow AC_1$，$AC_1 \Rightarrow AC_2$，$AC_2 \Rightarrow AC$.

(a) $AC \Rightarrow AC_1$：设 F 是由两两互不相交的非空集合所组成的集，由 AC 可知，存在 F 的选择函数 f，令 $C = \{f(S) \mid S \in F\}$. 显然，当 $S_1 \in F \& S_2 \in F \& S_1 \neq S_2$ 时，必有 $f(S_1) \overline{\in} S_2$. 否则，若设 $f(S_1) \in S_2$，但由定义 6.5.1 知，$f(S_1) \in S_1$，于是 $f(S_1) \in S_1 \cap S_2$，故 $S_1 \cap S_2 \neq \varnothing$，这与 F 中元两两互不相交一事相矛盾，从而必须 $f(S_1) \overline{\in} S_2$. 从而对于任何 $S \in F$ 而言，显然有 $C \cap S = \{f(S)\}$，即 $C \cap S$ 为一单元集. 故集合 C 就是 AC_1 中所求之集合.

(b) $AC_1 \Rightarrow AC_2$：现任给一二元关系 $R \subseteq A \times B$，我们令 $r_a = \{\langle a,x \rangle \mid x \in B \& \langle a,x \rangle \in R\}$；$F = \{r_a \mid a \in A\} - \{\varnothing\}$. 即对任何 $r_a \in F$，都有 $r_a \neq \varnothing$. 此外，当 $a \neq b$ 时，必有 $\langle a,x \rangle \neq \langle b,x \rangle$，故 $r_a \cap r_b = \varnothing$. 这表明 F 是由两两互不相交之非空集所组成的集. 根据 AC_1，存在一集 f，使对任意的 $r_a \in F$ 都有 $f \cap r_a = \{\langle a,b \rangle\}$. 这表明对任意的 $a \in \mathrm{dom}f$，都有唯一确定的 $b = f(a)$，故 f 为一函数，并且显然有 $f \subseteq R \& \mathrm{dom}f = \mathrm{dom}R$.

(c) $AC_2 \Rightarrow AC$：设 F 为任一由非空集合所组成的集. 令 $R = \{\langle S,a \rangle \mid a \in S \& S \in F\}$，故 $R \subseteq F \times \bigcup_{S \in F} S$，并且 $\mathrm{dom}R = F$. 对于二元关系 R，由 AC_2 知有函数 f，使 $f \subseteq R \& \mathrm{dom}f = \mathrm{dom}R$，于是 $\mathrm{dom}f = F$. 此外，正因为 $f \subseteq R$，并且 f 为一函数，故对任意的 $S \in F$，都有唯一确定的 $a \in \bigcup_{S \in F} S$ 使 $f(S) = a$. 由 R 的构造知 $f(S) \in S$，故 $\forall S(S \in F \Rightarrow f(S) \in S)$，这表明 f 为 F 的选择函数. □

定义 6.5.2　设 $(P, \leqslant)$ 为一偏序集，如果 P 的某个子集 Q 对于序关系 $\leqslant$ 是全序的，则称 Q 是偏序集 $(P, <)$ 的一个链.

定义 6.5.3　设 F 为由集合所组成的集，如果

$$\forall X(X \in F \Leftrightarrow \forall N(N \subseteq X \& N[\mathrm{fin}] \Rightarrow N \in F)),$$

则称 F 具有有穷特征.

例如，设 F 是线性空间 V 中之线性独立向量组所组成的类. 则一方面，线性独立向量组的任何子集仍是线性独立的；另一方面，一个向量组的任何有限子集都是线性独立向量组时，则该向量组为线性独立向量组，所以 F 具有有穷特征.

定理 6.5.2　下述五个命题是互相等价的：

(1)AC:对于任何由非空集合所组成的集 F 而言,总有 F 的选择函数 f 存在.

(2) 枚举定组:对任何集合 A,都可找到序数 α,使 $W_\alpha \overset{f}{\sim} A$.

(3) 良序定理(Zermelo 定理):任何集合都可被编为良序集.

(4) 极大原理(I)(Zorn 引理):设$(P, <)$ 为一非空偏序集,如果 P 中每个链都有上界,则 P 中必有极大元.

(5) 极大原理(II)(Tukey 引理):设 F 为一非空的由集合组成的集合,并且 F 具有有穷特征,则 F 必有 $\subseteq$ 关系的极大元.

证明 为证 (1)(2)(3)(4)(5) 互相等价,我们将依次证明 (1)⇒(2),(2)⇒(3),(3)⇒(1),(2)⇒(4),(4)⇒(5),(5)⇒(1).

(a)(1)⇒(2) 现任给集合 A,我们要找一序数 α 与 $f: W_\alpha \xrightarrow{\text{Bij}} A$,使 $W_\alpha \overset{f}{\sim} A$. 为此,令

$$\mathscr{P}_0 A = \mathscr{P}A - \{\varnothing\} = \{x \mid x \subseteq A \& x \neq \varnothing\}.$$

因此,$\mathscr{P}_0 A$ 是由非空集合所组成的集,由 AC 知,$\mathscr{P}_0 A$ 有一选择函数 F,使得 $\forall S(S \in \mathscr{P}_0 A \Rightarrow F(S) \in \mathscr{P}_0 A)$,并且 $\mathrm{dom} F = \mathscr{P}_0 A$. 现取 $e \,\overline{\in}\, A$,且令

$$f(\xi) = \begin{cases} F(A), & \text{当 } \xi = 0 \text{ 时}, \\ F(A - \{f(\eta) \mid \eta < \xi\}), & \text{当 } A - \{f(\eta) \mid \eta < \xi\} \neq \varnothing \text{ 时} \\ e, & \text{其他情形}. \end{cases}$$

任取序数 β,使得 $\overline{\beta} > \overline{\overline{A}}$,于是 $f: W_\beta \to A \cup \{e\}$ 为由 W_β 到 $A \cup \{e\}$ 的映射. 现令序数 α 是那些能使得$A - \{f(\eta) \mid \eta < \alpha\} = \varnothing$ 的序数中最小的一个,现将 f 限制在 W_α 上,则 $\mathrm{ran} f \upharpoonright W_\alpha \subseteq A$. 现证 $f \upharpoonright W_\alpha : W_\alpha \to A$ 是由 W_α 到 A 的一个双射.

首先,应有 $f \upharpoonright W_\alpha : W_\alpha \xrightarrow{\text{Surj}} A$,否则,若设 $f \upharpoonright W_\alpha$ 不是满射,则必有 $A - \{f(\eta) \mid \eta < \alpha\} \neq \varnothing$,这与 α 的本义相矛盾. 故 $f \upharpoonright W_\alpha$ 必为满射.

其次,任取 $\eta_1 \in W_\alpha \& \eta_2 \in W_\alpha \& \eta_1 \neq \eta_2$,即 $\eta_1 < \alpha \& \eta_2 < \alpha \& \eta_1 \neq \eta_2$,不失普遍性而设 $\eta_1 < \eta_2$. 于是

$$f(\eta_2) = F(A - \{f(\eta) \mid \eta < \eta_2\}) \in A - \{f(\eta) \mid \eta < \eta_2\},$$

从而 $f(\eta_2) \,\overline{\in}\, \{f(\eta) \mid \eta < \eta_2\}$,但因 $\eta_1 < \eta_2$ 这一所设前提而知必有 $f(\eta_1) \in \{f(\eta) \mid \eta < \eta_2\}$,这表明 $f(\eta_1) \neq f(\eta_2)$. 从而 $f \upharpoonright W_\alpha$ 为单射,即 $f \upharpoonright W_\alpha : W_\alpha \xrightarrow{\text{Inj}} A$.

因此,我们有 $f \upharpoonright W_\alpha : W_\alpha \xrightarrow{\text{Bij}} A$. 即 $W_\alpha \overset{f}{\sim} A$.

(b)(2)⇒(3)　任给集合 A,由枚举定理知存在序数 α 和映射 f,使 $W_\alpha \overset{f}{\sim} A$. 现令 $R \subseteq A \times A$,并且使得 $R = \{\langle x, y\rangle \mid \exists\beta\exists\gamma(\beta < \gamma < \alpha \,\&\, f(\beta) = x \,\&\, f(\gamma) = y)\}$,这表明 f 是序集$(W_\alpha, <)$ 与(A, R) 之间的一个保序映射,故由 W_α 为大小顺序关系 $<$ 而排成良序集而知 A 亦为二元关系 R 而编为良序集.

(c)(3)⇒(1)　设 F 是由非空集合所组成的集,由良序定理可知集合 $\bigcup_{S\in F} S$ 可被编为良序集,即可有$(\bigcup_{S\in F} S)$[WOS],现对任何 $S \in F$ 而言,都有 $S \subseteq \bigcup_{S\in F} S$. 因而 S 必有首元素,现令 $f(S)$ 为 S 中之首元,即 $\mathrm{fi}_S(f(S))$. 由于任何 S 作为 $\bigcup_{S\in F} S$ 的子集而言,其首元是一意确定的,故 f 为一函数,并且显然有 $\mathrm{dom} f = F \,\&\, \forall S(S \in F \Rightarrow f(S) \in S)$. 故 f 为 F 的选择函数.

(d)(2)⇒(4)　即要由枚举定理而往证 Zorn 引理. 为之,设$(P, <)$ 为一任给的非空偏序集,并且 P 中任一链都有上界. 要证 P 中必有极大元. 首先,由枚举定理知有序数 α 存在而使 $W_\alpha \overset{f}{\sim} P$,从而由良序定理而将 P 中一切元枚举如下:

$$P = \{p_0, p_1, p_2, \cdots, p_\xi, \cdots\}(\xi < \alpha).$$

其次,我们可用超穷递归式定义:

$$c_0 = p_0,$$

$$c_\xi = p_\mu,$$

此处序数 μ 按如下方式确定:对于给定的 ξ,令 $C = \{C_\eta \mid \eta < \xi\} \,\&\, B = \{\beta \mid p_\beta \overline{\in} C \,\&\, \mathrm{ub}_C(p_\beta)\} \,\&\, \mathrm{fi}_B(\mu)$,在这里,应注意 B 为序数集,因而可按序数大小之顺序而使 B 为良序集,所以 B 的首元 μ 必定存在.

现在,由于 P 的任一链加上此链的一个上界后,仍为 P 的链,因此,根据上述方式逐步扩张构造的 C 总是 P 的一个链. 于是由 Zorn 引理的前提条件而知总有该链的上界存在,因而有两种情况:其一是在 P 中尚有不在 C 中的 C 的上界,此时我们就将上述递归步骤继续下去,即继续扩张 C;其二是在 P 中已不存在不在 C 中的 C 的上界,即 C 的上界在 C 中,则该上界便是 P 的极大元. 由于 P 中一切元已被枚举到 α 为止,因而上述扩张 C 的递归步骤至多进行到 α,便要出现情况二,这表明 P 的极大元必定存在.

(e)(4)⇒(5)　今设 F 为一非空的由集合组成的集合,并且 F 具有有穷特征. 我们要利用 Zorn 引理往证 F 必有 $\subseteq$ 关系的极大元.

首先，F 被集合的 $\subseteq$ 关系而构成为一个偏序集 $(F,\subseteq)$，今设 E 是 $(F,\subseteq)$ 的一条链，且令 $A=\bigcup_{S\in E}S$. 现证 A 的任意有穷子集都是 F 的元素. 事实上，若设 $\{a_1,a_2,\cdots,a_n\}\subset A$，则 $a_i\in\bigcup_{S\in E}S(i=1,2,\cdots,n)$，于是应有 S_i 使得 $a_i\in S_i\in E(i=1,2,\cdots,n)$. 由于 E 是 $\subseteq$ 关系的链，故在 $S_1,S_2,\cdots,S_n$ 中必有某个 S_k 最大，即其余的 $S_1,S_2,\cdots,S_{k-1},S_{k+1},\cdots,S_n$ 皆被包含在 S_k 之中，于是 $a_i\in S_k(i=1,2,\cdots,n)$，于是 $\{a_1,a_2,\cdots,a_n\}\subset S_k$. 由于 $S_k\in E$，并且 $E\subseteq F$，故 $S_k\in F$，于是由 F 的有穷特征而知 $\{a_1,a_2,\cdots,a_n\}\in F$. 至此，我们证明了 A 的每个有穷子集都是 F 的元素，故又由 F 的有穷特征而知 $A=\bigcup_{S\in E}S$ 为 F 的一元，即 $A\in F$.

其次，对于偏序集 $(F,\subseteq)$ 中所任给的一链 E 而言，显然 $A=\bigcup_{S\in E}S$ 为 E 的一个上界，而上已证明 $A\in F$，又任一链总可求并，这表明 F 中任一链在 F 中有上界，从而由 Zorn 引理而知 F 必有极大元.

(f)(5)⇒(1)　设 F 是由非空集合所组成的集，我们要根据 Tukey 引理给出 F 的选择函数. 为此，我们构造 $F^*=\{f\mid f$ 是某个 $E\subseteq F$ 上的选择函数$\}$，显然 $F^*\neq\varnothing$，因对任意有限多个非空集合所构成的集合而言，总可人为地构造其选择函数，从而 F 的任意有限子集也不例外.

现在，我们来证明 F^* 具有有穷特征，即要证：

$$f\in F^*\Leftrightarrow\forall A(A\subseteq f\,\&\,A[\mathrm{fin}]\Rightarrow A\in F^*).$$

⇒ 这是显然的，因为 E 上之选择函数的子集肯定是 E 的某子集上的选择函数，当然对于有穷子集而言，也是如此，因而必为 F^* 的元素.

⇐ 现设 f 的所有有限子集均为 F^* 的元素，即 f 的任意有限子集均为某个 $E\subseteq F$ 上的选择函数，从而 f 的所有单点子集也都不得例外，这表示 f 的元素皆形如 $\langle G,g\rangle$，其中 $g\in G\in F$. 而且若设 $\langle G,g_1\rangle\in f\,\&\,\langle G,g_2\rangle\in f$ 时，必有 $g_1=g_2$. 因为 $\{\langle G,g_1\rangle,\langle G,g_2\rangle\}$ 为 f 的有穷子集，故为 F^* 的一元，即 $\{\langle G,g_1\rangle,\langle G,g_2\rangle\}$ 亦为某个 $E\subseteq F$ 上的选择函数，从而应有 $g_1=f_1(G)=g_2$. 这一结果表明对于 $\mathrm{dom}f$ 中之任一 G 而言，$f(G)=g$ 是唯一确定的. 又由 f 的每一单点子集均为 F^* 之元素一事可知对 $\mathrm{dom}f$ 中之每个 G 均使 $\{G\}\subseteq F$，故 $G\in F$，这表明 $\mathrm{dom}f\subseteq F$，从而 f 是某个 $E\subseteq F$ 上的选择函数，故 $f\in F^*$.

既然 F^* 是非空的集合的集合，并且具有有穷特征，从而由 Tukey 引理而知 F^* 有 $\subseteq$ 关系的极大元，记为 f^*，可证 f^* 就是 F 上的选择函数，为此，只要证 $\mathrm{dom}f^*$

$=F$ 即可. 现反设 $F-\mathrm{dom}f^* \neq \varnothing$,任取 $G\in(F-\mathrm{dom}f^*)$,再任取 $g\in G$,则我们可令 $f^{**}=f^*\cup\{\langle G,g\rangle\}$,于是 $f^*\subseteq f^{**}\,\&\,f^*\neq f^{**}$,并且显然 f^{**} 是 $(\mathrm{dom}f^*\cup\{G\})\subseteq F$ 上的选择函数,从而 $f^{**}\in F^*$,这矛盾于 f^* 为 F^* 之 $\subseteq$ 关系极大元. 这矛盾说明必须 $\mathrm{dom}f^*=F$,故 f^* 确为 F 上的一个选择函数. □

由上述定理 6.5.1 和定理 6.5.2 可知,选择公理 AC,AC_1,AC_2,枚举定理,良序定理,Zorn 引理,以及 Tukey 引理都是互相等价的. 且如上所见,有关证明均不冗长. 但在许多有关素朴集合论的著作中,或如文献[59]等集合论内容颇为丰富的实变函数论著作中,对于有关选择公理和良序定理的处理方式均与此不同,在那里不谈选择公理与良序定理的等价性,而通常按如下方式处理有关素材,即以上述 AC_1 为选择公理的原始陈述形式,然后往证 AC,再由此而证明良序定理. 并对有关内容就此告一段落. 在这里,我们也通过下述定理 6.5.3 和定理 6.5.4 而表此种处理方式,以供对照分析讨论.

定理 6.5.3　$\mathrm{AC}_1\Rightarrow\mathrm{AC}$.

证明　今设集合 T 的每一元 $N\neq\varnothing$,要在 AC_1 之下往证存在函数 f 满足条件:(a) $\mathrm{dom}f=T$,(b) $\forall N[N\in T\Rightarrow f(N)\in N]$,即给出 T 上的选择函数.

为此,试考虑如下形式的序偶 $\langle N,n\rangle(n\in N\in T)$,并规定:

(*)　　$\langle N_1,n_1\rangle=\langle N_2,n_2\rangle\Leftrightarrow n_1=n_2\,\&\,N_1=N_2$.

现对每个 $N\in T$ 而言,令

$$M(N)=\{\langle N,n\rangle\mid n\in N\},$$
$$S=\{M(N)\mid N\in T\}.$$

首先,由于 $\forall N(N\in T\Rightarrow N\neq\varnothing)$,故对任何 $M(N)\in S$ 都有 $M(N)\neq\varnothing$.

其次,不难证明下述事实:

$$M(N_1)\in S\,\&\,M(N_2)\in S\,\&\,M(N_1)\neq M(N_2)$$
$$\Rightarrow M(N_1)\cap M(N_2)=\varnothing,$$

事实上,若设 $M(N_1)\neq M(N_2)$,则 $N_1\neq N_2$,现反设 $M(N_1)\cap M(N_2)\neq\varnothing$,则有 x 使 $x\in M(N_1)\cap M(N_2)$,于是 $x=\langle N_1,n_1\rangle\,\&\,x=\langle N_2,n_2\rangle$,故 $\langle N_1,n_1\rangle=\langle N_2,n_2\rangle$,于是由相等条件(*)知必有 $N_1=N_2$,矛盾. 这表明必须有 $M(N_1)\cap M(N_2)=\varnothing$.

由此可见,S 满足 AC_1 的前提条件,故由 AC_1 知存在一集 L,使(a) $L\subseteq$

$\bigcup_{M(N)\in S} M(N)$，即 L 为由 $\langle N,n\rangle(n\in N)$ 所组成的集，(b) $\forall M(N)(M(N)\in S\Rightarrow L\cap M(N)=\{\langle N,n\rangle\})$，即 L 与每个 $M(N)$ 有且只有一个公共元素.

于是我们可在 T 上定义一个集函数 f(即令 $\mathrm{dom}f=T$)，由于对 $\mathrm{dom}f$ 中任一元 $N_0\in T$ 而言，因为有且仅有一个 $\langle N_0,n_0\rangle\in M(N_0)\cap L$，这也表明有唯一确定的 $n_0\in N_0$ 而使 $\langle N_0,n_0\rangle\in M(N_0)\cap L$. 为此，我们就令此唯一确定的 n_0 为 $f(N_0)$ 的值，如此，我们就在 T 上定义了一个函数 $f:T\rightarrow\bigcup_{N\in T}T$，并且 $\mathrm{dom}f=T, N\mapsto f(n)=n\in N$，显然 f 为 T 上的一个选择函数. □

定理 6.5.4 任一集均可被编为良序集.

证明 任给一集 $M\neq\varnothing$，且设 $T=\{M'\mid M'\in\mathscr{P}M\&M'\neq\varnothing\}$，则由定理 6.5.3 知 $\exists f(\mathrm{dom}f=T\&f(M')\in M')$. 如此，对任一 $M'\subset M$，都有唯一确定的 $f(M')$ 作为 M' 的标记. 显然，M 中必有某些子集可被编为良序集，例如 $A\subseteq M\&A[\mathrm{fin}]$，则必有 $A[\mathrm{WOS}]$. 现令 $A\subseteq M\&A\neq\varnothing\&A[\mathrm{WOS}]$，并且满足下述性质：

$$\mathrm{H}:\quad \forall a(a\in A\Rightarrow f(M-A_a)=a).$$

则称此 A 为 M 的一个正规有序子集，简记为 $A[\mathrm{NSM}]$. 注意性质 H 指对任一 $a\in A$，都是 M 之子集 $M-A_a$ 的一个标记，而 A_a 为 A 由 a 所产生的节.

例如，对于 $M\subseteq M$，令 $f(M)=m_1, M_1=\{m_1\}$，显然，$M_1\subseteq M\&M_1[\mathrm{WOS}]\&(M_1)_{m_1}=\varnothing$，因此，

$$f(M-(M_1)_{m_1})=f(M-\varnothing)=f(M)=m_1.$$

所以 M_1 为 M 的一个正规有序子集，即有 $M_1[\mathrm{NSM}]$.

现证 $f(M)=m_1$ 为 M 的任一正规有序子集之首元，为之，任给 $A[\mathrm{NSM}]$，并设 $\mathrm{fi}_A(a)$，故 $A_a=\varnothing$，因此，我们有 $a=f(M-A_a)=f(M-\varnothing)=f(M)=m_1$，故 $\mathrm{fi}_A(m_1)$.

再证 $A[\mathrm{NSM}]\Rightarrow A$ 中一切元之序唯一确定. 否则，设有 φ 与 ψ 使 A 依次编为 $P[\mathrm{NSM}]$ 与 $Q[\mathrm{NSM}]$，则因有 $P[\mathrm{WOS}]\&Q[\mathrm{WOS}]$，故 P 与 Q 要么相似，要么一个与另一个的某节相似，不失普遍性，可设 $\exists f(P\overset{f}{\simeq}Q)$ 或 $\exists f(P\overset{f}{\simeq}Q_q)$. 则如前所述，应有 $m_1\in P\&m_1\in Q\&\mathrm{fi}_P(m_1)\&\mathrm{fi}_Q(m_1)$. 因此，$f(m_1)=m_1$，令 $P_1=\{p_1\mid p_1\in P\&f(p_1)\neq p_1\}$，显然 $P_1\subset P$，故 P_1 有首元，令 $\mathrm{fi}_{P_1}(p)$. 设 $f(p)=q\neq p$，由于 P 中 p 之前的元 p' 都有 $f(p')=p'$，即 $\forall p'(p'\in P_p\Rightarrow f(p')=p')$，从而应有 P_p

$=Q_q$，于是 $p=f(M-P_p)=f(M-Q_q)=q$，这与原设 $p\neq q$ 相矛盾. 这表明使 $A[\mathrm{NSM}]$ 的编序方法是唯一确定的，即 A 中一切元的序唯一确定.

现将 M 中一切能编为正规有序子集的子集全部编为正规有序子集. 现证 M 中任二不同之有序正规子集，必然有一个是另一个的节. 事实上，若设 $A[\mathrm{NSM}]\neq B[\mathrm{NSM}]$，由 A，B 均为良序集而知，或 A 与 B 相似，或一个相似于另一个的某节. 不失普遍性，可设 $\exists f(A\overset{f}{\simeq}B)$，或 $\exists f(A\overset{f}{\simeq}B_b)$. 如此，若有 $\forall a(a\in A\Rightarrow f(a)=a)$，则结论为真. 否则，令 $A_1=\{a_1\mid a_1\in A\&f(a_1)\neq a_1\}\&A_1\neq\varnothing$，于是有 $A_1\subseteq A\&A_1\neq\varnothing$，故 A_1 有首元，令 $\mathrm{fi}_{A_1}(a)$，设 $f(a)=b\neq a$，而 A 中在 a 之前的元都以自身为函数值，即有 $\forall a'(a'\in A_a\Rightarrow f(a')=a')$，故 $A_a=B_b$，这表明我们将有 $a=f(M-A_a)=f(M-B_b)=b$，因而与原设 $a\neq b$ 相矛盾. 从而 $\neg\exists a(a\in A\&f(a)\neq a)$. 因而或有 $A=B$，或有 $A=B_b$.

如此，我们可断言：M 中任二元 a 与 b，如果同时属于 M 的几个正规有序子集的话，则 a 与 b 在诸正规有序子集中有相同的序关系.

现令 $L=\{l\mid l\in A\&A\subseteq M\&A[\mathrm{NSM}]\}$，可证 $L[\mathrm{WOS}]$. 首先，对任意的 $a\in L\&b\in L$，则由 L 的构造可知有 $A[\mathrm{NSM}]\&B[\mathrm{NSM}]$ 使 $a\in A\&b\in B$，从而或有 $A=B$，或有 $A=B_{b'}$，或有 $B=A_{a'}$，这表示 a 与 b 在同一个正规有序子集中，若 a 与 b 在此集中有 $a<b$，则 $\forall c(c[\mathrm{NSM}]\&a\in c\&b\in c\Rightarrow a<b)$，现令 a 与 b 在 L 中有 $a<b$，当且仅当 a 与 b 在 M 的正规有序子集中有 $a<b$. 故 L 为一有序集. 现令 $L^*\subseteq L\&L^*\neq\varnothing$，任取 $a\in L^*$，若 a 不为 L^* 之首元，则 $\exists A(A[\mathrm{NSM}]\&a\in A)$，于是 $\forall a'(a'\in L^*\&a'<a\Rightarrow a'\in A_a\subseteq A)$，显然 $A\cap L^*\neq\varnothing$，并且 $(A\cap L^*)\subseteq A$，从而可有 $\mathrm{fi}_{A\cap L^*}(l)$. 现证此 l 即为 L^* 之首元，否则，若设 $l'<l\&l'\in L^*$，则有 $l'<l<a$，故 $l'\in A_a\subseteq A$，故 $l'\in A$，于是 $l'\in L^*\cap A$，并且 $l'<l$，这与 $\mathrm{fi}_{A\cap L^*}(l)$ 相矛盾. 这矛盾说明必须有 $\mathrm{fi}_{L^*}(l)$，故有 $L[\mathrm{WOS}]$.

最后，往证 $L[\mathrm{NSM}]\&L=M$. 事实上，对任意的 $a\in L$，总有 $A[\mathrm{NSM}]$ 使 $a\in A$，显然 $L_a=A_a$，因此 $f(M-L_a)=f(M-A_a)=a$，故 $L[\mathrm{NSM}]$. 现在我们反设 $L\subseteq M\&M\neq L$，于是 $L\subset M$，显然 $M-L\subset M$，然后令 $f(M-L)=a$，则因 $f(M-L)\in M-L$，即 $a\in M-L$，故 $a\,\overline{\in}\,L$. 构造集合 $A=L\cup\{a\}$，显然 $A[\mathrm{WOS}]$，并且 $A_a=L$，从而 $f(M-A_a)=f(M-L)=a$，故 $A[\mathrm{NSM}]$，于是按 L 的构造应有 $a\in L$，于是矛盾于 $a\,\overline{\in}\,L$. 这矛盾表明必须 $M=L$. 上面已证 $L[\mathrm{WOS}]$，故

$M[\mathrm{WOS}]$. □

综上所论,如果接受选择公理,则由良序定理而知一切集合皆可编为良序集,从而得出结论,一切势都是阿列夫.从而任何二势,皆可比较其大小.从而基数理论中的一个空缺,也就是4.4节中所留下之 $|A| \between |B|$ 的问题,至此已被填补和解决了.

另一方面,既然一切势皆为阿列夫,那么,连续统势 $C = 2^{\aleph_0}$ 也不例外,因而必有某个 $\aleph_\alpha$,使 $2^{\aleph_0} = \aleph_\alpha$,问题在于这个 α 究竟应该是哪一个序数?即所谓连续统问题.4.5节之末所论之连续统假设,实际就是猜想 $\alpha = 1$.从而至此可将Cantor连续统假设描述如下:即Cantor曾猜测地认为 $2^{\aleph_0} = \aleph_1$ 是成立的.

后来,人们又将连续统假设加以推广为如下两种形式,即所谓广义连续统假设.

GCH(I) 对任意的序数 α 有 $2_{\aleph_\alpha} = \aleph_{\alpha+1}$.

GCH(II) 对任意的无限势 m,都不存在势 n 使 $m < n < 2^m$.

如此,对于上述GCH(I)而言,当 $\alpha = 0$ 时,便是 $2^{\aleph_0} = \aleph_1$.又对于上述GCH(II)而言,当 m 为 $\aleph_0$ 时,即认为 $2^{\aleph_0}$ 是直次可数集之后的势,即认为不存在任何势 λ 能使 $\aleph_0 < \lambda < \aleph = C = 2^{\aleph_0}$.如此,原先所述之连续统假设乃是广义连续统假设GCH(I)、GCH(II)的一种特殊情形.

我们在1.3节中论及近代公理集合论之兴起时曾指出,著名的ZFC公理集合论系统从总体上来说,显得更为直观,使用起来也较方便,即较之其他近代公理集合论系统而言,优点多一些,从而ZFC系统被普遍采用.

在一个时期中,人们致力于证明连续统假设,但是都失败了,在为数众多的失败了的证明中,几乎每次都引进了一个等价于连续统假设的新命题.就像自古以来,人们致力于第五公设的证明那样,几乎在每一次失败了的证明中,都引进了一个与第五公设相等价的命题.直到Лобачевский(1792—1856)几何的诞生,以及各种几何系统的相对相容性证明的完成,才明确了第五公设是不可能在绝对几何系统中作为定理而被证明的,即在绝对几何系统中,既不能证明第五公设为真,也不能证明第五公设为假.或者说第五公设独立于绝对几何系统而不可确定.因而也说明,历经两千多年,为数众多的大数学家致力于第五公设的证明是不可能成功的.试问致力于证明连续统假设的情况又是如何呢?

1940年,伟大的数理逻辑学家Gödel在文献[66]中,成功地证明了连续统假设与ZFC公理集合论系统是相容的,这是第一次重大突破.

1947年,著名数理逻辑学家Sierpiński(1882—1969)在文献[67]中,成功地证明了下述事实:

$$\mathrm{GCH(II)}\Leftrightarrow \mathrm{GCH(I)}\,\&\,\mathrm{AC}.$$

1957年,徐利治、朱梧槚在文献[69]~[72]中,论述了连续统假设相对于一般集合论系统的不可确定性,即既不能证其为真,也不能证其为假.并在文献[72]中对此提供了一个素朴而直观的证明.然而由于政治运动,此项研究工作遂告中断,并就连续统假设不可确定一事,甚至遭到个别人著文的所谓批判(详见文献[84]).但在1959—1960年间,苏联学者A. C. Есенин Волъпин等在《苏联数学文摘》上陆续评价了文献[70]~[72](详见文献[73]~[75]).

1963年,美国著名数学家Cohen(1934—2007)博士在文献[76]中,成功地证明了连续统假设的否定相对于ZFC公理集合论系统也是相容的.从而Cohen便在上述Gödel的工作基础上[66],完成了连续统假设相对于ZFC公理集合论系统的独立性证明.即连续统假设在ZFC公理集合论系统中,既不能证其为真,亦不能证其为假.这是又一次更为重大的突破,Cohen的这一重大贡献,后被列为美国60年代大成就之一.

1964年,美国《数学评论》(*Mathematics Review*)杂志当时的执行编辑罗华特(Lohwater)教授致函徐利治、朱梧槚二人说:"Cohen的工作是惊人的,但我留有深刻印象,在如此之久以前,就被你们获得了连续统假设不可确定这一正确思想及其素朴的直观性结果."

如前所述,《数学基础概论》一书中将另辟章节讨论近代公理集合论,到时可对连续统假设的情况,再作进一步的简介.

6.6　滤集与超滤集

本节建立滤集与超滤集的概念.超滤集的存在依然有赖于选择公理,即在关于超滤集存在性定理的证明过程中,仍要用到Zorn引理这一AC的等价形式.1972年,Van Osdol在[77]中,曾利用超滤集的概念建立了超幂$^*R$这一实数理论的非标准模型,从而大大缩减了Robinson关于建立非标准数域的逻辑框架,并使整个理论直观化.对此,详见文献[1]第9章§2,有兴趣的读者不妨查阅之.

定义 6.6.1 如果自然数集 N 上的某一子集类 $\mathfrak{S}$ 具有性质：

(1)$\varnothing \,\overline{\in}\, \mathfrak{S}$,

(2)$S_1 \in \mathfrak{S} \& S_2 \in \mathfrak{S} \Rightarrow S_1 \cap S_2 \in \mathfrak{S}$,

(3)$S \in \mathfrak{S} \& S \subseteq T \subseteq N \Rightarrow T \in \mathfrak{S}$.

则称 $\mathfrak{S}$ 为 N 上的一个滤集.

今考虑 N 上的子集类 $F = \{S \mid S \subset N \& (N - S)[\text{fin}]\}$，易证 F 是 N 上的一个滤集. 事实上，

(1)$\varnothing \,\overline{\in}\, F$.

否则，设 $\varnothing \in F$，则$(N-\varnothing)[\text{fin}]$，但 $N-\varnothing = N$，并且 $N[\text{inf}]$，矛盾. 故 $\varnothing \,\overline{\in}\, F$.

(2)$S_1 \in F \& S_2 \in F \Rightarrow S_1 \cap S_2 \in F$.

在所设前提下要证 $S_1 \cap S_2 \in F$，只要证$(S_1 \cap S_2) \subset N$，并且$(N-(S_1 \cap S_2))[\text{fin}]$. 事实上，由假设知 $S_1 \in F$，$S_2 \in F$，因此 $S_1 \subset N \& S_2 \subset N$，于是$(S_1 \cap S_2) \subset N$. 另一方面，易证$(N-(S_1 \cap S_2)) \subseteq (N-S_1) \cup (N-S_2)$. 然而根据 F 的构造和 $S_1 \in F \& S_2 \in F$ 而知，$(N-S_1)[\text{fin}] \& (N-S_2)[\text{fin}]$，从而$((N-S_1) \cup (N-S_2))[\text{fin}]$，于是$(N-(S_1 \cap S_2))[\text{fin}]$，故按 F 的构造而知 $S_1 \cap S_2 \in F$.

(3)$S \in F \& S \subseteq T \subseteq N \Rightarrow T \in F$.

事实上，若在所设前提下反设 $T \,\overline{\in}\, F$，则应有$(N-T)[\text{inf}]$，又因 $S \subseteq T$ 而知$(N-T) \subseteq (N-S)$，从而应有$(N-S)[\text{inf}]$，从而 $S \,\overline{\in}\, T$，矛盾于前提，这表明必须有 $T \in F$.

于是根据定义 6.6.1 而知 F 是 N 上的一个滤集.

定义 6.6.2 对于 $\text{dom} f = N$ 的函数 f 而言，如果满足条件：$\{n \mid n \in N \& f(n)$ 具有性质 $P\} \in F$，则称 f 为一具有性质 P 的函数，其中 $F = \{S \mid S \subset N \& (N-S)[\text{fin}]\}$.

注意定义 6.6.2 中的条件是指 N 中一切能使 f 具有性质 P 的自然数 n 所构成之集是 F 的元素. 于是应有：

(a)$\{n \mid n \in N \& f(n)$ 具有性质 $P\} \subset N$，

(b)$(N - \{n \mid n \in N \& f(n)$ 具有性质 $P\})[\text{fin}]$.

由于上面已证 F 是 N 上的一个滤集. 现据定义 6.6.2 中关于函数 f 具有性质 P 的概念,将滤集的三条性质译为下述三条逻辑性质:

(1′) 若没有 $n \in N$ 使得 $f(n)$ 具有性质 P,则 f 没有性质 P. 事实上,根据定义 6.6.2,所谓 f 没有性质 P,即对此 f 而言,应有 $\{n \mid n \in N \& f(n)$ 具有性质 $P\} \overline{\in} F$. 为此,我们来证明这一点即可. 由假设知,没有 $n \in N$ 使得 $f(n)$ 具有性质 P,这表明

$$\{n \mid n \in N \& f(n) \text{ 具有性质 } P\} = \varnothing,$$

由滤集性质(1) 知 $\varnothing \overline{\in} F$,因此,我们有

$$\{n \mid n \in N \& f(n) \text{ 具有性质 } P\} \overline{\in} F.$$

故按定义 6.6.2 知 f 没有性质 P.

(2′) 若 f 有性质 P 与 Q,则 f 有性质 $P \& Q$.

事实上,由假设条件知有:

(a) $\{n \mid n \in N \& f(n)$ 具有性质 $P\} \in F$,

(b) $\{n \mid n \in N \& f(n)$ 具有性质 $Q\} \in F$.

故由滤集性质(2) 而知有

$\{n \mid n \in N \& f(n)$ 有性质 $P\} \cap \{n \mid n \in N \& f(n)$ 有性质 $Q\} \in F$,但这一事实即表示

$$\{n \mid n \in N \& f(n) \text{ 有性质 } P \& Q\} \in F,$$

故由定义 6.6.2 而知 f 具有性质 $P \& Q$.

(3′) 若 f 有性质 P,且 $P \Rightarrow Q$,则 f 有性质 Q.

事实上,由假设条件而知

$$\{n \mid n \in N \& f(n) \text{ 有性质 } P\} \in F,$$

设 $n^* \in \{n \mid n \in N \& f(n)$ 有性质 $P\}$,故 n^* 使得 $f(n^*)$ 具有性质 P,但已知 $P \Rightarrow Q$,故 n^* 能使得 $f(n^*)$ 具有性质 Q,故 $n^* \in \{n \mid n \in N \& f(n)$ 有性质 $Q\}$,从而有

$\{n \mid n \in N \& f(n)$ 有性质 $P\} \subseteq \{n \mid n \in N \& f(n)$ 有性质 $Q\} \subseteq N$,故由滤集性质(3) 而知

$$\{n \mid n \in N \& f(n) \text{ 有性质 } Q\} \in F,$$

因此,由定义 6.6.2 而知 f 具有性质 Q.

现对 N 上的任一函数而言,如果我们希望总能确定地知道 $f \geqslant 0$ 还是 $f < 0$ 的

话，即把 $f \geqslant 0$ 与 $f < 0$ 作为相对于 f 具有性质 P 还是 $\neg P$ 来处理时，那么，先让我们考虑这样的函数 f，即令

$$f(n) = \begin{cases} 1, \text{当 } n \text{ 为偶数时}, \\ -1, \text{当 } n \text{ 为奇数时}. \end{cases}$$

如此，由于 $(N - \{n \mid n \in N \& n \text{ 为奇数}\})[\inf]$，从而有 $\{n \mid n \in N \& f(n) \geqslant 0\} = \{n \mid n \in N \& f(n) = 1\} = \{n \mid n \in N \& n \text{ 为奇数}\} \overline{\in} F$，这表明 f 不具有性质 $P(f \geqslant 0)$，完全类似地，又由于 $(N - \{n \mid n \in N \& n \text{ 为偶数}\})[\inf]$，从而又有 $\{n \mid n \in N \& f(n) < 0\} = \{n \mid n \in N \& f(n) = -1\} = \{n \mid n \in N \& n \text{ 为偶数}\} \overline{\in} F$，这表明 f 不具性质 $\neg P(f < 0)$. 总之，$f \geqslant 0$ 与 $f < 0$ 皆不成立. 这就违背了一条基本的逻辑规则：即任给一事物 f 和一性质 P，二值逻辑系统要求，要么 f 具有性质 P，要么 f 具有性质 $\neg P$，两者有且仅有一个成立.

因此，若按滤集 F 来论真假时，则就不可避免地导致上述缺点. 为要避免这一缺点，让我们来建立超滤集的概念，并按超滤集来论真假时，上述缺点将可避免. 因为超滤集将是 N 上具有下述性质的一种滤集 $\mathscr{U}$，该性质是指对任一 $S \subseteq N$，要么有 $S \in \mathscr{U}$，要么有 $(N - S) \in \mathscr{U}$，两者有且仅有一个成立. 现对超滤集的概念正式定义如下：

定义 6.6.3 如果 N 上的滤集 $\mathscr{U}$ 具有性质：对于 N 的任一子集 S，要么 $S \in \mathscr{U}$，要么 $(N - S) \in \mathscr{U}$，两者有且仅有一个成立，则称此 N 上的滤集 $\mathscr{U}$ 为超滤集.

关于超滤集的存在，将由下述存在性定理保证之.

定理 6.6.1 至少存在一个 N 上的超滤集，且以 $F = \{S \mid S \subset N \& (N - S)[\text{fin}]\}$ 为其子集，即

$\exists \mathscr{U}(\mathscr{U}$ 为超滤集，并且 $F = \{S \mid S \subset N \& (N - S)[\text{fin}]\} \subseteq \mathscr{U})$.

证明 设 F^* 为 N 上的所有包含 F 的滤集所组成的类，即令

$$F^* = \{F' \mid F' \text{ 为 } N \text{ 上的滤集，并且 } F' \supseteq F\}.$$

显然 $F^* \neq \varnothing$，因为至少 F 为 N 上的滤集，并且 $F \supseteq F$，故 $F \in F^*$. 又由于 F^* 中之滤集间的 $\subseteq$ 关系是一个偏序关系，并且 F^* 中任一上升的链在 F^* 中都有上界，这个上界就是链中各项的并. 故由 Zorn 引理知 F^* 中至少存在一个极大元，现将该极大元记为 $\mathscr{U}$，则可证 $\mathscr{U}$ 为 N 上的一个超滤集.

今用反证法往证 $\mathscr{U}$ 为超滤集，现反设 $\mathscr{U}$ 不是超滤集，从而应有

($\triangle_1$) 存在 $S\subseteq N\ \&\ S\neq\varnothing$ 使得 $S\,\overline{\in}\,\mathscr{U}\ \&\ (N-S)\,\overline{\in}\,\mathscr{U}$.

而由($\triangle_1$) 可证

($\triangle_2$) 存在一个(N 的子集)$T\in\mathscr{U}$使得 $S\cap T=\varnothing$.

否则,我们便有

($\triangle_3$) $\forall T(T\in\mathscr{U}\Rightarrow S\cap T\neq\varnothing)$.

如此,我们便能证明

($\triangle_4$) $\mathscr{U}'=\{X\mid X\subseteq N\ \&\ X\supseteq S\cap T$,对某个 $T\in\mathscr{U}\}\in F^*$,并且 $\mathscr{U}\subset\mathscr{U}'$.

为此,先证 $\mathscr{U}'$ 为 N 上的一个滤集,事实上,

(1)$\varnothing\,\overline{\in}\,\mathscr{U}'$.

由上述($\triangle_3$) 知,对任何 $T\in\mathscr{U}$,都有 $S\cap T\neq\varnothing$,而 X 需满足条件 $X\supseteq S\cap T$ 才能是 $\mathscr{U}'$ 的元,而条件 $X\supseteq S\cap T\neq\varnothing$ 正说明必有 $X\neq\varnothing$,即任何 $X\in\mathscr{U}'$,都有 $X\neq\varnothing$,故 $\varnothing\,\overline{\in}\,\mathscr{U}$.

(2)$X_1\in\mathscr{U}'\ \&\ X_2\in\mathscr{U}'\Rightarrow X_1\cap X_2\in\mathscr{U}'$.

由假设知 $X_1\supseteq S\cap T_1\ \&\ X_2\supseteq S\cap T_2$,其中 $T_1\in\mathscr{U}$,$T_2\in\mathscr{U}$,注意此时 $\mathscr{U}$ 虽已被反设为不是超滤集,但此时 $\mathscr{U}$ 仍不失为一滤集,因此,由滤集性质(2) 而知 $T_1\cap T_2\in\mathscr{U}$. 另外 $X_1\cap X_2\supseteq S\cap(T_1\cap T_2)$,故按 $\mathscr{U}'$ 的构造知 $X_1\cap X_2\in\mathscr{U}'$.

(3)$X\in\mathscr{U}'\ \&\ X\subseteq X'\subseteq N\Rightarrow X'\in\mathscr{U}$.

设 $X\in\mathscr{U}'$,故 $X\supseteq S\cap T$,又 $X\subseteq X'\subseteq N$,故必有 $X'\supseteq S\cap T$,此处 $T\in\mathscr{U}$,故按 $\mathscr{U}'$ 的构造知 $X'\in\mathscr{U}'$.

由上述(1)(2)(3) 知 $\mathscr{U}'$ 为 N 上的一个滤集.

现证 $\mathscr{U}\subset\mathscr{U}'$,事实上,设 $G\in\mathscr{U}$,则 $G\supseteq S\cap G$,从而 $G\in\mathscr{U}'$,故 $\mathscr{U}\subseteq\mathscr{U}'$. 又 $S\supseteq S\cap T$,对某个 $T\in\mathscr{U}$,故 $S\in\mathscr{U}'$,但由($\triangle_1$) 知 $S\,\overline{\in}\,\mathscr{U}$,故 $\mathscr{U}\neq\mathscr{U}'$,从而 $\mathscr{U}\subset\mathscr{U}'$.

既然 $\mathscr{U}\subset\mathscr{U}'$,又 $\mathscr{U}\supseteq F$,故 $\mathscr{U}'\supseteq F$,故按 F^* 的构造知 $\mathscr{U}'\in F^*$. 于是我们有 $\mathscr{U}'\in F^*\ \&\ \mathscr{U}\subset\mathscr{U}'$. 至此证明了($\triangle_4$).

但是($\triangle_4$) 矛盾于 $\mathscr{U}$ 为 F^* 之极大元. 这矛盾首先说明上述($\triangle_3$) 不得成立,从而上述($\triangle_2$) 成立,即我们证明了:

($\triangle_2$) 存在一个(N 的子集)$T\in\mathscr{U}$,使 $S\cap T=\varnothing$.

完全类似地可证:

($\triangle_5$) 存在一个(N 的子集)$T'\in\mathscr{U}$,使$(N-S)\cap T'=\varnothing$.

如此，一方面由滤集性质(2) 知 $T \cap T' \in \mathscr{U}$，但由($\triangle_5$) 之 $(N-S) \cap T' = \varnothing$，可推知 $T' \subseteq S$，故 $T' \cap T \subseteq S \cap T$，由($\triangle_2$) 知 $S \cap T = \varnothing$，从而 $T' \cap T = \varnothing$，于是 $\varnothing \in \mathscr{U}$，但这矛盾于滤集性质(1). 这矛盾说明上述($\triangle_1$) 不得成立，从而 $\mathscr{U}$ 必须是 N 上的一个超滤集. □

例 1 令 R^N 为一切由 N 到 R 的函数所组成的集，并在 R^N 中按 N 上的超滤集 $\mathscr{U}$ 来谈真假. 即如对 $f \in R^N \& g \in R^N$ 而言，若有

$$\{n \mid n \in N \& f(n) = g(n)\} \in \mathscr{U},$$

则称 f"="g. 然后将 R^N 按等价关系"="分类，令 ${}^*R$ 表示一切等价类所组成的集，并将 ${}^*R$ 中包含 $f \in R^N$ 的等价类记为 $\langle f \rangle$，此处 $\langle f \rangle \in {}^*R$，因此，在 ${}^*R$ 中有

$$\langle f \rangle = \langle g \rangle \Leftrightarrow \{n \mid n \in N \& f(n) = g(n)\} \in \mathscr{U}.$$

我们特称 ${}^*R$ 的这种构造为(R 的) 一个超幂.

可证 ${}^*R$ 为一有序集.

为此，对于 $\langle f \rangle \in {}^*R \& \langle g \rangle \in {}^*R$，我们当

$$\{n \mid n \in N \& f(n) \leqslant g(n)\} \in \mathscr{U}$$

时，定义为 $\langle f \rangle \leqslant \langle g \rangle$，这个定义是合理的，因若有 $\langle f \rangle \leqslant \langle g \rangle \& \langle f \rangle = \langle f' \rangle \& \langle g \rangle = \langle g' \rangle$，则有

(a) $F = \{n \mid n \in N \& f(n) = f'(n)\} \in \mathscr{U}$,

(b) $G = \{n \mid n \in N \& g(n) = g'(n)\} \in \mathscr{U}$,

(c) $L = \{n \mid n \in N \& f(n) \leqslant g(n)\} \in \mathscr{U}$.

现证 $F \cap G \cap L \subseteq \{n \mid n \in N \& f'(n) \leqslant g'(n)\}$，事实上，若设 $n^* \in F \cap G \cap L$，则 $n^* \in F \& n^* \in G \& n^* \in L$，因此，我们有 $f'(n^*) = f(n^*) \leqslant g(n^*) = g'(n^*)$，这表明

$$n^* \in \{n \mid n \in N \& f'(n) \leqslant g'(n)\}.$$

另一方面，由滤集性质(2) 知 $F \cap G \cap L \in \mathscr{U}$，并且显然有 $\{n \mid n \in N \& f'(n) \leqslant g'(n)\} \subseteq N$，总之，$F \cap G \cap L \in \mathscr{U}$ 且

$$F \cap G \cap L \subseteq \{n \mid n \in N \& f'(n) \leqslant g'(n)\} \subseteq N,$$

故由滤集性质(3) 而知

$$\{n \mid n \in N \& f'(n) \leqslant g'(n)\} \in \mathscr{U}.$$

从而有 $\langle f' \rangle \leqslant \langle g' \rangle$. 并且不难看出

$$\langle f\rangle \leqslant \langle g\rangle \& \langle f\rangle \neq \langle g\rangle \Leftrightarrow \{n \mid n \in N \& f(n) < g(n)\} \in \mathscr{U}.$$

此时,我们记为$\langle f\rangle < \langle g\rangle$.

现在,我们来验证三分律,即对任何$\langle f\rangle \in {}^*R$,$\langle g\rangle \in {}^*R$而言,在$\langle f\rangle = \langle g\rangle$,$\langle f\rangle < \langle g\rangle$,$\langle g\rangle < \langle f\rangle$三关系中有且仅有一个成立.

为此,我们令

$$E = \{n \mid n \in N \& f(n) = g(n)\},$$
$$L = \{n \mid n \in N \& f(n) < g(n)\},$$
$$G = \{n \mid n \in N \& g(n) < f(n)\}.$$

并要证明在$E \in \mathscr{U}$,$L \in \mathscr{U}$,$G \in \mathscr{U}$三关系中有且只有一个成立.

首先,应注意到三分律在实数域R上是成立的.因此,任给一自然数n^*,则在$f(n^*) < g(n^*)$,$f(n^*) = g(n^*)$,$g(n^*) < f(n^*)$三关系中有且仅有一个成立.所以我们有

$$E \cup L \cup G = N \& E \cap L = L \cap G = G \cap E = \varnothing.$$

现先证在E,L,G中至少有一个是$\mathscr{U}$的元素,因若$E \in \mathscr{U}$,则结论已真,如果$E \overline{\in} \mathscr{U}$,则因$\mathscr{U}$为超滤集而知必有$N - E = L \cup G \in \mathscr{U}$,此时若$L \in \mathscr{U}$,则结论已真,否则$L \overline{\in} \mathscr{U}$,则$N - L = E \cup G \in \mathscr{U}$,于是由滤集性质(2)知$(L \cup G) \cap (E \cup G) = G \in \mathscr{U}$,这表明在$E,L,G$中,至少有一个是$\mathscr{U}$的元素,现再证在$E,L,G$中,至多只有一个是$\mathscr{U}$的元素,事实上,在$E,L,G$中,不可能同时有两个为$\mathscr{U}$之元素,因不然将由滤集性质(2)而知它们的交为$\mathscr{U}$之元,但上面已证$E \cap L = L \cap G = G \cap E = \varnothing$,因而必将导致$\varnothing \in \mathscr{U}$,从而矛盾于滤集性质(1).这表明$E,L,G$三者至多有一个为$\mathscr{U}$的元.至此,三分律在超幂${}^*R$上成立一事已经验证完毕.

习题与补充 6

1. 给出集合$A = \{a,b,c\}$上的所有严格全序,验证在任何一种严格全序之下,总有$\langle A \mid = 3$.

2. α,β,γ均为序型,求证:

$$(\alpha + \beta) + \gamma = \alpha + (\beta + \gamma) = \alpha + \beta + \gamma.$$

3. α,β,γ均为序型,求证:

$$(\alpha\cdot\beta)\cdot\gamma=\alpha\cdot(\beta\cdot\gamma)=\alpha\cdot\beta\cdot\gamma.$$

4. 在(0,1)实数开区间中依自然大小顺序为序,求出子集使之各具有如下序型:

(1)ω,　　(2)$\omega\cdot 2$,

(3)$\omega\cdot\omega$,　　(4)η.

5. 证明定理 6.2.3 之(2)和(3).即:若 A[WOS],则

(2) $\forall a\forall b(a\in A\&b\in A\&a\neq b\Rightarrow\neg\exists f(A_a\overset{f}{\simeq}A_b))$,

(3) $\forall a'\forall A'(a'\in A'\&A'\subseteq A\Rightarrow\neg\exists f(A_a\overset{f}{\simeq}A'_{a'}))$.

6. 设 A,B 均为良序集,则有序并集 $A\overset{<}{\cup}B$ 及字典序序偶集《A,B》仍为良序集,试证明之.

7. 若 $A_1,A_2,\cdots$ 都是良序集,则 $B=A_1\times A_2\times\cdots$ 依自然字典序是不是良序?

8. 试证明:若 A 是有序集且其每个可数子集为良序集,则 A 为良序集.

9. 试证明以下命题:

(1) 若存在不可数良序集,则必存在一个其每个节都是可数集的不可数良序集.

(2) 若 A 与 B 都是不可数良序集,它们的所有节都可数,则 A 与 B 有相同序型.

(将命题中的"不可数"改为"可数无穷","可数"改为"有限",则变为两条显然的命题,试对照之.)

10. 证明定理 6.3.1 中的条件(i)可省略,即由(ii)可推出(i).

11. 良序集 S 的一个子集 J 称为"半归纳集",如果对于任意元素 $\alpha\in J$,α 的后续(如果有的话)在 J 中,用一个例子说明,如果 S 的子集 J 是半归纳集,且 J 含有 S 的最小元,那么 J 不一定等于 S.

12. 不用选择公理定义一个单射 $f:N\to\{0,1\}^{\omega}$.

13. 如果可能的话,试对下列各族不用选择公理求出来一个选择函数:

(1)N 的非空子集族 $\mathscr{A}$,

(2) 整数集 Z 的非空子集族 $\mathscr{B}$,

(3) 有理数集 Q 的非空子集族 $\mathscr{C}$,

(4)2^{ω} 的非空子集族 $\mathscr{D}$.

14. 设 A 为一集合，$\{f_n:n\in N\}$ 为一个加标单射函数族，其中 $f_n:\{0,1,\cdots,n-1\}\rightarrow A$.

(1) 试证 A 必为无限集.

(2) 试利用 $\{f_n:n\in N\}$ 而不用选择公理定义一个单射 $f:N\rightarrow A$.

参考文献

[1] 朱梧槚.几何基础与数学基础[M].沈阳:辽宁教育出版社,1987.

[2] 朱梧槚.论一维空间的超穷分割[J].大连:辽宁师院学报自然科学版,1979(4).

[3] M. Kline.古今数学思想[M].第4册.上海:上海科学技术出版社,1980.

[4] Hausdorff. Mengenlehre[M]. Watter de Hruyler,1935.

[5] 周·道本.康托的无穷的数学和哲学[M].郑毓信,刘晓力,译.南京:江苏教育出版社,1989.

[6] 阿西摩夫.古今科技名人辞典[M].北京:科学出版社,1988.

[7] 袁相碗.公理方法及其作用[J].南京大学学报自然科学版,1980(2).

[8] 朱梧槚.潜尾数论导引[J].大连:辽宁师院学报自然科学版,1979(3).

[9] 朱梧槚,肖奚安.中介逻辑的命题演算系统(Ⅰ)、(Ⅱ)、(Ⅲ)[J].自然杂志,1985,8(4)、8(5)、8(6).

[10] 肖奚安,朱梧槚.中介逻辑的谓词演算系统(Ⅰ)、(Ⅱ)[J].自然杂志,1985,8(7)、8(8).

[11] 朱梧槚,肖奚安.中介逻辑的命题演算(Ⅰ)、(Ⅱ)[J].自然杂志,1985,8(9)、8(10).

[12] 肖奚安,朱梧槚.中介逻辑谓词演算系统[J].自然杂志,1985,8(11).

[13] 朱梧槚,肖奚安.中介逻辑的同异性演算系统[J].自然杂志,1985,8(12).

[14] Zhu Wujia,Xiao Xian. Propositional Caluclus System of Medium Logic (Ⅰ)、(Ⅱ)、(Ⅲ)[J]. J. Math. Res. & Exposition,1988(8),No. 2、No. 3、No. 4.

[15] Xiao Xian, Zhu Wujia. Predicate Calculus System of Medium Logic (Ⅰ)、(Ⅱ)[J]. Journal of Nanjing University (Natural Sciences Edition), 1988(24), No. 4, 1989(25), No. 2.

[16] Zhu Wujia, Xiao Xian. An Extension of the Propositional Calculus System of Medium Logic (Ⅰ)、(Ⅱ)[J]. Journal of Nanjing University (Natural Sciences Edition), 1989(25), No. 4, 1990(26), No. 1.

[17] Xiao Xian, Zhu Wujia. An Extension of the Predicate Calculus System of Medium Logic[J]. Mathematical Biquarterly, 1988(5), No. 2.

[18] Zhu Wujia, Xiao Xian. Predicate Calculus System With Equality Symbol "=" of Medium Logic[J]. Mathematical Biquarterly, 1989(6), No. 1.

[19] 朱剑英，肖奚安，朱梧槚. 中介逻辑演算 ML 与中介公理集合论 MS 的数学意义及其应用前景[J]. 大自然探索，1987(1).

[20] Zhu Jianying. On the Application Prespective of Medium Logic Calculus (ML) and Medium Axiomatic Set Theory (MS)[J]. Proc. 19th Intern. Symp. Multiple-Valued Logic, 1989.

[21] 潘勇. 中介逻辑命题演算中的析取范式和合取范式[C]. 全国第二届多值逻辑学术讨论会文集，1987.

[22] 钱磊，张大可. 中介逻辑的重言式系统[C]. 全国第二届多值逻辑学术讨论会文集，1987.

[23] 钱磊. 中介逻辑 ML 的相容性证明[J]. 模糊系统与数学. 1987(1).

[24] Qian Lei. The Gentzen System of Medium Logic[J]. Proc. 19th Intern. Symp. Multiple-Valued Logic, 1989.

[25] 潘正华. 中介谓词逻辑 MF 完备性的一些结果[J]. 曲阜师范大学学报，1988(4).

[26] Pan Zhenhua. On the Completeness of Medium Propositional Logic MP[J]. Proc. Intern. Symp. Fuzzy System and Knowledge Engineering, 1987.

[27] 潘正华. 中介谓词逻辑 MF 的可靠性[C]. 全国第二届多值逻辑学术讨论会文集，1987.

[28] Pan Zhenhua. On the Reliability of the Predicate Calculus System(MF)

of Medium Logic[J]. Proc. 19th Intern. Symp. Multiple-Valued Logic,1989.

[29] 邹晶. 中介逻辑的命题演算系统 MP* 的语义解释及可靠性、完备性[J]. 数学研究与评论,1988(3).

[30] 邹晶. 带等词的中介谓词逻辑系统 ME* 的语义解释及可靠性、完备性[J]. 科学通报,1988,33(13).

[31] Zou Jing,Qui Weide. Medium Model Logic-Formal System and Semantics[J]. Proc. 19th Intern. Symp. Multiple-Valued Logic,1989.

[32] 盛建国. 中介逻辑命题演算系统 MP* 的一个特征 —— 完全析取范式定理[C]. 全国第三届多值逻辑学术讨论会文集,1988.

[33] 盛建国. 中介逻辑谓词演算系统 MF* 的一些特征[C]. 全国第三届多值逻辑学术讨论会文集,1988.

[34] 谭乃,肖奚安. MP* 中命题联结词的完全性[J]. 空军气象学院学报,1988(1).

[35] 肖奚安,朱梧槚. MP 系统的命题联结词的闵氏距离不增性[J]. 数学研究与评论,1988(4).

[36] Xiao Xian,Zhu Wujia. The Non-Increment of Minkovski Distance of Propositional Connectives in System MP[J]. Proc. 19th Intern. Symp. Multiple-Valued Logic,1989.

[37] 吴望名,潘吟. 中介代数系统[J]. 上海师范大学学报自然科学版,1988(3).

[38] Pan Yin,Wu Wangming. Medium Algebras. Proc[J]. 19th Intern. Symp. Multiple-Valued Logic,1989.

[39] Zhang Dongmou. Medium Algebra MA and Medium Propositional Calculus MP* [J]. Proc. 19th Intern. Symp. Multiple-Valued Logic,1989.

[40] 朱梧槚,肖奚安. 中介公理集合论系统(Ⅰ)—— 两种谓词的划分与定义[J]. 自然杂志,1986,9(7).

[41] 肖奚安,朱梧槚. 中介公理集合论系统(Ⅱ)—— 集合的运算[J]. 自然杂志,1986,9(8).

[42] 朱梧槚,肖奚安. 中介公理集合论系统(Ⅲ)—— 谓词与集合[J]. 自然杂

志,1986,9(9).

[43] 肖奚安,朱梧槚.中介公理集合论系统(Ⅳ)—— 小集与巨集[J].自然杂志,1986,9(10).

[44] 朱梧槚,肖奚安.中介公理集合论系统(Ⅴ)——MS与ZFC的关系[J].自然杂志,1986,9(11).

[45] 肖奚安,朱梧槚.中介公理集合论系统(Ⅵ)—— 逻辑数学悖论在MS中的解释方法[J].自然杂志,1986,9(12).

[46] 朱梧槚,肖奚安.中介公理集合论系统 MS[J].中国科学(A 辑),1988(2).

[47] Xiao Xian,Zhu Wujia. A System of Medium Axiomatic Set Theory[J]. Scientia Sinica(Series A),1988 Vol. XXXI,No. 11.

[48] 朱梧槚,肖奚安.数学基础与模糊数学基础[J].自然杂志,1984,7(10).

[49] 朱梧槚,肖奚安.关于模糊数学奠基问题研究情况的综述[J].自然杂志,1986,9(1).

[50] 朱梧槚,肖奚安.从古典集合论与近代公理集合论到中介公理集合论[J].自然杂志,1987,10(1).

[51] Zhu Wujia,Xiao Xian. On the Naive Mathematical Models of Medium Mathematical System MM[J]. J. Math. Res. & Exposition,1988(8),No. 1.

[52] 朱梧槚,肖奚安.答《中介数学没有包括经典数学》一文及其他[J].数学研究与评论,1989(1).

[53] Moh Shaw-Kwei. Logical Paradoxes for Many-Valued Systems J. S. L. 1954 Vol. 19,37.

[54] Zheng Yuxin,Xiao Xian,Zhu Wujia. Finite-Valued or Infinite-Valued Logical Paradoxes[J]. Proc. 15th Intern. Symp. Multiple-Valued Logic,1985.

[55] 贝里维奇.科学研究的艺术[M].北京:科学出版社,1962.

[56] 朱梧槚,袁相碗,郑毓信.论集合与点集空间[J].南京大学学报自然科学版,1980(3).

[57] 实变函数论[M].鲁金,何旭初,等译.北京:高等教育出版社,1954.

[58] 柯尔莫哥洛夫.集与函数的汎论初阶[M].杨永芳,译.北京:高等教育出

版社,1954.

[59] 那汤松. 实变函数论[M]. 徐瑞云,译. 北京:人民教育出版社,1963.

[60] 古德斯坦因. 布尔代数[M]. 刘文,等译. 北京:科学出版社,1975.

[61] 吕家俊等. 布尔代数[M]. 济南:山东教育出版社,1982.

[62] 周以瑜. 离散数学讲义[M]. 北京:航空工业出版社,1987.

[63] 朱成熹. 测度论基础[M]. 北京:科学出版社,1983.

[64] 蒲保明等. 拓扑学[M]. 北京:高等教育出版社,1985.

[65] T. J. Jech. The Axiom of Choice[M]. North-Holland Publishing Company-Amsterdam. London,1973.

[66] Gödel. The Consistency of the Axiom of Choice and of the Generalised Continuum Hypothesis With the Axioms of Set Theory[M]. Princeton University Press,1940,rev. ed. ,1951.

[67] Sierpinski. L′hypothese Généralisée du Continu et I′axiome du choix[J]. Fund. Math,1947(34),1 ～ 5.

[68] Sierpinski. Cardinal and Ordinal Numbers[J]. Warszawa,1958.

[69] 徐利治. 关于 Cantor 超穷数论上几个基本问题的定性分析和连续统假设的不可确定性的研究[J]. 东北人民大学自然科学学报,1956(1).

[70] 徐利治,朱梧槚. 超穷过程论中的两个基本原理与 Hegel 的消极无限批判[J]. 东北人民大学自然科学学报,1956(2).

[71] 徐利治,朱梧槚. 超穷过程论的基本原理[J]. 东北人民大学自然科学学报,1957(1).

[72] 徐利治,朱梧槚. 在素朴集合论与超穷过程论观点下的 Cantor 连续统的不可确定性[J]. 东北人民大学自然科学学报,1957(1).

[73] Реферативный Журнал мате. Рефераты[J]. 1959,No. 2,#1373.

[74] Реферативный Журналмате. Рефераты[J]. 1960,No. 8,#8790.

[75] РеφераТивный Журналмате. Рефераты[J]. 1960,No. 8,#8791.

[76] Cohen,The Independence of the Continuum Hypothesis (Ⅰ) and (Ⅱ)[J]. Proceedings of the National Academy of the U. S. A. ,1963 Vol. 50,1143 ～ 1148,and 1964 Vol. 51,105 ～ 110.

[77] D. H. Van Osdol, Truth With Respect to On Ultrafilter or How to Make Intuition Rigorous[J]. Amer. Math. Monthly 1972(79), No. 40, 355 ~ 363.

[78] 钱学森. 关于思维科学的研究[J]. 思维科学, 1987(3).

[79] 王元元. 计算机科学中的逻辑学(前言)[M]. 北京: 科学出版社, 1989.

[80] J. T. Schwartz, R. B. K. Dewar, E. Dubinsky. Programming With Sets: An Introduction To SETL[M]. Springer-Verlag New York Inc. 1986.

[81] Shen Yu Ting. Paradox of the Class of All Grounded Class[J]. J. S. L. 1953 Vol. 18, 114.

[82] 朱梧槚, 肖奚安. Russell 悖论的变形与 ZFC 的正则公理 —— 对无根据悖论和多值逻辑悖论的评析与介绍[J]. 数学研究与评论, 1985(3).

[83] 胡世华, 陆钟万. 数理逻辑基础[M]. 北京: 科学出版社, 1981.

[84] 蒋尔雄. 关于徐利治等著的关于 Cantor 超穷数论上几个基本问题的定性分析和连续统假设的不可确定性的研究等四文的批判[J]. 吉林大学自然科学学报, 1959(1).

附　　录

附录1　近代公理集合论纲要

本附录之目的，仅在于对照比较一下素朴集合论与现代公理集合论对于诸如定义基数、序数等有关内容的不同处理方式.故在此处仅取ZFC这一常用之近代公理集合论系统而列出纲要，并将内容限制在如上所说之目的范围之内，这样对于ZFC的许多其他内容，有如基数算术与序数算术的详细展开、广义连续假设与选择公理之关系以及它们与ZF的相对相容性和相对独立性等，都将不在本纲要之列.

本纲要分“一阶逻辑”(配套于ZFC之逻辑工具)、“ZFC的非逻辑公理系统”、“集合的运算”、“关系与映射”、“序数与序数算术”、“基数”等六个方面陈述之.

一、一阶逻辑

本节给出配套于ZFC的逻辑工具.如所知，ZFC是一个以一谓词逻辑，即通常所说之经典的二值逻辑演算系统为其配套逻辑工具的公理集合论系统.但二值逻辑演算系统有几种不同而又互相等价的形式，在此采用其中之为大家所熟悉的自然推理系统，即如下所给之一阶谓逻辑关系.该系统不是最简的，但都认为它较为直观、自然和方便.

1.形式符号

(1) 命题词：$p,q,r,p_i,q_i,r_i,(i=1,2,\cdots)$

(2) 个体词：$a,b,c,a_i,b_i,c_i(i=1,2,\cdots)$

(3) 谓词：$F,G,H,F_i,G_i,H_i(i=1,2,\cdots)$

(4) 逻辑词：$\neg,\wedge,\vee,\to,\leftrightarrow,\forall,\exists$

(5) 约束变元：$x,y,z,x_i,y_i,z_i(i=1,2,\cdots)$

(6) 等词：$=$

(7) 技术性符号:(,),[,]

2.形成规则

(1) 命题词是合式公式;

(2) 若 a,b 是个体词,则 $a=b$ 是合式公式;

(3) 若 F 是 n 元谓词,$a_1,\cdots,a_n$ 是个体词,则 $F(a_1,\cdots,a_n)$ 是合式公式;

(4) 如果 A、B 是合式公式,则 $(\neg A)$,$(A\wedge B)$,$(A\vee B)$,$(A\rightarrow B)$,$(A\leftrightarrow B)$ 都是合式公式;

(5) 如果 $A(a)$ 是合式公式,a 在其中出现,x 不在其中出现,则 $\forall xA(x)$,$\exists xA(x)$ 都是合式公式;

(6) 仅由以上各条经有限步生成者才是合式公式.

3.推理规则

以下 $A_1,A_2,\cdots,A_n,A,B,C$ 均为合式公式,Γ、Δ 为合式公式集.要注意,这些符号不是形式语言中的形式符号,而是为表达推理规则而引入的元语言中的符号.

($\in$) 肯定前规律:

$$A_1,\cdots,A_n\vdash A_i(i=1,\cdots,n)$$

(τ) 推理传递律:

如果 $\Gamma\vdash\Delta\vdash A$($\Delta$ 不空),

则 $\Gamma\vdash A$

($\neg$) 反证律:

如果 $\Gamma,\neg A\vdash B,\neg B$,

则 $\Gamma\vdash A$.

($\wedge_-$) 合取词消去律:

$A\wedge B\vdash A,B$

($\wedge_+$) 合取词引入律:

$A,B\vdash A\wedge B$

($\vee_-$) 析取词消去律:

如果 $A\vdash C$,并且 $B\vdash C$,

则 $A\vee B\vdash C$

($\vee_+$) 析取词引入律:

$A \vdash A \vee B, B \vee A$

($\to_-$) 蕴涵词消去律：

$A \to B, A \vdash B$

($\to_+$) 蕴涵词引入律：

如果 $\Gamma, A \vdash B$，

则 $\Gamma \vdash A \to B$

($\leftrightarrow_-$) 等值词消去律：

$A \leftrightarrow B, A \vdash B$

$A \leftrightarrow B, B \vdash A$

($\leftrightarrow_+$) 等值词引入律：

如果 $\Gamma, A \vdash B$，并且 $\Gamma, B \vdash A$，

则 $\Gamma \vdash A \leftrightarrow B$

($\forall_-$) 全称量词消去律：

$\forall x A(x) \vdash A(a)$

($\forall_+$) 全称量词引入律：

如果 $\Gamma \vdash A(a)$，a 不在 Γ 中出现，

则 $\Gamma \vdash \forall x A(x)$

($\exists_-$) 存在量词消去律：

如果 $A(a) \vdash B$，a 不在 B 中出现，

则 $\exists x A(x) \vdash B$

($\exists_+$) 存在量词引入律

$A(a) \vdash \exists x A(x)$，其中 $A(x)$ 是由 $A(a)$ 把其中 a 的某些出现替换为 x 而得

(I_-) 等词消去律：

$A(a), a = b \vdash A(b)$，其中 $A(b)$ 是由 $A(a)$ 把其中 a 的某些出现替换为 b 而得

(I_+) 等词引入律：

$\vdash a = a$

至此，一阶谓词逻辑构造完毕. 注意这是一个带等词，但不带函词的逻辑系统，

但作为配套于 ZFC 的逻辑工具而言,已经足够了.

由以上的推理规则出发,可以证明所有有效的逻辑推理定理以及所有永真的重言式都在该系统中成立,详见文献[83].

二、ZFC 公理集合论系统

ZFC 系统中,除保留前述一阶逻辑之所有形式符号、形成规则和推理规则之外,再增添如下内容:

形式符号中增添

(8) 二元常谓词“属于”: $\in$

形成规则中的第(2) 条改为:

(2) 若 a,b 是个体词,则 $a=b$,$a\in b$ 都是合式公式;

增添如下合式公式作为公理,即

4. 非逻辑公理

以下公理并非相互独立的,例如,空集公理以及子集公理模式都可以由其他公理推出;但为使用方便起见,我们还是依照惯例全部列举如下.

(1) 外延性公理

$$\forall x\forall y[\forall z(z\in x\leftrightarrow z\in y)\rightarrow x=y]$$

(2) 空集公理

$$\exists x\forall y(y\overline{\in} x)$$

(3) 对偶公理

$$\forall x_1\forall x_2\exists y\forall z[z\in y\leftrightarrow z=x_1\vee z=x_2]$$

(4) 联集公理:

$$\forall x\exists y\forall z[z\in y\leftrightarrow\exists u(u\in x\wedge z\in u)]$$

(5) 幂集公理:

$$\forall x\exists y\forall z[z\in y\leftrightarrow z\subseteq x]$$

其中 $z\subseteq x$ 定义为 $\forall u(u\in z\rightarrow u\in x)$.

(6) 子集公理模式,对任何不含 y 的合式公式 φ,如下是公理:

$\forall t_1\cdots\forall t_k\forall x\exists y\forall z[z\in y\leftrightarrow z\in x\wedge\varphi(z;t_1,\cdots,t_k)]$

(7) 无穷公理:

$$\exists x[\varnothing \in x \wedge \forall y(y \in x \to y^{+} \in x)]$$

其中 $\varnothing$ 是空集公理中规定存在的那个空集,y^{+} 为 y 的后继,定义为 $y \cup \{y\}$.

(8) 选择公理:

$$\forall x[\forall y(y \in x \to y \neq \varphi) \to$$
$$\exists f(f \text{ 是函数} \wedge \mathrm{dom} f = x \wedge \forall y[y \in x \to f(y) \in y)]$$

其中"f 是函数"这一谓词及"$\mathrm{dom} f$"这一项都是可形式定义的,为避免烦琐,我们不再详细写出了.

(9) 替换公理模式:对于任何不含字母 z 的合式公式 $\varphi(x,y)$,以下是公理:

$$\forall t_1 \cdots \forall t_k \forall u[\forall x(x \in u \to \forall y_1 \forall y_2[\varphi(x,y_1) \wedge \varphi(x,y_2) \to y_1 =$$
$$y_2]) \to \exists z \forall y(y \in z \leftrightarrow \exists x[x \in u \wedge \varphi(x,y)])]$$

其中 $\varphi(x,y)$ 是 $\varphi(x,y;t_1,\cdots,t_k)$ 的缩写.

(10) 正则公理:

$$\forall x[x \neq \varnothing \to \exists y(y \in x \wedge x \cap y = \varnothing)]$$

至此,ZFC 的所有公理罗列完毕,ZFC 形式系统也构造完毕.

三、集合的运算

由以上公理,我们可定义 ZFC 中个体(集合)间的种种运算,使运算结果仍为个体(集合),逻辑中也常称为"项".

为书写方便,在下文中的某些场合,我们不拘泥于仅用小写字母 a,b,c 等表示个体,而是大、小写字母混用,这也合于素朴集合论中区分"集合"与"元素"之习惯.

如果有一集合 A 使得 $x \in A \leftrightarrow P(x)$,我们常用$\{x \mid P(x)\}$ 来表示集合 A.

首先给出如下的集合运算:

$$A \cup B =_{\mathrm{df}} \{x \mid x \in A \vee x \in B\},$$
$$A \cap B =_{\mathrm{df}} \{x \mid x \in A \wedge x \in B\},$$
$$A - B =_{\mathrm{df}} \{x \mid x \in A \wedge x \overline{\in} B\}.$$

它们分别称为 A,B 的并集、交集和差集. 并集的存在性是由对偶公理和联集公理保证的,事实上,$A \cup B = \bigcup \{A,B\}$. 而交集和差集则都由子集公理保证其存在性.

这些运算具有如下集合代数的性质:

$$A \cup B = B \cup A,$$

$$A \cap B = B \cap A,$$

$$A \cup (B \cup C) = (A \cup B) \cup C,$$

$$A \cap (B \cap C) = (A \cap B) \cap C,$$

$$A \cap (B \cup C) = (A \cap B) \cup (A \cap C),$$

$$A \cup (B \cap C) = (A \cup B) \cap (A \cup C),$$

$$C - (A \cup B) = (C - A) \cap (C - B),$$

$$C - (A \cap B) = (C - A) \cup (C - B),$$

$$A \cup \varnothing = A, \qquad A \cap \varnothing = \varnothing,$$

$$A \cup (A \cap B) = A, \qquad A \cap (A \cup B) = A,$$

$$A \cup B = A \cup (B - A).$$

再定义三种一元运算：

$$\bigcup A =_{\mathrm{df}} \{x \mid \exists y(y \in A \wedge x \in y)\},$$

$$\bigcap A =_{\mathrm{df}} \{x \mid \forall y(y \in A \rightarrow x \in y)\},$$

$$\mathscr{P}A =_{\mathrm{df}} \{x \mid x \subseteq A\}$$

它们分别称为 A 的联集、通集和幂集.联集的存在性由联集公理保证,通集的存在性由子集公理保证,幂集的存在性由幂集公理保证.

可证如下的各条性质：

$$\bigcup \{a,b\} = a \cup b, \quad \bigcap \{a,b\} = a \cap b,$$

$$\bigcup \mathscr{P}A = A, \quad \mathscr{P} \bigcup A \supseteq A,$$

$$\mathscr{P}A \cap \mathscr{P}B = \mathscr{P}(A \cap B), \quad \mathscr{P}A \cup \mathscr{P}B \subseteq \mathscr{P}(A \cup B),$$

$$A \subseteq B \rightarrow \bigcup A \leqslant \bigcup B, \quad A \subseteq B \rightarrow \mathscr{P}A \subseteq \mathscr{P}B,$$

$$\varnothing \neq A \subseteq B \rightarrow \bigcap B \subseteq \bigcap A,$$

$$A \cup \bigcap \mathscr{B} = \bigcap \{A \cup X \mid X \in \mathscr{B}\}, \mathscr{B} \neq \varnothing,$$

$$A \cap \bigcup \mathscr{B} = \bigcup \{A \cap X \mid X \in \mathscr{B}\},$$

$$C - \bigcup \mathscr{A} = \bigcap \{C - X \mid X \in \mathscr{A}\},$$

$$C - \bigcap \mathscr{A} = \bigcup \{C - X \mid X \in \mathscr{A}\},$$

$$\bigcup (A \cup B) = \bigcup A \cup \bigcup B,$$

$$\bigcap (A \cup B) = \bigcap A \cap \bigcap B.(A \neq \varnothing, B \neq \varnothing)$$

这些运算及性质与素朴集合论中所论毫无不同之处，只是由公理保证了所有出现的集合的存在性而已.

四、关系与映射

n 元有序组递归定义如下：

$$\langle x \rangle =_{\mathrm{df}} x,$$

$$\langle x, y \rangle =_{\mathrm{df}} \{\{x\}, \{x, y\}\},$$

$$\langle x_1, \cdots, x_n, _{n+1} \rangle =_{\mathrm{df}} \langle \langle x_1, \cdots, x_n \rangle, x_{n+1} \rangle.(n = 2, 3, \cdots)$$

其中最重要的是二元有序组，又称有序对. 有序对具有如下重要性质：

$$\langle x, y \rangle = \langle u, v \rangle \leftrightarrow x = u \wedge y = v.$$

卡氏积定义为

$$A \times B =_{\mathrm{df}} \{\langle x, y \rangle \mid x \in A \wedge y \in B\}$$

R 是二元关系，记为 $\mathscr{Rel}(R)$，定义为

$$\mathscr{Rel}(R) \leftrightarrow_{\mathrm{df}} \exists A \exists B (R \subseteq A \times B)$$

二元关系 R 的定义域 $\mathrm{dom}R$ 与值域 $\mathrm{ran}R$ 定义为

$$\mathrm{dom}R =_{\mathrm{df}} \{x \mid \exists y (\langle x, y \rangle \in R)\},$$

$$\mathrm{ran}R =_{\mathrm{df}} \{y \mid \exists x (\langle x, y \rangle \in R)\}.$$

以下依次定义映射 $\mathscr{Fnc}(f)$ 以及 f 是从 A 到 B 的映射等：

$$\mathscr{Un}(R) \leftrightarrow_{\mathrm{df}} \forall x \forall y \forall z [\langle x, y \rangle \in R \wedge \langle x, z \rangle \in R \rightarrow y = z],$$

$$\mathscr{Fnc}(f) \leftrightarrow_{\mathrm{df}} \mathscr{Rel}(f) \wedge \mathscr{Un}(f),$$

$$f: A \rightarrow B \leftrightarrow_{\mathrm{df}} \mathscr{Fnc}(f) \wedge \mathrm{dom} f = A \wedge \mathrm{ran} f \subseteq B.$$

其他诸如关系的自反性、对称性、传递性及单射、满射、双射的定义及一些有关性质，均与素朴集合论相同，不再赘述.

五、序数与序数算术

在ZFC中，我们把一种特殊的集合定义为序数，这就完全避开了序型等一套术语.

A是传递集定义为

$$Tr(A) \leftrightarrow_{df} \forall x(x \in A \to x \subseteq A).$$

A是序数定义为

$$\mathrm{Ord}(A) \leftrightarrow_{df} Tr(A) \wedge \forall x \forall y(x \in A \wedge y \in A \to x \in y \vee x = y \vee y \in x).$$

这样，我们便可以证明序数的如下性质：

$$\mathrm{Ord}(A) \wedge a \in A \to \mathrm{Ord}(a)$$

$$\mathrm{Ord}(A) \wedge Tr(B) \to [B \subset A \leftrightarrow B \in A],$$

$$\mathrm{Ord}(A) \wedge \mathrm{Ord}(B) \to \mathrm{Ord}(A \cap B),$$

$$\mathrm{Ord}(A) \wedge \mathrm{Ord}(B) \to A \in B \vee A = B \vee B \in A.$$

即，序数（作为一集合）的元素仍是序数，序数的可传子集亦为其元素（因而仍是序数），两序数之交集仍为序数，序数有三分律.

现在我们引入一个“类”的记号$\{x \mid \varphi(x)\}$它与第三段中之集合记号一样，但那儿需要有一集合A使$x \in A \leftrightarrow \varphi(x)$成立，方可将$A$写作$\{x \mid \varphi(x)\}$，而现在定义这个类的记号$\{x \mid \varphi(x)\}$却不须附加如上的条件. 特别指出，这样一来，这个符号不再是ZFC的形式符号，而是为描写ZFC的特征而采用的元语言中的符号. 它出现在公式中，分别由以下三条规定其含义：

(1)$a \in \{x \mid \varphi(x)\} \leftrightarrow_{df} \varphi(a)$,

(2)$\{x \mid \varphi(x)\} \in b \leftrightarrow_{df} \exists y[y \in b \wedge \forall z(z \in y \leftrightarrow \varphi(z))]$

(3)$\{x \mid \varphi(x)\} \in \{x \mid \psi(x)\} \leftrightarrow_{df}$

$$\exists y[y \in \{x \mid \psi(x)\} \wedge \forall z(z \in y \leftrightarrow \varphi(z))].$$

这样，可以对任何一合式公式$\varphi(x)$，引入一类$A = \{x \mid \varphi(x)\}$，使满足$x \in A \leftrightarrow \varphi(x)$. 但要强调指出，这个引入的类$A$不是ZFC中的个体，它只是为描写方便而采用的元语言中的符号. 所以，并不能随心所欲地出现$A \in b$之类的式子，因为按严格的形成规则，这不是合式公式. 但依上述(2)，若能证明有一个体(即 ZFC 中集合)y 满足 $\forall z(z \in y \leftrightarrow \varphi(z))$，并且 $y \in b$，则就可以写 $A \in b$ 了. 不过无论 $A = \{x \mid \varphi(x)\}$ 是不是集合，依照上述(1)，$a \in A$ 总是一合式公式，只是当 A 是类时，要将此式理解为 $\varphi(a)$ 罢了.

这样，我们可将描述集合的性质的语句扩大如下：凡是 ZFC 中一条定理 $P(x)$，其中 x 从不出现在 $\in$ 号之前，则可将 x 换为类记号 A 而成为描述类的性质的一定理 $P(A)$.

从现在开始，大写字母 A、B、C 等一律表示类，小写字母 a、b、c 或 x、y、z 等表示集合.

本节开头关于传递集和序数的定义，即可扩大为“传递类”和“类序数”，而后的四条性质即理解为关于传递类和类序数的性质. 注意，上述各定义及性质中的大写字母已经要理解为一般的类了.

我们可以引进全体序数组成的类(即序数类)这样一个概念：

$$On =_{\mathrm{df}} \{x \mid \mathrm{Ord}(x)\}.$$

关于序数类，有如下这些性质

$\mathrm{Ord}(On)$，

$\mathscr{P}r(On)$，(即 On 不是集合，而是真类)

$\mathrm{Ord}(A) \to A \in On \vee A = On$，

超穷归纳原理：若(1)$A \subseteq On$，(2)$\forall x[(Ord(x) \wedge x \subseteq A) \to x \in A]$，则 $A = On$.

$A \subseteq On \to \mathrm{Ord}(\bigcup A)$.

常用 α、β、γ 作为序数变元，这样，$\forall \alpha\varphi(\alpha)$ 是 $\forall x(\mathrm{Ord}(x) \to \varphi(x))$，$\exists \alpha\varphi(\alpha)$ 是指 $\exists x(\mathrm{Ord}(x) \wedge \varphi(x))$. 我们还定义序数的大小关系为 $\alpha < \beta \leftrightarrow_{\mathrm{df}} \alpha \in \beta$，$\alpha \leqslant \beta \leftrightarrow_{\mathrm{df}} \alpha = \beta \vee \alpha < \beta$，$\alpha > \beta \leftrightarrow_{\mathrm{df}} \beta < \alpha$.

我们定义第一类数的类 K_{I} 和第二类数的类 K_{II} 如下：

$$K_{\mathrm{I}} =_{\mathrm{df}} \{\alpha \mid \alpha = 0 \vee \exists \beta(\alpha = \beta + 1)\},$$

$$K_{\mathrm{II}} =_{\mathrm{df}} On - K_{\mathrm{I}}.$$

再定义自然数集为

$$\omega =_{\mathrm{df}} \{\alpha \mid \alpha + 1 \subseteq K_{\mathrm{I}}\}.$$

关于 ω,可证如下性质:

$\mathrm{Ord}(\omega)$,

$\mathscr{U}(\omega)$,(即 ω 是集合,这由无穷公理得到)

$\omega \in K_{\mathrm{II}}$.

以下用 $i,j,k,\cdots,n$ 等表示自然数变元. 可证得如下的 Peano 性质:

(1)$0 \in \omega$,

(2)$\forall i[i+1 \in \omega]$,

(3)$\forall i[i+1 \neq \varnothing]$,

(4)$\forall i \forall j[i+1 = j+1 \rightarrow i = j]$,

(5)$0 \in A \wedge \forall i[i \in A \rightarrow i+1 \in A] \rightarrow \omega \subseteq A$.

由此可得有穷归纳原理:

$$A \subseteq \omega \wedge 0 \in A \wedge \forall i[i \in A \rightarrow i+1 \in A] \rightarrow A = \omega.$$

为了以后定义基数的需要,我们引入上、下确界的定义:

$$\sup(A) =_{\mathrm{df}} \bigcup (A \cap On),$$

$$\sup_{<\beta}(A) =_{\mathrm{df}} \bigcup (A \cap \beta),$$

$$\inf(A) =_{\mathrm{df}} \begin{cases} \bigcap (A \cap On), & \text{若 } A \cap On \neq \varnothing, \\ 0, & \text{若 } A \cap On = \varnothing \end{cases}$$

$\inf_{>\beta}(A) =_{\mathrm{df}} \inf(A-\beta)$.

显然有

$$\alpha \in K_{\mathrm{I}} \wedge \alpha \neq 0 \rightarrow \alpha = \sup(\alpha)+1,$$

$$\alpha \in K_{\mathrm{II}} \vee \alpha = 0 \rightarrow \sup(\alpha) = \alpha,$$

$$\inf(\alpha) = 0,$$

$$\inf_{>\beta}(\alpha) = \begin{cases} 0, & \text{若 } \alpha \leqslant \beta, \\ \beta+1, & \text{若 } \alpha > \beta. \end{cases}$$

最后,定义满足 $\varphi(\alpha)$ 的最小序数为

$$\mu_{\alpha}(\varphi(\alpha)) =_{\mathrm{df}} \inf(\{\alpha \mid \varphi(\alpha)\}).$$

现在我们讨论序数的三种运算.

首先,递归地定义序数加法如下:

(1)$\alpha+0=_{df}\alpha$,

(2)$\alpha+(\beta+1)=_{df}(\alpha+\beta)+1$,

(3)$\alpha+\beta=_{df}\bigcup_{\gamma<\beta}(\alpha+\gamma)=\bigcup\{\alpha+\gamma \mid \gamma<\beta\}$,$\beta\in K_{\mathrm{II}}$ 时,

序数加法有如下基本性质:

$$\alpha<\beta\rightarrow\gamma+\alpha<\gamma+\beta,$$
$$\gamma+\alpha=\gamma+\beta\leftrightarrow\alpha=\beta,$$
$$\alpha\leqslant\beta\rightarrow\alpha+\gamma\leqslant\beta+\gamma,$$
$$\alpha\leqslant\beta\rightarrow\exists!\gamma(\alpha+\gamma=\beta),$$
$m+n<\omega$,(m、n 是自然数变元)
$$n<\omega\wedge\omega\leqslant\alpha\rightarrow n+\alpha=\alpha,$$
$$\beta\in K_{\mathrm{II}}\rightarrow\alpha+\beta\in K_{\mathrm{II}},$$
$$(\alpha+\beta)+\gamma\rightarrow\alpha+(\beta+\gamma),$$
$$\alpha\geqslant\omega\rightarrow(\exists!\beta)(\exists!n)[\beta\in K_{\mathrm{II}}\wedge\alpha=\beta+n].$$

注意序数加法不满足交换律 $\alpha+\beta=\beta+\alpha$,因而由 $\alpha<\beta$ 得不到 $\alpha+\gamma<\beta+\gamma$,等等.

再来定义序数乘法:

(1)$\alpha\cdot 0=_{df}0$,

(2)$\alpha\cdot(\beta+1)=_{df}\alpha\beta+\alpha$,

(3)$\alpha\beta=_{df}\bigcup_{\gamma<\beta}\alpha\gamma$,当 $\beta\in K_{\mathrm{II}}$ 时.

序数乘法有如下性质:

$$0\cdot\alpha=\alpha\cdot 0=0,$$
$$1\cdot\alpha=\alpha\cdot 1=\alpha,$$
$$\alpha<\beta\wedge\gamma>0\leftrightarrow\gamma\alpha<\gamma\beta,$$
$$\gamma\alpha=\gamma\beta\wedge\gamma>0\leftrightarrow\alpha=\beta,$$
$$\alpha\leqslant\beta\rightarrow\alpha\gamma\leqslant\beta\gamma,$$
$$\alpha\beta=0\leftrightarrow\alpha=0\vee\beta=0,$$
$$\beta\in K_{\mathrm{II}}\wedge\gamma<\alpha\beta\rightarrow\exists\delta(\delta<\beta\wedge\gamma<\alpha\delta),$$
$$\alpha\neq 0\wedge\beta\in K_{\mathrm{II}}\rightarrow\alpha\beta\in K_{\mathrm{II}},$$
$$\alpha(\beta+\gamma)=\alpha\beta+\alpha\gamma,$$
$$(\alpha\beta)\gamma=\alpha(\beta\gamma),$$

$$\beta \neq 0 \rightarrow (\exists ! \gamma)(\exists ! \delta)[\alpha = \beta\gamma + \delta \wedge \delta < \beta].$$

与序数加法一样,序数乘法也不满足交换律,比如 $2 \cdot \omega = \bigcup_{\gamma<\omega} 2 \cdot \gamma = \omega, \omega \cdot 2 = \omega + \omega$,两者不等.同样地,若 $\alpha < \beta \wedge \gamma > 0$,得不到 $\alpha\gamma < \beta\gamma$,比如 $2 < 3$,但 $2\omega = 3\omega$.

最后定义序数的乘幂运算:

(1)$\alpha^0 =_{df} 1$,

(2)$\alpha^{\beta+1} =_{df} \alpha^\beta \cdot \alpha$,

(3)$\alpha^\beta =_{df} \bigcup_{\gamma<\beta} \alpha^\gamma$,当 $\beta \in K_{\text{II}} \wedge \alpha \neq 0$ 时,

(4)$\alpha^\beta =_{df} 0$,当 $\beta \in K_{\text{II}} \wedge \alpha = 0$ 时

序数乘幂的性质如下:

$$0^0 = 1, 1^\beta = 1, 0^\beta = 0 (\beta \geqslant 1 \text{ 时}),$$

$$1 \leqslant \alpha \rightarrow 1 \leqslant \alpha^\beta,$$

$$\alpha < \beta \wedge 1 < \gamma \rightarrow \gamma^\alpha < \gamma^\beta,$$

$$\gamma^\alpha < \gamma^\beta \wedge 1 < \gamma \rightarrow \alpha < \beta,$$

$$\alpha < \beta \rightarrow \alpha^\gamma \leqslant \beta^\gamma,$$

$$\alpha < \beta \wedge \gamma \in K_{\text{I}} \wedge \gamma \neq 0 \rightarrow \alpha^\gamma < \beta^\gamma,$$

$$\alpha > 1 \rightarrow \beta \leqslant \alpha^\beta,$$

$$\alpha > 1 \wedge \beta > 0 \rightarrow (\exists ! \delta)[\alpha^\delta \leqslant \beta < \alpha^{\delta+1}],$$

$$\alpha > 1 \wedge \beta \in K_{\text{II}} \rightarrow \alpha^\beta \in K_{\text{II}},$$

$$\alpha \in K_{\text{II}} \wedge \beta > 0 \rightarrow \alpha^\beta \in K_{\text{II}},$$

$$\beta \in K_{\text{II}} \wedge \gamma < \alpha^\beta \rightarrow \exists \delta[\delta < \beta \wedge \gamma < \alpha^\delta],$$

$$\alpha^\beta \cdot \alpha^\gamma = \alpha^{\beta+\gamma},$$

$$(\alpha^\beta)^\gamma = \alpha^{\beta \cdot \gamma}.$$

还有一些较为复杂的性质就不再罗列了.

六、基数

为定义基数这一概念,我们先定义“等价”.

$$a \simeq b \leftrightarrow_{df} \exists f[f: a \rightarrow b \wedge f \text{ 是双射}]$$

显然 $\simeq$ 是满足自反性、对称性、可传性的等价关系,于是可用这个关系来对全体集

合进行等价分类,同一类中的集合就称为“等势”的,或称为“基数相等”的.但是这并没有解决“基数”这一概念如何定义的问题. Frege(1884)和 Russell(1903)曾将一个集合的基数 $\overline{\overline{a}}$ 定义为所有能与 a 等价的集合之类,即 $\overline{\overline{a}} = \{x \mid x \simeq a\}$. 但这样一来,基数都是类,不是集合,这给基数的运算带来了困难.

在 ZFC 中,我们是在上述“等价类”中选择一个最小的序数作为代表而定义为基数的.形式地说,即定义“基数”概念如下:

$$\overline{\overline{a}} =_{\mathrm{df}} \mu_\alpha(a \simeq \alpha).$$

这个定义的合理性依赖于以下这个由选择公理导出的重要性质:

$$\forall a \exists \alpha(a \simeq \alpha).$$

基数有如下性质:

$$\forall a(\overline{\overline{a}} \in On),$$

$$\forall \alpha[\alpha < \overline{\overline{a}} \to \neg(a \simeq \alpha)],$$

$$\overline{\overline{\alpha}} \leqslant \alpha.$$

再定义基数类为

$$Cn =_{\mathrm{df}} \{\overline{\overline{x}} \mid x \in V\},$$

其中 $V = \{x \mid x = x\}$ 是全体集合之类.可再列举如下各性质:

$$Cn \subseteq On,$$

$$\alpha \in Cn \leftrightarrow \alpha = \overline{\overline{\alpha}},$$

$$a \simeq b \leftrightarrow \overline{\overline{a}} = \overline{\overline{b}},$$

$$\overline{\overline{(\overline{\overline{a}})}} = \overline{\overline{a}},$$

$$a \subseteq b \to \overline{\overline{a}} \leqslant \overline{\overline{b}},$$

$$a \simeq c \subseteq b \wedge b \simeq d \subseteq a \to a \simeq b,$$

$$a \simeq b \to \mathscr{P}(a) \simeq \mathscr{P}(b),$$

$$\overline{\overline{a}} < \overline{\overline{\mathscr{P}(a)}},$$

$$a \subseteq Cn \to \exists \beta[\beta \in Cn \wedge \forall \alpha(\alpha \in a \to \alpha < \beta)],$$

$$\mathscr{P}r(\mathrm{Cn}),$$

$$m \simeq n \to m = n,$$

$$\neg(n \simeq n+1),$$

$$\alpha \simeq n \to \alpha = n,$$

$$\overline{\overline{n}} = n,$$

$$\omega \subseteq Cn.$$

以下将引入无穷基数的记号 $\aleph$. 无穷基数类定义为

$$Cn' =_{\mathrm{df}} Cn - \omega,$$

$\aleph$ 则被定义为如下的映射:

$\aleph$ 是$(On, \in)$到$(Cn', \in)$上的一个同构映射

其中$(On, \in)$表示序数按 $\in$ 关系排成的有序类,所谓同构映射是指 $\forall\alpha\forall\beta[\alpha \in On \wedge \beta \in On \rightarrow (\alpha \in \beta \leftrightarrow \aleph(\alpha) \in \aleph(\beta))]$. 显然 $\aleph(0) = \omega$, $\aleph(1)$ 是 ω 之后的最小基数,等等. 通常记 $\aleph(\alpha)$ 为 $\aleph_\alpha$.

再罗列有关的性质如下:

$$\omega \in Cn',$$

$$\alpha \leqslant \aleph_\alpha,$$

$$C'_n \subseteq K_{\mathrm{II}},$$

$$b \neq \varnothing \rightarrow \overline{\overline{a}} \leqslant \overline{\overline{a \times b}},$$

$$\overline{\overline{b}} \leqslant \overline{\overline{c}} \rightarrow \overline{\overline{a \times b}} \leqslant \overline{\overline{a \times c}},$$

$$a \neq \varnothing \wedge \exists f[f: a \xrightarrow{\text{满射}} b] \leftrightarrow 0 < \overline{\overline{b}} \leqslant \overline{\overline{a}},$$

$$\overline{\overline{a}} > 1 \wedge \overline{\overline{b}} > 1 \rightarrow \overline{\overline{a \cup b}} \leqslant \overline{\overline{a \times b}},$$

$$\overline{\overline{\alpha}} < \overline{\overline{\beta}} \leftrightarrow \alpha < \overline{\overline{\beta}},$$

$$a > 1 \rightarrow \overline{\overline{a + 1}} \leqslant \overline{\overline{a \times a}},$$

$$\alpha \geqslant \omega \rightarrow \overline{\overline{\alpha \times \alpha}} = \overline{\overline{\alpha}},$$

$$\overline{\overline{a}} \geqslant \omega \wedge \overline{\overline{b}} > 0 \rightarrow \overline{\overline{a \times b}} = \overline{\overline{a \cup b}} = \max(\overline{\overline{a}}, \overline{\overline{b}}).$$

可定义有穷集和无集如下:

$$\mathrm{Fin}(a) \leftrightarrow_{\mathrm{df}} \exists n(a \simeq n),$$

$$\mathrm{Inf}(a) \leftrightarrow_{\mathrm{df}} \neg \mathrm{Fin}(a).$$

有穷集与无穷集的性质同素朴集合论的叙述完全一致,故不赘述.

最后,我们定义从 b 到 a 的所有映射之集:

$$a^b =_{\mathrm{df}} \{f \mid f: b \rightarrow a\}$$

关于映射之集合有如下性质:

$$\mathscr{U}(a^b),$$

$$2^a \simeq \mathscr{P}(a),$$
$$(a^b)^c \simeq a^{b\times c}.$$

利用映射之集，很自然地可以定义基数的乘幂运算为 $\overline{\overline{a}}^{\overline{\overline{b}}} = \overline{\overline{a^b}}$. 不过，对于基数 $\aleph_\alpha$，$\aleph_\beta$，记号 $\aleph_\alpha{}^{\aleph_\beta}$ 仍表示从 $\aleph_\beta$ 到 $\aleph_\alpha$ 的映射之集，而不表示这两个基数的乘幂运算.

两个基数的乘幂运算的结果是个什么基数?我们在 ZFC 系统中对这一问题的解答能力是非常微弱的，我们甚至对最简单的幂 $\overline{\overline{2^{\aleph_0}}}$ 也无法计算. 我们只知道 $\overline{\overline{2^{\aleph_0}}} = \overline{\overline{\rho(\aleph_0)}} > \aleph_0$，因而 $\overline{\overline{2^{\aleph_0}}} \geqslant \aleph_1$，但是究竟是 $\overline{\overline{2^{\aleph_0}}} > \aleph_1$，还是 $\overline{\overline{2^{\aleph_0}}} = \aleph_1$，ZFC 系统就无力回答了，早在 19 世纪末，Cantor 就猜测 $\overline{\overline{2^{\aleph_0}}} = \aleph_1$，这就是著名的连续统假设. 现在已经知道，它既相对相容于 ZFC，又相对独立于 ZFC. 究竟确切的答案是什么，人们还在寻找新的集合论公理或新的公理集合论系统，以求用更强的力量来给以回答.

附录 2　中介公理集合论纲要

20 世纪初,由于集合论悖论和数学基础问题的研究,开辟了集合论的公理学研究方向,导致了近代公理集合论的诞生. 如所知,目前较为著名而被普遍采用为精确性经典数学基础的是 ZFC 公理集合论,其他还有如 GB 等几种不同类型的公理集合论系统. 20 世纪 70 年代还出现一种不依赖于 ZFC 而专门描述模糊集合论的 ZB 公理集合论系统. 然而历史上所有这些公理集合论,均以经典的二值逻辑演算系统为其配套的逻辑工具. 中介公理集合论则与之不同,这是一种贯彻中介原则并以中介逻辑演算系统为配套之逻辑工具的公理集合论. 通常把中介公理集合论系统(A System of Medium Axiomatic Set Theory) 简记为 MS. 又中介逻辑演算系统(A System of Medium Logic Calulus) 简记为 ML. 而 ML 由中介逻辑的命题演算系统 MP 及其扩张系统 MP* 、中介逻辑的谓词演算系统 MF 及其扩张系统 MF* 以及中介逻辑的同异性演算系统 ME* 等五个系统构成,详见文献[9] ~ [18].

在 MS 的构造和展开中,除了接受 ML 的全部形式符号、定义符号和推理规则外,还要引入两个基本的常谓词:其一是二元常谓词 $\in$,解释并读为“属于”;其二是一元常谓词 $\mathfrak{M}$,解释并读为“小”,因而在 MS 中,除了接受 ML 中关于合式公式的所有归纳定义之外,还要添加如下的定义.

定义　如果 x 和 y 都是个体词,则 $x \in y$ 和 $\mathfrak{M}(x)$ 都是合式公式.

此外,在 MS 中规定以 $a,b,c,a_i,b_i,c_i,A,B,C,A_i,B_i,C_i,x,y,z,x_i,y_i,z_i,\alpha,\beta,\gamma,\alpha_i,\beta_i,\gamma_i,u,v,u_i,v_i(i=0,1,2,\cdots)$ 表示个体词.

本纲要只作提要性陈述. 所有引理和定理的证明均从略,详细证明可参见论文集《中介数学系统 MM 的逻辑演算和公理集合论》,该文集曾由南京大学、南京航空学院和广州大学联合印制. 本纲要所列全部结果都曾由《中国科学》用中文和英文两种文字分别发表,详见文献[46]、文献[47].

本纲要分“两种谓词的划分与定义”“集合的运算”“谓词与集合”“小集与巨集”“MS 与 ZFC 的关系”“逻辑数学悖论在 MS 中的解释方法”等六个方面陈述之.

一、两种谓词的划分与定义

本节将给出精确谓词与模糊词这两个重要概念在 MS 中的形式定义,并讨论和建立 MS 的外延性公理与对偶公理.

公理 1(外延公理) $a=b\asymp\forall z(z\in a\asymp z\in b)$.

定义 1.1(子集) $a\subseteq b=_{\mathrm{df}}\forall z(z\in a\prec z\in b)$,

$x\in\tilde{y}=_{\mathrm{df}}\sim(x\in y)$, $x\notin y=_{\mathrm{df}}\rceil(x\in y)$, $a\overset{\sim}{\subseteq}b=_{\mathrm{df}}\sim(a\subseteq b)$, $a\not\subseteq b=_{\mathrm{df}}\rceil(a\subseteq b)$.

定义 1.2(真子集) $a\subset b=_{\mathrm{df}}a\subseteq b\wedge(a\neq b\vee a\cong b)$

定理 1.1 $a=b\asymp a\subseteq b\wedge b\subseteq a$.

公理 2(对偶公理) $\exists c\forall x(x\in c\asymp\measuredangle(x=a\vee x=b))$.

定义 1.3(对偶集) $x\in\{a,b\}=_{\mathrm{df}}\measuredangle(x=a\vee x=b)$.

定义 1.4(单点集) $\{a\}=_{\mathrm{df}}\{a,a\}$.

定义 1.5(有序对) $\langle a,b\rangle=_{\mathrm{df}}\{\{a\},\{a,b\}\}$.

定义 1.6(单点序) $\langle a\rangle=_{\mathrm{df}}a$.

定义 1.7(有序组) $\langle a_1,\cdots,a_n\rangle=_{\mathrm{df}}\langle\langle a_1,\cdots,a_{n-1}\rangle,a_n\rangle,(n=2,3,4,\cdots)$.

定义 1.8(模糊谓词) $\underset{\langle x_1,\cdots,x_n\rangle}{\mathrm{fuz}}P=_{\mathrm{df}}\exists x_1\exists x_2\cdots$

$$\exists x_n(\overset{\circ}{\sim}P(x_1,\cdots,x_n;t_1,\cdots,t_r)).$$

定义 1.9(清晰谓词) $\underset{\langle x_1,\cdots,x_n\rangle}{\mathrm{dis}}P=_{\mathrm{df}}\rceil\underset{\langle x_1,\cdots,x_n\rangle}{\mathrm{fuz}}P$.

定理 1.2 $\mathrm{dis}P\Leftrightarrow\forall x_1\forall x_2\cdots\forall x_n[P(x_i;t_j)\vee\rceil P(x_i;t_j)]$.

此处为简便计,省写了 dis 的下标$\langle x_1,\cdots,x_n\rangle$,另外,$(x_i;t_j)$是$(x_1,\cdots,x_n;t_1,\cdots,t_r)$的缩写.今后在不致引起混淆的情况下,将常用这种简记而不另作说明.

定理 1.3 $\vdash\mathrm{fuz}P\vee\mathrm{dis}P$.

定义 1.10(清晰集) $\mathrm{dis}a=_{\mathrm{df}}\underset{x}{\mathrm{dis}}x\in a$.

定义 1.11(模糊集) $\mathrm{fuz}a=_{\mathrm{df}}\underset{x}{\mathrm{fuz}}x\in a$.

定理 1.4 $\vdash\mathrm{dis}\{a,b\}$.

定理 1.5　$\vdash \mathrm{dis}\langle a_1,\cdots,a_n\rangle$.

定理 1.6　$\mathrm{dis}a \wedge \mathrm{dis}b \Rightarrow a \subseteq b \vee a \nsubseteq b$.

定理 1.7　$\mathrm{dis}a \wedge \mathrm{dis}b \Rightarrow a = b \vee a \neq b$.

引理 1.1　$\vdash a \in \{a,b\}$.

引理 1.2　$a \cong c \vdash \{a\} \neq \{c\}$.

引理 1.3　$a \neq c \vdash \{a\} \neq \{c\}$.

引理 1.4　$x \in \{a\} \vdash x = a$.

引理 1.5　$x \in a \vdash x \in \{a,b\}$.

引理 1.6　$a \cong c \vdash \langle a,b\rangle \neq \langle c,d\rangle$.

引理 1.7　$a \neq c \vdash \langle a,b\rangle \neq \langle c,d\rangle$.

引理 1.8　$a = b \vdash \{a,b\} = \{b\}$.

引理 1.9　$b \neq d, a = c \vdash \{a,b\} \neq \{c,d\}$.

引理 1.10　$b \cong d, a = c \vdash \{a,b\} \neq \{c,d\}$.

引理 1.11　$\alpha = c, c \in a \vdash \alpha \in a$.

引理 1.12　$a = c, b = d \vdash \{a,b\} = \{c,d\}$.

引理 1.13　$\langle a,b\rangle = \langle c,d\rangle \vdash a = c$.

引理 1.14　$\{a,b\} = \{c,d\}, a = c \vdash b = d$.

定理 1.8　$\langle a,b\rangle = \langle c,d\rangle \asymp$⊿$(a = c \wedge b = d)$.

二、集合的运算

在本节中,我们将给出“恰集”这一重要概念的形式定义,并讨论和建立 MS 的联集公理、交集公理、外集公理、中介集公理、清晰集公理、卡氏积公理和幂集公理.

定义 2.1(恰集)　$a \underset{x}{\mathrm{exa}} P(x,t) =_{\mathrm{df}} \forall x(x \in a \asymp P(x,t))$.

对于 exa 下面的 x,在不致引起混淆的情况下,也可略去不写.

引理 2.1　如果 $A \asymp B, B \asymp C$ 则 $A \asymp C$.

定理 2.1　$a \underset{x}{\mathrm{exa}} P(x,t) \wedge b \underset{x}{\mathrm{exa}} P(x,t) \Rightarrow a = b$.

定义 2.2(恰集简记)　$a = \{x \mid P(x,t)\} =_{\mathrm{df}} a_x^{\mathrm{exa}} P(x,t)$.

公理 3(联集公理)　$\exists b(b = \{x \mid \exists y(y \in A \wedge x \in y)\})$.

定义 2.3(联集)　$\bigcup a =_{\mathrm{df}} \{x \mid \exists y(y \in a \wedge x \in y)\}$.

定义 2.4(联)　$a \cup b =_{\mathrm{df}} \bigcup \{a,b\}$.

定义 2.5(多元集)　$\{a_1,a_2,\cdots,a_{n-1},a_n\} =_{\mathrm{df}} \{a_1,a_2,\cdots,a_{n-1}\} \cup \{a_n\}, n = 3, 4,\cdots$.

引理 2.2　(1) $\vdash \forall x(x \in \bigcup a \asymp \exists y(y \in a \wedge x \in y))$,

(2) $\vdash \alpha \in \bigcup a \asymp \exists y(y \in a \wedge \alpha \in y)$.

定理 2.2　$\mathrm{dis}a \wedge \forall x(x \in a \Rightarrow \mathrm{dis}x) \Rightarrow \mathrm{dis} \bigcup a$.

定理 2.3　$\mathrm{dis}a \wedge \mathrm{dis}b \Rightarrow \mathrm{dis}(a \cup b)$.

定理 2.4　$a \cup b = \{x \mid x \in a \vee x \in b\}$.

公理 4(交集公理)　$\exists b(b = \{x \mid \forall y(y \in a \prec x \in y)\})$.

定义 2.6(交集)　$\bigcap a =_{\mathrm{df}} \{x \mid \forall y(y \in a \prec x \in y)\}$.

定义 2.7(交)　$a \cap b =_{\mathrm{df}} \bigcap \{a,b\}$.

引理 2.3　(1) $\vdash \forall x(x \in \bigcap a \asymp \forall y(y \in a \prec x \in y))$,

(2) $\vdash \alpha \in \bigcap a \asymp \forall y(y \in a \prec \alpha \in y)$.

定理 2.5　$\mathrm{dis}a \wedge \forall x(x \in a \Rightarrow \mathrm{dis}x) \Rightarrow \mathrm{dis} \bigcap a$.

定理 2.6　$\mathrm{dis}a \wedge \mathrm{dis}b \Rightarrow \mathrm{dis}(a \cap b)$.

定理 2.7　$a \cap b = \{x \mid x \in a \wedge x \in b\}$.

公理 5(外集公理)　$\exists b(b = \{x \mid x \notin a\})$.

定义 2.8(外集)　$a^- =_{\mathrm{df}} \{x \mid x \notin a\}$.

引理 2.4　(1) $\vdash \forall x(x \in a^- \asymp x \notin a)$,

(2) $\vdash \alpha \in a^- \asymp \alpha \notin a$.

引理 2.8　$a^{--} = a$.

引理 2.5　(1) $\vdash \forall x(x \in (a \cup b) \asymp x \in a \vee x \in b)$,

(2) $\vdash \alpha \in (a \cup b) \asymp \alpha \in a \vee \alpha \in b$.

引理 2.6　(1) $\vdash \forall x(x \in (a \cap b) \asymp x \in a \wedge x \in b)$,

(2) $\vdash \alpha \in (a \cap b) \asymp \alpha \in a \wedge \alpha \in b$.

定理 2.9　$(a \cup b)^- = a^- \cap b^-$.

定理 2.10　$(a \cap b)^- = a^- \cup b^-$.

定理 2.11　$\mathrm{dis}a \asymp \mathrm{dis}a^-$.

公理 6(中介集公理)　$\exists b(b = \{x \mid x \tilde{\in} a\})$.

定义 2.9（中介集）　$a^{\sim} =_{\mathrm{df}} \{x \mid x \tilde{\in} a\}$.

引理 2.7　(1) $\vdash \forall x(x \in a^{\sim} \asymp x \tilde{\in} a)$,

(2) $\vdash \alpha \in a^{\sim} \asymp \alpha \tilde{\in} a$.

定理 2.12　$a^{-\sim} = a^{\sim}$.

定理 2.13　$a^{\sim\sim} = a \cup a^{-}$.

定理 2.14　$(a \cup b)^{\sim} = (a^{\sim} \cap b^{\sim}) \cup (a^{\sim} \cap b^{-}) \cup (a^{-} \cap b^{\sim})$.

定理 2.15　$(a \cap b)^{\sim} = (a^{\sim} \cap b^{\sim}) \cup (a^{\sim} \cap b) \cup (a \cap b^{\sim})$.

公理 7（清晰公理）　$\exists b(b = \{x \mid \measuredangle(x \in a)\})$.

定义 2.10（清晰集）　$a^{0} =_{\mathrm{df}} \{x \mid \measuredangle x \in a)\}$.

引理 2.8　(1) $\vdash \forall x(x \in a^{0} \asymp \measuredangle(x \in a))$,

(2) $\vdash \alpha \in a^{0} \asymp \measuredangle(\alpha \in a)$.

定理 2.16　$\vdash \mathrm{dis}a^{0}$.

定理 2.17　$\mathrm{dis}a \Rightarrow a^{0} = a$.

定理 2.18　$a^{00} = a^{0}$.

定理 2.19　$x \in a \Leftrightarrow x \in a^{0}$.

定理 2.20　$a^{0-} = (a^{-} \cup a^{\sim})^{0}$.

定理 2.21　$(a \cup b)^{0} = a^{0} \cup b^{0}$.

定理 2.22　$(a \cap b)^{0} = a^{0} \cap b^{0}$.

定义 2.11　$a^{\downarrow}_{\downarrow} =_{\mathrm{df}} (a^{-0} \cup a^{\sim-})^{\sim\sim-}$.

定理 2.23　(1)$x \in a \Rightarrow x \tilde{\in} a^{\downarrow}_{\downarrow}$,(2)$x \tilde{\in} a \Rightarrow x \notin a^{\downarrow}_{\downarrow}$,(3)$x \notin a \Rightarrow x \notin a^{\downarrow}_{\downarrow}$.

公理 8（卡氏积公理）　$\exists c(c = \{x \mid \exists y \exists z(y \in a \wedge z \in b \wedge \measuredangle x = \langle y, z\rangle)\}$.

引理 2.12（卡氏积）　$a \times b =_{\mathrm{df}} \{x \mid \exists y \exists z(y \in a \wedge z \in b \wedge \measuredangle x = \langle y, z\rangle)\}$.

引理 2.9　(1) $\vdash \forall x(x \in a \times b \asymp \exists y \exists z(y \in a \wedge z \in b \measuredangle x = \langle y, z\rangle))$,

(2) $\vdash \alpha \in a \times b \asymp \exists y \exists z(y \in a \wedge z \in b \wedge \measuredangle \alpha = \langle y, z\rangle)$.

定理 2.24　$\mathrm{dis}a \wedge \mathrm{dis}b \Rightarrow \mathrm{dis}(a \times b)$.

公理 9（幂集公理）　$\exists b(b = \{x \mid x \subseteq a\})$.

定义 2.13（幂集）　$\mathscr{P}a =_{\mathrm{df}} \{x \mid x \subseteq a\}$.

定义 2.14（幂清晰集）　$Fa =_{\mathrm{df}} (\mathscr{P}a)^{0}$.

三、谓词与集合

本节将给出“概集”和“下概集”等重要概念的形式定义，并讨论和建立 MS 的泛概括公理、替换公理、后继集公理和选择公理. 其中对于泛概括公理的建立和讨论是本文的中心内容，也是整个 MS 系统的一个中心内容.

定义 3.1（概集） $a \underset{x}{\text{com}} P(x,t) =_{\text{df}} \forall x((P(x,t) \Rightarrow x \in a) \wedge (\exists P(x,t) \Rightarrow x \notin a))$.

定义 3.2（正规谓词） MS 中有如下的形成规则：

(i) 若 x, y 是项，则 $x \in y, x = y$ 是正规谓词，

(ii) 若 P, Q 是正规谓词，则 $P \to Q, \exists P, \sim P$ 都是正规谓词，

(iii) 若 $P(a;t_1,\cdots,t_r)$ 是正规谓词，个体词 a 在其中出现，x 不在其中出现，以 x 替换 a 的所有出现而得 $P(x;t_1,\cdots,t_r)$，则 $\forall xP(x;t_1,\cdots,t_r)$ 和 $\exists xP(x;t_1,\cdots,t_r)$ 都是正规谓词.

MS 中之谓词是正规谓词，当且仅当它能由上述形成规则(i)，(ii)，(iii) 生成. 如果 P 是 MS 中的正规谓词，则记为 NorP.

由定义 3.2 可知，凡 MS 中之谓词含有$\prec$ 和 $\mathfrak{M}(\cdot)$，或者含有定义符号$\asymp$，$\Rightarrow$，$\angle\!\!\angle$，$\overset{\circ}{\sim}$，$\overset{\circ}{\exists}$时，则此谓词就不是 MS 的正规谓词.

公理 10（泛概括公理） 对任何 Nor$P(x_1,\cdots,x_n;t)$ 而言，只要其中不包含 a 的自由出现，则

$$\exists a(a \underset{x}{\text{com}} \exists x_1 \cdots \exists x_n(\angle\!\!\angle(x = \langle x_1,\cdots,x_n \rangle) \wedge P(x_1,\cdots,x_n;t))).$$

由于下述定理的重要性非同一般，特称之为泛概括定理.

泛概括定理 对任何 Nor$P(x,t)$，只要其中不包含 a 的自由出现，则 $\exists a(a \underset{x}{\text{com}} P(x,t))$.

定理 3.1 $\exists a(a \underset{x}{\text{exa}}(x = x))$.

定义 3.3（全集） $V =_{\text{df}} \{x \mid x = x\}$.

引理 3.1 (1) $\vdash \forall x(x \in V \asymp x = x)$,

(2) $\alpha \in V \asymp \alpha = \alpha$.

定理 3.2 $\vdash \forall x(x \in V)$.

定义 3.4（空集） $\varnothing =_{\text{df}} V^{-}$.

引理 3.2　$\vdash V^{-} = \varnothing$.

定理 3.3　$\vdash \forall x(x \notin \varnothing)$.

定理 3.4　$V^{\sim} = \varnothing^{\sim}$.

定理 3.5　$\vdash \forall x(x \tilde{\in} V^{\sim})$.

定理 3.6　$\vdash \forall x(x \tilde{\in} \varnothing^{\sim})$.

定理 3.7　$\forall x(x \notin a) \prec a = \varnothing$.

定理 3.8　$\mathrm{dis}a \Rightarrow a^{\sim o} = \varnothing$

引理 3.3　$\vdash \mathrm{dis}V$.

引理 3.4　$\vdash \mathrm{dis}\varnothing$.

定理 3.9　$\varnothing^{\sim o} = V^{\sim o} = \varnothing$.

定理 3.10　$\underset{x}{\mathrm{dis}} P(x) \wedge a \underset{x}{\mathrm{com}} P(x) \Rightarrow \mathrm{dis}a \wedge a \underset{x}{\mathrm{exa}} P(x)$.

定理 3.11　对任何 $\mathrm{Nor}P(x,t)$，只要其中不含 a 的自由出现，则 $\mathrm{dis}P(x, t) \Rightarrow \exists a(a \underset{x}{\mathrm{exa}} P(x,t))$.

由于易证 MS 中一切正规清晰谓词囊括了所有 Cantor 意义下被接受的造集谓词，故定理 3.11 表明在 MS 中全面保留了 Cantor 意义下的概括原则.

定义 3.5（下概集）　$a \underset{x}{\mathrm{lcom}} P(x) =_{\mathrm{df}} \forall x((x \in a \Rightarrow P(x)) \wedge (x \notin a \Rightarrow \urcorner P(x)))$.

定理 3.12　$\exists a(a \underset{x}{\mathrm{lcom}} P(x))$.

定理 3.13　$\mathrm{dis}a \wedge a \underset{x}{\mathrm{lcom}} P(x) \Rightarrow \underset{x}{\mathrm{dis}} P(x) \wedge a \underset{x}{\mathrm{exa}} P(x)$.

定义 3.6（单值谓词）　$\underset{\langle x_1, x_2 \rangle}{\mathcal{U}n\varphi}(x_1, x_2; t) =_{\mathrm{df}} \forall x_1 \forall x_2 \forall x_3(\varphi(x_1, x_2, t) \wedge \varphi(x_1, x_3, t) \Rightarrow x_2 = x_3)$.

公理 11（替换公理）　对任何 $\underset{\langle x_1, x_2 \rangle}{\mathcal{U}n\varphi}(x_1, x_2; t)$，只要其中没有 b 的出现，则有

$$\forall a[\mathfrak{M}(a) \Rightarrow \exists b(\mathfrak{M}(b) \wedge b \underset{y}{\mathrm{exa}}(\exists x(x \in a \wedge \varphi(x, y)))))].$$

定义 3.7（替换集）　$\underset{\varphi(x,y)}{\mathrm{rep}}\, a =_{\mathrm{df}} \{y \mid \exists x(x \in a \wedge \varphi(x, y))\}$.

定理 3.14　$\vdash \forall a(\mathfrak{M}(a) \Rightarrow \exists b(\mathfrak{M}(b) \wedge b \underset{x}{\mathrm{exa}}(y \in a \wedge \psi(y))))$.

定义 3.8（后续）　$a^{+} =_{\mathrm{df}} a \cup \{a\}$.

定义 3.9（后续集）　$b\mathrm{Suc}a =_{\mathrm{df}} a \subseteq b \wedge \measuredangle \forall x(x \in b \prec x^{+} \in b)$.

定理 3.15　$\forall a \exists b(b\mathrm{Suc}a)$.

定理 3.16 $\sim b\mathrm{Suc}a \Leftrightarrow \sim (a \subseteq b) \wedge \forall x(x \in b \prec x^{+} \in b)$.

公理 12(后继集公理) $\forall a(\mathfrak{M}(a) \Rightarrow \exists b(\mathfrak{M}(b) \wedge b\mathrm{Suc}a)$.

定义 3.10(么元素集) $I(a) =_{\mathrm{df}} \exists x(a = \{x\})$.

公理 13(选择公理) $\mathfrak{M}(a) \wedge \forall x \forall y(x \in a \wedge y \in a \wedge \rceil(x = y) \Rightarrow x \cap y = \varnothing) \Rightarrow \exists b(\mathfrak{M}(b) \wedge \forall x(x \in a \wedge x \neq \varnothing \Rightarrow I(b \cap x)))$.

四、小集与巨集

本节内容主要是在小集与巨集等概念的基础上,讨论和建立 MS 的清晰公理、巨集公理、小清晰集公理、单点小集公理、小联集公理、小交集公理、后继恰集公理和小幂集公理.

公理 14(清晰公理) $\operatorname*{dis}_{x}\mathfrak{M}(x)$

定义 4.1(巨集) $G_i(a) =_{\mathrm{df}} \neg \mathfrak{M}(a)$.

公理 15(巨集公理) $G_i(a) \vee G_i(a^{\sim}) \vee G_i(a^{-})$.

公理 15 表示 $a, a^{\sim}, a^{-}$ 中至少有一个是巨集.

公理 16(小清晰集公理) $\mathfrak{M}(a) \Leftrightarrow \mathfrak{M}(a^{0})$.

引理 4.1 $\mathrm{dis}\alpha \wedge \alpha \subseteq c \Rightarrow \alpha \subseteq c^{0}$.

引理 4.2 $\mathrm{dis}\alpha \wedge c\mathrm{Suc}\alpha \Rightarrow c^{0}\mathrm{Suc}\alpha$.

定理 4.1 $\mathfrak{M}(\alpha) \wedge \mathrm{dis}\alpha \Rightarrow \exists b(\mathfrak{M}(b) \wedge \mathrm{dis}b \wedge b\mathrm{Suc}\alpha)$.

公理 17(单点小集公理) $I(a) \Rightarrow \mathfrak{M}(a)$.

公理 18(小联集公理) $\mathfrak{M}(a) \wedge \forall x(x \in a \Rightarrow \mathfrak{M}(x)) \Rightarrow \mathfrak{M}(\bigcup a)$.

公理 19(小交集公理) $\mathfrak{M}(a) \wedge \exists x(x \in a \wedge \mathfrak{M}(x) \Rightarrow \mathfrak{M}(\bigcap a)$.

引理 4.3 $\vdash \forall b(\varnothing \subseteq b)$.

引理 4.4 $\vdash \varnothing \neq \varnothing^{+}$.

定理 4.2 $\varnothing \subset \varnothing^{+}$.

引理 4.5 $[(x = \varnothing \wedge y = a) \vee (\neg(x = \varnothing) \wedge y = b)] \wedge x = \varnothing \Rightarrow y = a$.

引理 4.6 $[(x = \varnothing \wedge y = a) \vee (\neg(x = \varnothing) \wedge y = b)] \wedge x \neq \varnothing \Rightarrow y = b$.

引理 4.7 $[(x = \varnothing \wedge y = a) \vee (\neg(x = \varnothing) \wedge y = b)] \wedge x \cong \varnothing \Rightarrow y = b$.

引理 4.8 $\underset{\langle x,y \rangle}{\mathscr{U}n}((x = \varnothing \wedge y = a) \vee (\neg(x = \varnothing) \wedge y = b))$.

引理 4.9 (1) $\vdash \forall y(y \in \underset{\psi(x,y)}{\mathrm{rep}}\, a \asymp \exists x(x \in a \wedge \psi(x,y)))$,

(2) $\vdash \alpha \in \underset{\psi(x,y)}{\text{rep}}\, a \asymp \exists x(x \in a \wedge \psi(x,\alpha))$.

引理 4.10　$\text{dis}a \wedge \text{dis}b \wedge \forall x(x \in a \Leftrightarrow x \in b) \Rightarrow a = b$.

引理 4.11　$\mathfrak{M}(c) \wedge c\text{Suc}\{\varnothing\} \Rightarrow (\underset{\varphi(x,y)}{\text{rep}}\; c)^{\circ} = \{a,b\}$，此处 $\varphi(x,y)$ 是$(x = \varnothing \wedge y = a) \vee (\neg(x = \varnothing) \wedge y = b)$ 的简记.

引理 4.12　$a = b \Rightarrow a^{\circ} = b^{\circ}$.

定理 4.3　$\vdash \mathfrak{M}(\{a,b\})$.

定理 4.4　$\mathfrak{M}(a) \vee \mathfrak{M}(b) \Rightarrow \mathfrak{M}(a \cup b)$.

定理 4.5　$\mathfrak{M}(a) \vee \mathfrak{M}(b) \Rightarrow \mathfrak{M}(a \cap b)$.

引理 4.13　$b \subseteq a \Rightarrow b = a \cap b$.

定理 4.6　$\mathfrak{M}(a) \wedge b \subseteq a \Rightarrow \mathfrak{M}(b)$.

定理 4.7　$\vdash \mathfrak{M}(\varnothing)$.

定理 4.8　$\vdash G_i(V)$.

定理 4.9　$\mathfrak{M}(\{a_1, a_2, \cdots, a_n\})$.

引理 4.14　$b\text{Suc}a \Rightarrow \forall x[(x \in b \wedge \forall y(y\text{Suc}a \prec x \in y)) \asymp \forall y(y\text{Suc}a \prec x \in y)]$.

公理 20(后继恰集公理)　$\mathfrak{M}(a) \Rightarrow \exists b[\mathfrak{M}(b) \wedge b \underset{x}{\text{exa}} \forall y(y\text{Suc}a \prec x \in y)]$.

定义 4.2(后续恰集)　$a^{\#} =_{\text{df}} \{x \mid \mathfrak{M}(a) \wedge \forall y(y\text{Suc}a \prec x \in y)\}$

定理 4.10　$b\text{Suc}a \Rightarrow b^{\circ}\text{Suc}a^{\circ}$.

引理 4.15　(1) $\vdash \forall x(x \in a^{\#} \asymp (\mathfrak{M}(a) \wedge \forall y(y\text{Suc}a \prec x \in y)))$,

(2) $\vdash \alpha \in a^{\#} \asymp (\mathfrak{M}(a) \wedge \forall y(y\text{Suc}a \prec \alpha \in y))$.

引理 4.16　$\exists \mathfrak{M}(a) \vdash a^{\#} = \varnothing$.

引理 4.17　$\mathfrak{M}(a) \vdash a \subseteq a^{\#}$.

引理 4.18　$\vdash \forall x(x \in a^{\#} \prec x^{+} \in a^{\#})$.

定理 4.11　$\mathfrak{M}(a) \Rightarrow a^{\#}\text{Suc}a$.

引理 4.19　$b\text{Suc}a \Rightarrow a^{\#} \subseteq b$.

引理 4.20　$\sim (b\text{Suc}a) \Rightarrow a^{\#} \subseteq b \vee a^{\#} \tilde{\subseteq} b$.

定理 4.12　$\forall y(y\text{Suc}a \prec a^{\#} \subseteq y)$.

引理 4.21 $\alpha \in a \Rightarrow \alpha \notin a^-$.

引理 4.22 $\neg(\alpha = a) \Rightarrow \alpha \notin \{a\}$.

引理 4.23 $x_0 \in a \wedge b = [(a \cap \{x_0\}^- \cup \{x_0\}^{\downarrow}_{\downarrow}] \Rightarrow x_0 \in \tilde{b} \wedge \forall x[\neg(x = x_0) \Rightarrow (x \in a \asymp x \in b)] \wedge b \subseteq a$.

引理 4.24 $z\mathrm{Suc}a \wedge x_0 \in z \wedge \neg(x_0 \in a) \wedge b = [(z \cap \{x_0\}^-) \cup \{x_0\}^{\downarrow}_{\downarrow}] \Rightarrow a \subseteq b$.

引理 4.25 $z\mathrm{Suc}a \wedge x_0 \in z \wedge \neg(x_0 \in a) \wedge \neg \exists y(y \in z \wedge y^+ = x_0) \wedge b = [(z \cap \{x_0\}^-) \cup \{x_0\}^{\downarrow}_{\downarrow}] \Rightarrow b\mathrm{Suc}a$.

定理 4.13 $\mathfrak{M}(a) \Rightarrow (x \in a^{\#} \Leftrightarrow x \in a \vee \exists y(y \in a^{\#} \wedge y^+ = x))$.

定理 4.14 $\mathrm{dis}a \Rightarrow \mathrm{dis}a^{\#}$.

公理 21(小幂集公理) $\mathfrak{M}(a) \wedge \mathfrak{M}(a^{\sim}) \Rightarrow \mathfrak{M}(\mathscr{P}a)$.

引理 4.26 $\mathfrak{M}(a) \wedge \mathrm{dis}a \Rightarrow \mathfrak{M}(\mathscr{P}a)$.

引理 4.27 (1) $\vdash \forall x(x \in \mathscr{P}a \asymp x \subseteq a)$.

(2) $\vdash \alpha \in \mathscr{P}a \asymp \alpha \subseteq a$.

定理 4.15 $\mathfrak{M}(a) \Rightarrow \exists b(\mathfrak{M}(b) \wedge b \underset{x}{\mathrm{exa}}(x \subseteq a^{\circ} \wedge \mathrm{dis}x))$.

定义 4.3(清晰幂集) $\mathscr{P}_d a =_{\mathrm{df}} \{x \mid \mathfrak{M}(a) \wedge x \subseteq a^{\circ} \wedge \mathrm{dis}x\}$.

引理 4.28 (1) $\vdash \forall x(x \in \mathscr{P}_d a \asymp (\mathfrak{M}(a) \wedge x \subseteq a^{\circ} \wedge \mathrm{dis}x))$.

(2) $\vdash \alpha \in \mathscr{P}_d a \asymp (\mathfrak{M}(a) \wedge \alpha \subseteq a^{\circ} \wedge \mathrm{dis}\alpha)$.

引理 4.29 $\exists \mathfrak{M}(a) \vdash \mathscr{P}_d a = \varnothing$.

引理 4.30 $\vdash \underset{x}{\mathrm{dis}}(\mathrm{dis}x)$.

定理 4.16 $\vdash \mathfrak{M}(\mathscr{P}_d a)$.

定理 4.17 $\vdash \mathrm{dis}(\mathscr{P}_d a)$.

引理 4.31 $\mathfrak{M}(c) \wedge x \in c \wedge y \in c \Rightarrow \{x, y\} \in \mathscr{P}_d c$.

定理 4.18 $\mathfrak{M}(a) \wedge \mathfrak{M}(b) \wedge x \in a \wedge y \in b \Rightarrow \langle x, y\rangle \in \mathscr{P}_d \mathscr{P}_d (a \cup b)$.

定理 4.19 $\mathfrak{M}(a) \wedge \mathfrak{M}(b) \Rightarrow (a \times b)^{\circ} \subseteq \mathscr{P}_d \mathscr{P}_d (a \cup b)$.

定理 4.20 $\mathfrak{M}(a) \wedge \mathfrak{M}(b) \Rightarrow \mathfrak{M}(a \times b)$.

五、MS 与 ZFC 的关系

如所知，作为精确性经典数学的理论基础的 ZFC 公理集合论系统，通常包括外延、对偶、空集、联集、幂集、替换、分出、无穷、选择、正则等 10 条非逻辑公理. 但其中之正则公理对于由 ZFC 推出整个精确性经典数学不起作用. 我们将在本节中指出，只要对 MS 的个体与谓词加以必要的限制，就能把 ZFC 中除正则公理以外的每一条公理都作为 MS 的定理而证明. 此外，我们已在文献[52]中严格地证明了经典的二值逻辑演算之推理规则都是 ML 的导出规则，即作为配套于 ZFC 之逻辑工具的二值逻辑演算系统是配套于 MS 之逻辑工具的中介逻辑演算系统的子系统，说得更具体一点，若记二值逻辑之命题演算系统为 P，谓词演算系统为 F，带等词的谓词演算系统为 F^I，则我们已在文献[52]中严格证明了 P,F,F^I 依次是 ML 之 MP(或 MP*)、MF(或 MF*)与 ME* 的子系统. 从而表明整个精确性经典数学也可奠基于 MS 并产生于 MS. 因而 ML 与 MS 拓宽了精确性经典数学的逻辑基础与集合论基础. 又 MS 在中介原则和泛概括公理观点下，不仅承认中介对象的存在，同时还接受模糊造集谓词的作用. 因而 MS 不仅研究和处理精确性量性对象，同时还接受和处理模糊性量性对象. 这表明 ML 与 MS 有可能为研究精确现象的经典数学和研究模糊现象的不确定性数学提供一个共同的理论基础.

定义 5.1(良集)　$W(a) =_{\mathrm{df}} \mathrm{dis}a \wedge \mathfrak{M}(a) \wedge \forall x(x \in a \Rightarrow (\mathrm{dis}x \wedge \mathfrak{M}(x)))$.

定理 5.1　$W(a) \wedge W(b) \Rightarrow (\forall x(x \in a \Leftrightarrow x \in b) \Rightarrow a = b)$.

本定理相当于 ZFC 的外延公理.

定理 5.2　$W(a) \wedge W(b) \Rightarrow \exists c(W(c) \wedge \forall x(x \in c \Leftrightarrow (x = a \vee x = b)))$.

本定理相当于 ZFC 的对偶公理.

定理 5.3　$\vdash \exists b(W(b) \wedge \forall x(x \notin b))$.

本定理相当于 ZFC 的空集公理.

引理 5.1　$W(a) \Rightarrow \mathrm{dis} \bigcup a$.

引理 5.2　$W(a) \Rightarrow \mathfrak{M}(\bigcup a)$.

引理 5.3　$W(a) \wedge \forall x(x \in a \Rightarrow W(x)) \Rightarrow W(\bigcup a)$.

定理 5.4　$W(a) \wedge \forall x(x \in a \Rightarrow W(x)) \Rightarrow \exists b(W(b) \wedge \forall x(x \in b \Leftrightarrow \exists y(y \in a$

$\wedge x \in y)))$.

本定理相当于 *ZFC* 的联集公理

定理 5.5　$W(a) \wedge W(b) \Rightarrow W(a \cup b)$.

定理 5.6　$W(a) \wedge W(b) \Rightarrow W(a \cap b)$.

定理 5.7　$W(a) \wedge b \subseteq a \Rightarrow W(b^{\circ})$.

定理 5.8　$W(a) \wedge b \subseteq a \wedge \mathrm{dis} b \Rightarrow W(b)$.

定理 5.9　$W(a) \Rightarrow \exists b(W(b) \wedge \forall x(x \in b \Leftrightarrow (x \subseteq a \wedge W(x))))$.

本定理相当于 ZFC 的幂集公理.

定理 5.10　$\underset{\langle x,y\rangle}{\mathcal{U}n}\,\varphi(x,y;t) \wedge \underset{\langle x,y\rangle}{\mathrm{dis}}\,\varphi(x,y;t) \wedge \mathfrak{M}(a) \wedge \mathrm{dis} a \Rightarrow \exists b(\mathfrak{M}(b) \wedge \mathrm{dis} b \wedge b\ \underset{x}{\mathrm{exa}}\, \exists x(x \in a \wedge \varphi(x,y;t)))$，此处 $\varphi(x,y;t)$ 中没有 b 的自由出现.

定义 5.2(保小且清晰性)　$\underset{\langle x,y\rangle}{\mathcal{P}d\mathfrak{M}}\varphi(x,y;t) =_{\mathrm{df}} \forall x \forall y[(\varphi(x,y;t) \wedge \mathrm{dis} x \wedge \mathfrak{M}(x)) \Rightarrow (\mathrm{dis} y \wedge \mathfrak{M}(y))]$.

定理 5.11　$\underset{\langle x,y\rangle}{\mathcal{U}n}\,\varphi(x,y;t) \wedge \underset{\langle x,y\rangle}{\mathrm{dis}}\,\varphi(x,y;t) \wedge \underset{\langle x,y\rangle}{\mathcal{P}d\mathfrak{M}}\varphi(x,y;t) \wedge W(a) \Rightarrow \exists b(W(b) \wedge b\ \underset{y}{\mathrm{exa}}\, \exists x(x \in a \wedge \varphi(x,y;t)))$，此处 $\varphi(x,y;t)$ 中没有 b 的自由出现.

本定理相当于 ZFC 中的替换公理.

引理 5.4　$\underset{\langle x,y\rangle}{\mathcal{U}n}(\measuredangle(x=y) \wedge P(x))$.

引理 5.5　$\underset{x}{\mathrm{dis}} P(x) \Rightarrow \underset{\langle x,y\rangle}{\mathrm{dis}}(\measuredangle(x=y) \wedge P(x))$.

引理 5.6　$\underset{\langle x,y\rangle}{\mathcal{P}d\mathfrak{M}}(\measuredangle(x=y) \wedge P(x))$.

定理 5.12　$\underset{x}{\mathrm{dis}} P(x) \wedge W(a) \Rightarrow \exists b(W(b) \wedge \forall y(y \in b \asymp (y \in a \wedge P(y))))$.

本定理相当于 ZFC 的分出公理.

引理 5.7　$\vdash \mathfrak{M}(a^{\#})$.

引理 5.8　(1) $\underset{x}{\mathrm{dis}} P(x) \wedge \underset{x}{\mathrm{dis}} Q(x) \vdash \underset{x}{\mathrm{dis}}(P(x) \wedge Q(x))$,

(2) $\underset{x}{\mathrm{dis}} P(x) \wedge \underset{x}{\mathrm{dis}} Q(x) \vdash \underset{x}{\mathrm{dis}}(P(x) \vee Q(x))$.

引理 5.9　$\mathrm{dis} x \vdash \mathrm{dis} x^{+}$.

引理 5.10　$\mathfrak{M}(x) \vdash \mathfrak{M}(x^{+})$.

引理 5.11　$\mathrm{dis} a \wedge \forall x(x \in a \Rightarrow x \in b) \Rightarrow a \subseteq b$.

引理 5.12　$W(a) \wedge b\ \underset{x}{\mathrm{exa}}(x \in a^{\#} \wedge \mathrm{dis} x \wedge \mathfrak{M}(x)) \vdash \mathrm{dis} b$.

引理 5.13　$W(a) \wedge b\ \underset{x}{\mathrm{exa}}(x \in a^{\#} \wedge \mathrm{dis} x \wedge \mathfrak{M}(x)) \vdash b\mathrm{Suc} a$.

定理 5.13　$W(a) \Rightarrow W(a^{\#})$.

引理 5.14　$\vdash \underset{x}{\mathrm{dis}} W(x)$.

引理 5.15　$W(x) \vdash W(x^{+})$.

引理 5.16　$W(a) \wedge b\ \underset{x}{\mathrm{exa}}(x \in a^{\#} \wedge W(x)) \vdash \mathrm{dis}b$.

引理 5.17　$W(a) \wedge \forall x(x \in a \Rightarrow W(x)) \wedge b\ \underset{x}{\mathrm{exa}}(x \in a^{\#} \wedge W(x)) \Rightarrow b\mathrm{Suc}a$.

定理 5.14　$W(a) \wedge \forall x(x \in a \Rightarrow W(x)) \Rightarrow W(a^{\#}) \wedge \forall x(x \in a^{\#} \Rightarrow W(x))$.

引理 5.18　$\vdash W(\{\varnothing\})$.

引理 5.19　$\vdash W(\varnothing)$.

定理 5.15　$\exists a(W(a) \wedge \varnothing \in a \wedge \forall x(x \in a \Rightarrow W(x)) \wedge \forall x(x \in a \Rightarrow x^{+} \in a))$.

本定理相当于 ZFC 的无穷公理.

引理 5.20　$W(a) \wedge \forall x((x \in a \wedge x \neq \varnothing) \Rightarrow I(c \cap x)) \vdash \mathrm{dis}(c \cap \bigcup a)$.

引理 5.21　$a \cap b = b \cap a$.

引理 5.22　$a \cap (b \cap c) = (a \cap b) \cap c$.

定理 5.16　$W(a) \wedge \forall x(x \in a \Rightarrow W(x)) \wedge \forall x \forall y(x \in a \wedge y \in a \wedge \neg(x = y) \Rightarrow x \cap y = \varnothing) \Rightarrow \exists b(W(b) \wedge \forall x(x \in a \wedge x \neq \varnothing \Rightarrow I(b \cap x)))$.

本定理相当于 ZFC 的选择公理.

如所知,我们在 ML 中给出了一系列适合于处理模糊现象的非经典的推理规则,并在 MS 中处理了模糊谓词的造集问题. 但注意 ML&MS 中所贯彻的中介原则并不在一切场合排斥二值逻辑. 例如,MS 中的下述定理 1.3 就充分说明了这一点.

定理 1.3　$\vdash \mathrm{fuz}P \vee \mathrm{dis}P$.

本定理表明对于模糊谓词与清晰谓词这一对反对对立面而言,在 MS 系统中不存在它们的中介对象,也体现了中介原则仅指存在着这样的反对对立面(P,╕P),有对象 x 使 $\sim P(x) \,\&\, \sim$╕$P(x)$,而并不认为一切反对对立面必有中介. 此外,在 ML 中还建立了一套清晰化算符 $\mathring{\angle}$, $\mathring{\sim}$, $\mathring{╕}$,又证得如下重要定理.

定理 13　MP^{*}:

(1) $\sim \mathring{\angle} A \vdash B$,

(2) $\sim \mathring{\sim} A \vdash B$,

(3) $\sim \mathring{╕} A \vdash B$.

本定理表明任何合式公式 A 一经清晰化算符作用后,就不能再取 $\sim$ 值. 从而当我们无须处理模糊现象时,即可对 ML&MS 使用清晰化算符去作清晰化处理,以使任一被清晰化了的合式公式非真即假. 从而 ML 被约化为二值逻辑演算 CL, MS 被约化为 ZFC. 再加上本节所获结果,即 CL 为 ML 之子系统,又 ZFC 中用以推出整个精确性经典数学的九条公理. 如此可见,ML&MS 已在某种意义下拓宽了经典数学的逻辑基础与集合论基础,或者说 ML&MS 包容了经典数学的理论基础,其框图如下:

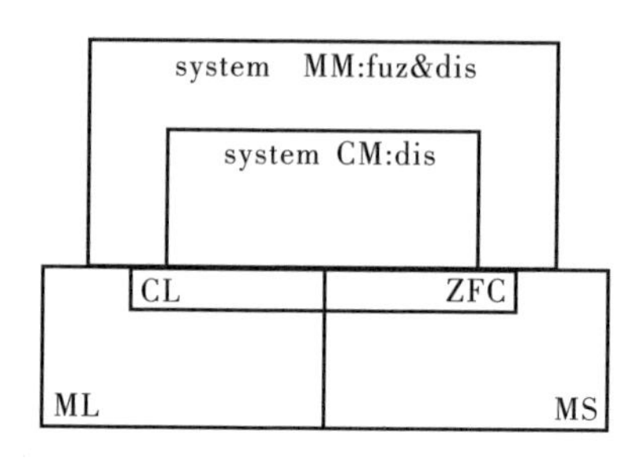

图中的 CL 和 MM 分别是精确性经典数学和中介数学的简记,而 dis 和 fuz 分别表示清晰现象与模糊现象.

六、逻辑数学悖论在 MS 中的解释方法

本节分析对讨论历史上的逻辑数学悖论在 MS 中的解释方法. 即根据 MS 中的一批定理去指明历史上种种逻辑数学悖论均可在 MS 中排除,其中包括过去在 ZFC 中无须解释的多值逻辑悖论[53] 和无穷值逻辑悖论.[54]

引理 6.1 $x \in S_2^{\downarrow} \vdash P(x)$.

引理 6.2 $x \,\widetilde{\in}\, S_1^{\downarrow} \vdash x \in S_2$.

引理 6.3 $x \notin S_2^{\downarrow} \vdash x \,\widetilde{\in}\, S_2 \vee x \notin S_2$.

引理 6.4 (1) $\vdash \underset{x}{\text{dis}}\, \not\angle^{\circ} P(x)$,

(2) $\vdash \underset{x}{\text{dis}}\, \overset{\circ}{\sim} P(x)$,

(3) $\vdash \underset{x}{\text{dis}}\, \overset{\circ}{╕} P(x)$.

定理 6.1 $S_1\, \underset{x}{\text{com}}\, \not\angle^{\circ} P(x) \wedge S_2\, \underset{x}{\text{com}}\, \overset{\circ}{\sim} P(x) \Rightarrow (S_1 \cup S_2^{\downarrow})\, \underset{x}{\text{exa}} P(x)$.

定理 6.2 $\forall S \neg(S\, \underset{x}{\text{exa}}(x \,\widetilde{\in}\, x))$.

定理 6.3　$a \underset{x}{\text{com}}(x \mathrel{\widetilde{\in}} x) \Rightarrow (a \urcorner \mathrel{\widetilde{\in}} a)$.

定义 6.1（n— **循环集**）　$CYC_1(x) =_{\text{df}} x \in x, CYC_n(x) =_{\text{df}} \exists x_1 \exists x_2 \cdots \exists x_{n-1}(x \in x_1 \wedge x_1 \in x_2 \wedge \cdots \wedge x_{n-1} \in x), (n \geqslant 2)$.

定理 6.4　$CYC_1(x) \Rightarrow CYC_n(x)$.

定理 6.5　$CYC_n(x) \Rightarrow \exists y(y \in x \wedge CYC_n(y))$.

定理 6.6　$a \underset{x}{\text{com}} \urcorner CYC_n(x) \Rightarrow \sim CYC_n(a)$.

定理 6.7　$a \underset{x}{\text{com}}(x \notin x) \Rightarrow a \mathrel{\widetilde{\in}} a$.

上述定理6.6表明，沈有鼎先生所构造的n循环悖论[81],[82]在MS中可以避免，对于沈有鼎先生在文献[81]中所构造的其他悖论，均可仿此在MS中做出解释. 而上述定理6.7则表明Russell悖论在MS中不会出现.

定义 6.2（**蕴涵词** $\rightharpoonup$）　$p \rightharpoonup q =_{\text{df}} p \rightharpoonup q \vee \sim p$.

又$(p\rightharpoonup)^n q$是一种简记，其递归定义为$(p\rightharpoonup)' q =_{\text{df}} p \rightharpoonup q, (p\rightharpoonup)^{n+1} q =_{\text{df}} p \rightharpoonup (p\rightharpoonup)^n q, (n = 1, 2, \cdots)$.

引理 6.5　(i)$p \rightharpoonup q, p \vdash q$，(ii) 若 $\Gamma, p \vdash q$，则 $\Gamma \vdash p \rightharpoonup q$，[3]$(p\rightharpoonup)^{n+1} q \dashv\vdash (p\rightharpoonup)^n q$.

本引理说明$\rightharpoonup$满足文献[53]、文献[54]中对蕴涵词的要求.

定理 6.8　对任何n，总有

$$\urcorner P \vdash \forall a \urcorner (a \underset{x}{\text{exa}}(x \in x \rightharpoonup)^n p).$$

定理 6.9　$a \underset{x}{\text{com}}(x \in x \rightharpoonup)^n p \Rightarrow a \in a$.

上述定理6.8表明，如果命题p在MS中取$\urcorner$或$\sim$的话，则谓词$(x \in x \rightharpoonup)^n p$的恰集一定不存在，从而当$p$在MS中被设定为命题变元时，谓词$(x \in x \rightharpoonup)^n p$的恰集不存在，于是由$x \in a$而推出$(x \in x \rightharpoonup)^n p$的通路被切断. 故在MS中既不会出现类同于文献[53]与文献[54]中的推理过程，也不会出现类同于文献[53]与文献[54]中所构造的有穷与无穷值悖论.

定义 6.3（**等价**）　$a \overset{f}{\simeq} b =_{\text{df}} f^\circ \subseteq a^\circ \times b^\circ \wedge \forall x(x \in a^\circ \Rightarrow \exists y(y \in b^\circ \wedge \langle x, y \rangle \in f^\circ)) \wedge \forall y(y \in b^\circ \Rightarrow \exists x(x \in a^\circ \wedge \langle x, y \rangle \in f^\circ)) \wedge \underset{\langle x, y \rangle}{\mathcal{U}n}(\langle x, y \rangle \in f^\circ) \wedge \underset{\langle x, y \rangle}{\mathcal{U}n}(\langle x, y \rangle \in f^\circ), a \simeq b =_{\text{df}} \mathfrak{M}(a) \wedge \mathfrak{M}(b) \wedge \exists f(a \overset{f}{\simeq} b)$.

定义 6.4（**基小于等**）　$a \overset{Ca}{\leqslant} b =_{\text{df}} a^\circ \subseteq b^\circ \vee \exists_C (c^\circ \subseteq b^\circ) \wedge a \simeq c), a \overset{Ca}{\geqslant} b =_{\text{df}} b \overset{Ca}{\leqslant}$

$a, a \overset{Ca}{=} b =_{\mathrm{df}} a \overset{Ca}{\leqslant} b \wedge b \overset{Ca}{\leqslant} a, a \overset{Ca}{<} b =_{\mathrm{df}} a \overset{Ca}{\leqslant} b \wedge \neg(b \overset{Ca}{\leqslant} a), b \overset{Ca}{>} a =_{\mathrm{df}} a \overset{Ca}{<} b$.

引理 6.6 $b = \{y \mid y \in \mathscr{P}_d a \wedge \exists x(x \in a^\circ \wedge ⫻ y = \{x\})\} \Rightarrow \mathrm{dis} b$.

引理 6.7 $b = \{y \mid y \in \mathscr{P}_d a \wedge \exists x(x \in a^\circ \wedge ⫻ y = \{x\})\} \Rightarrow b^\circ \subseteq (\mathscr{P}_d a)^\circ$.

引理 6.8 $f = \{z \mid z \in (a^\circ \times b^\circ) \wedge \exists x(x \in a^\circ \wedge ⫻ z = \langle x, \{x\}\rangle)\} \Rightarrow \mathrm{dis} f$.

引理 6.9 $f = \{z \mid z \in (a^\circ \times b^\circ) \wedge \exists x(x \in a^\circ \wedge ⫻ z = \langle x, \{x\}\rangle)\} \Rightarrow f^\circ \subseteq (a^\circ \times b^\circ)$.

引理 6.10 $\mathfrak{M}(a) \wedge b = \{y \mid y \in \mathscr{P}_d a \wedge \exists x(x \in a^\circ \wedge ⫻ y = \{x\})\} \wedge f = \{z \mid z \in (a^\circ \times b^\circ)\} \wedge \exists x(x \in a^\circ \wedge ⫻ z = \langle x, \{x\}\rangle)\} \Rightarrow \forall x(x \in a^\circ) \Rightarrow \exists y(y \in b^\circ \wedge \langle x, y\rangle \in f^\circ))$.

引理 6.11 $b = \{y \mid y \in \mathscr{P}_d a \wedge \exists x(x \in a^\circ \wedge ⫻ y = \{x\})\} \wedge f = \{z \mid z \in (a^\circ \times b^\circ) \wedge \exists x(x \in a^\circ \wedge ⫻ z = \langle x, \{x\}\rangle)\} \Rightarrow \forall y(y \in b^\circ \Rightarrow \exists x(x \in a^\circ \wedge \langle x, y\rangle \in f^\circ))$.

引理 6.12 $f = \{z \mid z \in (a^\circ \times b^\circ) \wedge \exists x(x \in a^\circ \wedge ⫻ z = \langle x, \{x\}\rangle)\} \Rightarrow \underset{\langle y, x\rangle}{\mathscr{Un}}(\langle x, y\rangle \in f^\circ)$.

引理 6.13 $f = \{z \mid z \in (a^\circ \times b^\circ) \wedge \exists x(x \in a^\circ \wedge ⫻ z = \langle x, \{x\}\rangle)\} \Rightarrow \underset{\langle x, y\rangle}{\mathscr{Un}}(\langle x, y\rangle \in f^\circ)$.

定理 6.10 $\mathfrak{M}(a) \Rightarrow \mathscr{P}_d a \overset{Ca}{\geqslant} a$.

引理 6.14 $f = \{z \mid z \in (a^\circ \times a^\circ) \wedge \exists x(x \in a^\circ \wedge ⫻ z = \langle x, x\rangle)\} \Rightarrow f^\circ \subseteq a^\circ \times a^\circ$.

引理 6.15 $f = \{z \mid z \in (a^\circ \times a^\circ) \wedge \exists x(x \in a^\circ) \wedge ⫻ z = \langle x, x\rangle)\} \Rightarrow \mathrm{dis} f$.

引理 6.16 $f = \{z \mid z \in (a^\circ \times a^\circ) \wedge \exists x(x \in a^\circ \wedge ⫻ z = \langle x, x\rangle)\} \Rightarrow \forall x(x \in a^\circ \Rightarrow \exists y(y \in a^\circ \wedge \langle x, y\rangle \in f^\circ))$.

引理 6.17 $f = \{z \mid z \in (a^\circ \times a^\circ) \wedge \exists x(x \in (a^\circ \wedge ⫻ z = \langle x, x\rangle)\} \Rightarrow \forall y(y \in a^\circ \Rightarrow \exists x(x \in a^\circ \wedge \langle x, y\rangle \in f^\circ))$.

引理 6.18 $f = \{z \mid z \in (a^\circ \times a^\circ) \wedge \exists x(x \in (a^\circ \wedge ⫻ z = \langle x, x\rangle)\} \Rightarrow \underset{\langle x, y\rangle}{\mathscr{Un}}(\langle x, y\rangle \in f^\circ)$.

引理 6.19 $f = \{z \mid z \in (a^\circ \times a^\circ) \wedge \exists x(x \in a^\circ \wedge ⫻ z = \langle x, x\rangle)\} \Rightarrow \underset{\langle y, x\rangle}{\mathscr{Un}}(\langle x, y\rangle \in f^\circ)$.

引理 6.20 $\mathfrak{M}(a) \Rightarrow a \simeq a$.

定理 6.11　$a \overset{Ca}{\leqslant} b \wedge \mathfrak{M}(b) \Rightarrow \exists c(c^{\circ} \subseteq b^{\circ} \wedge a \simeq c)$.

引理 6.21　$\mathfrak{M}(a) \wedge c^{\circ} \subseteq a^{\circ} \wedge \mathscr{P}_d a \overset{f}{\simeq} c \wedge X = \{y \mid y \in c^{\circ} \wedge \exists x(\langle x,y\rangle \in f^{\circ} \wedge y \notin x)\} \Rightarrow \text{dis} X$.

引理 6.22　$\mathfrak{M}(a) \wedge c^{\circ} \subseteq a^{\circ} \wedge \mathscr{P}_d a \overset{f}{\simeq} c \wedge X = \{y \mid y \in c^{\circ} \wedge \exists x(\langle x,y\rangle \in f^{\circ} \wedge y \notin x)\} \Rightarrow X \in \mathscr{P}_d a$.

定理 6.12　$\mathfrak{M}(a) \Rightarrow \neg(\mathscr{P}_d a \overset{Ca}{\leqslant} a)$.

定理 6.13　$\mathfrak{M}(a) \Rightarrow \mathscr{P}_d a \overset{Ca}{>} a$.

定理 6.14　$\forall x(V \overset{Ca}{\geqslant} x)$.

定理 6.15　$V \overset{Ca}{\geqslant} \mathscr{P} V$.

定理 6.16　$\forall x(\mathfrak{M}(x) \Rightarrow x \in M) \Rightarrow \neg \mathfrak{M}(M)$.

上述定理 6.13、定理 6.15 和定理 6.16 表明在 MS 建立基数和序数概念后，Cantor 悖论将可在 MS 的基数意义下进一步证明它不会在 MS 中出现，关于 Burali-Forti 悖论的处理方式，其基本思想亦复如此，而本节中所引进的“基大于”“基小于”等概念，今后将在很大程度上去取代基数概念的作用.

如所知，各种近代公理集合论对于悖论的排除，都涉及概括原则的修改，但在排除悖论的同时又过多地限制了概括原则的合理内容. 因而需要寻找一种如何修改概括原则的方案，使之既能排除悖论，又能最大限度地保留概括原则的合理内容. 这一问题在经典数学范围内不仅没有解决，而且几乎可以说是不可能在经典数学范围内获得解决的. 但我们却在本附录之第三部分中指出，定理 3.11 表明在 MS 中已全面保留了 Cantor 意义下的概括原则，那么再联合本节所获结果，便可认为 ML&MS 既能排除悖论，又能全面保留概括原则，因而所说如何修改概括原则的遗留问题在 ML&MS 中已获解决.